国家级一流本科专业建设成果

锂离子电池工艺学

LILIZI DIANCHI GONGYIXUE

梁 正 杨绍斌 刘 凯 编

化学工业出版社

·北京·

内容简介

本书以"围绕工程应用，打好理论基础，联系实际问题，渗透工程意识，培养创新能力"为编写指导思想，以锂离子电池关键制造工艺为主线，系统构筑了制浆、涂布、辊压、分切、装配、焊接和化成等制造工序的工艺原理，以及与工程应用有关的锂离子电池工艺学知识，致力于培养学生的锂离子电池制造工艺创新与开发能力。本书贯彻经典本科教学内容的同时，专门设置了相关实验和模拟仿真内容，增加了固态锂电池、钠离子电池和金属锂电池等相关内容，使学生了解前沿研究，拓宽学生的知识面。

本书可作为高等学校能源、材料、化工、化学、冶金等各类专业锂离子电池工艺学课程教材，也适合锂离子电池及其相关领域的工程技术人员参考。

图书在版编目（CIP）数据

锂离子电池工艺学 / 梁正，杨绍斌，刘凯编. 北京：化学工业出版社，2025. 4. --（国家级一流本科专业建设成果教材）. -- ISBN 978-7-122-47673-9

Ⅰ. TM912.05

中国国家版本馆 CIP 数据核字第 2025VP8206 号

责任编辑：刘　军　孙高洁　　　文字编辑：师明远
责任校对：田睿涵　　　　　　　装帧设计：刘丽华

出版发行：化学工业出版社
(北京市东城区青年湖南街 13 号　邮政编码 100011)
印　　装：大厂回族自治县聚鑫印刷有限责任公司
787mm×1092mm　1/16　印张 16　字数 370 千字
2025 年 9 月北京第 1 版第 1 次印刷

购书咨询：010-64518888　　　售后服务：010-64518899
网　　址：http://www.cip.com.cn
凡购买本书，如有缺损质量问题，本社销售中心负责调换。

定　　价：56.00 元　

本书编写指导委员会

主　任：

周永丰　上海交通大学

委　员：（按姓名汉语拼音排序）

陈仕谋　北京化工大学
程方益　南开大学
索鎏敏　中国科学院物理研究所
谭国强　北京理工大学
陶新永　浙江工业大学
王久林　新疆大学
伍　晖　清华大学
姚宏斌　中国科学技术大学
姚霞银　中国科学院宁波材料技术与工程研究所
张　浩　军事科学院防化研究院
周光敏　清华大学
朱　嘉　南京大学

序言

中国锂离子电池产业的崛起之旅，始于20世纪末，兴于21世纪初，围绕锂离子电池产业及其与新能源汽车的深度融合，我国已成功构筑了一个完整而深入的产业生态系统。锂离子电池与电动汽车，作为新时代的“出口新三样”，不仅在国民经济中的比重持续攀升，更在社会发展中占据了举足轻重的地位。展望未来，随着储能产业的蓬勃兴起，锂离子电池产业无疑将步入一个更为迅猛的发展阶段。

在锂离子电池产业的发展中，离不开高等教育体系源源不断的人才供给，而高质量人才的培养则依赖于适配的专业教材。本书的三位作者精心撰写了《锂离子电池工艺学》，系统性地梳理并总结了锂离子电池制造流程中的制浆、涂布、辊压、分切、装配、焊接、化成等核心工序的工艺学原理及其应用框架，展现了国内外锂离子电池工艺研究与应用领域的最新科技动态，为工艺研究提供了基础科学数据支撑，结合国家新能源、新材料、电动汽车等战略性新兴产业的发展和人才培养需求及能源、材料、化工、化学、冶金等学科开设锂离子电池工艺学课程的实际需要，为新能源材料与器件、能源化学工程、新能源科学与工程、储能科学与工程等相关专业提供了系统学习的参考。

中国工程院院士，北京理工大学教授

2025年3月

前言

随着可再生能源、新材料以及电动汽车等新兴工业领域的快速发展，新能源材料与器件、储能科学与工程、新能源汽车过程、能源化学工程、新能源科学与工程等新工科专业纷纷设立，围绕这些新兴工业领域的高等教育蓬勃发展，已然形成了颇具规模的教育体系。锂离子电池工艺学是这些新工科专业的核心课程，目前却面临着高等学校教材稀缺的现状，几乎未有相关教材正式出版。

本教材是在此前出版的国家科学技术著作出版基金资助的《锂离子电池制造工艺学原理与应用》一书的基础上，紧密结合教育部新工科专业教学要求改编而来。经过多年的教学实践检验，不断优化完善，最终修订成稿。在编写本书的过程中，基于教学实践经验，充分结合当前新工科教学实际情况，重点考量了以下几个方面：

（1）内容选材。紧密围绕锂离子电池制造工艺过程，归纳总结出制浆、涂布、辊压、分切、装配、化成等构成锂离子电池工艺学的框架体系。在内容选取上，着重精选各工艺相关的工艺学原理作为主体内容，力求在避免与其他相关课程内容重复的同时，确保本课程自身的系统性与完整性。

（2）现有教材衔接。充分考虑教材内容的起点设置，确保与储能科学与工程、能源化学、新能源材料与器件等专业现有的教材实现合理衔接。严格把控内容选材的深度、广度以及分量，使其契合规定的教学时数要求，保障教学任务能够顺利完成。

（3）理论联系实际。高度重视理论与实际的结合，强化工艺学基本理论在工程实践中的典型应用。在各章节末尾精心设置了简答题、思考题等习题，助力学生系统掌握并巩固所学知识，提升学生将理论知识应用于实际的能力。

（4）紧跟步伐。在坚守锂离子电池工艺学教材性质的基础上，积极反映现代锂电池科技发展的前沿动态。紧密联系我国锂离子电池生产实际，合理呈现社会关注的热点问题。同时还介绍了下一代电池体系，以及锂电池回收等相关前沿内容，拓宽学生的知识视野。

（5）学时安排。本课程的总学时数设定为 64 学时。本书中打 * 号部分为选读内容，教师可根据教学需要灵活选用。此外，教师还能够依据实际授课学时情况，对内容进行不同程度的精简，将学时缩减至 48 学时或 32 学时，以满足多样化的教学需求。

在本书的编写过程中，承蒙中国工程院吴锋院士为本书撰写了序言，本书编写指导委员会给予了大力支持与悉心指导，众多高校教师积极协助，贡献了宝贵的意见与建议。化学工业出版社编辑对本书进行了精心编辑与加工，在此，谨向所有给予帮助的各方致以诚挚的感谢！

限于作者水平，加之时间仓促，书中疏漏与不当之处在所难免，恳请广大读者不吝批评指正。

编者

2025 年 3 月

目录

第6章 锂离子电池装配 // 110

第7章 锂离子电池化成 // 143

第1章 锂离子电池概述

锂离子电池的发展源于锂电池。锂离子电池由于整个电化学过程中金属锂以锂离子形式存在，从根本上避免了锂电池在金属锂负极表面形成锂枝晶造成的短路、起火和爆炸等安全隐患，同时，锂离子电池还保留了锂电池高比能量的优点。因此，锂离子电池在便携式电子器件和电动汽车领域得以广泛应用。锂离子电池的制造是将正极材料、负极材料、隔膜、电解液和壳体等原材料，通过制浆、涂布、辊压、分切、装配、化成等工序组装成电池的过程。本章首先介绍了锂离子电池的电化学原理、制备工艺流程、电池性能、原材料，然后介绍了电池结构设计，最后介绍了锂离子电池的发展历程、特点及应用。

1.1 电化学原理与电池结构

1.1.1 电化学原理

锂离子电池是以高脱锂电位材料为正极，以低嵌锂电位材料为负极构成的电池体系。这里以钴酸锂为正极材料、石墨为负极材料为例来介绍锂离子电池的电化学原理。在充电过程中，锂离子从正极材料钴酸锂中脱出，然后嵌入负极材料石墨中，形成锂离子的石墨嵌入化合物；而在放电过程中，锂离子从石墨嵌入化合物中脱出，重新嵌入正极材料中，如图 1-1 所示。锂离子电池充放电时，相当于锂离子在正极和负极之间来回运动，因此锂离子电池最初被形象地称为“摇椅式电池”。

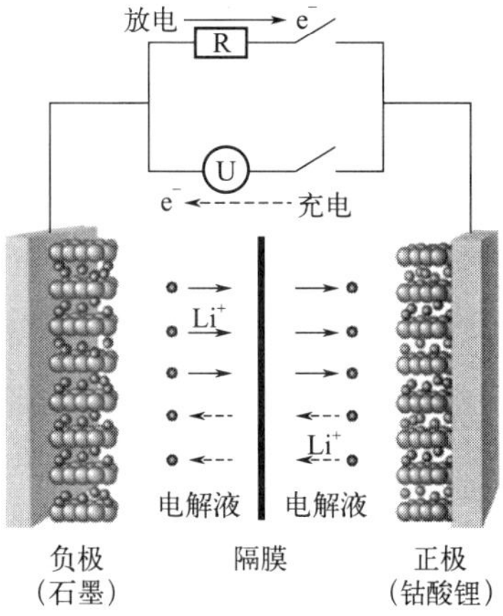

图 1-1 锂离子电池反应原理图

锂离子电池在充放电时，正负极材料的化合价会发生变化。在常温常压下发生的总氧化还原反应如下[1]：

$$Li_{1-x}CoO_2 + Li_xC_6 \underset{充电}{\overset{放电}{\rightleftharpoons}} LiCoO_2 + 6C \tag{1-1}$$

放电过程中的电极反应为：

正极（还原反应，得电子）$Li_{1-x}CoO_2 + xLi^+ + xe^- \longrightarrow LiCoO_2$ (1-2)

负极（氧化反应，失电子）$Li_xC_6 \longrightarrow 6C + xLi^+ + xe^-$ (1-3)

充电过程中的电极反应与上述式（1-2）、式（1-3）反应过程相反。

由反应式（1-1）可以看出，理论上锂离子电池的正负极活性物质分别为 $Li_{1-x}CoO_2$

和 Li_xC_6，但是 $Li_{1-x}CoO_2$ 和 Li_xC_6 制备过程复杂，且在空气中不稳定，难以直接制造电池。因此，人们通常采用反应式（1-1）的生成物钴酸锂和石墨作为正负极原材料装配成电池，此时电池处于没有电的状态，只有充电以后上述两种材料转化为活性物质才能自发放电，向外界提供电能。

1.1.2 电池结构

结构最简单的锂离子电池是扣式锂离子电池，其结构见图 1-2（a），包括圆形正极极片、负极极片、隔膜、不锈钢壳体、不锈钢盖板、密封圈、不锈钢金属片、压紧弹簧等。正负极极片活性物质涂层相对，两者之间由隔膜隔开，不锈钢金属片和压紧弹簧使它们保持紧密接触。它们都被封装在壳体和盖板组成的密闭空间内。壳体和盖板被绝缘密封圈隔开，可直接作为电池的正负极使用。电解质（电解液）作为电池的重要组成部分浸润于正负极极片和隔膜的表面和孔隙。

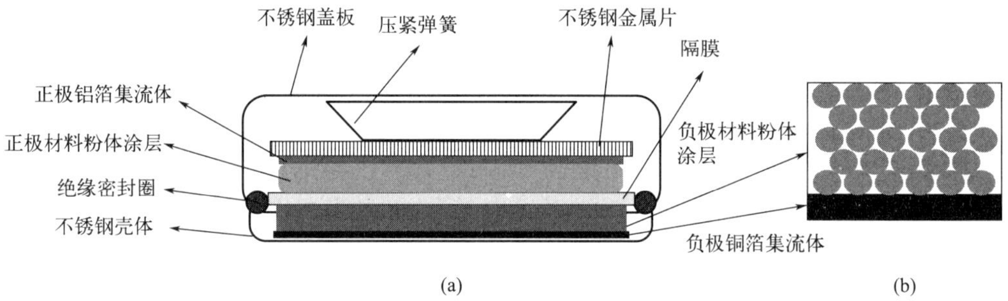

图 1-2 扣式电池的结构示意图

扣式电池的正极极片由铝箔集流体和正极材料粉体涂层组成，铝箔厚度通常为 10～16μm；负极极片由铜箔集流体和负极材料粉体涂层组成，铜箔厚度通常为 6～12μm。它们的粉体涂层均为单面涂层，见图 1-2（b）。正负极极片的粉体涂层由活性物质（正负极材料）粉体、导电剂和黏结剂等构成。

集流体的作用主要是承载活性物质，并将活性物质产生的电流汇集输出或将电极电流输入给活性物质。需要注意的是正负极集流体不能混用。这是因为铜箔在较高电位时易被氧化，不能用作正极集流体；而铝在低电位时易腐蚀，甚至形成 LiAl 合金，不能用作负极集流体。由于铝箔表面存在氧化铝钝化膜，可以防止高电位时的氧化，适合作正极集流体。

1.2 电池制造工艺过程

锂离子电池制造工艺通常包括极片制备、装配、化成和分容分选等主要过程，还包括贯穿于整个制备过程的水分控制和废弃物回收等环节。这里以软包装锂离子电池为例介绍生产工艺流程，如图 1-3 所示。

（1）极片制备　极片制备工序是将活性物质粉体涂覆于集流体上，制备出所需长度、宽度和厚度的正负极极片的过程。主要工艺过程包括制浆、涂布、辊压和分切等。制浆是将活性物质粉体、导电剂、黏结剂加入溶剂中，通过搅拌分散制备均匀分散浆料的工艺过

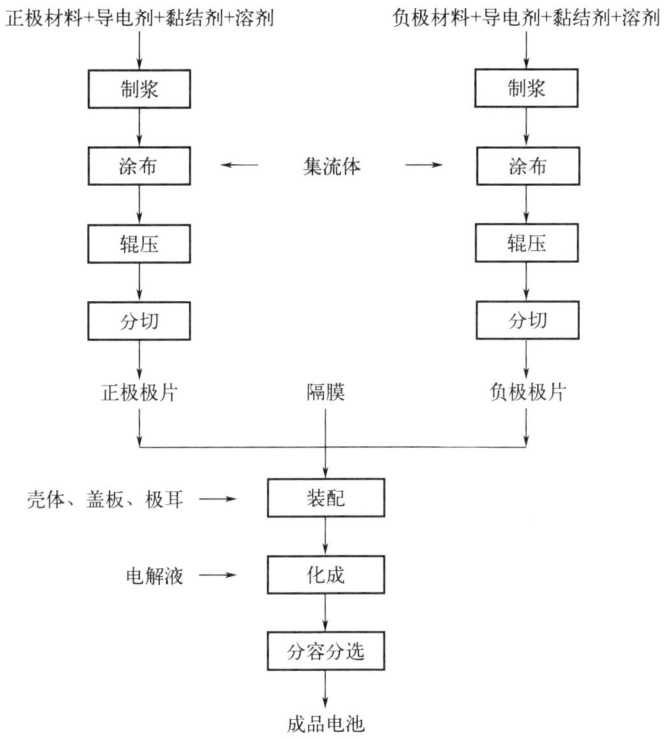

图 1-3　电池制备主要工艺过程

程；涂布是将浆料涂覆于集流体上并烘干的过程，与扣式电池不同，常用锂离子电池正负极极片是长条形，并且在集流体的两个面上均有粉体涂层，见图 1-4（a）所示；辊压是将涂布后的极片轧制变薄的过程；分切是将辊压后的极片裁剪成所需尺寸的过程。

（2）装配　这里以采用铝塑复合膜为壳体的软包装电池为例进行介绍。装配工序是将正负极极片、隔膜、极耳、铝塑复合膜壳体等电池部件组装成电池的过程。主要工艺过程包括焊接、卷绕、组装等，见图 1-4。焊接是采用焊接方法将正负极极耳分别与正负极集流体连接的加工过程，需要注意的是集流体上留有不含涂层的空白处，以便金属极耳与集流体的空白处通过焊接相连。卷绕是采用卷绕方法按照正极极片、隔膜、负极极片顺序将正负极极片和隔膜卷在一起，并用绝缘胶带固定制成卷绕电芯的过程。组装是将卷绕电芯和壳体进行热压封装的过程。

（3）化成　化成工序是将装配好的电池制备成成品电池的过程。主要工序包括注液、化成和老化等。注液是将装配好的电池进行烘干并注入电解液的过程，在软包装电池组装时，通常留出一侧不密封，注液后再进行热压密封。化成是对注液后的电池进行充电的过程，在化成过程中还要封闭注液孔。老化是将充电后的电池在一定温度下静置一段时间的过程。

（4）分容分选　分容分选工序是对电池各项指标进行测试，将电池分成不同等级产品的过程。主要工艺过程包括容量、内阻、自放电检测，以及电池外形尺寸测定和外观检查等。这些都是每个电池必须检测的项目，属于无损检测。此外还有电池循环性能、安全性能检测，一般属于破坏性检测，通常用抽检来完成。

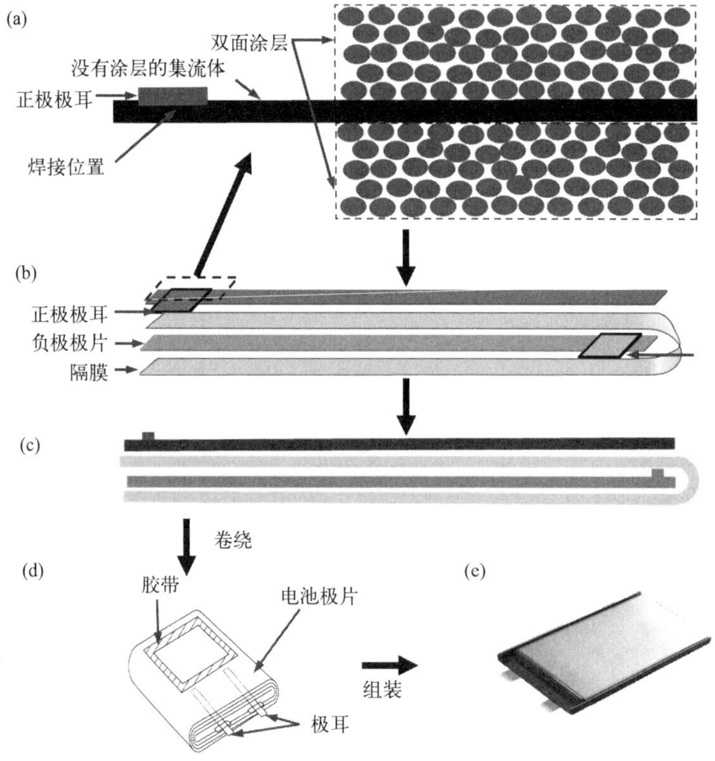

图 1-4 方形铝壳电池装配的主要工艺过程

(5) 水分控制 水分的控制包括物料干燥和环境水分控制两个方面，水分控制贯穿于锂离子电池制造的整个过程中。物料干燥包括各种原材料、装配半成品以及注液前电芯的干燥，主要采用鼓风干燥和真空干燥方法。环境水分控制包括制浆、涂布、辊压、分切、装配、化成等环境水分控制，根据工艺要求，不同工序的环境水分要求不同。

1.3 电池性能

1.3.1 电化学性能

锂离子电池的电化学性能包括电动势、内阻、电压、容量、能量、功率、电池寿命、自放电和库仑效率。本节主要讨论锂离子电池电化学性能的概念及其测试方法。

(1) 电池电动势 电池是将氧化还原反应的化学能转化为电能的装置，在等温等压条件下，封闭体系发生热力学可逆变化时，吉布斯自由能的减小等于对外所做的最大有用功，如果有用功只有电功，则吉布斯自由能的变化和电池可逆电动势分别可用式 (1-4) 和式 (1-5) 表示：

$$\Delta G_{T,p} = -nFE \tag{1-4}$$

$$E = -\frac{\Delta G_{T,p}}{nF} \tag{1-5}$$

式中，E 为电池可逆电动势；$\Delta G_{T,p}$ 为电池氧化还原反应吉布斯自由能的变化；n 为电池在氧化或还原反应中电子的计量系数；F 为法拉第常数。

电池两个电极的平衡电势的绝对值通常无法直接判定，实际中只能测定相对电势，即以某一电极的电势为基准，将待测电极与基准电极组成一个电池，测量这个电池的电动势，得到待测电极的相对电势。根据国际纯粹与应用化学联合会（IUPAC）规定，以标准氢电极（氢离子活度为1mol/L，压力为101.325kPa）的电势为零，将待测电极与标准氢电极的相对电势称为标准电极电势。由于在金属中，金属锂对 Li/Li^+ 的标准电极电位最低，为－3.024V，当电池的正极一定时，采用金属锂作为负极时，锂电池的电池电动势最大。

（2）电池内阻　电池内阻（R_i）是指电流流过电池内部所受到的阻力，包括欧姆电阻（R_Ω）和极化电阻（R_f）。欧姆电阻是由电极材料、电解液、隔膜、集流体和极耳等部件的电阻及各部件的接触电阻组成，其中电极与电解液之间的接触电阻不属于欧姆电阻。极化电阻由电化学极化内阻和浓差极化内阻组成。其中与电极和电解液界面的电化学反应速率有关的极化产生的是电化学极化内阻，由反应离子的迁移速度产生的极化内阻称为浓差极化内阻。

内阻对电池的电压特性有影响。内阻越小，电压特性通常越好，也就是说，电池充电电压越低，放电电压越高。反之，电压特性越差。电池内阻与普通电阻不同，不能用普通万用表测量，通常采用交流法进行测试。电池内阻与电池充放电状态有关，不同状态的电池具有不同的内阻。

（3）电压、时率与倍率　电池的电压分为开路电压和工作电压。开路电压是指外电路没有电流流过时正负电极之间的电位差（U_{oc}），一般开路电压小于电池电动势，但通常情况下可以用开路电压近似替代电池电动势。工作电压（U_{cc}）又称放电电压或负荷电压，是指有电流通过外电路时电池正负电极之间的电位差。当电流流过电池内部时，需要克服电池内阻的阻力。因此工作电压总是低于开路电压，工作电压可用下式表示：

$$U_{cc}=E-IR_i \tag{1-6}$$

式中，U_{cc} 为工作电压；E 为电池电动势；I 为工作电流；R_i 为电池内阻。

电池的工作电压与放电条件有关。锂离子电池一般采用恒电流的方式进行放电，在放电过程中，工作电压不断下降，降低到允许的最低电压时放电终止，该电压是基于电池安全性和循环寿命的考虑设定的，称为放电终止电压。在充电过程中，通常先采用恒电流充电，电压逐渐升高，充电到充电终止电压，停止充电；随后进行恒电压充电，电池的电流不断降低，当电流降低到足够小时，充电过程终止，这个电流称为充电终止电流。电池工作电压随充放电时间变化的曲线称为充放电曲线，如图1-5所示。

当电池恒流充放电时，电流的大小通常用时率或倍率表示。时率是指以一定的放电电流放完电池额定容量所需的时间（h）。例如，额定容量为5A·h的电池以5A电流进行放电，则时率为5A·h/5A＝1h，称1时率放电；以1A电流进行放电，则时率为5A·h/1A＝5h，称5时率放电。

倍率指电池在放电时放电电流与额定容量的比值，倍率通常采用 C 表示。例如，额定容量为5A·h的电池以5A电流进行放电，则倍率为5A/(5A·h)＝1C；以1A电流进行放电，则倍率为1A/(5A·h)＝0.2C。时率与倍率在数值上呈现倒数关系。在不同倍率下，对电池进行充电和放电，进行电池容量测试，电池的倍率性能可以反映电池的倍率性能，通常在高倍率放电时，容量越高，则倍率性能越好。

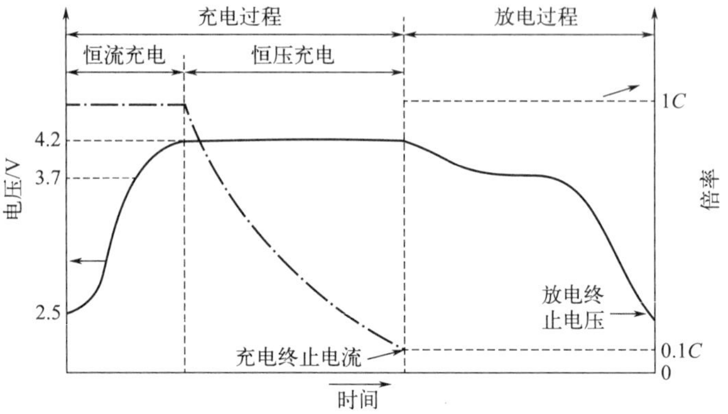

图 1-5 锂离子电池典型充放电曲线

(4) 容量与比容量 电池的容量分为理论容量、实际容量和额定容量，电量单位一般为 A·h 或 mA·h。其中理论容量（C_0）是指电池正负电极中的活性物质全部参加氧化还原反应形成电流时，根据法拉第电解定律计算得到的电量。锂离子电池电极活性物质的理论容量可用下式表示：

$$C_0 = F'n\frac{m_0}{M} \tag{1-7}$$

式中，C_0 为理论容量，A·h；F'为经换算以 A·h/mol 为单位的法拉第常数，F'=26.8A·h/mol；m_0 为活性物质的质量，g；M 为活性物质的摩尔质量，g/mol；n 为氧化还原反应得失电子数。

实际容量是指在一定的放电条件下，实际从电池获得的电量。当恒电流放电时，实际容量可用下式表示：

$$C = It \tag{1-8}$$

电池的实际容量总是低于理论容量，所以活性物质的利用率可用下式表示：

$$\eta = \frac{C}{C_0} \times 100\% = \frac{m_1}{m_0} \times 100\% \tag{1-9}$$

式中，m_0 为活性物质的质量；m_1 为活性物质实际参与反应的质量。

对于钴酸锂和石墨组成的锂离子电池，实际容量通常是在 20℃±5℃环境温度中，先以 1C 恒流充电至 4.2V，再以 4.2V 恒压充电至终止电流，然后以 1C 恒流放电至 2.75V，所测得的放电实际容量。

额定容量（C_r）是在设计和制造电池时，电池在一定放电条件下规定应该放出的最低容量。电池的实际容量通常高于额定容量。

比容量是指单位质量或单位体积电池所获得的容量，分别称为质量比容量（C_m）或体积比容量（C_V）。比容量计算可用下式表示：

$$C_m = \frac{C}{m} \quad 或 \quad C_V = \frac{C}{V} \tag{1-10}$$

式中，C_m 为质量比容量，A·h/g；C_V 为体积比容量，A·h/L；m 为电池的质量，g；V 为电池的体积，L。

同理，电极中单位质量或单位体积活性物质所获得的电量称为活性物质的质量比容量或体积比容量，可用来对比不同活性物质的容量大小。

这里以石墨为负极、钴酸锂为正极举例说明锂离子电池活性物质理论比容量的具体计算方法。需要注意的是锂离子电池的负极为 LiC_6，正极为 $Li_{1-x}CoO_2$（$x<1$），则 1g 的 LiC_6 的理论容量=（26.8×1×1）/（12.01×6+6.94）=0.339（A·h/g）。折算成 1g 石墨的理论容量=0.339×（12.01×6+6.94）/（12.01×6）=0.372（A·h/g）=372（mA·h/g）。与此类似，活性物质钴酸锂的比容量为 274mA·h/g。

（5）能量和比能量　电池在一定条件下对外做功所能输出的电能叫作电池的能量，单位一般用瓦时（W·h）表示，分为理论能量和实际能量。

理论能量（W_0）是在活性物质利用率为 100%的条件下，电池所获得的能量，即可逆电池在恒温恒压下所做的最大有用功，可用下式表示：

$$W_0=C_0E=nFE \tag{1-11}$$

实际能量（W）是电池放电时实际获得的能量，可用下式表示：

$$W=CU_{av} \tag{1-12}$$

式中，W 为实际能量；C 为电池实际容量；U_{av} 为电池平均工作电压。

当锂离子电池标称电压为 3.7V、容量为 2200mA·h 时，电池的实际能量为 2.2A·h×3.7V=8.14W·h，单位换算为焦耳（1W=1J/s）时的实际能量为 29304J。

比能量也称能量密度，是指单位质量或单位体积电池所获得的能量，称为质量比能量或体积比能量。理论质量比能量根据正、负两极活性物质的理论质量比容量和电池的电动势计算。实际比能量是电池实际输出的能量与电池质量（或体积）之比，可用下式表示：

$$W_m=\frac{W}{m} \quad \text{或} \quad W_V=\frac{W}{V} \tag{1-13}$$

式中，W_m 为质量比能量，W·h/g；W_V 为体积比能量，W·h/L；m 为电池质量，g；V 为电池体积，cm^3。

以钴酸锂和石墨组成的锂离子电池为例，电池的 $E=3.7V$，理论上完全反应时，其中石墨的比容量为 372mA·h/g，钴酸锂的比容量为 274mA·h/g，则对于 1g 石墨来讲，理论上应该和 1.35g 钴酸锂反应，则上述化学反应的理论质量比能量为 0.372A·h×3.7V/（1+1.35）g=0.586W·h/g，即 586W·h/kg。

（6）功率和比功率　电池的功率是指在一定放电制度下单位时间内电池所获得的能量，单位为 W 或 kW，分为理论功率和实际功率。电池理论功率（P_0）可用下式表示：

$$P_0=\frac{W_0}{t}=IE \tag{1-14}$$

实际功率（P）可用下式表示：

$$P=IU=I(E-IR_i)=IE-I^2R_i \tag{1-15}$$

对式（1-15）对 I 微分，并令 $dP/dI=0$，则有：

$$dP/dI=E-2IR_i=0 \tag{1-16}$$

因为 $E=I(R_i+R_e)$，其中 R_e 为外电阻，则当 $R_i=R_e$ 时，电池的输出功率最大。

比功率也称功率密度，是指单位质量或单位体积电池所获得的功率，单位为 W/kg 或 W/L。比功率的大小表示电池承受工作电流的大小。动力锂离子电池在电动汽车启动和爬坡等情况下需要大电流放电，消耗功率大，对电池提出了更大的功率要求。

（7）电池寿命　对于一次电池，也称为一次性使用的电池，其寿命是放出额定容量所能工作的时间，与放电倍率有关，放电倍率越小，则使用寿命越长。

对于二次电池，也称为蓄电池、可充电电池。其寿命包括充放电寿命、使用寿命和储存寿命。在一定的放电制度下，锂离子电池经历一次充放电，称为一个周期。充放电寿命为在电池容量降至规定值之前可反复充放电的总次数。使用寿命为电池容量降至规定值之前反复充放电过程中累积的放电时间之和。而储存寿命是指在不工作状态下，电池容量降至规定值的时间。锂离子电池常用的寿命为充放电寿命。

（8）自放电和储存性能　电池的自放电和储存性能都是指电池在开路状态下，在一定温度和湿度等条件下，储存过程中电池的电压和容量等性能参数随时间的变化特性。一般情况下，随着储存时间的延长，电池的电压和容量逐渐减小。储存性能与自放电一般用容量保持率来表示，通常先以 $0.2C$ 的倍率充满电，在 20℃±5℃ 搁置一段时间后，再以 $0.2C$ 的倍率放电测定容量。自放电测试的储存时间较短，一般为 30 天；储存性能测试时间较长，为 12 个月。有时也用电池开路电压的保持率来表示储存性能和自放电性能。

如果对储存后的电池进行再次充放电，电池容量回升的部分就是可恢复的容量，其余就是不可逆容量。储存性能和储存寿命有关，通常储存性能越好，储存寿命越长，反之亦然。

（9）库仑效率　库仑效率也称为充放电效率，用放电容量占充电电量的百分数表示，锂离子电池通常首次循环的库仑效率较低，一般在 90%左右。而第二次循环的效率则较高，接近 100%。

1.3.2 安全性能

锂离子电池在使用过程中不可避免地存在各种滥用情况，包括电化学滥用、机械滥用、热滥用和环境滥用。人们根据电池滥用情况制定了许多安全标准和测试方法，以区分安全性不好的电池，保证电池的安全性能。

电化学滥用包括过充电、过放电、外部短路和强制放电较长等情况。过充电测试方法为，将电池放完电后，先恒流充电至试验电压，再恒压充电一段时间，要求电池不起火、不爆炸。短路测试方法为，电池完全充满电后，将电池放置在恒温环境中，用导线连接电池正负极端，短接一定时间，要求电池不起火、不爆炸，最高温度不超过规定值。

机械滥用包括跌落、冲击、钉刺、挤压、振动和加速等情况。针刺测试方法为，用耐高温钢针以一定速度，从垂直于电池表面方向贯穿，要求电池不爆炸、不起火。振动测试方法为，电池充满电后，将电池紧固在振动试验台上，进行一段时间的振动测试，要求电池不起火、不爆炸、不漏液。

热滥用包括焚烧、沙浴、热板、热冲击、油浴和微波加热等情况。例如，热安全测试方法为，将电池充满电后放入试验箱中，试验箱以一定温升速率升温到一定温度（如 150℃）后恒温一定时间，要求电池不起火、不爆炸。

环境滥用包括减低气体压力、浸没于不同液体中、处于多菌环境等情况。例如，低气压测试方法为，将电池充满电后，放置于恒温真空箱中，抽真空将压强降至一定压强，并保持一定时间，要求电池不起火、不爆炸、不漏液。

随着锂离子电池行业的发展和技术进步，上述测试方法和标准的具体参数会更加严格。

1.4 主要原材料

制造锂离子电池的主要原材料包括正极材料、负极材料、隔膜和电解液等，其中正负极材料由于在电池中发生氧化还原反应，也称为活性物质。锂离子电池的制造就是将这些原材料加工组装成电池的过程。锂离子电池原材料的进步和更新会引发制造工艺进行相应的改进和调整，以便最大程度发挥出原材料的性能，提高锂离子电池的电化学性能。

1.4.1 正极材料

正极材料主要有钴酸锂（$LiCoO_2$）、三元材料（NCM、NCA）、锰酸锂（$LiMn_2O_4$）和磷酸铁锂（$LiFePO_4$）。表1-1为已经商业化应用的五种典型正极材料的主要性能参数。

表1-1 典型正极材料的理化性能和电化学性能参数

项目		$LiCoO_2$	NCM ($LiNi_{1/3}Mn_{1/3}Co_{1/3}O_2$)	$LiMn_2O_4$	$LiFePO_4$	NCA ($LiNi_{0.8}Co_{0.15}Al_{0.05}O_2$)
结构		层状结构	层状结构	尖晶石结构	橄榄石结构	层状结构
理化性能	真密度/(g/cm^3)	5.05	4.70	4.20	3.6	—
	振实密度/(g/cm^3)	2.8～3.0	2.6～2.8	2.2～2.4	0.6～1.4	—
	压实密度/(g/cm^3)	3.6～4.2	>3.40	>3.0	2.20～2.50	≥3.5
	比表面积/(m^2/g)	0.10～0.6	0.2～0.6	0.4～0.8	8～20	0.5～2.2
	粒度d_{50}/μm	4.00～20.00	—	—	0.6～8	9.5～14.5
电化学性能	理论比容量/(mA·h/g)	273	273～285	148	170	—
	实际比容量/(mA·h/g)	135～150	150～215	100～120	130～160	>200
	工作电压/V	3.7～3.9	3.6	3.8	3.4	3.6
	循环性能/次	500～1000	800～2000	500～2000	2000～6000	800～2000
	安全性能	差	较好	较好	优良	较好

（1）钴酸锂　化学式为$LiCoO_2$，外观呈灰黑色粉体。钴酸锂半电池与全电池的首次充放电曲线见图1-6（a）、图1-7（a），表面形貌见图1-8（a）。这里半电池采用制备的活性材料，如钴酸锂、三元材料、锰酸锂、磷酸铁锂等作为正极，金属锂作为负极，用于测试制备的活性材料的性能，而全电池则是以石墨作为负极，用于测试电池性能。需要注意的是，半电池的充电过程相当于全电池的放电过程。钴酸锂的理论比容量为273mA·h/g，实际比容量通常为140～150mA·h/g，平均电压为3.7V，具有电压高、放电平稳、充填密度高、循环性好和适合大电流放电等优点。并且$LiCoO_2$的生产工艺简单，较易合成性能稳定的

产品。由于钴酸锂具有高的质量比能量，目前主要用于小型高能量电池，如手机和笔记本等3C数码领域，但其安全性能不好。此外，Co资源稀缺，成本高，是制约锂电发展的瓶颈之一。

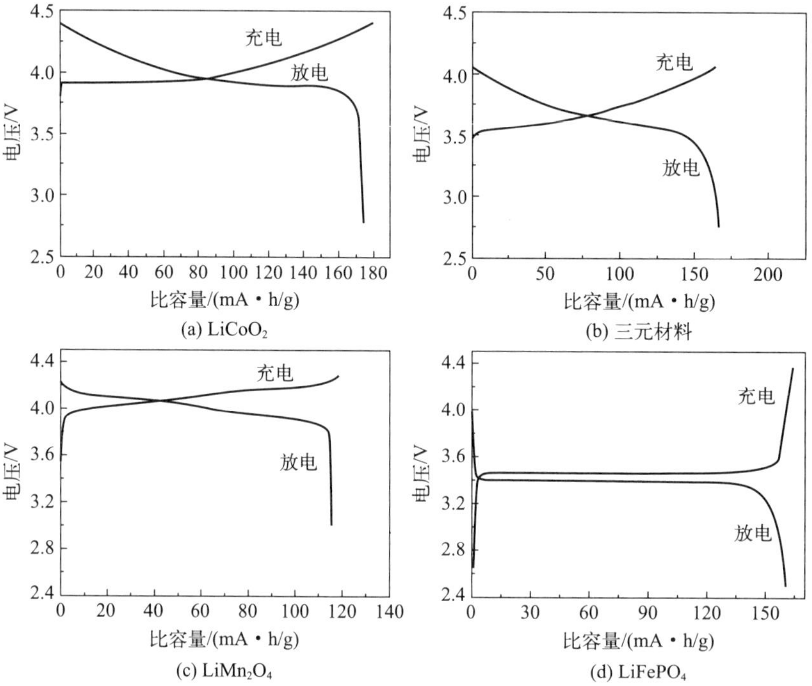

图 1-6 正极材料半电池的首次充放电曲线

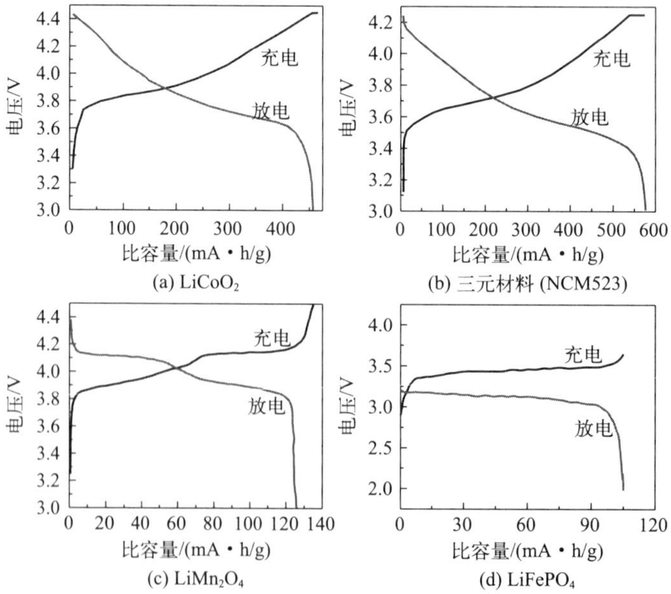

图 1-7 正极材料全电池的首次充放电曲线

(a) $LiCoO_2$　(b) 三元材料

(c) $LiMn_2O_4$　(d) $LiFePO_4$

图 1-8　正极材料的表面形貌

（2）三元材料　化学式为 $LiCo_xMn_yNi_{1-x-y}O_2$（简称 NCM），主要有 $Li[Ni_{1/3}Co_{1/3}Mn_{1/3}]O_2$、$Li[Ni_{0.4}Co_{0.2}Mn_{0.4}]O_2$、$Li[Ni_{0.8}Co_{0.1}Mn_{0.1}]O_2$ 和 $Li[Ni_{0.5}Co_{0.2}Mn_{0.3}]O_2$ 等，此外还包括镍钴铝三元材料 NCA（如 $LiNi_{0.8}Co_{0.15}Al_{0.05}O_2$）。三元材料的首次充放电曲线见图 1-6（b）、图 1-7（b），表面形貌见图 1-8（b）。三元材料基本物性和充放电平台与 $LiCoO_2$ 相近，平均放电电压为 3.6V 左右，理论比容量为 273～285mA・h/g，实际比容量一般在 150～180mA・h/g。三元材料 NCM 综合了单一组分材料的优点，具有明显的三元协同效应。三元材料比 $LiCoO_2$ 容量高且成本低，比 $LiNiO_2$ 安全性好且易于合成，比 $LiMnO_2$ 更稳定。尤其是与钴酸锂相比，可以降低正极材料中的 Co 资源消耗，目前商业化使用规模越来越大。

（3）尖晶石结构锰酸锂　化学式为 $LiMn_2O_4$。尖晶石结构锰酸锂的首次充放电曲线见图 1-6（c）、图 1-7（c），表面形貌见图 1-8（c）。尖晶石结构锰酸锂的理论比容量为 148mA・h/g，实际比容量通常为 110～120mA・h/g，平均电压为 3.8V。尖晶石结构锰酸锂的优点是电压高、抗过充性能好、安全性能好、容易制备，同时 Mn 资源丰富、价格便宜、无毒无污染；缺点是比容量低且可提升空间小，在正常的充放电使用过程中 Mn 会在电解质中缓慢溶解，深度充放电和高温条件下晶格畸变较为严重，导致循环性能变差。目前 $LiMn_2O_4$ 主要用于动力锂离子电池领域。

（4）磷酸铁锂　化学式为 $LiFePO_4$，具有橄榄石型晶体结构。磷酸铁锂的首次充放电曲线见图 1-6（d）、图 1-7（d），表面形貌见图 1-8（d）。磷酸铁锂的理论比容量为 170mA・h/g，实际比容量通常为 130～160mA・h/g，平均电压为 3.4V。磷酸铁锂的优点是稳定性、循环性能和安全性能优异，原料易得、价格便宜且无毒无污染；缺点是比容量低、电压低、充填密度低、大电流性能不好、低温性能差。目前磷酸铁锂主要用于动力锂离子电池和储能电池领域。

1.4.2　负极材料

实现商业化的负极材料主要有石墨、硬炭和软炭等碳材料，钛酸锂和硅基材料。表 1-2 为已经商业化应用负极材料的主要性能参数。

表 1-2 典型负极材料的理化性能和电化学性能参数

负极材料种类	理化性能					电化学性能			
	真密度/(g/cm^3)	振实密度/(g/cm^3)	压实密度/(g/cm^3)	比表面积/(m^2/g)	粒度 d_{50}/μm	实际比容量/(mA·h/g)	首次库仑效率/%	循环	电压/V
天然石墨	2.26	0.95～1.08	1.5～1.9	1.5～2.7	15～19	350～363.4	92.4～95	**	0.1
人造石墨	2.24～2.26	0.8～1.0	1.5～1.8	0.9～1.9	14.5～20.9	345～358	91.2～95.5		
中间相炭微球	—	1.1～1.4	—	0.5～2.6	10～20	300～354	>92		
软炭	1.9～2.05	0.8～1.0	1.0	2～3	7.5～14	230～410	81～89	***	约 0.5
硬炭	—	0.65～0.85		9	8～12	235～410	83～86		
钛酸锂	3.55	0.65～0.7	1.5～2.0	6～16	0.7～12	150～155	88～91	****	1.50
硅碳复合材料	2.33(Si)	0.8～1.0	1.4～1.8	1.0～4.0	13～19	400～650	89～94	*	约 0.5

注：钛酸锂可循环>15000 次。“*”号越多表示循环性能越好。

采用有机前驱体热处理制备碳电极材料的过程中，负极材料的可逆储锂容量与热处理温度密切相关，根据热处理温度的不同可以分成三个区域，每个区域对应的负极材料种类不同，如图 1-9（a）所示。其中区域 1 为石墨，区域 2 为软炭，区域 3 为硬炭。

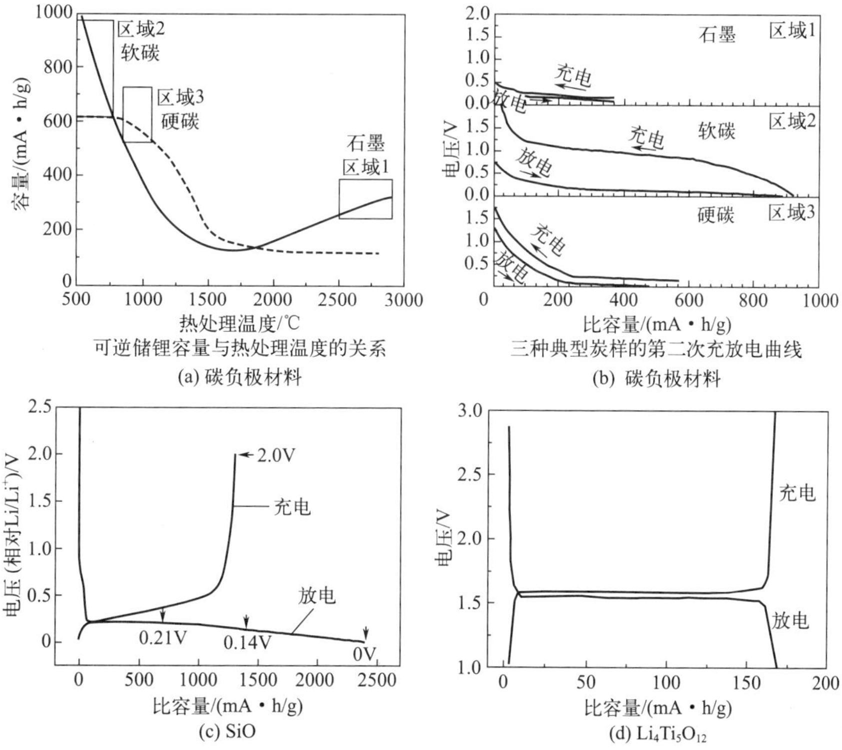

图 1-9 负极材料半电池的充放电曲线

（1）石墨　主要由碳元素组成，为层状晶体结构，通常由石油焦和沥青炭隔绝空气加热到2000℃以上制备石墨的容量范围和充放电曲线见图1-9（a）、（b）的石墨区域，表面形貌见图1-10（a）、（b）、（c）。石墨的理论比容量为372mA·h/g，实际容量已经接近理论容量。它所制备的锂离子电池具有工作电压高且平稳、首次充放电效率高和循环性能好等特点，是目前工业上用量最大的负极材料。石墨材料种类很多，主要有破碎状人造石墨和球化天然石墨等。

（2）无定形碳　主要由碳元素组成，为非晶结构，包括软炭和硬炭两种，通常由沥青、酚醛树脂等炭前驱体隔绝空气加热到600～2000℃之间制备。软炭是指经过2000℃以上高温处理后容易转化为石墨结构的碳材料，也称为易石墨化炭。石油焦和沥青炭均属于软炭，软炭的容量范围和充放电曲线见图1-9（a）、图1-9（b）的区域2，表面形貌见图1-10（e）。硬炭是指即使经过高温处理也难以转化为石墨结构的碳材料，也称为不可石墨化炭。制备硬炭的原料主要有酚醛树脂和蔗糖等含氧有机物。硬炭的容量范围和充放电曲线见图1-9（a）、图1-9（b）的区域3，表面形貌见图1-10（d）。无定形碳的比容量为230～410mA·h/g，相对于锂的电位较高，不易析锂，体积膨胀收缩小，循环性能好，加之锂离子传导速度快的特点，主要用于高功率电池和低温电池。

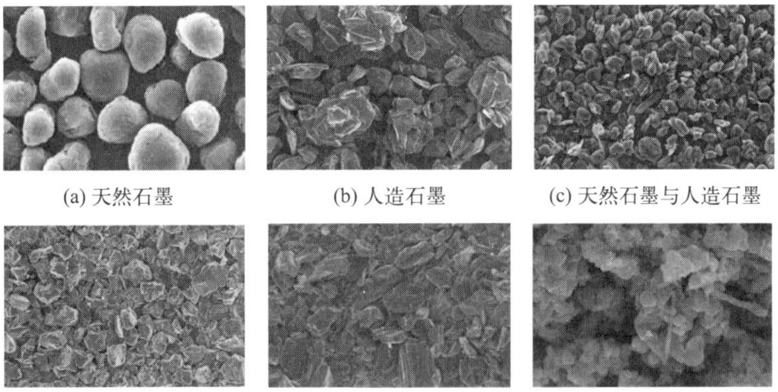

(a) 天然石墨　(b) 人造石墨　(c) 天然石墨与人造石墨

(d) 硬炭　(e) 软炭　(f) 钛酸锂

图1-10　负极材料的SEM图

（3）钛酸锂　化学式为$Li_4Ti_5O_{12}$。钛酸锂的充放电曲线见图1-9（d），表面形貌见图1-10（f）。钛酸锂的理论比容量为175mA·h/g，实际比容量为150～160mA·h/g。在充电过程中，体积变化仅0.3%，因此$Li_4Ti_5O_{12}$被认为是一种“零应变”材料，具有优异的循环性能。同时$Li_4Ti_5O_{12}$不与电解液反应，安全性最好，还具有较高的锂离子扩散系数（$2\times10^{-8}cm^2/s$），可高倍率充放电。但是$Li_4Ti_5O_{12}$制备的锂离子电池的电压较低，能量密度较小。

（4）Si基材料　是以硅为活性物质的负极材料，包括Si和SiO两种材料，Si基材料的共性是理论比容量高，硅是已知可逆储锂容量最高的负极材料，理论比容量高达4200mA·h/g，而SiO的理论比容量也高达2007mA·h/g。硅的充电电压略高于碳材料，为0.4V左右，在充电过程中不易形成锂枝晶，安全性更好。硅是地球上含量第二丰富的元素，环境友好，成本低。但是硅材料在循环中膨胀倍数太大，导致循环性能差，不可逆容量高。硅的导电性差，电导率仅为$6.7\times10^{-4}S/cm$。SiO的效率低，SiO的理论库仑效率仅为76.7%，因此不能单独使用。一般硅基材料要和碳负极材料混合使用，或与碳形成复合材料使用。碳的存在可提高Si基材料的导电性，提高库仑效率，缓解极片的体积膨胀，进而提高Si基材料的循环性能。典型SiO的充放电曲线如图1-9（c）所示。

1.4.3 电解质

电解质是电池的重要组成部分之一，是在电池内部正、负极之间建立离子导电通道，同时阻隔电子导电的物质。锂离子电池电解质可以分为液态电解质、半固态电解质和固态电解质。各类锂离子电池电解质的性质对比如表1-3所示。这里主要介绍液态电解质、半固态电解质，而固态电解质将在第10章中介绍。

表1-3 各类锂离子电池电解质的性质对比

性质	液态电解质	半固态电解质	固态电解质	
	有机液体	凝胶聚合物	固体聚合物	无机固体
基体特性	流动性	韧性	韧性	脆性
Li^+浓度	较低	较低	较高	高
Li^+位置	不固定	相对固定	相对固定	固定
电导率	高	较高	偏低	较高
安全性	易燃	较好	好	好
价格	较高	较高	较高	较低
离子配位	无	有	无	无
离子交换数	高	低	一般为1	一般为1

（1）液态电解质　也称为电解液。锂离子电池常用有机液体电解质，也称非水液体电解质，通常由六氟磷酸锂（$LiPF_6$）作为锂盐，碳酸乙烯酯（EC）、碳酸丙烯酯（PC）、碳酸二甲酯（DMC）、碳酸二乙酯（DEC）、碳酸甲乙酯（EMC）、氟代碳酸乙烯酯（FEC）、丙酸乙酯（EP）等作为溶剂，碳酸亚乙烯酯（VC）、有机硼酸锂盐（LiBOB）、亚硫酸丙烯酯（PS）等作为添加剂。锂离子电池有机电解液的组成实例及其性质见表1-4。

表1-4 锂离子电池有机电解液的组成实例及其性质

正极/负极	有机电解液	电导率/(mS/cm)	密度/(g/cm^3)	水分/(μg/g)	游离酸(以HF计)/(μg/g)	色度(Hazen)
钴酸锂或三元材料/人造石墨或改性天然石墨	$LiPF_6$+EC+DMC+EMC+VC	10.4±0.5	1.212±0.01	≤20	≤50	≤50
高电压钴酸锂/人造石墨	$LiPF_6$+EC+PC+DEC+FEC+PS	6.9±0.5	0.15±0.01	≤20	≤50	≤50
高压实钴酸锂/高压实改性天然石墨	$LiPF_6$+EC+EMC+EP	10.4±0.5	1.154±0.01	≤20	≤50	≤50

续表

正极/负极	有机电解液	电导率/(mS/cm)	密度/(g/cm^3)	水分/(μg/g)	游离酸(以HF计)/(μg/g)	色度(Hazen)
$LiNi_{1/3}Co_{1/3}Mn_{1/3}O_2$/人造石墨	$LiPF_6$+EC+DMC+EMC+VC	10.0±0.5	1.23±0.01	≤20	≤50	≤50
钴酸锂材料/Si-C	$LiPF_6$+EC+DEC+FEC	7±0.5	1.208±0.01	≤20	≤50	≤50
高倍率三元材料/人造石墨或复合石墨	$LiPF_6$+EC+EMC+DMC+VC	10.7±0.5	1.25±0.01	≤20	≤50	≤50
磷酸铁锂动力电池	$LiPF_6$+EC+DMC+EMC+VC	10.9±0.5	1.23±0.01	≤20	≤50	≤50
锰酸锂动力电池	$LiPF_6$+EC+PC+EMC+DEC+VC+PS	8.9±0.5	1.215±0.01	≤10	≤30	≤50
钛酸锂动力电池	$LiPF_6$+PC+EMC+LiBOB	7.5±0.5	1.179±0.01	≤10	≤30	≤50
钴酸锂或三元材料/人造石墨或改性天然石墨	$LiPF_6$+EC+EMC+DEC+VC	7.6±0.5	1.2±0.01	≤10	≤30	≤50

(2) 半固态电解质 凝胶聚合物电解质（GPE）是早期商业化应用的半固态电解质，是由液体与固体混合而成，在聚合物分子结构中间充满了液体增塑剂，锂盐则溶解于聚合物和增塑剂中。凝胶聚合物电解质减少了有机液体电解质因漏液引发的电极腐蚀，以及容易氧化燃烧等生产安全问题。偏氟乙烯均聚物（PVDF）系凝胶聚合物电解质首先在锂离子电池中获得实际应用，聚合物基体主要是PVDF和偏氟乙烯-六氟丙烯共聚物（PVDF-HFP），常用的增塑剂有二甲基甲酰胺（DMF）、碳酸二乙酯（DEC）、γ-丁内酯（γ-BL）、碳酸乙烯酯（EC）、碳酸丙烯酯（PC）、聚乙二醇（PEG400）等。

1.4.4 隔膜

锂离子电池隔膜是一种多孔塑料薄膜，能够保证锂离子自由通过形成回路，同时阻止两电极相互接触起到电子绝缘作用。在温度升高时，有的隔膜可通过隔膜闭孔功能来阻隔电流传导，防止电池过热甚至爆炸。

聚烯烃材料具有优异的力学性能、化学稳定性且相对廉价，目前商品化的液态锂离子电池大多使用微孔聚烯烃隔膜，包括聚乙烯（PE）单层膜、聚丙烯（PP）单层膜以及PP/PE/PP三层复合膜。同时有机/无机复合膜也已经在逐步推广应用。表1-5列出了不同型号商业化锂离子电池隔膜的典型技术指标。

表1-5 不同型号商业化锂离子电池隔膜的典型技术指标

隔膜性质	Celgard 2400	Celgard 2500	Celgard EH1211	Celgard EH1609	Celgard 2320	Celgard 2325	Celgard EK0940	Celgard K1245	Celgard K1640	Celgard 2730	Tonen Setela
组成	PP	PP	PP/PE/PP	PP/PE/PP	PP/PE/PP	PP/PE/PP	PE	PE	PE	PE	PE
厚度/μm	25	25	12	16	20	25	9	12	16	20	25

续表

隔膜性质	Celgard 2400	Celgard 2500	Celgard EH1211	Celgard EH1609	Celgard 2320	Celgard 2325	Celgard EK0940	Celgard K1245	Celgard K1640	Celgard 2730	Tonen Setela
Gurley 值/s	24	—	—	—	20	23	—	—	—	22	26
离子阻抗①/(Ω·cm^2)	2.55	—	—	—	1.36	1.85	—	—	—	2.23	2.56
孔隙率/%	40	—	—	50	42	42	—	—	—	43	41
熔融温度/℃	165	—	—	—	135/165	135/165	—	—	—	135	137
纵向抗拉强度/(kg/cm^2)	—	1055	2100	2000	2050	1700	2300	1600	1750	—	—
横向抗拉强度/(kg/cm^2)	—	135	150	150	165	150	2300	1800	1700	—	—
横向收缩程度(90℃/1h)/%	—	0	0	0	0	0	1	1(105℃)	3(105℃)	—	—
纵向收缩程度(90℃/1h)/%	—	5	5	5	5	5	5	6(105℃)	4(105℃)	—	—

① 1mol/L $LiPF_4$/EC 与 EMC 的体积比为 30∶70。

(1) 单层 PE 膜（湿法双向拉伸） 湿法单层 PE 膜中的 PE 呈纤维状，微孔形状类似圆形，孔径较小且分布均匀，微孔内部形成相互连通的弯曲通道，可以得到更高的孔隙率和更好的透气性，具有较高的纵向和横向强度，典型表面形貌见图 1-11。单层 PE 膜熔点不到 140℃，热稳定性不如 PP 膜，适合生产薄隔膜，用于高能量密度电池。单层 PE 膜通常采用分子量高、结晶度高的聚乙烯为原料，采用相分离的液相法以提高双向拉伸工艺制备效率，生产成本较高。

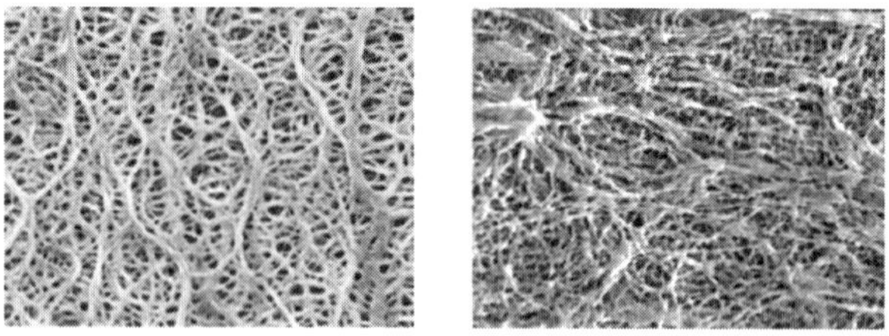

(a) Celgard　　(b) Tonen

图 1-11　湿法制备单层 PE 膜典型 SEM 图

(2) 三层 PP/PE/PP 复合膜和 PE 单层膜（干法单向拉伸） 三层膜通常为 PP、PE 和 PP 组成的三层复合隔膜，在电池内部温度较高时，中间层 PE 在 135℃左右时首先熔化，堵塞隔膜孔隙，使电池内部断路，同时 PP 熔点高，继续将正负极阻隔，大大提高了电池的安全性能。图 1-12 为 Celgard 公司生产的三层膜的 SEM 图。三层 PP/PE/PP 复合膜是以流动性好、分子量和洁净度较低的 PP 和 PE 为原料，利用晶片分离原理，通过干法单向拉伸方法制备，孔径和孔隙较难控制，但生产成本低。采用这种方法也可以制备 PE 单层膜。干法单向拉伸制备一般不适合制备较薄隔膜，由于采用单向拉伸，隔膜的横向强度较低。三层 PP/PE/PP 复合膜和 PE 单层膜适合高功率电池使用。

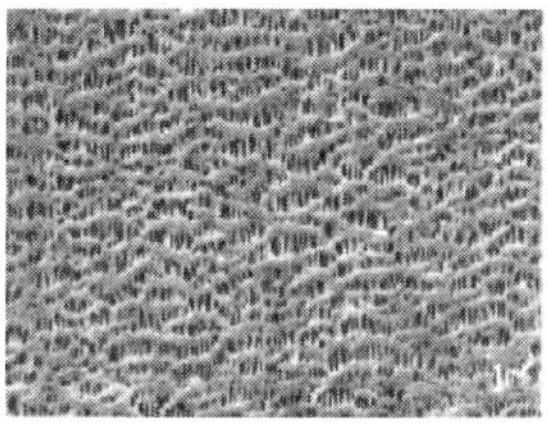

(a) 表面

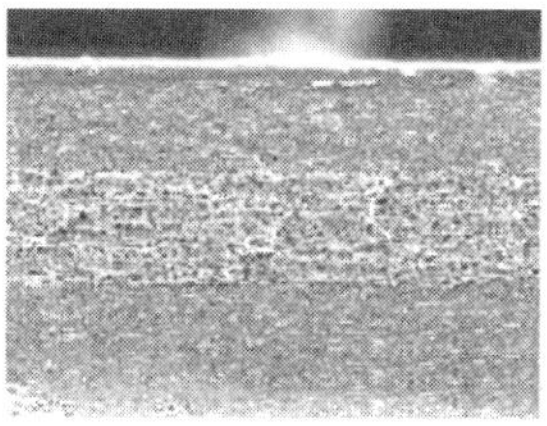

(b) 横截面

图 1-12　Celgard 公司的三层 PP/PE/PP 聚烯烃锂离子电池隔膜 SEM 图

（3）单层 PP 膜（干法双向拉伸）　单层 PP 膜是以流动性好、分子量和洁净度较低的 PP 为原料，在加入成孔剂的情况下，利用晶型转换的原理，采用干法双向拉伸方法制备。由于采用双向拉伸，横向拉伸强度明显高于单向拉伸膜。干法双向拉伸具有工艺相对简单、生产效率高、生产成本低等优点。但该方法所制备的产品仍存在孔径分布过宽、厚度均匀性较差等问题，因此该方法只能生产较厚的隔膜，此类隔膜适合高功率电池使用。图 1-13 为单层 PP（Celgard 2400）锂离子电池隔膜的 SEM 图。

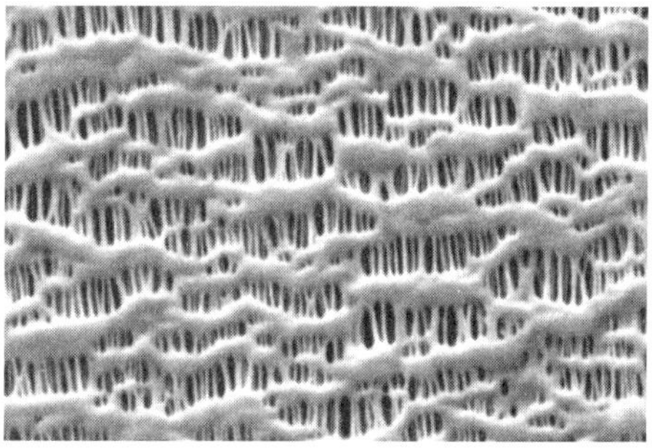

图 1-13　单层 PP（Celgard 2400）锂离子电池隔膜 SEM 图

三种聚烯烃多孔膜的电流切断性能对比见图 1-14。由图中可以看出，PP 膜的切断温度最高，而 PE 膜和三层复合膜的切断温度低，其中三层复合膜切断后维持切断的温度范围大，因此在这三种隔膜中安全性最好。

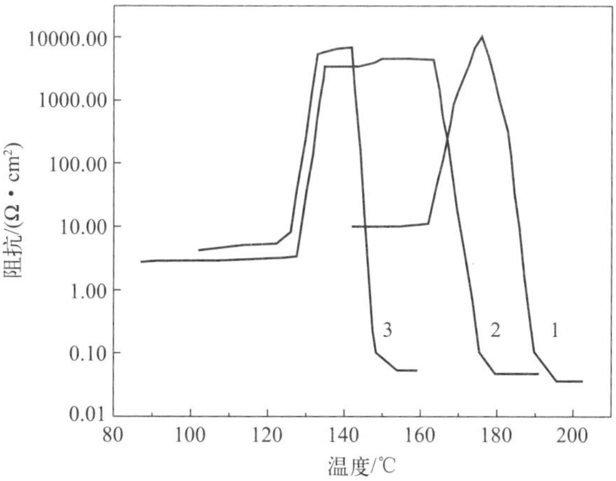

图 1-14　隔膜电流切断性能

1—PP 膜；2—三层复合膜；3—PE 膜

（4）无机/有机复合膜　通常以聚烯烃隔膜为基体，在表面涂覆一层纳米级 Al_2O_3 等无机陶瓷粉体，又称为陶瓷复合隔膜，如图 1-15 所示。有机基体提供足够的柔韧性，可满足电池装配要求；无机组分形成特定的刚性骨架，使隔膜在高温时具有优良的热稳定性和尺寸稳定性，在200℃下不会发生热收缩，还能更好地吸收电解液，减小电池内阻。但是这种隔膜厚度有所增加，使电池能量密度降低。目前无机/有机复合膜在安全性能要求高的场合应用越来越广泛。

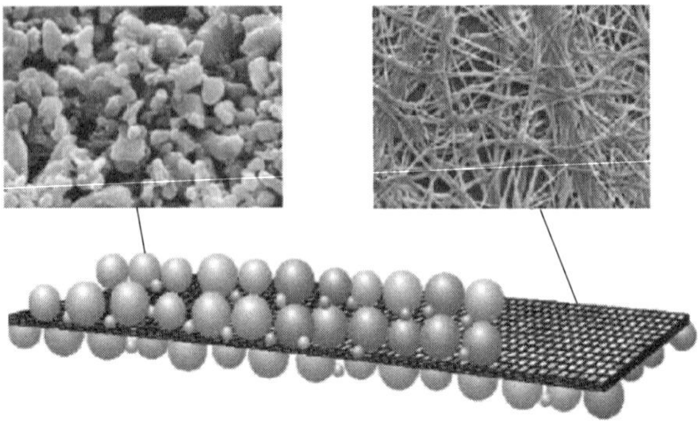

图1-15 陶瓷复合隔膜示意图及SEM图

1.4.5 导电剂

由于正负极活性物质颗粒靠接触导电，在充放电过程中由于极片膨胀和收缩容易失去电接触，使导电性不能满足电子迁移速率的要求，锂离子电池极片中需要加入导电剂，其主要作用是提高电子电导率。锂离子电池常用导电剂有炭黑和碳纳米管，近年来石墨烯也用于锂离子电池导电剂。导电剂形貌和导电网络情况见图1-16。导电剂可以单独使用，也可以混合使用。

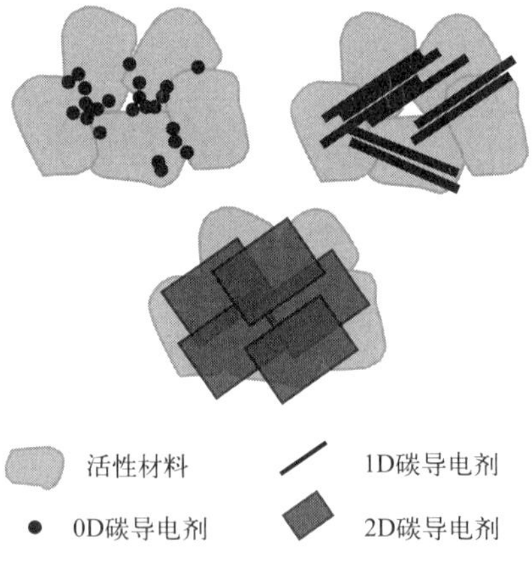

图1-16 活性材料内0D、1D和2D碳导电剂的排列示意图

（1）炭黑 炭黑是由烃类物质（固态、液态或气态）经不完全燃烧或裂解生成的，主要由碳元素组成。炭黑微晶呈同心取向，其粒子是近乎球形的纳米粒子且大都熔结成聚集体形式，炭黑的一次颗粒约为40nm，团聚的二次颗粒为150～200nm，见图1-17。聚集体形式分为球状、椭球状、线状和分枝状，见图1-18。炭黑的形态对导电网络建立具有重要影响，线状和分支状可能更有助于建立导电网络。炭黑的性质见表1-6。比表面积变化较大，在60～1270m^2/g之间。炭黑的吸油值与吸收电解液量有关，可以衡量吸液保液

的作用。但是零维导电剂与活性材料之间形成“点-点”接触模式，这种接触模式构建的导电网络容易由于充放电过程中材料大的体积变化而失效。

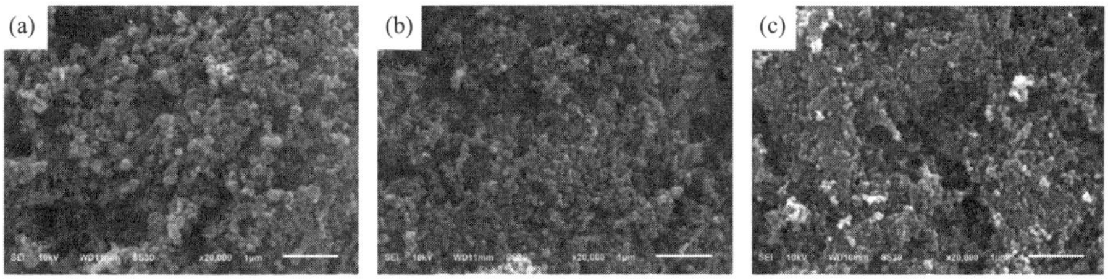

图 1-17　导电炭黑的 SEM 图像

(a) 乙炔黑；(b) Super P；(c) ECP-600JD

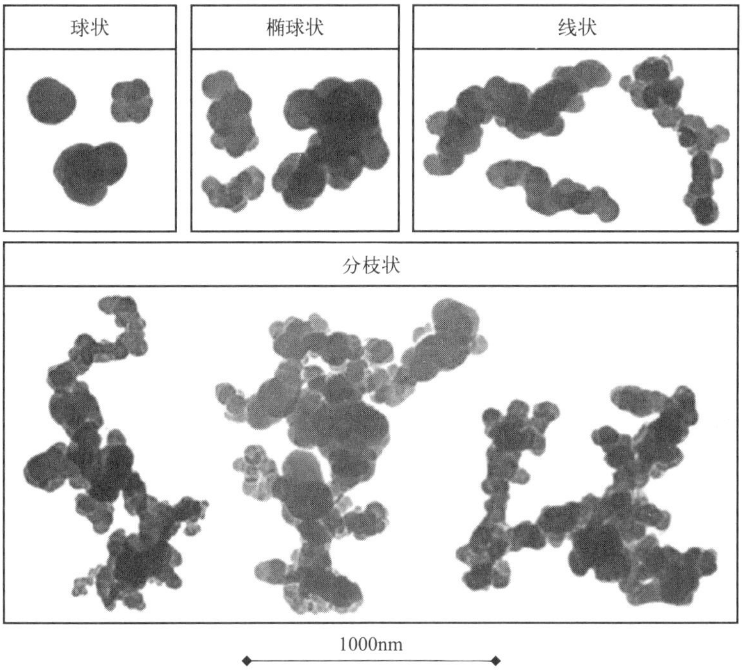

图 1-18　各种聚集形态的炭黑

表 1-6　导电炭黑粉末的相关参数

材料参数	比表面积/(m^2/g)	粒径 d_{50}/nm	OAN①/mL	电导率	可分散性
导电炉黑 P 型	120		102	★	★
乙炔黑	80	40	250	★★	★★★
Super P Li	60	40	290	★★★	★★★
ENSACO™ 350G	800	40	320	★★★★★	★
Keten black ECP-600JD	1270	30	495	★★★★★	★

① 油的吸附值（OAN），指 100g 炭黑吸附邻苯二甲酸二丁酯（DBP）油的量。

② “★”号越多表示电导率越高或分散性越好。

（2）碳纳米管　碳纳米管（CNT）分为单壁CNT和多壁CNT。碳纳米管的直径在纳米级，具有一维线型结构，见图1-19。碳纳米管具有高长径比、高电导率、高热导率、大比表面积、高强度等特点，碳纳米管的电导率高达10^8S/m，弹性模量高达1TPa，单根碳纳米管的热导率达3500W/(m·K)，抗拉强度可达200GPa。碳纳米管的添加量小，仅为0.5%～1%，可在电极中形成长程连接的导电网络，使较松散的颗粒之间仍能保持电接触，提高电池的倍率性能，在长期循环过程中保持电池内阻不增大，尤其是对于充放电过程中体积变化大的材料，效果显著。同时，碳纳米管还可改善极片的加工性能，防止辊压断片、极片掉粉的现象发生。

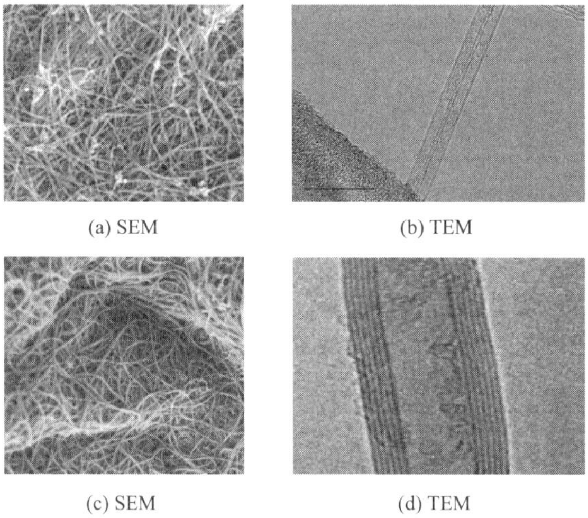

图1-19　单壁碳纳米管［(a)、(b)］与多壁碳纳米管［(c)、(d)］的微观形貌

（3）石墨烯　作为新型导电剂，单层石墨烯是由碳原子按照正六角排列构成的单层网平面结构，理论上小于10层堆积的结构均可称为石墨烯。由于其独特的二维片状结构和强导电性，石墨烯具有极好的导电导热能力，热导率为5000W/(m·K)，载流子迁移率高达200000cm^2/(V·s)，弹性模量高达1TPa，破坏应力高达130GPa，应变高达25%。单层率大于80%的典型石墨烯产品的颗粒直径为0.5～5μm，厚度为0.8nm，BET比表面积为500～1000m^2/g。

1.4.6 黏结剂和助剂

锂电池黏结剂主要是将活性物质粉体黏结起来，增强电极活性材料与导电剂以及活性材料与集流体之间的电子接触，更好地稳定极片的结构。黏结剂主要分为油溶性黏结剂和水溶性黏结剂：油溶性黏结剂聚偏氟乙烯（PVDF）是将聚合物溶于*N*-甲基吡咯烷酮（NMP）等强极性有机溶剂中；水溶性黏结剂丁苯橡胶乳液（SBR）是将聚合物分散于水中。

（1）油溶性黏结剂　聚偏氟乙烯（PVDF）是一种链状高分子聚合物，其结构是$\text{-}[CH_2-CF_2]_n\text{-}$，分子量一般在30万以上，分子有一定极性，黏结性好。具有优异的耐腐蚀性、耐化学药品性、耐热性，而且电击穿强度大、机械强度高，综合平衡性较好。PVDF黏结剂在宽电位下表现出高电化学稳定性窗口（高达5V vs. Li^+/Li），是正极最常用的黏结剂，也可以作为负极黏结剂。PVDF 的分子量越大，则黏合力越强，但分子量过大时容易导致在 NMP 溶剂中的溶解性能不好。因此在保证溶解与分散的情况下，应尽可能采用分子量高的 PVDF。黏结剂中的水分对黏结性影响显著，需要严格控制水分含量。有时 PVDF 还配合草酸助剂使用，以增加黏结性。但是 PVDF 目前也存在一些缺陷，如易被电解液溶胀；电极活性材料被半结晶结构的 PVDF 包覆；结晶区域的 PVDF 抑制锂离子的脱出或嵌入；活性材料与 PVDF 的弱相互作用导致活性材料分布不均，易团聚；同时在高温条件下，PVDF 会与嵌锂石墨 Li_xC_6 和金属锂发生放热反应，生成 LiF，造成安全隐患。

海藻酸钠（alginate）是一种从褐藻中提取的高模量天然多糖，海藻酸钠是褐藻的主要成分，化学结构是 1→4 连接 β-D-甘露糖醛酸和 α-L-古龙糖醛酸残留物的共聚物。海藻酸钠对于硅负极特别有效，在它的每个聚合的单体单元中都含有羧基，羧基的含量越高，就会生成越多的硅黏结键，硅负极的稳定性越好。海藻酸钠可以承受硅在充放电过程中因为较大体积膨胀产生的应力，维持稳定导电网络，从而使循环性能显著提高。

（2）水溶性黏结剂　丁苯橡胶（SBR）是由苯乙烯和丁二烯聚合而成的合成橡胶。作为黏结剂使用时，通常制成水性乳液使用，它的固含量一般为 49%～51%。与 PVDF 相比，少量 SBR 具有更高的黏合能力、更好的机械性能和更高的柔韧性。CMC-Na 为羧甲基纤维素钠，化学结构式如图 1-20 所示。它具有很强的增稠作用，可以降低颗粒团聚和沉降行为。CMC-Na 还具有一定黏结性，每个单体单元被取代的羧甲基的平均数目越大和分子量越大，它可与活性物质形成的化学键越多，黏结性越好。

在实际使用过程中，丁苯橡胶与羧甲基纤维素钠混合使用，其中 SBR 主要作为黏结剂使用，而 CMC-Na 主要作为分散剂使用，SBR 和 CMC-Na 结合形成的弹性体性能提高，如弹性体具有高润湿性、低脆性、高延伸率和更强的对集流体的附着力，但其弹性模量更小。这样能够充分发挥黏结效果，降低黏结剂用量。CMC-Na 主要起分散作用，同时起到保护胶体、利于成膜、防止开裂作用，提高对基材的黏合力。

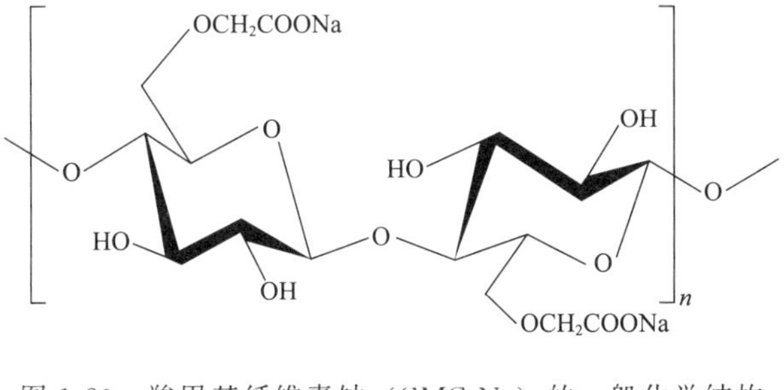

图 1-20　羧甲基纤维素钠（CMC-Na）的一般化学结构

1.5 电池的分类

锂离子电池的分类方法很多，可以按外形、外壳材料、电解液、正负极材料和用途等进行分类。按外形分为扣式电池、方形电池和圆柱形电池，按外壳材料分为钢壳电池、铝壳电池和软包装电池等，按电解液分为液体电解质电池、凝胶电解质电池和聚合物电解质电池，按正负极材料分为磷酸铁锂电池、三元材料电池和钛酸锂电池等，按用途分为 3C (consumer，communication，computer）电池和动力电池等。还可以按照形状和外壳材料进行混合分类。这里介绍软包装电池、方形电池和圆柱形电池。

（1）软包装电池　软包装电池采用铝塑复合膜为外壳材料。铝塑复合膜是多层膜复合材料，通常最内层为聚丙烯材料，电池封装主要通过聚丙烯熔融进行密封，中间层为铝箔，最外层为保护层，多为高熔点聚酯或尼龙材料，见图 1-21。由于铝塑复合膜的质量轻，因此铝塑复合膜电池的比能量高；由于内部真空封装，极片压紧力好，因此倍率性能好；但是其外壳的强度低，比较适合制备薄的电池，因而散热好；又由于外壳柔性可膨胀，因此安全性能好。通常正负极极耳可直接作为电池正负极使用，见图 1-22（a）。软包装电池既可制作成方形电池，又可制作成异形电池。

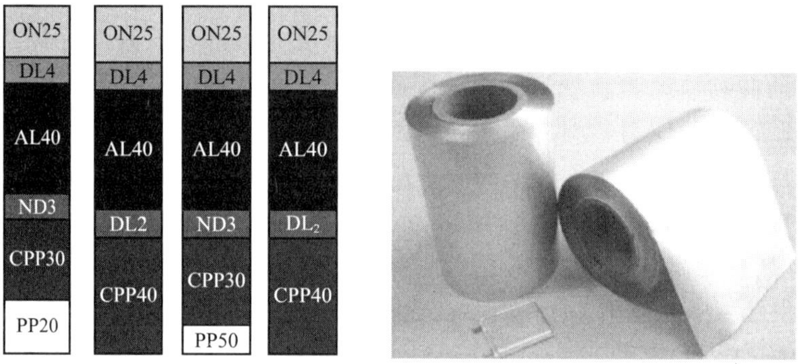

图 1-21　铝塑复合膜为 ON/AL/CPP 复合结构

（各数值为厚度，μm）

ON—延伸尼龙；DL—胶黏剂层；AL—铝箔；

ND—胶黏剂层；CPP—流延聚丙烯；PP—聚丙烯复合层

（2）方形电池　通常为铝壳电池和钢壳电池。铝壳电池采用铝壳体和盖板制成，铝壳体作为电池正极使用，铝盖板上的镍柱作为负极使用，见图 1-22（b）、（c）。钢壳电池采

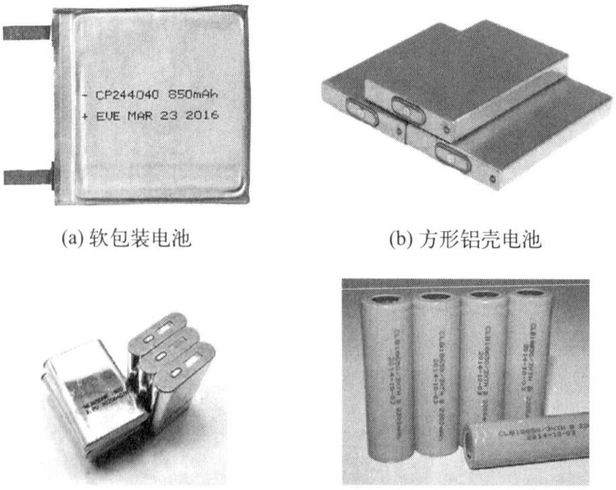

(a) 软包装电池　(b) 方形铝壳电池

(c) 方形钢壳电池　(d) 圆柱形电池

图 1-22　软包装电池、方形铝壳电池、方形钢壳电池和圆柱形电池

用不锈钢壳体和盖板制成，不锈钢壳体作为负极使用，不锈钢盖板上的镍柱作为正极使用。由于铝的密度比不锈钢的小，因此铝壳电池的比能量高于同尺寸的钢壳电池。金属材质一般不适合制作薄电池和蓝牙耳机等用的小型电池。钢壳电池是最早产业化的手机电池，此后被铝壳电池取代，现在手机电池应用的主要是软包装电池或聚合物电池，聚合物电池一般采用软包装。

（3）圆柱形电池　通常采用不锈钢圆筒壳体和盖帽制成，见图1-22（d）。圆筒壳体作为负极使用，盖帽作为正极使用。圆柱形电池耐压，抗变形能力好，工艺成熟、一致性好，是制备电池组的优选电池。

方形电池型号通常用厚度＋宽度＋长度表示，如型号“485098”中48表示厚度为4.8mm，50表示宽度为50mm，98表示长度为98mm；数字后面标注A的为铝壳电池，如485098A，没有字母的为钢壳电池。圆柱形电池通常用直径＋长度＋0表示，如型号“18650”中18表示直径为18mm，65表示长度为65mm，0表示为圆柱形电池。

1.6 极片设计

对于给定额定容量要求的锂离子电池，锂离子电池的极片设计包括活性物质用量设计和电池极片尺寸设计两个部分。

（1）活性物质用量设计　为了确定极片中活性物质的用量，首先要确定电池的设计容量。设计容量可以根据电器的工作电流（I）和工作时间（t）计算得出，即

$$C_d = It \tag{1-17}$$

在化学电源设计时，为了确保电器的工作时间，还要考虑内外电路电阻和电池容量随循环降低的影响，电池生产厂家提供的电池设计容量（C_d）一般要高于额定容量。

比容量是单位质量活性物质具有的放电容量。活性物质的理论比容量为：

$$C_0 = nF/M \tag{1-18}$$

式中，n 为转移电子数；F 为法拉第常数；M 为活性物质的摩尔质量。

活性物质的实际比容量通常比理论值低，实际比容量与理论比容量的比值称为活性物质利用率 η。活性物质实际比容量为：

$$C = \eta C_0 \tag{1-19}$$

活性物质的实际比容量 C 或利用率 η 通常要结合实际生产统计结果，或者通过小试和中试实验确定。

在锂离子电池活性物质容量设计过程中，通常以正极容量设计为标准。这是因为负极涂层的宽度和长度要大于正极活性物质涂层的宽度和长度，以避免负极包不住正极的现象发生，从而防止负极极片边缘析锂，造成安全隐患。因此，负极活性物质的用量通常高于正极活性物质的用量。

正极活性物质设计用量：

$$m_c = C_d / C_c \tag{1-20}$$

负极活性物质设计用量：

$$m_a = \delta C_d / C_a \tag{1-21}$$

式中，C_c 和 C_a 分别为正负极活性物质的比容量；δ 为负极的过量系数，等于负极涂层面积与正极涂层面积之比。

(2) 电池极片尺寸设计　这里以方形电池卷绕式极片设计为例进行讨论。卷绕式电极极片结构如图 1-23 所示，极片尺寸设计包括集流体的尺寸、活性物质厚度和面密度等。

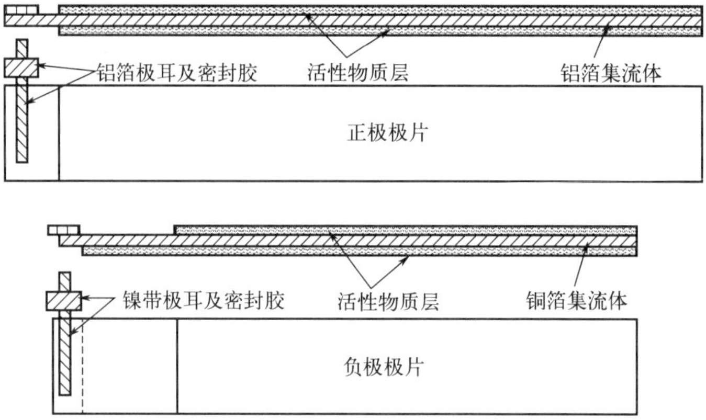

图 1-23　锂离子电池卷绕式电极极片尺寸和结构示意图

工作电流 I（通常为 1C）确定以后，活性物质涂层面积可以根据极片单位涂层面积允许的电流密度来确定。正极涂覆总面积 S_c（m^2）为：

$$S_c = I/i \tag{1-22}$$

式中，i 为单位涂层面积允许的电流密度，通常由实验和经验确定，一般在 $2\sim6mA/cm^2$ 之间。

则正负极活性物质涂覆面密度 σ_c 和 σ_a 分别为：

$$\sigma_c = m_c/S_c \tag{1-23}$$

$$\sigma_a = m_a/(\delta S_c) \tag{1-24}$$

极片经过辊压后，则正负极极片厚度为：

$$h_c = \sigma_c/\rho_c + h_{0c} \tag{1-25}$$

$$h_a = \sigma_a/\rho_a + h_{0a} \tag{1-26}$$

式中，h_c 和 h_a 分别为正负极厚度；h_{0c} 和 h_{0a} 分别为正负极集流体厚度；ρ_c 和 ρ_a 分别为正负极活性物质涂层中单位体积活性物质的密度，也称为充填密度，通常由实验和经验确定，例如石墨负极通常在 $1.5\sim1.9g/cm^3$ 之间，钴酸锂在 $3.6\sim4.2g/cm^3$ 之间。

通常情况下，负极宽度比正极大 1mm 左右；长度通常比正极长 4～6mm，具体值随着正极长度的增加而增长。在极片长度设计时，还需要考虑极耳焊接预留空白长度以及卷绕设计的空白长度。由于极片为双面涂布，极片长度通常为极片涂层长度和留白长度之和的一半。

1.7 锂离子电池发展历程、特点及应用

1.7.1 锂离子电池发展历程

锂离子电池的发展源于金属锂电池。金属锂电池是以金属锂为负极的电池体系，在金属元素中，由于锂标准电极电位最负，为 −3.04V，所以金属锂为负极的锂电池的电压高；加之金属锂的密度低，仅为 $0.534g/cm^3$，比容量高达 3600mA·h/g，所以金属锂电

池是目前比能量最高的电池体系。1970年，日本Sanyo公司利用二氧化锰作为正极材料制造出了世界上第一块商品锂电池，随后还出现了植入式心脏设备使用的锂银钒氧化物（$Li/Ag_2V_4O_{11}$）电池，这些电池只能一次性使用、不能充电。需要注意的是，现在人们也将锂离子电池称为锂电池，这只是在非正规场合对锂离子电池的简称，使用时应该注意区分。

1972年，美国埃克森（Exxon）公司的Stanley Whittingham采用二硫化钛作为正极材料，开发出世界上第一个二次锂电池。但是，在反复充放电过程中，金属锂负极表面易形成锂枝晶，锂枝晶会穿破电池隔膜，造成电池内短路、起火和爆炸，这是20世纪80年代锂电池商业化失败的主要原因。为了解决这个问题，Armand在1977年的专利中提出了石墨嵌入化合物可以充当锂离子电池负极材料，随后于1980年提出正负极均采用嵌入化合物作为电极材料，充放电过程中锂离子在正负极之间作往复运动，他将这种电池形象地称为摇椅式电池，这即是锂离子电池概念的起源[2]。

最早实现了锂离子电池操作的是Bonino等[3]，他们在一系列文献中报道了采用TiS_2和WO_3等材料为正极、$LiWO_2$和$LiFeO_3$等材料为负极、$LiClO_4$溶于碳酸丙烯酯（PC）为电解液的锂离子电池。这类电池中的典型反应可用下式表示：

$$Li_yM_nY_m + A_zB_w \rightleftharpoons Li_{y-x}M_nY_m + Li_xA_zB_w \tag{1-27}$$

这种电池的开路电压和充放电效率高，但是容量低，动力学性能差，负极材料$Li_yM_nY_m$需要由Li与M_nY_m用电化学方法制备，再与正极A_zB_w构成电池。由于是采用氧化还原反应的反应物装配电池，负极在空气中不稳定，因此难以实现产业化。

1980年，Goodenough等在牛津大学工作期间发明了正极材料钴酸锂，1983年提出尖晶石状$LiMn_2O_4$可作为锂离子电池正极材料[4]。1985年日本科学家吉野彰采用石油焦作为负极、采用钴酸锂作为正极制备出了第一块锂离子电池，随后直到1990年，索尼公司用石油焦作负极，大幅度提高了负极的充放电速率[5]，次年成功推出了商品化锂离子电池。

晶体碳石墨材料虽然很早就被应用于锂离子电池的研究，但由于石墨与电解液中PC反应强烈，其相关研究一度处于停滞状态。受到无定形碳工业化的鼓舞，人们通过改进电解液，研发出以碳酸乙烯酯（EC）为基础的电解液，使晶体碳随之实现工业化，这标志着锂离子电池主导电池体系的形成。

1996年，Goodenough等发明橄榄石结构$LiFePO_4$作为锂离子电池正极材料[6]。1997年，Numata等首先报道了富锂锰基材料$Li_2MnO_3 \cdot LiCoO_2$可作电池正极材料[7]。1999年，Liu等首次报道了$LiNi_{1-x-y}Co_yMn_xO_2$（$0<x<0.5$，$0<y<0.5$）三元过渡金属镍钴锰复合氧化物可作为电池正极材料[8]。1996年，加拿大的Zaghib等首次提出采用钛酸锂作为电池负极材料[9]。1987年，Semko和Sammels首次实现了用聚合物作为电解液的锂离子电池。1993年，美国的Bellcore首先报道了采用PVDF凝胶电解质制造成锂离子聚合物电池。1999年，日本索尼公司成功实现凝胶聚合物锂离子电池大规模产业化生产。目前，以富锂锰基材料为代表的高容量正极材料、以硅碳为代表的高容量负极材料、以$LiNi_{0.5}Mn_{1.5}O_4$为代表的高电压正极材料已经进入市场，成为目前新一代高能量密度电池体系研究和产业化的研究重点和热点。

2019年诺贝尔化学奖就颁发给了为锂离子电池发展做出重要贡献的美国的Goodenough、英国的 Stanley Whittingham、日本的吉野彰等三位科学家，表彰他们使人类摆脱化石能源成为可能。

1.7.2 锂离子电池特点与应用

1.7.2.1 锂离子电池特点

将常用的锂离子电池、镍氢电池和铅酸电池等二次电池的性能进行对比，见表 1-7。可见，锂离子电池的质量比能量和体积比能量高、工作电压最高、循环使用寿命最长、自放电低，无记忆效应，可随时进行充放电而不影响容量；不含重金属铅等有害有毒元素和物质，环境友好。锂离子电池的缺点主要是成本较高，必须装有保护电路，以防止过充电和过放电。

表 1-7 充电电池性能对比

项目	锂离子电池	铅酸电池	镍氢电池
电压/V	3.0～3.8	2	1.2
质量比能量/(W·h/kg)	120～300	28～40	60～80
体积比能量/(W·h/L)	280～600	64～72	240～300
使用温度/℃	−20～60	−20～60	−20～60
循环性能/次	>1000	400～600	>500
自放电(保存月数)/月	45	30	7
记忆效应	无	无	较轻
环保性	无	重金属污染	无

1.7.2.2 锂离子电池应用

锂离子电池主要分为消费类锂离子电池、动力锂离子电池和储能锂离子电池。锂离子电池在数码电子设备、电动汽车、储能、航空航天和国防军事等领域得到广泛运用。

(1) 消费类锂离子电池　消费类锂离子电池是指手机、笔记本电脑等领域应用的锂离子电池。早期手机电池使用的是和锂离子电池同期产业化的镍氢电池。由于锂离子电池质量比能量最高，随着锂离子电池产品技术的发展，在 20 世纪 90 年代末锂离子电池全面取代了镍氢电池，成为手机的首选电池。随着手机、笔记本电脑和照相机等使用锂离子电池，锂离子电池成为了销售额最大的电池。

(2) 动力锂离子电池　动力锂离子电池是指应用于电动汽车、两轮车和电动工具的锂离子电池。锂离子电池是质量比能量最高的电池体系，用于纯电动汽车时的续航里程最长，是电动汽车动力电池首选体系。另外，随着锂离子电池技术进步，锂离子电池的循环性能大幅度提高，有的可达上万次，可以保证锂离子电池使用 20 年以上，这使其应用于电动汽车成为了可能。而且电动汽车使用锂离子电池可以减少汽油带来的尾气污染，另外电动汽车与新能源的结合可以实现减排与可持续发展，因此动力锂离子电池用量大幅度增大，到目前为止，动力锂离子电池在锂离子电池市场中份额最大。

(3) 储能锂离子电池　储能锂离子电池是指用于发电储能、家用储能、通信基站储能、商业储能等领域的锂离子电池。在电力储能方面，随着节能减排和可持续发展需求越来越迫切，太阳能和风能等新能源在发电中比例不断增大，由于太阳能和风能新能源发电受天气影响严重，为实现供电电力的稳定，防止弃风弃光，在新能源发电时需要配备10%～15%储能装置。储能成为了锂离子电池新的增长点。

在军事国防领域，锂离子电池可用于陆军方面的单兵系统的夜视、紧急定位器和GPS跟踪装置，陆军战车，军用通信设备等；用于海军方面的微型潜艇和水下航行器，如美国用于探测水雷和水面目标的“海底滑行者”，使用锂离子电池可自主航行6个月，航程为5000km，最大下潜深度为1000m；用于空军方面的无人侦察机，如美国AeroVironment公司研制的“龙眼”无人机，重2.3kg，升限90～150m，以76km/h速度飞行时可飞行60min。在航天方面的卫星和飞船等领域，锂离子电池质量比能量高，发射质量小，可大幅度降低发射成本，将其与太阳能电池联用成为最佳选择。如欧洲航天局（ESA）的火星快车采用的锂离子电池组的能量为1554W·h，质量为13.5kg，比能量为115W·h/kg。另外，火星着陆器“猎犬2号”也采用了锂离子电池。

习 题

1. 锂离子电池结构有哪些主要组成部分？

2. 锂离子电池的优缺点是什么？

3. 试总结锂离子电池正极材料的基本要求。

4. 试[redacted]锂离子电池对隔膜的要求。

[redacted]使用铝箔作正极集流体、铜箔作负极集流体？

6. 锂离子电池有哪些应用场景？

7. 写出以磷酸铁锂为正极材料、钛酸锂为负极材料的总电池反应，并计算正负极材料的理论容量。

8. 以额定容量为3A·h的$LiCoO_2$-石墨组构成体系为例，完成下列各题：

（1）写出上述锂离子电池工作的化学反应方程式；

（2）假设$LiCoO_2$和石墨实际发挥的比容量分别为150mA·h/g和350mA·h/g，计算所需$LiCoO_2$和石墨的质量；

（3）1C和5C充电时所需电流为多大？

参考文献

[1] 吴宇平，万春荣，姜长印. 锂离子二次电池［M］. 北京：化学工业出版社，2002.

[2] Armand M B. Intercalation electrodes［M］// Materials for Advanced Batteries. Boston：Springer，1980：145-161.

[3] Bonino F，Lazzari M，Bicelli L P，et al. Rechargeability studies in lithium organic electrolyte batteries［C］// Proceedings of the symposium on lithium batteries. Battery division，Electrochemical Society，1981.

[4] Thackeray M M，David W I F，Bruce P G，et al. Lithium insertion into manganese spinels［J］. Materials Research Bulletin，1983，18（4）：461-472.

[5] NagauraT, TozawaK. Lithium ion rechargeable battery [J]. Progress in Batteries and Solar Cells, 1990, 9 (2): 209-217.

[6] Padhi A K, Nanjundaswamy K S, Goodenough J B. Phospho-olivines as positive-electrode materials for rechargeable lithium batteries [J]. Journal of the Electrochemical Society, 1997, 144 (4): 1188-1194.

[7] Numata K, Sakaki C, Yamanaka S. Synthesis of solid solutions in a system of $LiCoO_2$-Li_2MnO_3 for cathode materials of secondary lithium batteries [J]. Chem Lett, 1997 (8): 725-726.

[8] Liu Z L, Yu A, Lee J Y. Synthesis and characterization of $LiNi_{1-x-y}Co_xMn_yO_2$ as the cathode materials of secondary lithium batteries [J]. J Power Sources, 1999, 81: 416-419.

[9] Zaghib K, Simoneau M, Armand M, et al. Electrochemical study of $Li_4Ti_5O_{12}$ as negative electrode for Li-ion polymer rechargeable batteries [J]. J Power Sources, 1999, 82: 300-305.

第2章 锂离子电池制浆

2.1 概述

锂离子电池制造过程中的制浆是将正负极活性物质粉体制备成浆料的过程。正极浆料的典型体系由正极活性物质钴酸锂粉体、导电剂炭黑、黏结剂聚偏氟乙烯（PVDF）和溶剂 *N*-甲基吡咯烷酮（NMP）组成。因为 NMP 为有机溶剂，也将正极浆料体系称为油性体系。负极浆料的典型体系由负极活性物质石墨粉体、导电剂炭黑、黏结剂丁苯橡胶乳液（SBR）、分散剂羧甲基纤维素钠（CMC-Na）和溶剂水组成，这种体系也称为水溶体系。负极浆料的体系也有油性体系，与正极材料油性体系采用的溶剂（NMP）相同。

锂离子电池正负极浆料实际上属于悬浮液范畴。悬浮液是由分散质、分散介质和分散剂构成的分散体系。其中分散质一般是指固体粉体，正负极浆料中的活性物质和导电剂就是悬浮液的分散质。分散介质一般是指液体溶剂，正负极浆料中的水和 NMP 就是分散介质。分散剂是指能使固体颗粒在液体溶剂中分散的添加剂，也称为助剂。正极浆料中的黏结剂 PVDF 也是分散剂，负极浆料中的 CMC-Na 就是分散剂，同时黏结剂 SBR 也具有一定的分散剂作用。

典型的制浆过程如图 2-1 所示。在制浆过程中，粉体颗粒团聚体首先在机械搅拌作用下被打散，然后均匀分散于溶剂中。

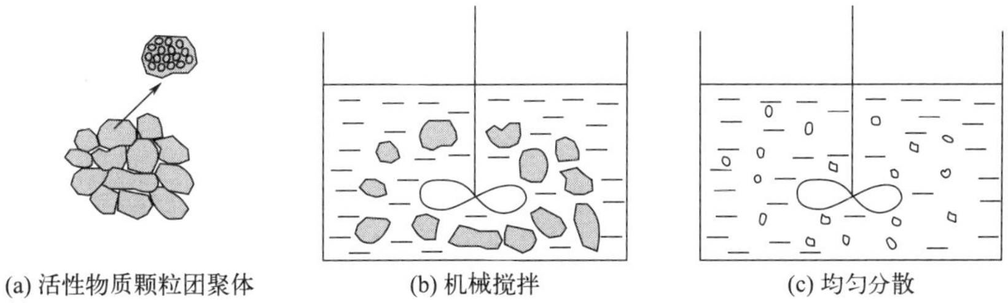

图 2-1　制浆过程示意图

在悬浮液中，固体颗粒主要受到颗粒间力和非颗粒间力作用，见图 2-2。颗粒间力分为引力（F_1）和斥力（F_2）两大类；非颗粒间力有重力（G）、浮力（F_3）、布朗运动力（F_4）以及流体力等。

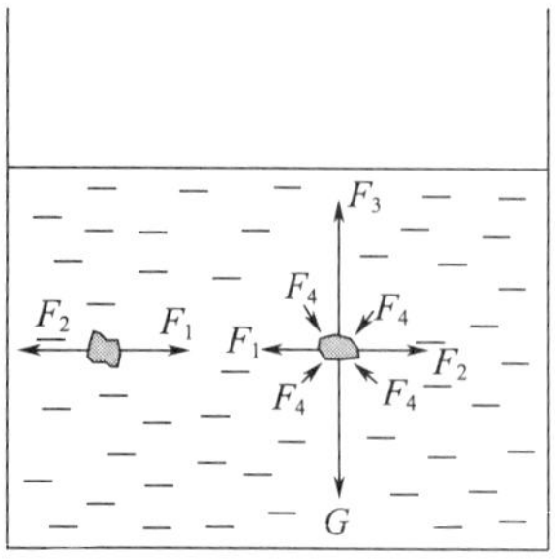

图 2-2 静态悬浮液固体颗粒受力示意图

均匀稳定分散是锂离子电池制浆的基本要求。对于制备好的悬浮液，能否稳定分散，取决于颗粒间力和非颗粒间力的作用情况。例如，当颗粒间力为静电作用力时，如果颗粒带有同种电荷，静电作用力表现为排斥力，颗粒间就不会自发产生团聚，有助于悬浮液的稳定分散；当非颗粒间力为重力时，当颗粒的密度大于水的密度时，重力大于浮力，颗粒在水中就会有自发沉降趋势，不利于悬浮液的稳定分散。悬浮液的制浆原理就是讨论颗粒间力和非颗粒间力的作用以及二者的调控方法，以便人们在原理指导下进行稳定悬浮液的制备技术开发。

本章首先介绍悬浮液稳定分散的基本原理，包括非颗粒间力、颗粒间力、悬浮液稳定性、悬浮液调控方法，最后讨论锂离子电池制浆过程。

2.2 悬浮液颗粒的非颗粒间力

2.2.1 重力和浮力

悬浮液处于重力场中。在溶剂中，固体颗粒受到重力 G 和浮力 F 的双重作用：

$$G=\rho_p gV \tag{2-1}$$

$$F=\rho_s gV \tag{2-2}$$

式中，G 为颗粒受到的重力，N；F 为颗粒受到的浮力，N；ρ_p、ρ_s 分别为颗粒和溶剂的密度，kg/m^3；g 为重力加速度，m/s^2；V 为颗粒体积，m^3。

有如下规律：

当 $\rho_p>\rho_s$ 时，颗粒受到的重力大于浮力，颗粒发生沉降；

当 $\rho_p=\rho_s$ 时，颗粒受到的重力等于浮力，颗粒悬浮在溶剂中；

当 $\rho_p<\rho_s$ 时，颗粒受到的重力小于浮力，颗粒发生上浮。

由上可知，颗粒密度只要不等于溶剂密度，颗粒都会自发地沉降或上浮，使悬浮液的溶剂和颗粒分离，颗粒密度与溶剂密度的差值越大，越不稳定。在锂离子电池浆料中，通常颗粒密度大于溶剂密度，悬浮颗粒会沿重力方向向下运动，发生重力沉降。重力沉降会造成颗粒浓度沿重力方向增大，使悬浮体系破坏。

2.2.2 布朗运动力

悬浮液中的所有颗粒，无论粒度大小，都会受到溶剂分子热运动的无序碰撞，从而产生扩散运动，称为布朗运动。这里将使颗粒产生布朗运动的力称为布朗运动力。布朗运动力是无规则的，它们在各个方向存在的概率相等。布朗运动一方面使得悬浮液体系中的颗粒随机向任意方向移动扩散，使悬浮液浓度趋于一致，分散均匀；另一方面也使颗粒碰撞机会增加，使颗粒间发生接触而团聚，使粒度增大而发生重力沉降。

不同粒度颗粒在水中的布朗运动位移和重力沉降位移见表 2-1。对于颗粒密度为 $2000kg/m^3$ 的粉体，布朗运动速度随颗粒直径的减小而增大，而重力沉降的速度随直径减小而减小，这样在 $1.0\mu m$ 和 $2.5\mu m$ 之间，存在一个粒度值使二者的速度相等，大约为 $1.2\mu m$，称为临界直径。

表 2-1　单位时间（s）内颗粒在水中的布朗运动位移和重力沉降位移

颗粒粒度/μm	10	2.5	1.0	0.5	0.25	0.10
布朗运动位移/μm	0.236	0.344	0.745	1.052	1.49	2.36
重力沉降位移/μm	55.4	13.84	0.554	0.1384	0.0346	0.005

关于悬浮液体系中的颗粒是否具有自发沉降趋向，可以做如下判断：

① 当颗粒直径小于临界直径时，布朗运动起决定作用，颗粒没有自发沉降趋向。

② 当颗粒直径大于临界直径时，重力沉降起决定作用，颗粒有自发沉降趋向。

在锂离子电池的浆料中，负极材料石墨颗粒的 d_{50} 在 17μm 左右，正极粉体钴酸锂的 d_{50} 在 8μm 左右，磷酸铁锂的 d_{50} 在 2μm 左右，因此正负极粉体直径都大于临界直径，所以锂离子电池浆料都有自发沉降趋向。在锂离子电池浆料中有时还有少量导电剂固体颗粒。导电剂固体颗粒多为纳米材料，粒径小于临界直径，没有自发沉降趋向。

2.2.3　黏度与流体力

（1）黏度　黏度的本质是分子间范德华力的引力作用，也称为内摩擦力。衡量内摩擦力的物理量为黏度。这里以上下两个大平行平板之间的流体为例讨论黏度，如图 2-3 所示。当上面的平板向固定方向水平匀速运动时，紧贴上部平板的流体在平板带动下运动；由于内摩擦力作用，下部流体随之运动，在上下两个平板之间流体产生速度梯度。速度梯度大小用 du/dy 表示，也称为剪切速率。当速度梯度恒定时，上下层流体的作用力和反作用力相等，此时的剪切应力用 τ 来表示：

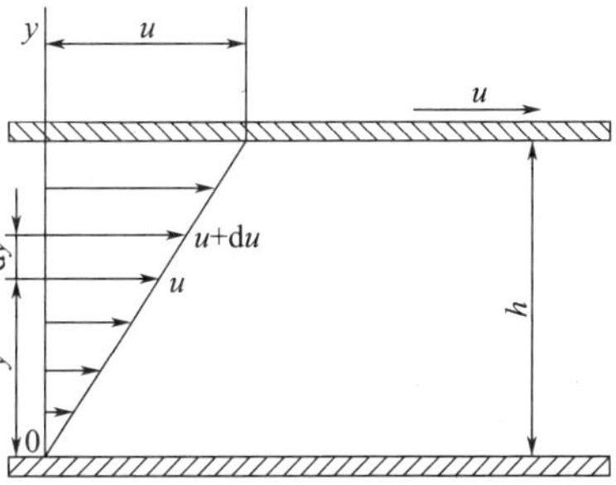

图 2-3　平行平板之间的流体黏度

$$\tau=\eta\frac{du}{dy} \tag{2-3}$$

其中的比例系数 η 称为黏度（动力黏度），单位为 Pa·s，也可以写成 $N\cdot s/m^2$。黏度的物理意义为当速度梯度等于 1 时流体单位面积上黏性产生的内摩擦力（也称为剪切应力）的大小。黏度越大，则在相同剪切应力下，流体的相对速度越小。黏度反映了流体在受到外力作用时保持原来形状的能力，即黏度越大，保持原来形状的能力越强。流体的黏度不仅因流体种类而异，而且还受温度、压力影响。同一种液体的黏度随着温度升高而降低，压力的影响可以忽略不计。

（2）流体力与搅拌临界转速　当悬浮液中的流体发生运动时，颗粒会受到很多流体力的作用，例如流体对颗粒施加的剪切力即内摩擦力，如图 2-4 所示。流体与颗粒产生相对运动，使得流体对颗粒产生剪切力作用，带动颗粒沿流体运动方向运动，随着流体一起运动。

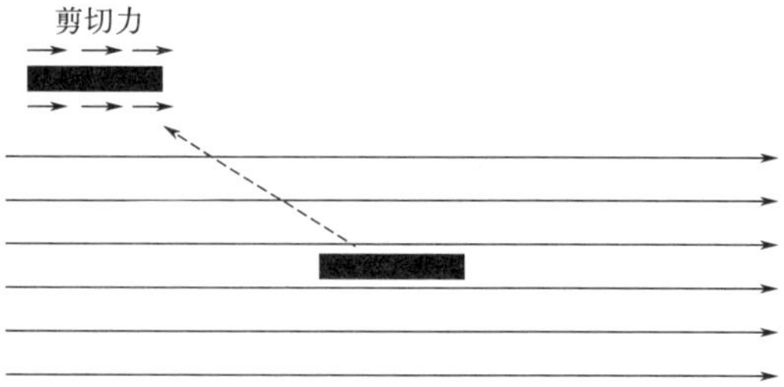

图 2-4 颗粒处于相对运动流体中的受力

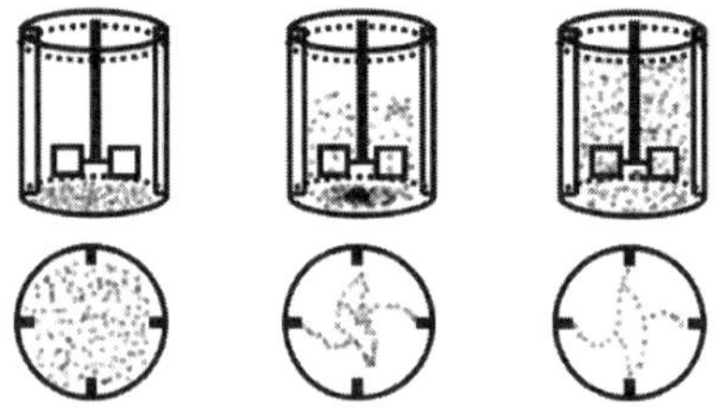

图 2-5 搅拌桨转速与颗粒悬浮的关系

在搅拌罐中，未搅拌时颗粒处于搅拌罐底部，与流体处于分离状态，见图 2-5（a）（未搅拌）。随着搅拌转速增加，颗粒在流体力的作用下处于运动之中，当没有任何颗粒在罐底停留超过一个很短的时间（例如 1～2s），颗粒呈现完全离底悬浮状态，见图 2-5（b）（完全离底悬浮），此时的搅拌速度称为临界转速。当搅拌转速足够大时，颗粒在整个搅拌罐内浓度分布均匀恒定，呈现均匀悬浮状态，见图 2-5（c）（均匀悬浮）。临界转速的影响因素很多，一般来说，桨叶直径越小、颗粒直径越大、液体黏度越大、颗粒与液体的密度差越大，则临界转速越大。

2.3 悬浮液颗粒的颗粒间力

颗粒间作用力种类很多，这里主要讨论对制浆影响显著的范德华力、静电作用力、溶剂化作用力、疏溶剂作用力和位阻作用力等。在稳定的浆料中，引力包括范德华力和疏溶剂作用力，引力使颗粒团聚，不利于浆料稳定；斥力包括静电作用力、溶剂化作用力和位阻作用力，斥力使颗粒分散，有利于浆料稳定。

2.3.1 范德华力

范德华力属于引力范畴，是两个颗粒中分子（或原子）间所有作用力的总和。范德华力普遍存在于固、液、气态微粒之间。范德华力受颗粒密度、直径、颗粒间距和表面性质等因素影响，随颗粒间距的增大而减小，随颗粒密度和直径的增大而增加。颗粒间的范德华力不仅可观，而且作用距离较大，可以在 100nm 内表现出来，见表 2-2。在锂离子电池的制浆过程中，减小颗粒粒度可以减小范德华力，有助于制备稳定悬浮液。

表 2-2 1mm 球形颗粒不同间距时的范德华力（哈梅克常数 $A=10^{-19}$）

颗粒间距/nm	作用力/N
0.2	2×10^{-3}
10	约 10^{-5}
50	约 3×10^{-8}

2.3.2 静电作用力

静电作用力是颗粒表面带的电荷产生的颗粒间作用力，当两个颗粒带有同种电荷时静电作用力表现为斥力，而当两个颗粒带有相反电荷时则表现为引力。同质颗粒通常带有同种电荷，静电作用力表现为斥力；对于异质颗粒，带有相反电荷时表现为引力，带有同种电荷时表现为斥力。在稳定悬浮液中常见的静电作用力为斥力。

悬浮液中颗粒表面带有电荷的原因非常复杂。在水性体系中，造成颗粒表面带有电荷的原因很多，如颗粒表面晶格离子和表面官能团的选择性解离以及表面晶格缺陷等。当颗粒带电时，在颗粒表面有一个由同种电荷形成的电荷层，形成电荷层的离子称为电位形成离子。在这个电荷层外面吸引聚集了电位形成离子的反离子，一部分反离子被紧密吸引在表面，形成了吸附层，这些反离子被称为束缚反离子。吸附层有几个分子厚度，通常随着颗粒一起运动，因此将电荷层和吸附层称为固定层。另一部分反离子由于分子热运动和溶剂化作用而向外扩散，离开颗粒越远，反离子浓度越低，直至反离子浓度与溶液中的相等，形成了一个反离子浓度高的扩散层。由于扩散层的反离子与电荷层的结合力弱，在颗粒运动时，常常脱离颗粒，这个脱开的界面称为滑动面，滑动面通常位于靠近吸附层的某个位置，如图 2-6 所示。

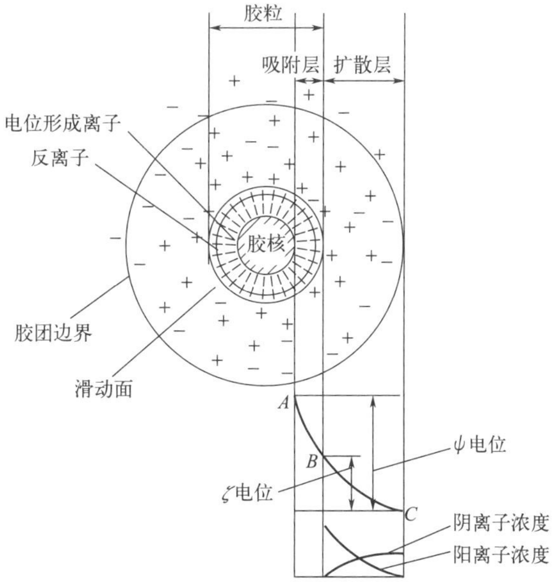

图 2-6　粒子双电层结构及其点位分布

以滑动面分界的双电层的电压用ζ 电位表示，也称为 zeta 电位。以吸附层分界的双电层电位用 ψ 电位表示，则有$\zeta < \psi$。其中ζ 可以由电泳和电渗速度计算出来。常用ζ 电位度量颗粒之间相互排斥的强度。ζ 电位（正或负）越高，颗粒之间的静电排斥力越大，体系分散越稳定，反之亦然。ζ 电位与体系稳定性的关系见表 2-3。两个颗粒的静电作用距离与扩散层的厚度有关，扩散层越厚，静电作用距离越远。但是，随着距离变远，作用力减弱。双电层的厚度是变化的，如随着离子强度增加，双电层厚度下降。

表 2-3 ζ电位与体系稳定性之间的大致关系

ζ电位/mV	体系稳定性
0～±5	快速凝结或凝聚
±10～±30	开始变得不稳定
±30～±40	稳定性一般
±40～±60	稳定性较好
超过±61	稳定性极好

2.3.3 溶剂（水）化作用力

溶剂（水）化作用力属于排斥力范畴。固体颗粒在溶剂中分散时，存在着溶剂化膜。因为最常用溶剂是水，这里以水化作用力为例进行讨论。在强极性的水介质中，当两个颗粒互相靠近，水化膜开始接触时，就会产生一种排斥作用，称为水化作用力，也叫水化力或结构力。水化力作用范围在 2.5～10nm 之间，约 10～40 个水分子厚度，并且随着距离的增大呈指数衰减。在非极性介质中，固体颗粒溶剂化膜的厚度较小，约几个分子厚，并且结构不稳定，会发生振荡现象，如密度大小的变化。

在水体系中，水化膜可以看作具有一定结构和厚度的弹性实体，其结构十分复杂。一般认为颗粒表面含有不溶解的离子，其中的阳离子以部分水合的形式与水结合，阴离子以羟基化的形式与水结合，其结合力远超过氢键；在其外面的水再以氢键加偶极作用的方式形成水膜。由于这几种结合力都超过了水相中分子间的氢键力，溶剂化膜能够稳定存在，如图 2-7 所示。溶剂化膜的结构和性质主要受颗粒表面状况、液体介质的分子极性和体相结构特点、溶质分子和离子种类及其浓度、温度等因素影响。

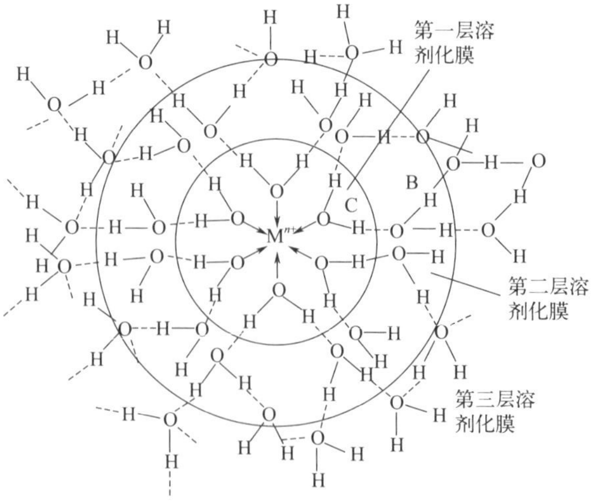

图 2-7 溶剂化膜结构示意图

2.3.4 疏溶剂（水）作用力

疏溶剂（水）作用力属于引力范畴。因为水是最常用的溶剂，这里以疏水作用力为例进行讨论。疏水作用力是发生在水中非极性颗粒之间的吸引作用力。它的作用距离短，在 10～25nm 之间。疏水作用强度比范德华力大 10～100 倍。

疏水作用与颗粒表面的非极性程度有关，颗粒表面非极性程度越大，疏水作用力越大。这是因为，在水性介质中分散非极性表面的颗粒时，由于水在颗粒表面不润湿，颗粒表面对水具有排斥作用，使水分子的极性氢键避免直接指向颗粒表面，而是尽量与颗粒表面平行，产生一种特殊不稳定的“冰状笼架结构”的水膜，如图 2-8 所示。由于这层水膜不稳定，当颗粒在水中接近时，颗粒间水膜会自发破裂，液体会逃离颗粒表面，并在两个颗粒之间形成两个微小的凸弯液面，凸弯液面的附加压力 $p_{附加}$ 指向颗粒夹缝外面。在颗粒之间和两个凸弯液面间的缝隙里形成了负压空间，两个颗粒会在流体力作用下靠近，这就是疏水作用力的引力作用，如图 2-9 所示。疏水作用与水化作用是一对相反的作用，水化作用越强，疏水作用越弱，反之亦然。

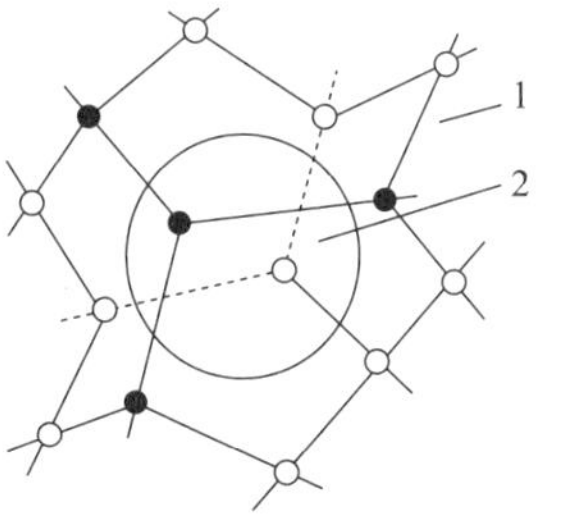

图 2-8　疏水膜的结构示意图

1—水分子“笼状结构”；2—非极性分子表面

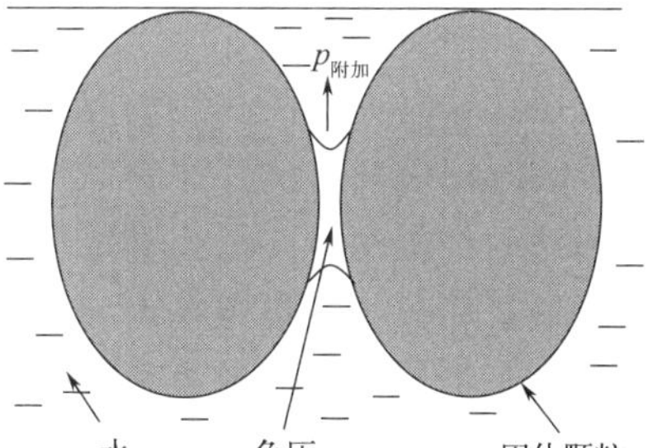

图 2-9　水化膜破裂示意图

2.3.5 位阻作用力

位阻作用力是颗粒吸附长链表面活性剂或高分子后，颗粒的吸附层发生接触时产生的颗粒间排斥作用力。而当颗粒吸附层不接触时，不产生位阻作用。长度为 L 的高分子，其一端锚固在颗粒上，另一端悬浮在水中，则只有在两个颗粒之间间距小于 $2L$ 时，才能产生位阻作用力。位阻作用力能否产生以及位阻作用力的大小与高分子的吸附量和溶剂化作用密切相关。

高分子在颗粒表面的覆盖厚度对位阻作用力有重要影响。一般而言，当在颗粒表面高分子吸附层的覆盖率远低于一个分子层时，高分子起絮凝剂作用，一个高分子吸附多个颗粒，引起颗粒团聚长大，不利于稳定分散。当高分子吸附层的覆盖率接近或大于一个单分子层时，位阻作用力成为主导，颗粒受位阻作用力的排斥效应而稳定分散，高分子是分散剂。这种位阻排斥作用力距离受高分子分子量影响，致密的吸附层可达到数十纳米，而对于分子量大于 1000000 的高分子可达数百纳米，几乎与双电层作用距离相当。当浓度过高时，空间位阻效应也会失效，可能发生新的空缺聚团行为，如图 2-10 所示。

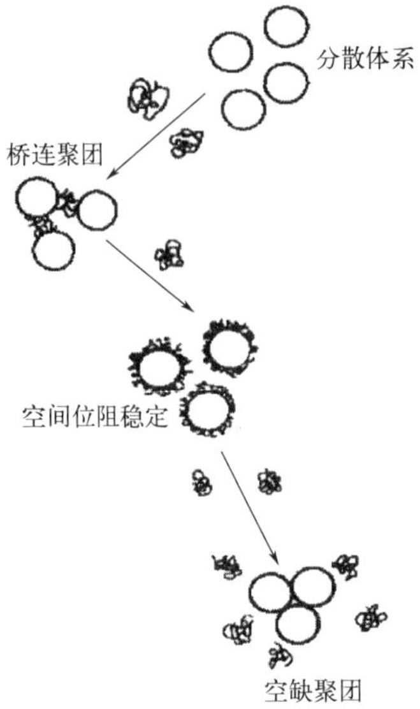

图 2-10 分散剂浓度过高导致位阻效应失效

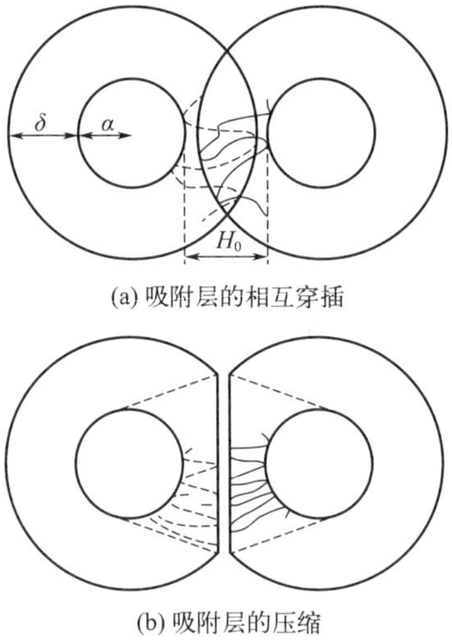

图 2-11 位阻作用的两种极端情况

当颗粒吸附层接触时，位阻作用力存在两种极端情况。一种极端情况是吸附物之间相互穿插，在两个吸附层之间形成了透镜状穿插带，见图 2-11（a），称为穿插作用。穿插作用多发生在吸附层的结构比较疏松，即吸附量较小、吸附密度较低，吸附物的分子量较大的情况下。当溶剂是高分子的良溶剂时，溶剂化作用强，不利于穿插作用进行，穿插作用表现为排斥力；而当溶剂对高分子是不良溶剂时，则有利于穿插作用进行，穿插作用表现为引力。另一种极端情况是在接触区域只引起吸附层之间的互相压缩，见图 2-11（b），称为压缩作用。压缩作用多发生在吸附层结构较为致密，即吸附密度高、吸附量大的场合，压缩作用总是表现为排斥力。实际吸附层相互接触时，往往既有穿插作用，也有压缩作用。一般来讲，当颗粒间距在 $L \sim 2L$ 之间时，主要作用是穿插作用，穿插作用的距离较远；当颗粒间距等于 L 时，主要以压缩作用为主，压缩作用距离短。

2.4 悬浮液的稳定性

2.4.1 颗粒间距和粒度对颗粒受力的影响

（1）颗粒间作用力与颗粒间距　对于静态悬浮液，颗粒受到的颗粒间作用力包括范德华力、静电力、溶剂化作用力、疏溶剂作用力和位阻作用力。颗粒间作用力测量可以采用表面力测量仪（SFA），距离测量范围在几微米到 0.1nm 之间，而力的测量灵敏度为 10^{-8}N。使用原子力显微镜（AFM）可以进一步提高表面力的测量精度，灵敏度可超过 10^{-10}N。它们的特性见表 2-4。

表 2-4 颗粒间作用力的综合特性

项　目	范德华力	疏溶剂作用力	静电力	溶剂化作用力	位阻作用力
作用间距/nm	50～100	10	100～300	10	50～100
力的性质①	－	－－	＋	＋＋	主要为＋；偶尔为－

①－为吸引力；＋为排斥力；＋＋及－－表示很强。

由表 2-4 可见，范德华力和疏溶剂作用力均为引力。前者作用距离长，可达 100nm，但作用强度小；后者作用距离短，为 10nm，但作用强度大。溶剂化作用力和静电力为排斥力。前者作用强度大，但作用距离短；后者作用强度小，但作用距离长。稳定分散悬浮液中位阻作用力主要表现为斥力，作用距离长。一般来讲，在稳定悬浮液中，颗粒距离越大，颗粒浓度越低。

（2）颗粒间作用力与颗粒粒度　在静态悬浮液中，颗粒除了受到颗粒间作用力外，还受到浮力、重力、布朗运动力作用。而在动态悬浮液中，颗粒还会受到流体力作用。这些作用力随着粒度不同而不同。对不同粒度颗粒的颗粒间作用势能及动能进行了计算对比，假设不同粒度颗粒的布朗运动的动能均为 1 个单位，各种作用能大小对比见表 2-5。

表 2-5　在悬浮液中不同粒度的颗粒的势能和动能大小

作用能种类	对应于给定颗粒尺寸的能量(k_BT)		
	0.1μm	**1μm**	**10μm**
范德华作用能	10	100	1000
静电作用能	0～100	0～1000	0～10000
布朗运动动能	1	1	1
沉降动能	10^{-13}	10^{-6}	10
搅拌动能	1	1000	10^6

注：k_B 为玻耳兹曼常数；T 为热力学温度。表中数据是颗粒运动速度为 5cm/s 时的计算结果。

由表 2-5 可知，对于 0.1μm 颗粒，范德华作用能和静电作用能显著；随着粒度的增大，对于 10μm 颗粒，静电作用能和搅拌动能增加显著。要调控悬浮液中颗粒的受力，要抓住主要作用能进行调整。

2.4.2　静态悬浮液沉降

对一般的悬浮液来讲，当颗粒间受力以排斥力为主且颗粒直径小于临界直径时，悬浮液会稳定存在，不发生沉降。而当颗粒间受力为排斥力且颗粒直径大于临界直径，或颗粒间受力为引力，无论颗粒直径大小，悬浮液都会发生沉降。对于发生沉降的悬浮液，悬浮液的不均匀性会增加，甚至会导致固液分离。

悬浮液的典型沉降过程见图 2-12。沉降开始前的悬浮液见图 2-12（a）。沉降开始后，所有颗粒都开始沉降，经过一个短暂时间，很快就出现了 A、B、C、D 四个区域，见图 2-12（b）。在沉降过程中，A 区和 D 区不断扩大，B 区和 C 区不断减小，见图 2-12（c），最终只剩下 A 区和 D 区，见图 2-12（d）。

悬浮液沉降形成明显的四个区域，主要是因为各沉降区域颗粒浓度不同所致。下面讨论悬浮液浓度对沉降的影响。

当悬浮液浓度很低时，一般固体颗粒体积浓度在 3%～5%之间，颗粒间的距离很大，颗粒间的作用力可以忽略，此时发生的是自由沉降。球形颗粒自由沉降速率 V_0 可用下式表示：

$$V_0=54.5d^2(\delta-\rho)/\eta \tag{2-4}$$

式中，d 为颗粒直径；δ 为颗粒密度；ρ 为溶剂密度；η 为黏度。

由上式可知，随着颗粒直径和密度的增大、液体密度和黏度的减小，沉降速率增大；

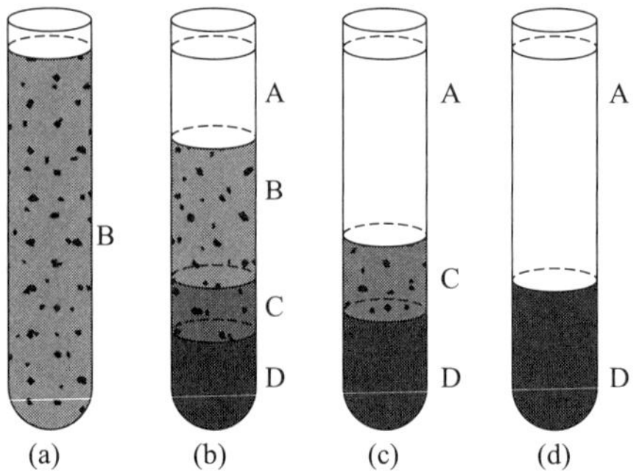

图 2-12 沉降行为

A—清液区；B—等浓度区；C—变浓度区；D—沉聚区

并且沉降速率与颗粒直径是二次方的关系，受颗粒直径影响显著。在一定温度下，悬浮液体系的粉体和溶剂一定时，沉降速率只与颗粒直径有关。需要注意的是，自由沉降一般只发生于极稀悬浮液的沉降中，或者是稀悬浮液沉降的开始阶段。由上式还可知，对于粒度超过临界直径的浆料体系，通过增大黏度可以显著提高浆料稳定性，主要原因是降低了颗粒的沉降速率。

当悬浮液的浓度升高，颗粒间的作用力已经不能忽略时，发生的是干扰沉降。沉降开始以后，上面的颗粒向下沉降时，会取代下面的液体而使液体向上回流，阻碍其他颗粒的沉降，使颗粒的沉降速率下降。由于颗粒之间的彼此干扰，会在沉降过程中形成一个清晰的界面，即上清液和下面悬浮沉积层二者之间的界面，如图 2-12（b）中的 A 区和 B 区之间的界面，整个沉降过程相当于这个界面的下降过程。干扰沉降速率较自由沉降速率小很多，悬浮液浓度越大，沉降速率越小。

当悬浮液的浓度很高时，颗粒已经沉降聚集到一起，靠颗粒自身重量将颗粒间隙中的液体挤出，颗粒层受到压缩，通常发生在沉降末期，沉降速率大幅度降低，此时的沉降过程称为压缩沉降，见图 2-12（d）。此时颗粒间距很小，可能存在各种颗粒间作用力，如果颗粒间存在吸引力则颗粒层会变得不断紧密，如果颗粒间存在排斥力则会阻止进一步压缩。

2.4.3 稳定悬浮液的判据

颗粒间作用力包括范德华力、静电力、溶剂化作用力、疏溶剂作用力和位阻作用力，这些作用力具有加和性，计算如下：

颗粒间作用力之和＝范德华力＋静电力＋溶剂化作用力＋疏溶剂作用力＋位阻作用力

设排斥力为正值、引力为负值，则颗粒间作用力对静态悬浮液稳定性影响如下：

颗粒间作用力之和＞0，悬浮液处于以斥力为主状态，没有自发团聚趋向，颗粒不会长大；

颗粒间作用力之和＜0，悬浮液处于以引力为主状态，有自发团聚趋向，颗粒会自发长大。

静态悬浮液的稳定性既受颗粒间作用力的影响，也受颗粒直径的影响，悬浮液的稳定性判据如表 2-6 所示。

表 2-6　悬浮液稳定性判据

稳定性判据条件		稳定性情况		
颗粒间作用力之和	颗粒直径	团聚趋势	沉降趋势	稳定性
引力为主	任何直径	有	有	不稳定趋向
斥力为主	大于临界直径	没有	有	不稳定趋向
	小于临界直径	没有	没有	稳定趋向

2.5　粉体聚团和碎解

2.5.1　粉体聚团力

由于粉体颗粒间的引力作用，粉体的聚团现象普遍存在。在干粉体和悬浮液中都存在粉体聚团现象，粉体颗粒之间的聚团力主要与颗粒间总引力大小有关，颗粒间的总引力越大，则聚团力越大。另外，在粉体聚团内还存在颗粒的机械重叠和咬合现象，增加了粉体的聚团力。

无论是将干粉体分散到溶剂中制备悬浮液，还是将悬浮液中的聚团颗粒打碎得到颗粒更小、分散性更好的悬浮液，都需要施加剪切力来将颗粒聚团打碎，机械搅拌的转速越大，提供解聚的剪切力就越大。只有当机械搅拌提供的剪切力大于颗粒聚团力时，才能使聚团解聚得到分散颗粒更小的均匀悬浮液，并且剪切力越大，粉体的聚团就越小。

锂离子电池浆料中的导电剂通常为纳米颗粒，由于粉体的表面能大，粉体的聚团力大，因此难以实现单个颗粒形式分散，在悬浮液中都是以聚团形式存在。在一定的剪切力作用下，纳米粉体聚团通常处于碎解和团聚的平衡过程中。当加入分散剂，调节聚团间作用力，也可以使聚团稳定存在。

2.5.2　搅拌的剪切力

搅拌桨分散是制备悬浮液和维持悬浮液稳定分散的最常用方法。搅拌桨可提供剪切力，将颗粒聚团打碎，获得颗粒更小、分散更均匀的悬浮液；搅拌桨可提供流体力，防止分散好的悬浮液的颗粒沉降。

（1）搅拌桨形式　典型的搅拌桨分为轴流式和径流式两种。轴流式搅拌桨在旋转时将液体沿轴向排出，槽内流体沿轴向产生循环流动，如图 2-13（a）所示。径流式搅拌桨在旋转时把液体从轴的方向吸入，而向与轴垂直的方向（径向）排出，排出流遇到罐壁，向上下分开，形成上下循环的流型，如图 2-13（b）所示。

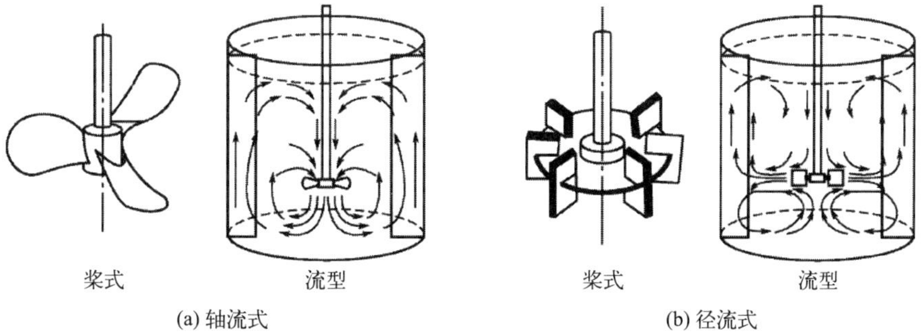

图 2-13　搅拌桨形式与搅拌罐中流体流型

在实际应用时，搅拌桨形式有很多种，产生的流动形式多数介于轴流式和径流式之间，如图 2-14 所示。

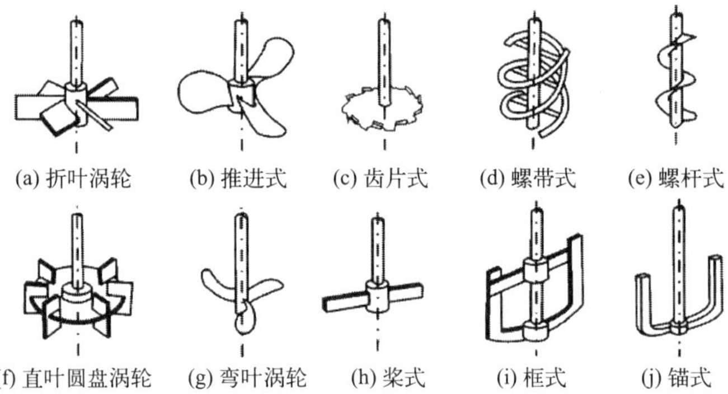

图 2-14 多种搅拌桨形式

（2）搅拌桨的剪切力 对一定形状的搅拌桨，从搅拌桨直接排出的流体体积流量称为排液量，用 Q 表示，单位为 m^3/s。对于几何相似的搅拌桨，排液量可用下式表示：

$$Q \propto nd^3 \tag{2-5}$$

式中，n 为搅拌桨的转速，r/s；d 为搅拌桨直径，m。

液体离开搅拌桨的速度头为 H，它可以度量搅拌桨产生剪切力的大小。液体离开搅拌桨的速度为 u，正比于 nd，于是速度头 H 可用下式表示：

$$H \propto u^2/2g \propto n^2 d^2 \tag{2-6}$$

式中，H 为速度头，m；u 为液体离开搅拌桨的速度，m/s。

搅拌桨所消耗的功率为 N，可由下式计算：

$$N \propto HQ \tag{2-7}$$

将式（2-5）和式（2-6）代入式（2-7）得：

$$N \propto n^3 d^5 \tag{2-8}$$

由式（2-5）和式（2-6）可得：

$$Q/H \propto d/n \tag{2-9}$$

当搅拌功率一定时，$n^3 d^5$ 为定值，由此可得：

$$Q/H \propto d^{8/3} \tag{2-10}$$

$$Q/H \propto n^{-8/5} \tag{2-11}$$

当搅拌功率一定时，Q/H 的大小可以衡量搅拌桨在一定功率下提供的循环混合作用和剪切作用的大小，即 Q/H 越大，则搅拌桨提供的循环流量越大，而提供的剪切作用越小，反之亦然。需要注意的是，由于搅拌桨排出流所产生的夹带作用，循环流量可远远大于排液量。

进一步讲，当搅拌功率一定时，对于形状相似的搅拌桨，由式（2-10）和式（2-11）可以看出，采用搅拌桨的直径越大，转速越低，则提供的剪切力越小，循环流量越大，有利于宏观混合；反之，如果采用搅拌桨的直径越小，转速越快，则提供的剪切力越大，循环流量越小，有利于聚团的打散和分散。

由此可知，对于轴流式搅拌桨，提供的剪切力小、循环量大，适合于均匀混合等场合。对于径流式搅拌桨，提供的剪应力大、有一定循环排出量，适用于需要强剪切和有一定排出量的场合。

在锂离子电池浆料搅拌罐中，常使用多种搅拌桨相结合的方式。一类是小直径的圆盘齿片式搅拌桨，通过高速旋转提供较大的剪切力，用于打碎颗粒聚团。另一类是直径较大的螺带式搅拌桨，搅拌桨转速慢，提供较大的循环量，用于浆料均匀混合。如图 2-15 所示。

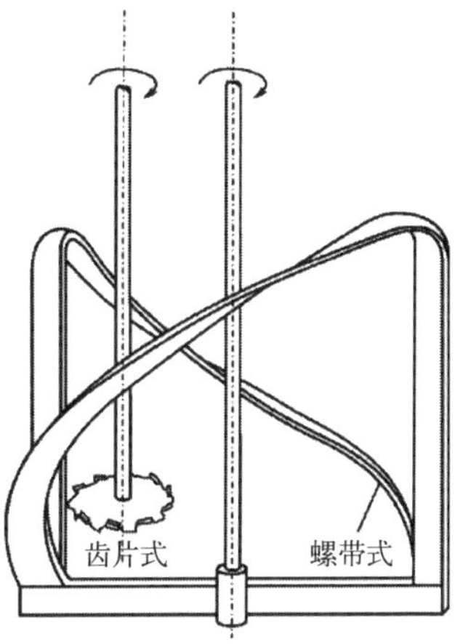

图 2-15　搅拌桨分布示意图

2.6　浆料分散性和稳定性调控

为了制得稳定的正负极浆料，通常需要对悬浮液体系进行调控，浆料调控就是对正负极浆料的颗粒间作用力和非颗粒间作用力进行调控，提高浆料分散性和稳定性的过程。这里首先介绍颗粒间作用力和非颗粒间作用力调控；然后介绍水性和油性体系调控方法；最后介绍其他调控办法。

2.6.1　表面张力与润湿调控

（1）表面张力　这里以液体和气体的界面相为例讨论界面张力，也称为表面张力。对于水平界面，界面相中质点受到的力与体相中质点受到的力有区别。体相中质点受到其他质点的力，从统计观点来看是对称的，合力为零。而界面相中质点受到指向液体内部且垂直于界面的引力作用，单位面积上的这种引力称为内压，见图 2-16（a）。由于它的存在，液体表面有自发缩小的趋势。如刺破圆环中右边的液膜，表面张力会将其中的棉线拉向一端形成半月形液面，见图 2-16（b）。这种收缩倾向犹如在液体的表面上有一张紧绷的薄膜，该膜上存在收缩张力。这种收缩张力产生的原因也可以理解为，表面层里的分子比液体内部稀疏，分子间的距离比液体内部大一些，分子间的相互作用斥力很小，而表现为引力，是一种将表面绷紧的力。正是因为这种张力的存在，有些小昆虫才能在水面上行走自如。

这种引起表面收缩的单位长度上的力称为表面张力 γ，单位为 N/m。要注意表面张力是个向量，一个点谈不上有表面张力，必须是单位长度。在水平液面或球形弯曲液面上画一分界线 MN，则表面张力是作用在 MN 线上并垂直于 MN 的切线、指向表面收缩方向的 f_1 和 f_2，见图 2-16（c）。

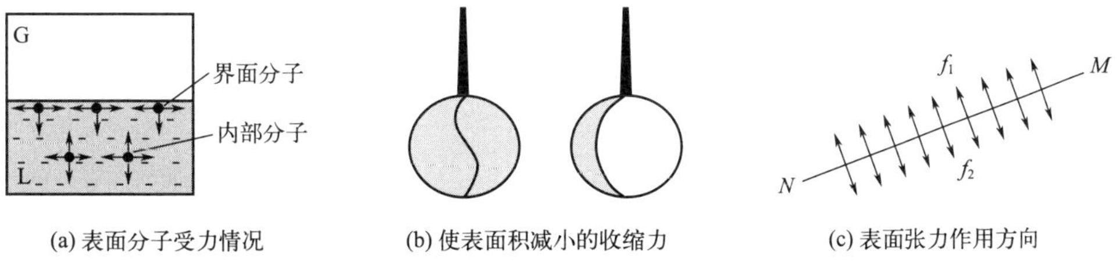

图 2-16　表面张力示意图

这里以液体和气体界面介绍了表面张力，固体与液体界面、气体与固体界面都存在表面张力，在空气中常见固体和液体的表面张力，见表 2-7。

表 2-7 常见物质的表面张力

物质	温度/℃	σ/(mN/m)	物质	温度/℃	σ/(mN/m)
水	20	72.8	橄榄油	20	35.8
甘油	20	64.5	蓖麻油	20	39.0
苯	20	28.86	液体石蜡	20	33.10
乙酸	20	27.60	CH_4	−163	13.71
正辛醇	20	27.53	C_2H_6	−92.4	16.63
乙醇	20	22.30	Fe(液)	1770	1880
五聚二甲基硅氧烷	20	19.0	Cu(固)	1080	1430
甲基丙烯基酮	20	24.15	聚四氟乙烯	20	23.9
二异戊酮	20	22.24	聚丙烯	20	29.8
丙酮	20	23.70	聚乙烯	20	35.7

(2) 固体表面的润湿　固体表面的润湿是液体从固体表面置换空气的过程。衡量液体在固体表面润湿性的物理量是润湿角 θ，它可以通过润湿角测定仪测定。当固体表面上的液滴处于平衡状态时，θ 角的顶点处在气液固三相接触点上（见图 2-17），润湿角为沿液-气表面的切线与固-液界面所夹的角。

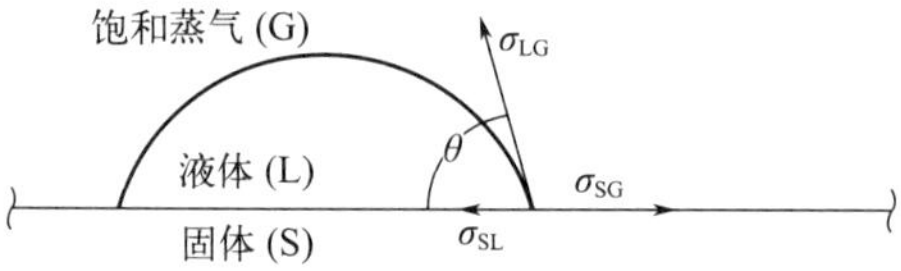

图 2-17　润湿角测定原理

这个三相接触点共受到三种表面张力的作用：固体在液体中的表面张力 σ_{SL}、液体在气体中的表面张力 σ_{LG} 以及固体在气体中的表面张力 σ_{SG}。在平衡状态时，沿固体表面水平方向的合力为 0，得到：

$$\left.\begin{aligned}\sigma_{SL}+\sigma_{LG}\cos\theta=\sigma_{SG}\\ \cos\theta=(\sigma_{SG}-\sigma_{SL})/\sigma_{LG}\end{aligned}\right\}\tag{2-12}$$

上式称为杨氏方程。

判断润湿特性的规则如下：

$\theta=0°$，完全润湿；

$0°<\theta<90°$，部分润湿；

$90°<\theta<180°$，不润湿；

$\theta=180°$，完全不润湿。

从杨氏方程 $\cos\theta=(\sigma_{SG}-\sigma_{SL})/\sigma_{LG}$ 可以得出：固体表面的表面张力 σ_{SG} 越大、液体的表面张力 σ_{LG} 越小，则 θ 角越小，润湿性越好。

(3) 粉体自发进入水中的最小粒度　对于单个颗粒来讲，水在颗粒表面的润湿性影响颗粒能否进入水中。在没有重力场的情况下，当 $\theta>90°$时，水在颗粒表面不润湿，颗粒漂浮于水面；当 $\theta<90°$时，水在颗粒表面润湿，颗粒能够进入水中；而当 $\theta=0°$时，颗粒

可以进入水中。见图 2-18（a）。

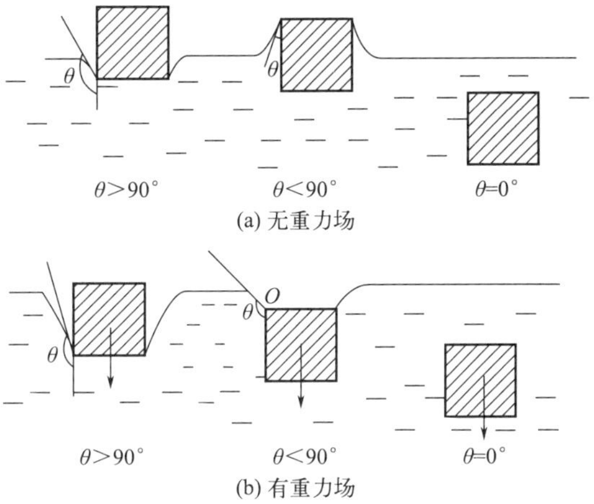

图 2-18 水面颗粒的悬浮情况

当颗粒处于重力场中时，密度为 2500kg/m^3 的立方颗粒在水中的悬浮情况见图 2-18（b）。立方颗粒最大漂浮粒度 d_{max} 与润湿角 θ 的关系如下：

$\theta=0°$，任何粒度的颗粒都能进入水中；

$\theta=10°$，粒度大于 0.7mm 的颗粒能进入水中；

$\theta=20°$，粒度大于 1.0mm 的颗粒能进入水中；

$\theta=90°$，粒度大于 3.0mm 的颗粒能自发进入水中。

由上可知，颗粒的润湿性越差，则自发进入水中的颗粒粒度就应该越大，在水面漂浮颗粒的粒度越大。

当制备悬浮液时，对于润湿性差的粉体，首先要调控润湿性，使颗粒的润湿性变好，使颗粒能够自发进入水中，这样才能制备稳定的悬浮液。实际上这是调控水化作用力和疏水作用力的过程。已经知道，颗粒表面的润湿性越好，水化作用越强，疏水作用就越弱。调控颗粒表面，提高润湿性的过程，就是减小疏水作用力的过程。因此，在制备悬浮液过程中，首先要减小疏水作用力，锂离子电池石墨负极材料制备浆料时就要首先提高润湿性，破解疏水引力。

2.6.2 表面活性剂调控

表面活性剂调控是调控颗粒间作用力和非颗粒间作用力的主要方法，表面活性剂通常也称为助剂。下面首先讨论表面活性剂，然后讨论表面活性剂对颗粒间作用力和非颗粒间作用力的调控方法。

（1）表面活性剂 当温度一定时，溶液表面张力随溶质浓度变化大致有三种情况。对于第一类溶质，表面张力随溶质浓度增加而增加，如 NaCl、KOH、蔗糖和甘露醇的水溶液。对于第二类溶质，表面张力随溶质浓度增加而降低，通常开始时降低快一些，后来则降低缓慢，如醇、醛、酮、酯和醚等大多数可溶性有机物的水溶液。对于第三类溶质，表面张力在溶质浓度很低时就急剧下降，至一定浓度后几乎不再变化，如 8 个碳以上直链有机酸的碱金属盐、磺酸盐和苯磺酸盐等的水溶液。第一类溶质不能降低表面张力，没有表面活性；第二类溶质能够降低表面张力，有表面活性；第三类溶质添加量小，但能够大幅度降低表面张力，有很强的表面活性，狭义上称为表面活性剂。本书采用广义定义，表面活性剂泛指有表面活性的溶质。

表面活性剂分子具有两个共同的结构特征。一是均含有亲水基团和亲油（疏水）基团，这两种基团处于分子的两端，形成不对称分子结构，形成一种“双亲结构”分子。表面活性剂主要亲油、亲水基团见表 2-8。二是亲油基团和亲水基团强度要平衡，亲油基团太强则完全进入油相，亲水基团太强则完全进入水相，就不能够在油-水界面处稳定存在，从而失去表面活性。表面活性剂还受烃类链长短影响，烃类链太短表面活性不强，烃类链太长又不溶于水中，例如 8～20 个碳原子时脂肪酸才呈现出明显的表面活性。

表 2-8　表面活性剂的主要亲油基团及亲水基团

亲油基团		亲水基团	
烃基	—R	羧酸盐基	—COONa
烷基环己基	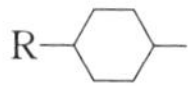	羟基	—OH
烷苯氧基	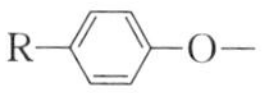	磺酸盐基	$—SO_3Na$
脂肪酸基	R—COO—	硫酸盐基	$—OSO_3Na$
脂肪酰氨基	R—CONH—	磷酸盐基	—P(=O)(ONa)ONa
脂肪族醇基	R—O—	氨基	$—NH_2$
脂肪族氨基	R—NH—	氰基	—CN
马来酸烷基酯基	R—OOC—CH— R—OOC—CH—	巯基	—SH
烷基酮基	$R—CO—CH_2—$	卤基	—Cl、—Br 等

表面活性剂按照在水中是否电离分为离子型和非离子型，离子型的可进一步分为阴离子型、阳离子型和两性离子型，见表 2-9。表面活性剂根据功能和用途来分类，分为分散剂、增稠剂、润湿剂、渗透剂、乳化剂、润滑剂、消泡剂、洗涤剂和杀菌剂等。

表 2-9　典型的表面活性剂

类型		亲水基	结构式	典型品种
离子型助剂	阴离子型	羧酸盐	RCOOM	硬脂酸钠、硬脂酸三乙醇胺盐
			高分子	羧甲基纤维素、水解丙烯酰胺
		磺酸盐	RSO_3M	十二烷基苯磺酸钠、二丁基苯磺酸钠
			高分子	木质素磺酸盐、聚苯乙烯磺酸盐
		硫酸酯盐	RSO_4M	十二烷基硫酸钠、十二烷基苯硫酸钠
			高分子	缩合烷基苯醚硫酸酯

续表

类型		亲水基	结构式	典型品种
离子型助剂	阳离子型	氨基	高分子	壳聚糖、阳离子淀粉
		季铵基	RNR'_3X	十六烷基三甲基溴化铵
			高分子	聚乙烯苯甲基三甲胺盐
		吡啶盐	$R(NC_5H_5)\cdot X$	氯化十二烷基吡啶、溴化十六烷基吡啶
	两性离子型	甜菜碱	$RN^+R'_2CH_2COO^-$	十八烷基二甲基甜菜碱
		氨基、羧基等	高分子	水溶性蛋白质类
非离子型助剂		聚环氧乙烷	$RO(C_2H_4O)_nH$	脂肪醇聚氧乙烯醚、烷基苯酚聚氧乙烯醚
		多元醇	$RCOO(CH_2CH_2O)_nH$	Span 型、Tween 型

表面活性剂按照分子量进行分类，低分子量表面活性剂的分子量为200～1000，中等分子量表面活性剂的分子量为1000～10000，高分子表面活性剂的分子量在10000以上。通常把几千分子量的表面活性剂称为高分子表面活性剂。高分子表面活性剂的结构特点是亲油基和亲水基作为链段以嵌段和接枝形式结合成双亲性聚合物。

高分子表面活性剂具有如下特点：它不像低分子表面活性剂能明显降低表面张力，但具有一些独特性能。如具有良好的分散能力和絮凝能力，在低浓度时产生架桥作用，可作为絮凝剂使用，在高浓度时产生空间排斥作用，可作为分散剂使用；具有良好的乳化能力，可作乳化剂使用；具有黏着性和黏着强度，可作黏结剂、结合剂或纸张增强剂使用；具有溶液黏度大的特点，可作为增稠剂和胶凝剂来调节流变性能；具有较强稳定泡沫的能力，可作为稳泡剂使用。高分子表面活性剂用途很多，还可作为保湿剂、抗静电剂、消泡剂和润滑剂等使用。

锂离子电池制浆中常用高分子表面活性剂，一是高分子表面活性剂不溶于锂离子电池的电解液，对电池性能影响不显著；二是有机高分子黏结性好，既可以作为表面活性剂，也可以作为黏结剂使用。高分子表面活性剂的分类见表2-10。

表2-10 高分子表面活性剂的分类

类型	天然	半合成	合成
阴离子型	海藻酸钠 果胶酸钠 咕吨胶	羧甲基纤维素(CMC) 羧基淀粉(CMS) 甲基丙烯酸接枝淀粉	甲基丙烯酸共聚物 马来酸共聚物
阳离子型	壳聚酸	阳离子淀粉	乙烯吡啶共聚物 聚乙烯吡啶烷酮 聚亚乙基亚胺
非离子型	玉米淀粉 其他淀粉	甲基纤维素(MC) 乙基纤维素(EC) 羟乙基纤维素(HEC)	聚氧乙烯-聚氧丙烯共聚物 聚乙烯醇(PVA) 聚乙烯醚 聚丙烯酰胺 烷基酚-甲醛缩合物的环氧乙烷加成物

（2）表面活性剂调控颗粒间作用力和非颗粒间作用力的原则　在制浆过程中，表面活性剂调节颗粒间作用力的目的主要是增大斥力和减小引力。具体的调控原则是：对于润湿性不好的颗粒，首先要破解疏水作用力，解决颗粒的润湿性问题，保证粉体颗粒能够进入溶剂中，这是制备浆料的前提，通常需要加入润湿剂进行调节。而在粉体颗粒进入溶剂中以后，就需要调控颗粒间作用力，就是降低引力和增大斥力，使用的调控助剂是分散剂。而对于润湿性好的颗粒，直接使用分散剂调控颗粒间作用力即可。具体的调控原则见表2-11。在锂离子电池制浆过程中，正极油性体系使用的PVDF是靠位阻效应进行分散的分散剂，而水性体系使用的CMC-Na兼具有润湿剂和分散剂作用。

表2-11　颗粒的润湿调控与润湿性关系

润湿角 θ	润湿条件	调控原则
$\theta \geqslant 90^\circ$	疏水性、不润湿、不铺展	润湿剂、分散剂
$0^\circ < \theta < 90^\circ$	部分疏水性、部分润湿、不铺展	润湿剂、分散剂
$\theta = 0^\circ$	亲水性、润湿、铺展	分散剂

在制备锂离子电池水性浆料时，粉体以石墨负极材料为主，还有导电剂为纳米级粉体炭黑，黏结剂为丁苯橡胶（SBR）乳液，CMC-Na是润湿剂和分散剂，原料及其性质见表2-12。

表2-12　锂离子电池水性浆料体系组成及性质

物质种类	性质
石墨	粒度 d_{50} 约为 17μm，水的润湿角为 69°
炭黑	粒度为纳米级
SBR乳液	黏结剂
CMC-Na	润湿剂、分散剂

由于石墨的润湿角为69°，石墨粉体不能自发进入水中，而是漂浮于水面上，因此应该首先破除疏水作用力。CMC-Na为一种高分子电解质，溶于水时，会发生电离反应，电离出 $(\text{—RCOO}^-)_n$，反应式如下：

$$(\text{—RCOONa})_n \longrightarrow (\text{—RCOO}^-)_n + n\text{Na}^+ \tag{2-13}$$

电离后，其中亲油链段R—紧密吸附于石墨表面，而其亲水基团—COO^-则朝向水相，亲水基团—COO^-使石墨的润湿性变好，降低疏水作用力，增加水化作用力，使得石墨颗粒能够浸入水中，起到润湿剂作用。另外，CMC-Na电离后的—COO^-还使石墨表面带负电，从而使石墨颗粒产生了静电力排斥，有助于分散。因此CMC-Na不但是润湿剂，还是浆料体系中的分散剂[1]。

表面活性剂对非颗粒间作用力的调控主要是调控流体力等。例如，在石墨负极的水性浆料中，颗粒直径显著大于临界直径，石墨颗粒有自发沉降的趋势。CMC-Na电离后的—COO^-可结合大量的水，使流动的水分减少，使水溶液的黏度增大，增大石墨沉降过程中的流体阻力，从而降低了石墨颗粒在浆料中的沉降速率，增加了浆料的稳定性。因此CMC-Na又称为增稠剂，通过调节流体力提高浆料稳定性。水性体系中的SBR虽然是黏结剂，但也兼具一定的分散剂作用。

总之，高分子表面活性剂往往具有多重作用。例如油性体系中的聚偏氟乙烯（PVDF）也兼具分散剂和增稠剂作用。PVDF属于非离子型有机高分子分散剂，主要是利用其在颗粒表面吸附膜的强大空间位阻排斥效应。另外，PVDF增大了NMP溶液的黏度，也起到增稠剂作用。

2.6.3 水性和油性体系调控的特殊性

对于石墨负极水性体系，CMC-Na在水中会水解出（$—RCOO^-$）$_n$，由于（—RCOOH）$_n$为弱酸，（$—RCOO^-$）$_n$在水中会发生水解反应，见式（2-14）。由水解反应生成的OH^-可以看出，水性体系的pH值影响CMC-Na的电离，进而影响浆料的稳定性。随着pH值增加，浆料水解反应向左移动，抑制了水解反应，使生成的（$—RCOO^-$）$_n$增加，可增大润湿性和静电排斥力，浆料的稳定性增加。因此，在水性体系中特殊性在于要注意pH值的影响。

$$(—RCOO^-)_n + nH_2O \longrightarrow (—RCOOH)_n + nOH^- \tag{2-14}$$

对于非水溶剂NMP的油性浆料体系，非水体系中的微量水分很难去除，水可以离解出H^+和OH^-，OH^-被选择性吸附后使颗粒表面带负电荷。随着水分含量的增加，颗粒表面吸附的OH^-增加，表面电位增大；当水分含量再继续增大时，过多的H^+会中和掉OH^-，导致颗粒表面电位下降，当表面电位下降到较低值时，就会发生突发聚团絮凝。突发絮凝的电位区域大约为35～45mV，如图2-19所示。基于此原因，非水性正极浆料制备中应该严格控制体系的水分，防止浆料出现不稳定现象。因此，在非水体系中特殊性在于要注意微量水的影响。

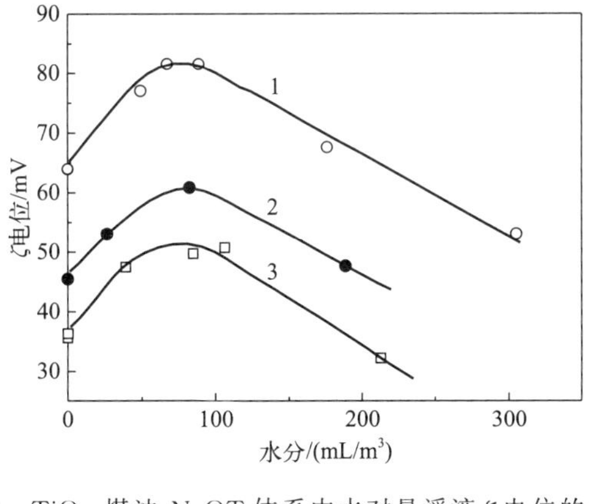

图2-19 TiO_2-煤油-NaOT体系中水对悬浮液ζ电位的影响[2]

1—NaOT含量为0.001mol/L；2—NaOT含量为0.004mol/L；3—NaOT含量为0.02mol/L

2.6.4 其他调控方法

（1）溶剂调控　粉体颗粒表面性质与溶剂性质应该符合同极性原则，非极性颗粒表面匹配非极性溶剂，极性颗粒表面匹配极性溶剂，这样才能有利于润湿，有利于溶剂化作用力的提高、疏水作用力的下降。正极材料多为极性氧化物表面，因此常选择有机极性溶剂

NMP 等。而负极材料石墨为非极性表面，水为极性溶剂，水在石墨表面的润湿性差，石墨-水体系浆料不符合同极性原则。仍采用石墨-水体系是因为成本低，加入润湿剂可调节水对石墨的润湿性，获得稳定浆料。

(2) 温度调控　温度对悬浮液的稳定性有显著影响。一般来讲，随着体系温度的升高，悬浮液的分散稳定性下降，反之亦然。这是由于分散剂在颗粒表面的物理吸附，随体系温度升高分散剂吸附量下降；另外，体系温度对液体密度和黏度也有影响，因而对颗粒间作用力和沉降都会产生影响。

(3) 粒度调控　颗粒粒度对浆料稳定性影响显著，当颗粒直径小于临界直径时才能制备出稳定的悬浮液，而在颗粒直径大于临界直径时就不能制备出稳定的悬浮液，因此在粒度可选择时，制备浆料的颗粒粒度越小越好。

(4) 流体力调控　对于不稳定的悬浮液，利用流体力能够使悬浮液处于动态稳定状态。如利用机械搅拌提供较大的循环流动，使沉降的颗粒被搅动起来，抵消由于重力产生的沉降作用，使之处于沉降与上升的动态稳定状态。

制备稳定悬浮液的一般调控流程见图 2-20。

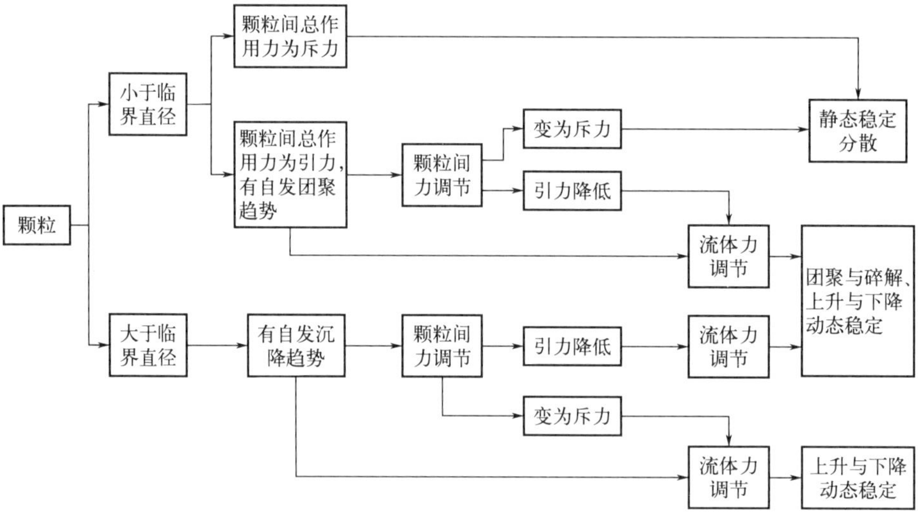

图 2-20　制备稳定悬浮液的一般调控流程

2.7 锂离子电池制浆过程

2.7.1 制浆工艺步骤

锂离子电池制浆工艺还在不断发展过程中，这里给出了制浆过程的典型步骤，具体步骤各个厂家有所不同。

(1) 制浆准备

① 烘干　将正负极材料、导电剂和 PVDF 等原料烘干，可减少水分对制浆的影响，减少表面吸附杂质，以便增大颗粒表面对润湿剂和分散剂的吸附。

② 溶液制备　对于水性浆料，需要预先将 CMC-Na 溶于水、PVDF 溶于 NMP 制成高浓度的溶液备用。

③ 导电剂浆料制备　由于导电剂为纳米粉体，团聚力很大，很难分散，在使用前需要制备成导电剂浆料备用。

（2）活性物质的预混合　将活性物质与少量润湿剂、分散剂和溶剂进行预先混合。例如对于水性体系，通常将 CMC-Na 溶液、水与石墨粉混合，保证石墨粉充分吸附分散剂，并被溶剂润湿。对于油性体系，通常先将正负极粉体与 NMP 混合润湿备用。

（3）高速搅拌分散　将预混合后的活性物质加入搅拌罐中，进行搅拌分散。圆盘齿片搅拌桨可提供高剪切力将聚团打散，使粉体分散在溶剂中。螺带式搅拌桨用于将浆料混匀和防止粘壁。一般分批次加入溶剂、导电剂浆料、黏结剂和分散剂溶液，这样高分子表面活性剂更容易均匀吸附，并且缩短达到吸附平衡的时间。

（4）真空脱气泡　在真空状态下进行慢速搅拌，使气泡脱出。但是真空脱气时间不宜过长，以防损失过多溶剂[3]。

（5）匀浆过程　主要依靠螺带式搅拌桨对流体的低剪切、高循环、长时间的搅拌，使分散剂和黏结剂等进一步均匀紧密吸附于固体颗粒表面，达到使颗粒均匀稳定分散的目的，这是因为高分子在颗粒表面建立吸附平衡需要较长时间。

（6）过滤　过滤的目的是除去浆料中未分散的大颗粒聚团。通常使用 100～300 目的筛网完成。

需要注意的是锂离子电池浆料本身是不稳定的，应在一定时间内使用，否则需要重新分散才可再次使用。

2.7.2　浆料分散性和稳定性测试方法

（1）浆料分散性测试方法　表征浆料分散性的测试方法很多，主要包括粒度法和极片法两种。

① 粒度法　由激光粒度仪和刮板细度计进行测定，主要进行分散后浆料中聚团或颗粒的粒度及其分布测试。浆料中分散颗粒的粒度越小，越接近活性物质粉体的粒度，则表明分散性越好。其中刮板细度计如图 2-21 所示。测试方法为将浆料滴在刮槽深的一边，然后利用刮板向刮槽浅的方向刮，由于槽深不断变浅，颗粒被留在小于它直径的槽深的地方，观察浆料在不同槽深处的残留情况就可以判断出浆料粒度的情况，测试范围在 5～100μm 之间。由于使用者的操作及评判标准的主观性，刮板细度计一般只能用于粗略测量，但由于其操作简单、方便、快速，在涂料、油墨的颗粒测量中得到广泛应用。激光粒度仪是先取少量浆料分散于溶剂中，然后进行粒度分布测试，这种表征方法的准确性受二次分散的影响较大。

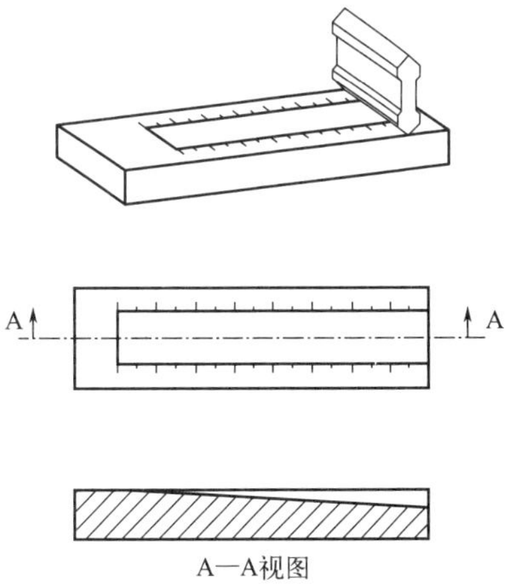

图 2-21　刮板细度计

② 极片法　属于间接判断方法。可以通过 SEM 分析直接观察活性物质颗粒和导电剂的分散情况，也可以测定涂布极片的电导率，来进行导电剂分散效果的间接判断。

（2）浆料稳定性测试方法　稳定性测试方法主要有悬浮液固含量测定法，就是测定悬浮液同一高度处的固含量变化。通常对于不稳定悬浮液，随着沉降时间的延长，顶部位置的固含量下降，而底部位置的固含量上升。顶部固含量下降越慢，底部固含量上升越慢，则浆料越稳定。有时为快速测定，也采取离心沉降方法加速沉降。

习 题

1. 锂离子电池制浆的主要目的是什么？
2. 锂离子电池正负极制浆过程中常用的原材料有哪些？
3. 简述粒度对重力和布朗运动力的影响以及对悬浮液稳定性的影响。
4. 高分子表面活性剂在颗粒表面的吸附量和溶剂化作用对悬浮液的稳定性有何影响？
5. 描述颗粒间作用力的种类及其对悬浮液稳定性的影响。
6. 什么是悬浮液的稳定性？如何评估其稳定性？
7. 粉体聚团的原因是什么？其对制浆过程有何影响？如何防止粉体聚团的发生？
8. 制浆过程中为什么要先调节颗粒的润湿性？调控润湿性的常用方法是什么？
9. 水系浆料和油性浆料调控的特殊性各有哪些？
10. 从悬浮液沉降方面说明锂离子电池制浆为什么要选择浓度大的悬浮液。
11. 描述锂离子电池制浆工艺步骤。
12. 一个简单的悬浮液由两种不同密度的固体颗粒 A 和 B 组成。颗粒 A 的密度 $\rho_A=2.5g/cm^3$，体积 $V_A=1.0cm^3$。颗粒 B 的密度 $\rho_B=1.0g/cm^3$，体积 $V_B=2.0cm^3$。悬浮液处于静止状态，溶剂的密度为 $\rho_s=1.2g/cm^3$，重力加速度 $g=9.81m/s^2$。计算：

（1）颗粒 A 和颗粒 B 在悬浮液中分别受到的重力 G_A 和 G_B。

（2）颗粒 A 和颗粒 B 在悬浮液中分别受到的浮力 F_A 和 F_B。

（3）根据重力和浮力的比较判断颗粒 A 和颗粒 B 在悬浮液中的行为（沉降、悬浮或上浮）。

参考文献

[1] 王恒飞，黄芸，何伟，等．CMC 对石墨-H_2O 分散液稳定性的影响 [J]. 材料科学与工程学报，2009，27（3）：460-464.
[2] 卢寿慈．工业悬浮液——性能，调制及加工 [M]. 北京：化学工业出版社，2003.
[3] 杨小生，陈荩．选矿流变学及其应用 [M]. 长沙：中南工业大学出版社，1995.

第3章　锂离子电池涂布

锂离子电池涂布是利用涂布设备，将含有正负极活性物质的悬浮液浆料均匀涂覆于集流体片幅上，然后干燥成膜的过程。图3-1是刮刀涂布过程示意图。

涂布具体包括三个过程。

（1）剪切涂布　在刮刀和涂布辊面的缝隙中有一层作为片幅的金属箔片，在刮刀的左侧有浆料，片幅以一定速度沿如图3-1所示方向向右运动。剪切涂布就是在刮刀的剪切作用下将浆料涂覆于片幅表面的过程。

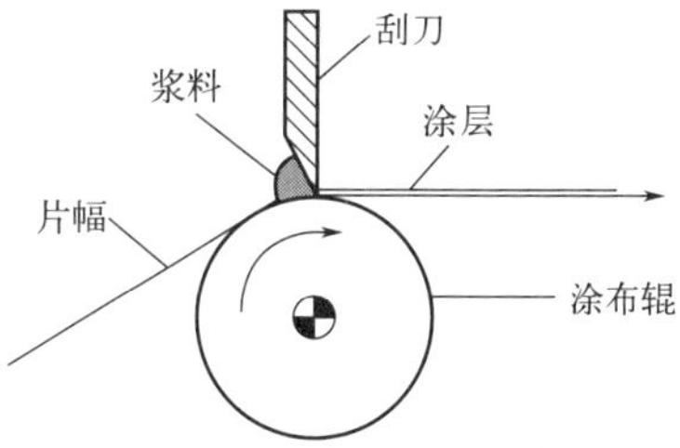

图3-1　刮刀剪切涂布过程示意图

（2）润湿和流平　润湿和流平是剪切涂布后先后发生的两个过程。首先，浆料在片幅表面铺展并附着在片幅表面上，这是润湿过程。从微观角度看，沿片幅运转方向（纵向）涂膜存在厚度不均的纵向条纹，这些条纹会通过流动而使涂膜变得平整，这是流平过程。

（3）干燥　干燥是将经过流平的涂膜通过与热空气接触使其中的溶剂蒸发并被空气带走，涂膜附着在片幅上的过程。有时在干燥的初期也存在流平现象。

本章讨论涂布的基本原理，主要涉及表面化学和流变学内容，前者是研究润湿现象的科学，后者是研究流动和变形的科学。这部分讨论主要是先明确良好的涂布浆料所具有的性质，然后讨论获得良好浆料时黏度和表面张力的调控方法，最后讨论具体的涂布方法、干燥原理与工艺。

3.1　悬浮液流变性质

悬浮液的流变性质属于流变学研究的内容。黏度是流变学中方便测量的重要物理参数，它反映了剪切应力与剪切速率的关系，见式（2-3）。在剪切应力相同时，流体的剪切速率越小、变形性越小、流动性越差，黏度就越大。悬浮液流变性质还与黏度变化有关。当剪切应力与剪切速率呈线性关系时，黏度不随剪切速率变化，这种悬浮液被称为牛顿流体，即在一定的温度和压力下牛顿流体的黏度是常数；当剪切应力与剪切速率呈非线性关系时，黏度随剪切速率变化，这种悬浮液称为非牛顿流体。通常把剪切应力随剪切速率的变化曲线以及悬浮液的黏度随剪切速率的变化曲线称为悬浮液的流变曲线，典型流变曲线见图 3-2。

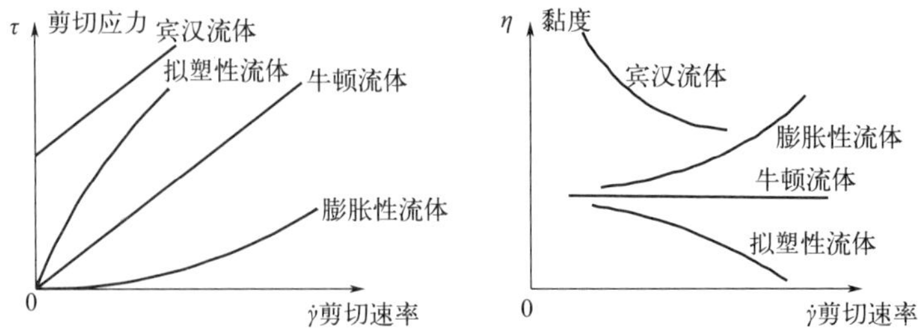

(a) 剪切应力随剪切速率的变化曲线 (b) 悬浮液的黏度随剪切速率的变化曲线

图 3-2 悬浮液的流变曲线

工业悬浮液多呈非牛顿流体性质，只有在低浓度时才表现出牛顿流体性质。下面讨论非牛顿流体性质的拟塑性、屈服性和触变性。

（1）拟塑性 塑性是指在剪切应力作用下形状发生永久改变的性质。拟塑性流体的特征为，随剪切速率增加，剪切应力增加幅度减小，黏度变小，见图 3-2。一般来讲，对于实际应用的拟塑性悬浮液，随着剪切速率的增加，黏度变化如图 3-3 所示。只在剪切速率处于中间某一区间内时，随剪切速率增加而黏度下降，呈现拟塑性流体特征。而当剪切速率较小时，黏度不发生变化，处于第一牛顿区。当剪切速率很大时，黏度也不发生变化，处于第二牛顿区。

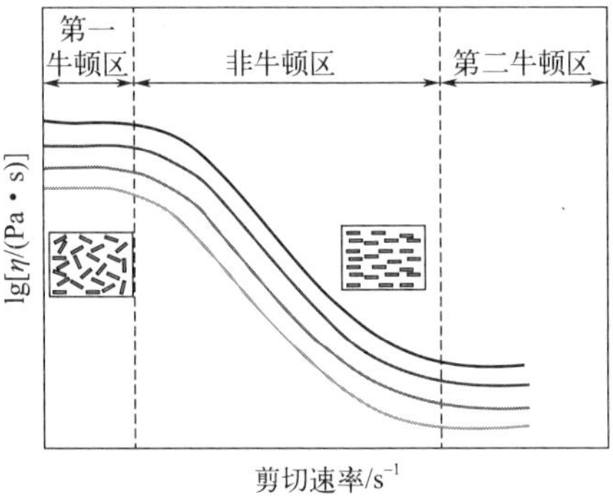

图 3-3 实际拟塑性悬浮液黏度随剪切速率的变化曲线

为了更好地理解悬浮液的拟塑性，以棒状颗粒悬浮液为例进行说明。当剪切速率较低时，棒状颗粒以布朗运动为主，处于空间随机分布状态（见图 3-3 左侧插图），流动阻力大，黏度大，处于第一牛顿区。当剪切速率增大时，颗粒逐渐沿流动方向定向排列（见图 3-3 右侧插图），流动阻力减小，黏度下降，呈现明显拟塑性特征。当剪切应力达到某一临界值后，颗粒高度定向，流动阻力达到最小值，黏度达到最小值，随着剪切速率的继续增大黏度不再继续下降，形成第二牛顿区。

（2）屈服性 当悬浮液浓度足够大时，有的悬浮液还会出现类固体性质，即在小的剪切应力作用下，悬浮液的黏度很大，几乎不流动，只有受到超过一定数值的剪切应力作用时，才会发生流动，并且黏度迅速下降，这种性质称为悬浮液的屈服性。这个使悬浮液流动的最低剪切应力称为屈服应力或屈服值。

屈服性与颗粒间作用力密切相关。当悬浮液的颗粒之间以排斥力为主时，流动性好，不存在屈服应力。当悬浮液的颗粒之间以引力为主时，颗粒之间会形成一定的聚团网络结构，并且聚团网络结构的颗粒之间具有聚团力，具有抵抗剪切的能力，因此存在屈服应力。例如对于黏土和水的分散系，黏土颗粒在沉积过程中就可以形成聚团网络结构，如图 3-4 所示[1]。只有当剪切应力超过屈服应力时，聚团网络结构才会发生断裂，悬浮液才能开始流动。

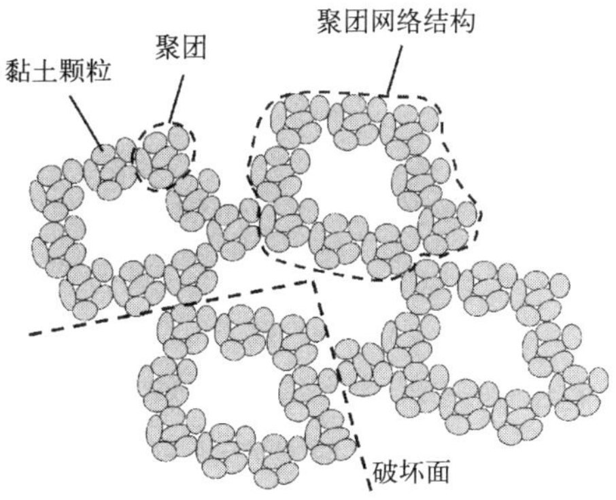

图 3-4　悬浮液沉积形成的聚团网络结构

(3) 触变性　触变体是随剪切时间延长黏度降低的流体。触变性多与聚团网络结构的解体和重建有关。当悬浮液受到一定的剪切力作用时，随着网状结构的不断被打破，絮凝体颗粒不断减小，表现为随着剪切时间的延长黏度降低；而剪切速率减小或停止时，聚团网络结构会重新生成，黏度增加。正因为聚团网络结构的破坏和重建需要一定时间，所以才出现了触变性。

应注意的是，不能把拟塑性与触变性混淆。例如对于棒状颗粒拟塑性悬浮液，当施加一定的剪切力时，单个棒状颗粒沿流动方向的排序速度很快，表现为黏度下降，而当去掉剪切力时，聚团网络结构重建的动力是布朗运动，其单个颗粒恢复也很快，因此随剪切时间延长而黏度不减小。而触变体在施加和去掉剪切作用时，聚团结构的定向排列和恢复都需要一定时间，因此才表现出黏度随剪切时间延长而减小。

按照悬浮液黏度变化规律不同对悬浮液进行分类，见表 3-1。

表 3-1　悬浮液的分类

<table>
<tr><th colspan="4">分　类</th><th>黏度变化</th></tr>
<tr><td rowspan="5">与时间无关</td><td colspan="3">牛顿流体</td><td>剪切速率增大,黏度不变</td></tr>
<tr><td rowspan="6">非牛顿流体</td><td rowspan="2">纯黏性流体</td><td>拟塑性流体</td><td>剪切速率增大,黏度减小</td></tr>
<tr><td>膨胀性流体</td><td>剪切速率增大,黏度增大</td></tr>
<tr><td rowspan="2">黏塑性流体</td><td>宾汉流体</td><td>当剪切应力大于屈服值时,剪切速率增大,黏度不变</td></tr>
<tr><td>非宾汉流体</td><td>当剪切应力大于屈服值时,剪切速率增大,黏度发生变化</td></tr>
<tr><td rowspan="2">与时间有关</td><td colspan="2">触变体</td><td>随剪切时间延长,黏度减小</td></tr>
<tr><td colspan="2">震凝体</td><td>随剪切时间延长,黏度增大</td></tr>
</table>

3.2 涂布原理

3.2.1 剪切涂布

剪切是涂布工序的第一个环节，涂布时最先需要知道的是施加剪切力的大小，这与选择不同的涂布方法密切相关。例如刮刀涂布法就是使用刮刀施加剪切力将浆料涂覆到片幅上，提供的剪切力较大，适用于较高黏度的浆料，一般黏度可达 40Pa·s；气刀涂布法是利用吹出的气体施加剪切力将浆料涂覆到片幅上，提供的剪切力较小，适用于较低黏度的浆料，一般黏度低于 0.5Pa·s。剪切速率衡量的是流体的变形程度，与涂布速度有关，一般涂布速度越大，剪切速率越大。

悬浮液的剪切力与黏度的关系通常可用下式表示：

$$\tau = K\dot{\gamma}^{n} \tag{3-1}$$

$$\eta = \tau/\dot{\gamma} = K\dot{\gamma}^{n-1} \tag{3-2}$$

式中，τ 为剪切应力，Pa；K 为稠度系数，或称为幂律系数，$Pa \cdot s^n$；n 为流性指数，或称为幂律指数，量纲为 1；$\dot{\gamma}$ 为剪切速率，s^{-1}；η 为黏度，Pa·s。

当剪切速率在一定范围内时，n 值可当作常数处理。因为这个关系为指数形式，符合上式的流体被称为幂律流体。当 $n<1$ 时为拟塑性流体，当 $n=1$ 时为牛顿流体，当 $n>1$ 时为膨胀性流体，其流变曲线见图 3-2。

3.2.2 润湿与流平

（1）悬浮液的润湿　涂布要求浆料在片幅表面能够自发润湿。悬浮液润湿片幅是悬浮液从片幅表面置换空气的过程。衡量悬浮液在片幅表面的润湿性可用悬浮液在片幅表面的润湿角来判断，润湿角越小，则悬浮液越容易润湿。也可以从悬浮液表面张力来分析，对于涂布过程来讲，片幅表面张力越大，悬浮液表面张力越小，θ 角越小，润湿性越好。反之，片幅表面张力越小，悬浮液表面张力越大，浆料的润湿性越差，容易导致涂布弊病缩孔的出现。

（2）悬浮液的流平　刚刚涂覆出来的浆料在片幅实现润湿后存在波纹等厚度不均现象，需要在涂膜固化前通过流平来实现厚度均匀。

当浆料无屈服应力存在时，设在垂直于涂布方向横断面上的涂膜厚度呈现正弦波变化，如图 3-5 所示。在 $\lambda>h$ 时，则流平速率 u_L 计算公式[2] 如下：

$$u_L = \frac{16\pi^4 h^3 \sigma}{3\lambda^3 \eta} \ln \frac{a_t}{a_0} \tag{3-3}$$

式中，a_t 为流平时间为 t 时的涂层波幅（波峰高度）；a_0 为流平时间为 0 时的涂层波幅；σ 为表面张力；h 为涂层厚度；η 为浆料黏度；λ 为波长或波峰之间的距离；π 为 3.14。

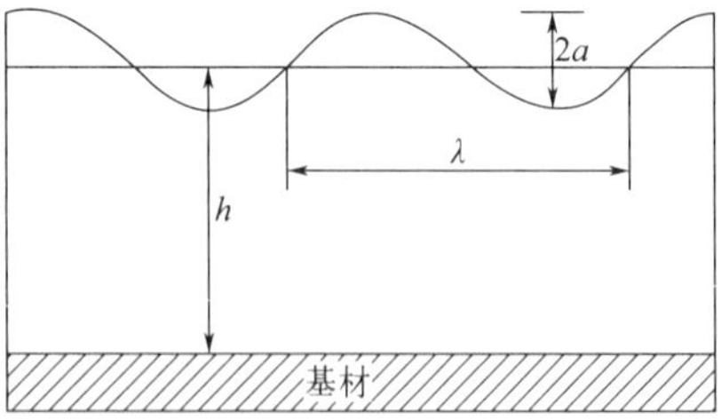

图 3-5　理想的正弦波式表面

由于流平通常是在低剪切或没有剪切下完成，需要注意，在利用流平公式计算时，应该采用在非常低剪切速率时的黏度值，甚至采用零剪切速率时的黏度值。

从上式可以看出，流平速率受涂层平均厚度 h 和波长 λ 影响显著，波长大的薄涂层难以流平。在涂布波长和厚度确定时，流平的主要驱动力为表面张力，流平的阻力为黏性力。因此要求表面张力较大、黏度较小，有助于流平。

涂层由于凹凸不平产生的最大剪切应力 τ_{max} 可用下式[2] 计算：

$$\tau_{max}=\frac{4\pi\sigma^3 ah}{\lambda^3} \tag{3-4}$$

式中，σ 为涂料的表面张力；a 为涂层波幅；h 为涂层厚度；λ 为波长。

当浆料存在屈服应力时，只有当 τ_{max} 大于屈服值时才能发生流平。而当 τ_{max} 小于屈服值时，单纯延长流平时间和减小黏度都不能克服屈服值障碍。

由上可知，对于表面张力来讲，润湿要求浆料的表面张力要小，否则润湿性变差，而流平要求表面张力要大，否则流平性变差，因此对于涂布浆料，表面张力既不能过大也不能过小。对于浆料的黏度来讲，流平要求黏度要小，否则流平性不好，而黏度过小则会发生流挂和边缘性不好，因此黏度也是既不能过大也不能过小。浆料表面张力和黏度对涂膜质量的影响见图 3-6[2]。涂膜需要悬浮液的表面张力和黏度的平衡和匹配。

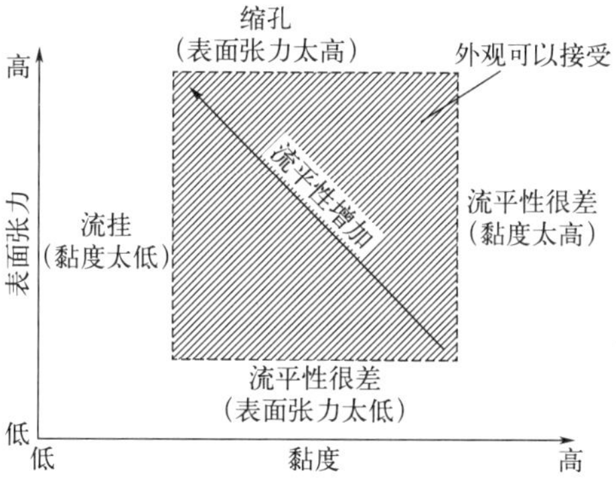

图 3-6　浆料表面张力和黏度对涂膜质量的影响

在涂布不同阶段对浆料黏度有不同要求，以满足涂膜的质量要求：

① 在低剪切速率（储存阶段）时，要求具有较高黏度，防止储存时沉淀。

② 在剪切涂布（涂布阶段）时，要求黏度较低，有利于流平和高速涂布。涂布时的剪切应力应该大于屈服值；并且浆料具有一定的拟塑性和触变性，在剪切力作用时黏度变小，有利于涂布流平。

③ 在涂布后（干燥阶段），要求适时恢复黏度，能防止分层和流挂现象。

3.2.3　涂膜干燥

在涂布过程中，浆料的黏度在不断发生变化。对于低固体浓度浆料，在施加剪切力涂布时浆料黏度很低，见图 3-7 中的Ⅰ，这是由于浆料的拟塑性和触变性造成的。在涂膜进入干燥段前，浆料黏度开始恢复，黏度缓慢上升。在涂膜进入干燥段后，由于剪切力消失拟塑性引起的浆料黏度恢复速度很快，见图 3-7 中的Ⅱ。随着涂层进入干燥段时间的延长，溶剂挥发造成涂膜温度下降引起的黏度上升以及触变性引起的黏度恢复的共同作用使得黏度进一步缓慢上升，达到图 3-7 中的Ⅲ。最后溶剂挥发造成的黏度升高以及高分子聚合造成的黏度升高的叠加使得黏度大幅度提高，见图 3-7 中的Ⅳ。

干燥过程和剪切涂布过程各自独立又相互联系。在干燥初期也存在流平，因此干燥初期的干燥速度不宜过快，以免造成流平变差的缺陷。

在干燥过程中，涂膜中的溶剂含量和温度发生变化，会使浆料黏度发生变化，也会使

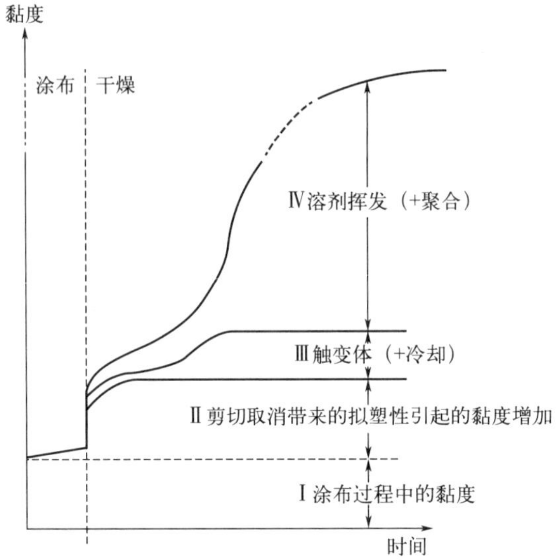

图 3-7 涂布和干燥过程中浆料黏度变化示意图[2]

表面张力发生改变。干燥过程中的黏度和表面张力同时变化，就会引起浆料性质的改变，进而影响最终涂膜质量以及涂膜缺陷。

3.2.4 典型涂布缺陷

（1）缩孔 缩孔也叫“火山口”，是指涂层中存在的类似火山口形状的缺陷，见图 3-8。这类缺陷是由表面上低表面张力的斑点引起的，来源可能是片幅油污点或空气中的灰尘。涂层中液体在表面张力作用下，会自发地从低表面张力的斑点中心流向四周高表面张力区域，从而形成斑点处于中心位置、斑点周围涂膜很薄的火山口缺陷。实验已经证明，在这一过程中液体的流速非常快，可达到 0.65m/s。清洁空气和片幅，降低浆料的表面张力，有助于消除这种弊端。

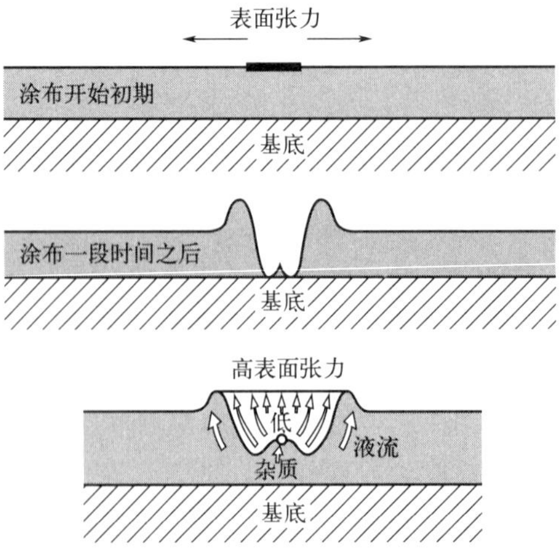

图 3-8 “火山口”形成示意图

(2) 厚边（或画框） 在涂布时边缘变厚的现象称为厚边或画框。图 3-9 为条缝涂布时厚边（或画框）缺陷示意图。在片幅边缘区域，表面张力会使边缘区域的涂膜形成弧形，见图 3-10（a），使边缘部分的表面积减小，从而使片幅边缘的膜变薄。当涂层进入干燥区域时，虽然在单位面积内蒸发速率相同，但是由于边缘区域较薄，边缘浓缩速度比较快，而由于固体颗粒的表面张力大于溶剂，边缘处表面张力变大，结果导致物料由低表面张力区域流向高表面张力区域，即向边缘区域移动，如图 3-10（b）所示由区域 2 流到区域 1。由于露出的底层材料含有较高浓度的溶剂，新形成的区域 2 表面具有较低表面张力，结果区域间的表面张力梯度促使更多物料从区域 2 向周围区域 1 和 3 流动，见图 3-10（c），最后形成厚边（或画框）缺陷。

提高黏度和减小涂层厚度都可以增大流动阻力，这样可以减少厚边的发生。使用表面活性剂也可以减少厚边发生，因为表面活性剂覆盖于颗粒上，使颗粒表面张力与溶剂的相同，这样就减小了表面张力梯度，从而减少厚边发生。

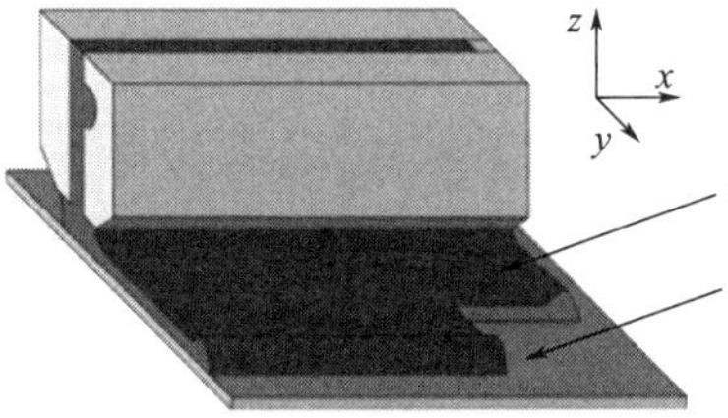

图 3-9 条缝涂布时厚边和画框缺陷示意图

（界面表示典型超高部分存在于涂层侧边和开始端）

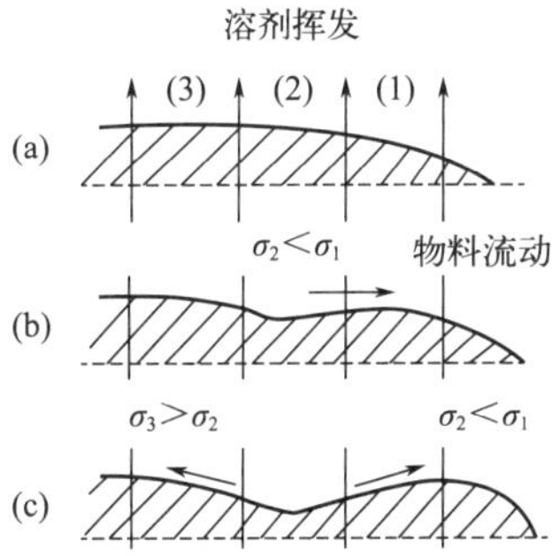

图 3-10 厚边（或画框）

（a）边缘附近新形成的膜；（b）涂料从区域 2 流向区域 1；（c）涂料从区域 2 继续流向周围区域

3.3 浆料黏度和表面张力调控

为获得良好涂膜，需要对悬浮液的黏度和表面张力进行调节。二者主要受悬浮液的组成和环境因素影响。悬浮液组成因素包括固体颗粒粉体、溶剂和表面活性剂等，环境因素为温度。这里首先讨论黏度的调节方法，然后介绍表面张力的调节方法；由于助剂和温度对黏度和表面张力均有影响，最后进行讨论。

3.3.1 黏度调控

悬浮液中粉体浓度通常采用固相体积分数（φ_s）或固体体积浓度来表示，即固体颗粒总体积占整个悬浮液体积的百分数。当悬浮液中的水分被抽干，粉体堆积处于紧密堆积状态，然后再将颗粒间孔隙用液体充填满，粉体堆外面不存在过剩液体，则此时悬浮液中的固相体积浓度达到最大值，称为最大固相体积分数（$\varphi_{s,max}$）。对于等径球粉体形成的悬浮液，最大固相体积分数（$\varphi_{s,max}$）为 0.74。

悬浮液黏度经验计算公式[3] 如下：

$$\eta=[1+0.75(\varphi_s/\varphi_{s,max})/(1-\varphi_s/\varphi_{s,max})]^2 \quad (3\text{-}5)$$

式中，η 为黏度；φ_s 为固相体积分数；$\varphi_{s,max}$ 为最大固相体积分数。此公式适用于剪切速率较小的悬浮液。

由式（3-5）很好理解：随着固相体积分数增大，可流动液体成分越少，悬浮液黏度越大。固相体积浓度对悬浮液浓度的影响规律为：当固相体积浓度很小时，黏度呈线性变化；当浓度较大时，则呈现非线性变化；最后黏度急剧上升，趋于无穷大。

通过式（3-5）可以理解很多粉体性质的变化对黏度的影响。粉体粒度、粒度分布、颗粒形状、比表面积和表面性质的改变，会通过改变 φ_s 和 $\varphi_{s,max}$ 来影响悬浮液黏度。

（1）粒度大小和比表面积　粒度对水煤浆黏度的影响见图 3-11[1]。由图可见，在固相体积分数相同条件下，剪切速率相同时，粉体粒度越小，水煤浆黏度越大。这是因为在颗粒表面吸附水形成了溶剂化膜，也称为滞流底层，如图 3-12（a）所示。滞流底层随着颗粒一起运动，会造成可流动水分减少。滞流底层厚度一般为几微米。对一种物料来说，滞流底层厚度在较大浓度范围内变化不大。随着颗粒直径的减小，滞流底层厚度与颗粒直径的比值增大，见图 3-12（b）。滞流底层中的水分增多，可流动水分减少，相当于增大了悬浮液中固相体积分数 φ_s，而 $\varphi_{s,max}$ 不变，因此计算得到的黏度增大。

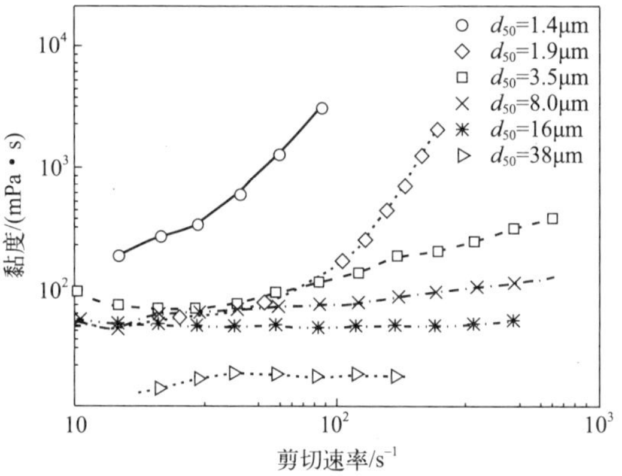

图 3-11　水煤浆粒度对黏度的影响

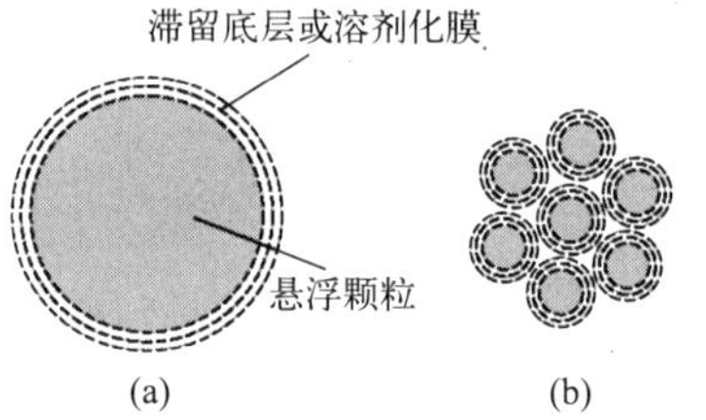

图 3-12　悬浮颗粒的滞流底层

（2）粒度分布　对于球形双分散体系，在相同固相体积分数情况下，双分散体系黏度要比单分散的低。这可能是在大颗粒之间的小颗粒起到了滚珠轴承作用。由式（3-5）也可以得到解释，这是因为，对于球形单分散体系，最大固相体积分数为 0.74；而对于双分散体系，由于小颗粒可以充填于大颗粒之间，使 $\varphi_{s,max}$ 增大，而 φ_s 不变，计算得到的黏度降低。当小颗粒的体积占到固相体积的 25%～30%时能获得最低黏度。当然小颗粒直径与大颗粒直径之比 d_p/D_p 对黏度也有影响，当 $d_p/d_p<1/10$ 时，这种作用逐渐减弱。

（3）颗粒形状　当颗粒体积分数相同时，黏度随着颗粒球形度变差而增大，不同颗粒形状的黏度排序为棒状＞扁平状＞砾状＞球状，见图 3-13[1]。下面采用式（3-5）对颗粒形状对黏度的影响进行说明。当悬浮液处于静止时，见图 3-14（a）。对于球形气泡颗粒，颗粒紧密排列堆积的 $\varphi_{s,max}$ 最大，$\varphi_s/\varphi_{s,max}$ 最小，因此球形颗粒的黏度最小；对于棒状颗粒，颗粒在水中呈现随机分布状态，此时保持颗粒随机分布状态不变而抽干水分，颗粒仍然以随机分析状态进行排列堆积，排列堆积的 $\varphi_{s,max}$ 最小，而 $\varphi_s/\varphi_{s,max}$ 最大，计算得到的黏度最大。图 3-13 中的爱因斯坦公式计算的相对黏度对应于浓度很低、颗粒没有相互作用的悬浮液。

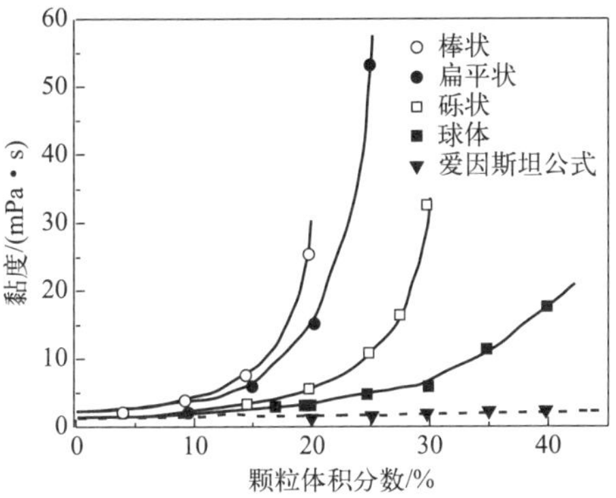

图 3-13　颗粒形状对悬浮液黏度的影响

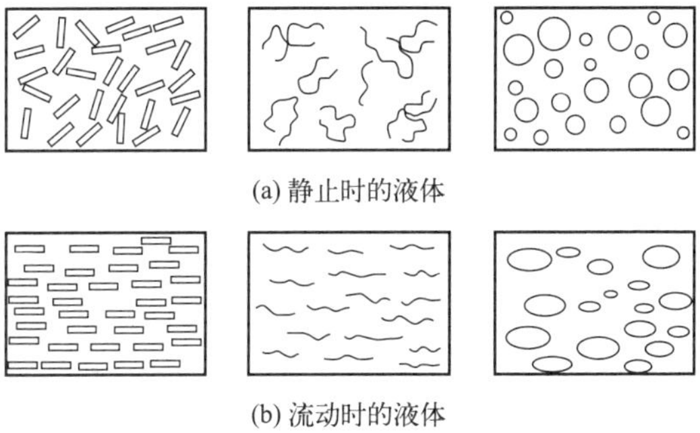

图 3-14　颗粒形状对黏度的影响

当悬浮液受到剪切力作用，产生流动时，见图 3-14（b），悬浮液颗粒的形状和排列方式可能会发生改变，从而导致黏度发生变化。当棒状颗粒受到剪切力作用时，棒状颗粒会沿运动方向进行取向排列，此时抽干水分，棒状颗粒以平行方式排列堆积，造成 $\varphi_{s,max}$ 增大，与静止浆料相比，$\varphi_s/\varphi_{s,max}$ 变小，计算得到的黏度较小；与棒状颗粒类似，球形气泡颗粒和线形卷曲高分子悬浮液也会由于变成椭圆形和线形而使黏度变小。

（4）溶剂　溶剂对悬浮液黏度的影响主要体现在溶剂自身的黏度和溶剂在颗粒表面的溶剂化作用。溶剂自身的黏度越大，悬浮液黏度也越大；溶剂在固体颗粒表面的溶剂化作用越强，粉体表面形成的溶剂化膜越厚，流动溶剂减少越多，黏度增加越大。此外还需要注意的是，当溶剂为牛顿流体时时，悬浮液可能为牛顿流体或非牛顿流体；而当溶剂为非牛顿流体时，则悬浮液一定为非牛顿流体。

3.3.2　表面张力调控

对于溶液来讲，溶质在表面层中的浓度与内部浓度不同。当溶质表面张力小于溶剂的表面张力时，溶质在溶液表面层中富集而使溶液的表面张力减小，这就是表面活性物质减小溶液表面张力的作用机制；当溶质表面张力大于溶剂的表面张力时，则溶质倾向于在溶液内部富集，对溶液的表面张力影响较小。

高分子聚合物在溶剂中形成溶液，与一般溶液表面张力变化类似：当聚合物表面张力比溶剂的表面张力低时，溶液表面将富集高分子聚合物，使聚合物溶液的表面张力降低；反之，则表面将富集溶剂分子，高分子聚合物对溶液的表面张力影响变小。

粉体与溶剂形成的悬浮液，其中含有固体粉体。当粉体表面张力小时，粉体倾向于浮于溶剂表面，而使悬浮液表面张力下降；反之，则会悬浮于溶液中，对于溶液的表面张力影响较小。通常悬浮液表面张力介于固体表面张力和液体表面张力之间。

3.3.3　表面活性剂调控

添加助剂是调节悬浮液表面张力和黏度的重要手段。助剂包括表面活性剂和高分子分散剂，通常具有表面活性，能够降低浆料表面张力，不但可以降低液体的表面张力，还可以降低固体的表面张力。这里重点讨论表面活性剂对浆料黏度的影响。

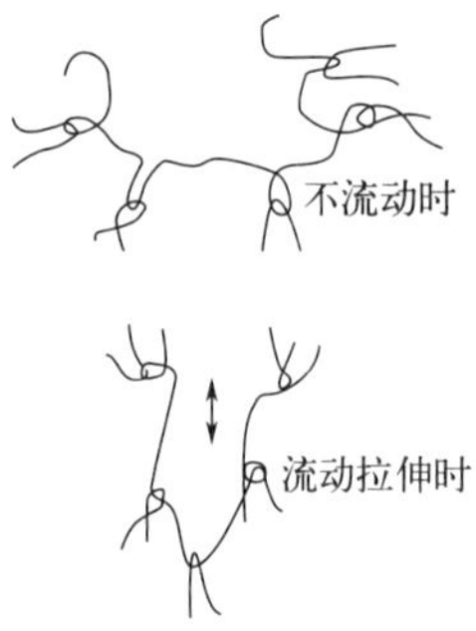

图 3-15 聚合物分子的缠结及其在流动场中的分子取向

高分子是悬浮液中常用的表面活性剂。对于高分子聚合物熔体，分子量是影响熔体流变性质的重要因素。设熔体大量出现链缠结时的分子量为 M_e，大多数聚合物的 M_e 在 10000～40000 之间。当分子量小于 M_e 时，聚合物分子不存在链缠结现象，黏度较低，聚合物熔体黏度大致与重均分子量 M_w（按聚合物中分子量各级分的质量分数进行的统计平均值，为聚合物统计平均分子量的一种）成正比。而当分子量大于 M_e 时，高分子链产生缠结，见图 3-15 中的不流动情况；这时加在一个聚合物链上的力会传递并分配到许多其他链上去，就会使流动变得相当困难，则黏度很大，见图 3-15 中的流动拉伸情况。此时在低剪切速率下的黏度约与重均分子量 M_w 的 3.4 次方或 3.5 次方成正比。

对于高分子聚合物溶液，溶剂主要通过影响聚合物缠结点分子量 M_e 而影响聚合物溶液的黏度。这是因为，溶剂的存在会使聚合物分子之间的距离变大，相当于发生链缠结的分子量 M_e 增大。与高分子聚合物熔体相比，溶液的黏度大幅度下降。例如羧甲基纤维素（CMC）浓度对水溶液黏度的影响见图 3-16。随着溶剂水加入量的增加，CMC 的质量分数随之减小，溶液黏度大幅度下降，呈现幂律流体特征。聚合物溶液的黏度-剪切速率关系见图 3-17[4]。这组曲线说明，聚合物溶液质量分数愈稀，保持牛顿性的剪切速率便愈高。

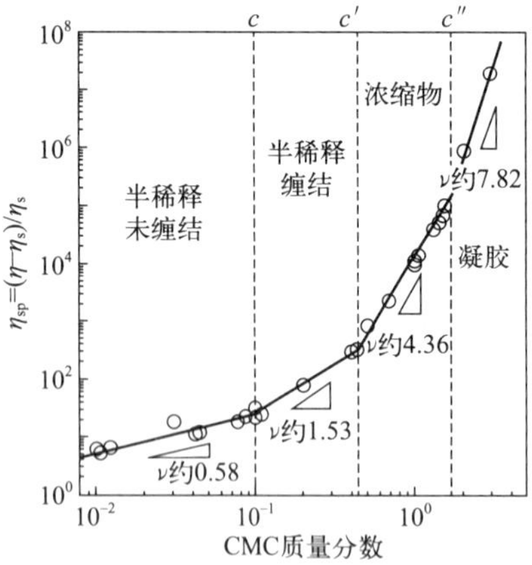

图 3-16 CMC 浓度对水溶液黏度的影响

η_{sp} 为比黏度，η_s 为溶剂黏度，η 为 CMC 的零切黏度；η_{sp} 与 c^{ν} 正比关系，c 为 CMC 质量分数，ν 为比黏度的幂指数。

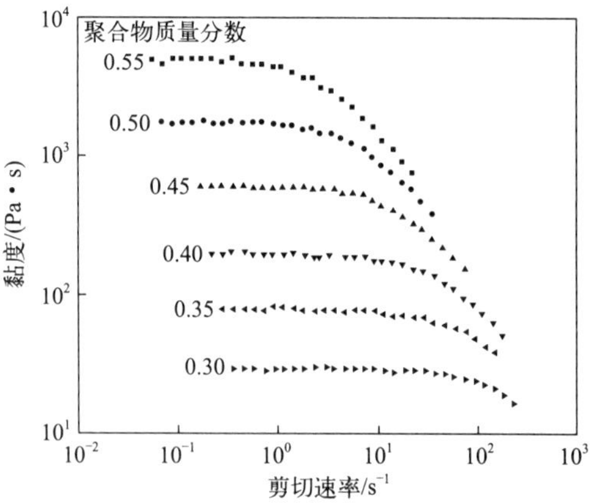

图 3-17 不同浓度聚合物溶液的黏度-剪切速率关系

表面活性剂会影响颗粒间作用力，因此也会影响黏度，尤其是高分子表面活性剂对悬浮液的黏度影响很大。锂离子电池负极水性体系制浆常用 CMC-Na 作为分散剂。对于水性体系浆料，当石墨的质量分数为 50%时，CMC-Na 的质量分数对黏度的影响见图 3-18[4]。当 CMC-Na 添加量为 0%时，初始的黏度很大，施加剪切应力黏度保持不变，当剪切应力大于一定值后，黏度急剧下降，存在明显的屈服行为。当浓度增加到 0.1%时，初始的黏度减小，这是因为CMC-Na开始表现出分散作用，颗粒间的斥力增加，流动性变好，但仍然存在屈服行为。当浓度增加到0.4%时，初始黏度最小，随着剪切力增加，黏度逐渐下降，但并非急剧下降，屈服行为消失，呈现明显的拟塑性。当浓度增加到1.4%时，屈服行为又开始出现。

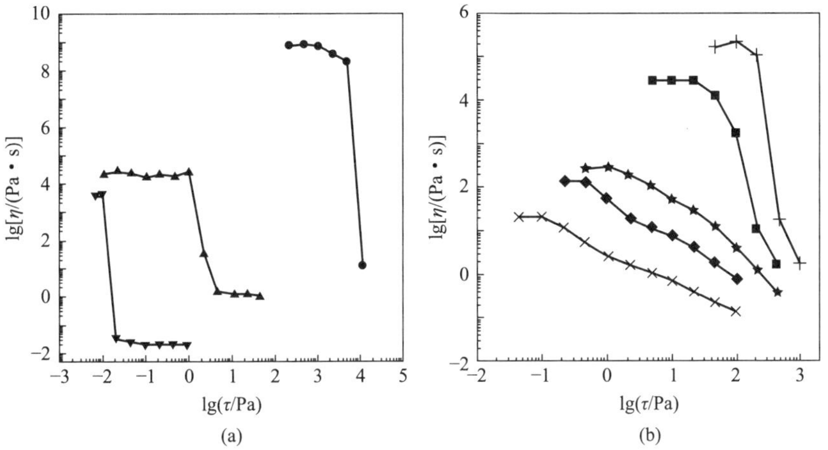

图3-18 50%（质量分数）石墨不同含量CMC-Na（质量分数）水性浆料的黏度与剪切力的关系
CMC：●0%；▲0.07%；▼0.1%；×0.4%；◆0.7%；★1.0%；■1.4%；+1.7%

添加表面活性剂对水煤浆黏度的影响见图3-19[1]。由图可见，在相同剪切速率下，添加十二烷基苯磺酸钠的水煤浆黏度比未添加的黏度明显下降。这主要是因为，表面活性剂增大了颗粒间的排斥力，从而使流动阻力变小，导致黏度减小。

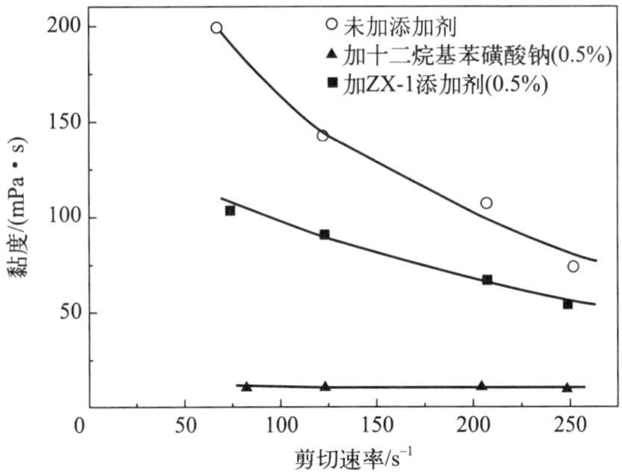

图3-19 表面活性剂对水煤浆黏度的影响

3.3.4 温度调控

悬浮液的黏度和表面张力受温度影响较大。一般来讲，随着温度的升高，悬浮液的黏度和表面张力下降。聚合物聚丙烯酸甲酯（PMA）溶液的黏度随温度升高而下降，见图3-20。对于悬浮液来讲还体现在，温度升高，溶剂体积膨胀，使得固相体积分数下降，从而导致黏度下降。温度升高时大多数液体表面张力呈下降趋势。随着温度升高，体系密度降低，分子间作用力降低，同时表面分子的动能增加，有利于克服液体内部分子的吸引，从而使表面张力下降。由于温度对黏度和表面张力均有显著影响，改变温度能够同时调节黏度和表面张力，但是温度对黏度和表面张力的影响幅度不同，因此温度对悬浮液的影响具有复杂性。另外，温度升高也会导致固体表面助剂吸附量下降，使得温度影响更为复杂。

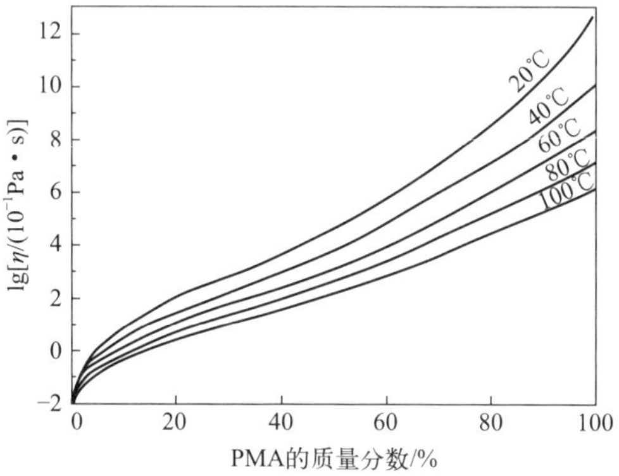

图 3-20 聚合物溶液黏度与温度的关系[4]

3.4 涂布工艺

3.4.1 单辊涂布工艺

单辊涂布就是将绕有片幅的单个涂布辊部分浸入浆料槽中，涂布辊和片幅以一定速度旋转将浆料涂到片幅上的过程，见图 3-21。单辊涂布是最基本的涂布方式，其弯液面作用是大多数涂布过程中的共性作用。下面首先介绍单辊涂布的弯液面作用。

(1) 单辊涂布的弯液面作用　在单辊涂布过程中，当片幅从浆料槽中拉出时，在片幅表面的涂膜和浆料槽中的液面之间，围绕 B 处形成了浆料的弯液面，也称为涂珠和半月板，见图 3-22。

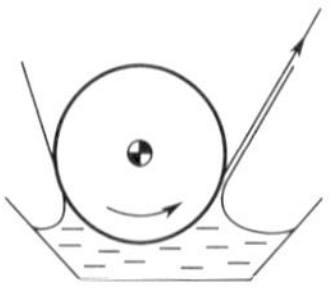

图 3-21 单辊涂布方式

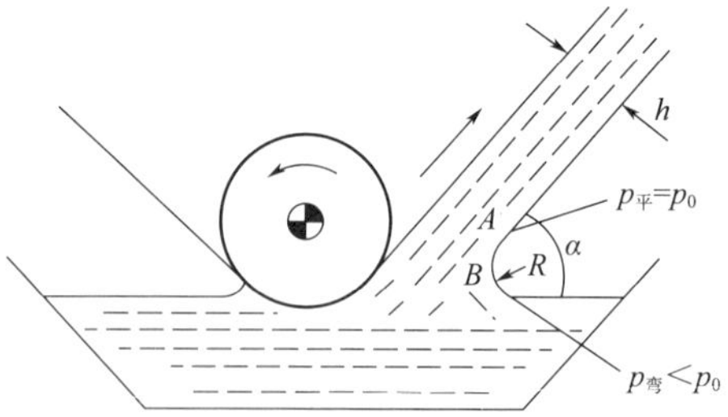

图 3-22 单辊涂层受力分析

在弯液面处，附着在片幅表面的浆料层会被片幅带走，随片幅一起向上运动。对于涂层平面 A 处，其所受压力为大气压 p_0，而在涂层弯液面 B 处，其所受到的压力为 $p_{弯}$，由于表面张力在弯曲液面上产生的附加压力 Δp，则压强 $p_{弯}$ 可用下式表示：

$$p_{弯}=p_0\pm\Delta p \tag{3-6}$$

在凸液面上，作用于液体边界微小区域上的表面张力形成一个指向液体内部圆心的合力，这个力产生对液体的附加压强为 Δp，见图 3-23（a），这时公式（3-6）取正号，$p=p_0+\Delta p$，凸面上微小区域液体受到的总压强大于大气压。在凹液面上，作用于液体边界的微小区域上的表面张力的合力指向液体外部凹面的圆心，见图 3-23（b），这时公式（3-6）取负号，$p=p_0-\Delta p$，附加压强与大气压方向相反，凹面上液体受到的总压强小于大气压。由于单辊涂布时的弯液面为凹面，实际上式（3-6）取负号。

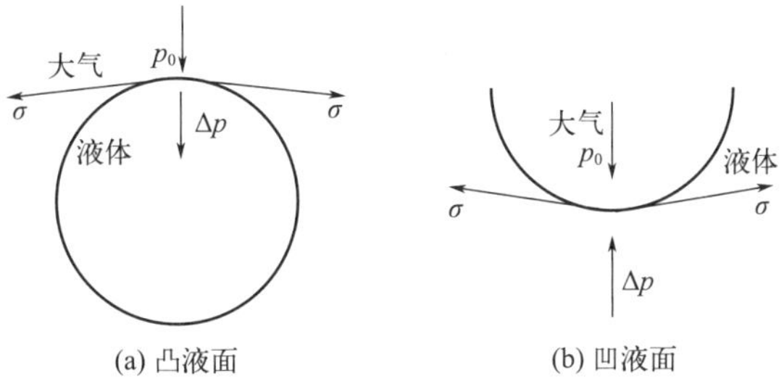

图 3-23　弯曲液面的附加压强

由流体力学可知，附加压强可以根据拉普拉斯公式计算：

$$\Delta p=\sigma(1/R_1+1/R_2) \tag{3-7}$$

式中，σ 为表面张力；R_1 和 R_2 为弯曲表面某点法线上两个正交面的曲率半径。

对于球形弯曲表面，$R_1=R_2=R$，则附加压强为

$$\Delta p=2\sigma/R \tag{3-8}$$

对于圆柱形弯曲液面，$R_1=\infty$，$R_2=R$，则附加压强为

$$\Delta p=\sigma/R \tag{3-9}$$

由上可知，对于单辊涂布，弯液面为圆柱形，因此附加压强与表面张力成正比，与弯曲液面曲率半径成反比。平面上 A 处的压强大于凹液面上 B 处的压强，由于液体总是从压力大的地方向压力小的地方流动，液体会从平面上的 A 处向凹液面的 B 处流动，这种流动对涂层有减薄作用，有助于涂出薄的涂层。这就是涂布过程中弯液面的重要作用，弯液面的曲率半径越小，液体的表面张力越大，$p_{弯}$ 与 p_0 的压差越大，则涂层就会越薄。单辊涂布很多工艺条件的影响都可以通过弯液面变化获得解释。这个弯液面现象在双辊涂布、条缝涂布等很多涂布过程中普遍存在，具有一定的普遍性。

当然，在单辊涂布过程中，液体从平面上的 A 处向凹液面的 B 处流动时，不但有表面张力作用，也有重力作用。浆料密度越大，重力作用越大，越有利于靠近涂层表面浆料层向下流动，涂层厚度越薄。但通常重力作用在薄层涂布时作用不明显。

（2）单辊涂布工艺

① 浆料性质　浆料的黏度和表面张力对涂布过程影响很大。浆料的表面张力越大，涂层表面向下流动的压力差越大，涂层厚度就越薄。浆料的黏度越大，片幅向上的黏性拉曳力越大，涂层表面向下流动的阻力越大，因此涂层厚度就越大。温度是通过对黏度、表面张力和密度等因素的改变来影响涂布过程的。一般情况下，温度升高，黏度和表面张力下降。

② 涂布速度、拉出角和浸入深度　随着涂布速度的增加，靠近涂层表面浆料层来不

及在表面张力和重力作用下向下流动就被片幅带走，从而形成涂层。涂布辊的浸入深度越浅，则弯液面半径越小，见图 3-24，这与拉出角 α 越小弯液面的半径越小是一样的，都会使涂层变薄。

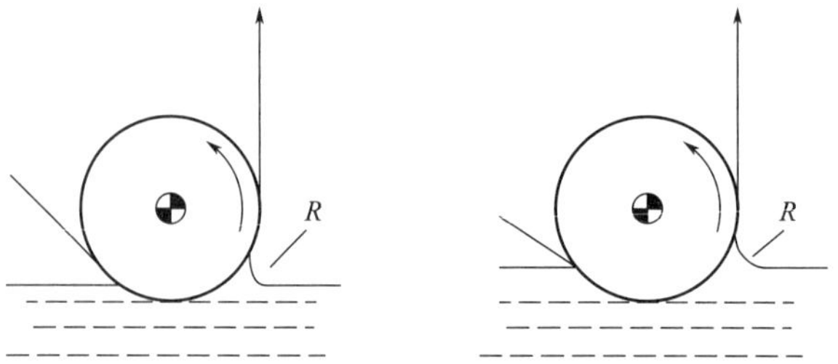

(a) 浸入深度较小，弯液面半径较小　(b) 浸入深度较大，弯液面半径较大

图 3-24　浸入深度、拉出角对弯液面半径的影响

综合上面各种因素，人们给出了涂层厚度的计算公式，如下所示[5]：

$$h=\frac{0.94(v\eta)^{2/3}}{(1+\cos\alpha)^{1/2}(\rho g)^{1/2}\sigma^{1/6}} \tag{3-10}$$

$$h=1.32R\left(\frac{v\eta}{\sigma}\right)^{2/3} \tag{3-11}$$

$$h=K(v\eta)^{2/3} \tag{3-12}$$

式中，h 为涂层厚度，cm；K 为常数；v 为片幅运行速度，生产中常称为车速，cm/s；η 为黏度，10^{-1}Pa·s；ρ 为浆料密度，g/cm^3；α 为片幅拉出角，(°)；σ 为表面张力，10^{-3}N/m；g 为重力加速度，980cm/s^2；R 为弯液面曲率半径，cm。

单辊涂布的涂布过程简单，操作方便，但由于弯液面半径由浸入深度、拉出角来控制，在弯液面处由表面张力产生的负压有限，因此单辊涂布的涂层较厚，尤其是对于高黏度浆料，很难获得薄的涂层，另外涂布厚度均匀性也不高。

3.4.2　逆转辊涂布工艺

逆转辊涂布是计量辊与涂布辊自转方向相反，将浆料涂覆于片幅上的涂布过程，见图 3-25。逆转辊涂布时，利用计量辊将片幅表面的浆料减薄，完成涂布过程。

(1) 逆转辊涂布弯液面　逆转辊涂布时辊缝间浆料的流动特征见图 3-26 (a)[6]。计量辊和涂布辊向相反方向旋转，在下方的涂布辊由右边的上游向左边的下游旋转，上覆有较厚的浆料膜，称为到达膜；计量辊由左向右旋转，将涂膜减薄，片幅上得到一定厚度的计量膜。在计量辊上存在润湿线，在 x_w 处如图 3-26 (b) 所示。

逆转辊涂布的弯液面就在润湿线处，假设初始润湿线在左边。令涂布辊和计量辊的辊速（表面线速度）分别用 v_a 和 v_m 表示，为便于理解，假定 v_a 一定，则随 v_m 的增大，润湿线向右移动，向辊缝最窄的 $x=0$ 处靠近，此时弯液面的直径变小，涂层会变薄。而随 v_m 的继续增大，则润湿线越过辊缝最小处，移至辊缝最小处的右边，这时弯液面直径变大，涂层会变厚。可见逆转辊涂布时，弯液面的作用与单辊涂布存在相同规律。

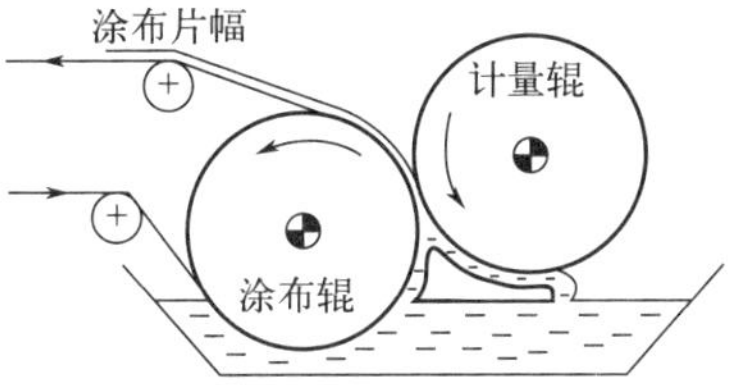

图 3-25 逆转辊涂布方式

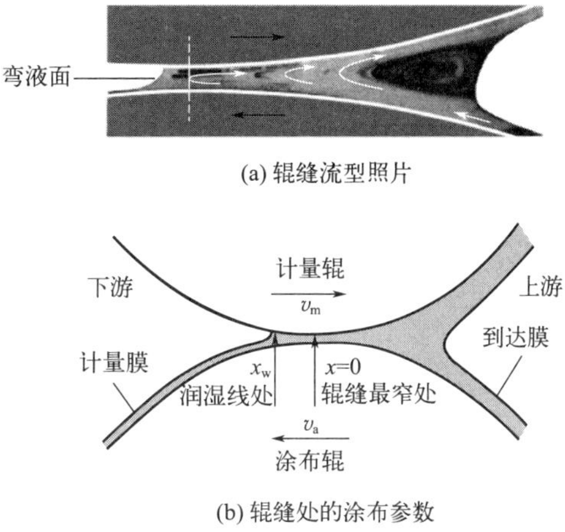

图 3-26 逆转辊涂布时辊缝间浆料的流动特征

（2）逆转辊涂布工艺 在讨论逆转辊涂布工艺时，毛细管数是一个重要的无量纲准数，反映的是浆料黏度与表面张力的关系，毛细管数 Ca 可表示为：

$$Ca = \eta v/\sigma \tag{3-13}$$

式中，η 为浆料黏度；σ 为表面张力；v 为涂布速度，对于逆转辊涂布 v 取涂布辊表面线速度 v_a。

以辊缝最窄 $x=0$ 处进行分界，下游的 $x<0$，而上游的 $x>0$。润湿线位置用无量纲位置 $x_w=x/H_0$ 表示，其中 H_0 为最小辊缝间隙。图 3-27[7] 显示了当 $Ca=0.1$ 时，随速度比 v_m/v_a 的增加，采用有限元模拟计算表明，润湿线位置逐渐由负到正发生变化，同时涂层厚度的模拟和实验均表明呈现减薄趋势，而在辊缝最窄 $x_w=0$ 处附近出现厚度最小值，这与弯液面逐渐变小一致。随后弯液面移至 $x_w>0$ 处，辊缝变大，弯液面也随之变大，则涂布厚度变大。

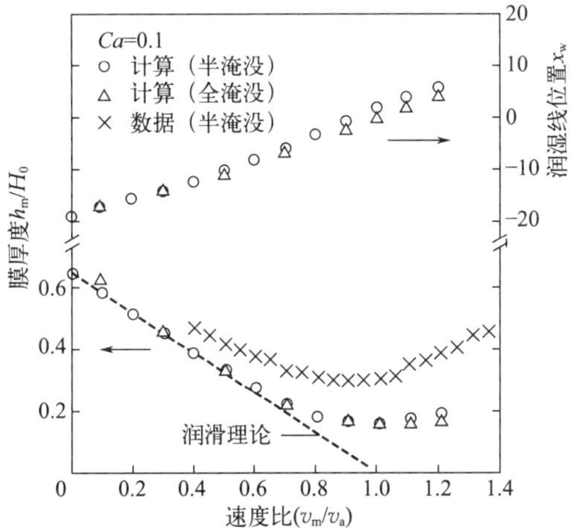

图 3-27 速度比对测量的间隙流线的影响

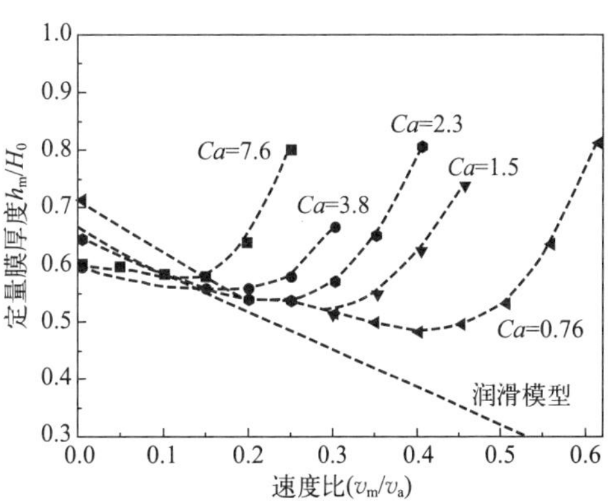

图 3-28 毛细管数对逆转辊涂布膜厚的影响

毛细管数 Ca 的影响见图 3-28。模拟发现，随着毛细管数增大，涂膜厚度出现最小值的速度比下降。当速度比相同时，随着毛细管数增大，涂膜厚度增大。这符合弯液面规则，因为当 Ca 增大时，意味着或者是黏度增加或者是速度增加或者是表面张力减小，都会造成涂布厚度增加，这与单辊涂布规律一致。

在低速度比时接近润滑模型，涂层厚度与速度比呈线性变化。涂布厚度 h_m 可由式（3-14）[8] 计算，需要注意的是该式只适合于低速度比范围，而在高速度比时则不适用。

$$h_m/H_0=(\lambda/2)(1-v_m/v_a) \tag{3-14}$$

$$\lambda=Q_V/(H_0 u) \tag{3-15}$$

式中，h_m 为计量膜厚度；v_a 和 v_m 分别为涂布辊和计量辊表面速度，均取正值；H_0 为辊间间隙；λ 为无量纲流速，通常取 1.33～1.23；Q_V 为单位宽度上的流量；u 为流体速度，逆转辊涂布 $u=v_a$。

（3）双辊涂布窗口　逆转辊涂布时，涂布稳定性受速度比、毛细管数和辊缝间隙的影响，见图 3-29[8]（实线是实验数据，虚线是理论计算）。由图 3-29（a）可以看出，当毛细管数很小时，例如 $Ca=0.1$，任何速度比的涂布都是稳定均匀的，这个区域称为稳定区。这是因为，或者黏度很小，或者表面张力较大，有助于流平，因此涂膜质量好。随着毛细管数增大，涂布变得不稳定，稳定涂布区域消失。当毛细管数较大时，例如 $Ca=1.2$，当低速度比时，出现竖条道缺陷，这是因为浆料或者黏度大或者表面张力小，不利于流平，易产生涂布缺陷竖条道，见图 3-30（a）；在中间速度比时，涂布稳定区域重新出现，涂膜没有弊病，这个区域也称为涂布稳定区；在较大速度比时出现喷涌缺陷，见图 3-30（b）。辊缝间隙的影响体现在，当辊缝间隙减小时，涂布稳定的速度比窗口会变大，见图 3-29（b）。这是因为随着速度比增加，浆料被剪切变稀明显，因而流平性变好，可以得到好的涂层，于是出现了涂布稳定区域。

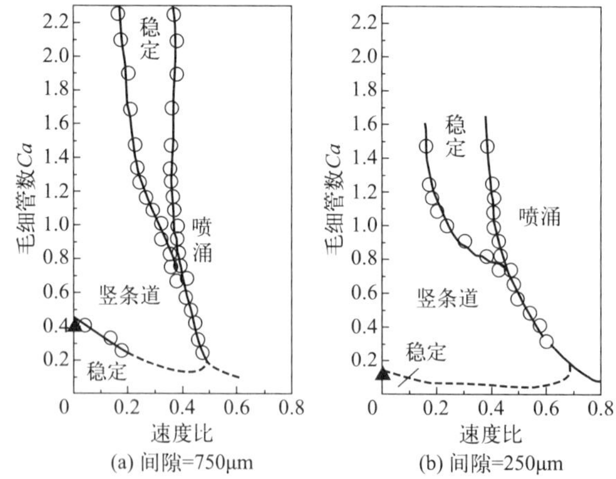

图 3-29　逆转辊涂布稳定窗口

随着速度比的增加，润湿线向上游移动，膜厚度减薄，见图 3-31 中 $v_m/v_a=0$ 和 0.26 的位置。随着速度比继续增加，计量膜和润湿线越过辊间隙最窄处，处于上游，如图 3-31 中 $v_m/v_a=0.42$ 的位置所示。计量膜会在此处连接到计量辊表面上，会将空气夹带进计量辊与计量膜之间，从而形成气泡。气泡会向下游移动，并从下游的计量辊表面脱

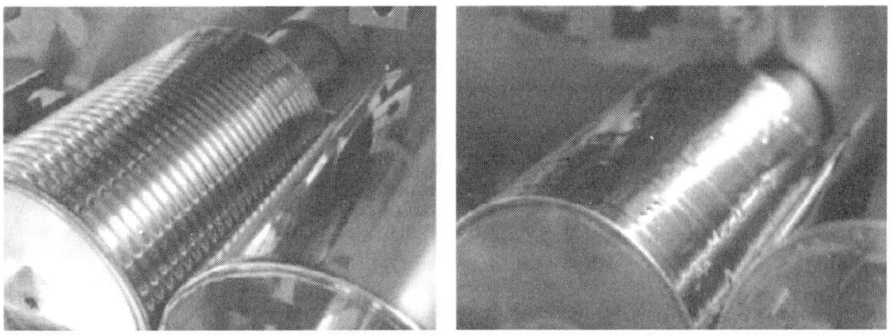

(a) 竖条道　　(b) 喷涌

图 3-30　竖条道和喷涌缺陷

出，随后开始第二个循环。当速度比很大时，润湿线进一步移向上游，此时液体与大量气体形成的大气泡混杂在一起，在向下游移动时被挤出辊缝，沿横贯片幅方向出现形状类似锯齿状的横条道干扰，称为喷涌，也叫“海边状”弊病。并且浆料的黏度越高，间隙越大，越容易产生喷涌。以上介绍的是牛顿流体模拟计算结果，与牛顿流体相比，非牛顿流体的模拟计算改变很小。

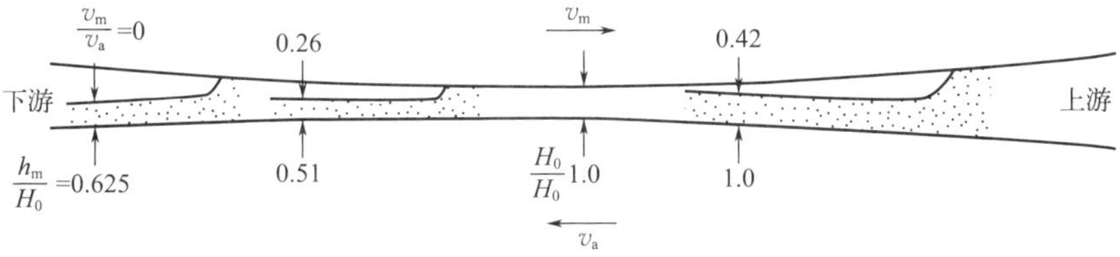

图 3-31　三个快要产生喷涌的速度比（v_m/v_a=0、0.26、0.42）时的定量膜自由表面形状

目前锂离子电池生产中多采用逗号刮刀逆转辊涂布，见图 3-32。计量辊被固定的逗号刮刀取代，相当于计量辊转速为 0 时的逆转辊涂布。逗号刮刀的使用，使得产生喷涌时吸入的气体得以顺利从上游逸出。锂离子电池极片辊涂时，涂布片幅为厚度 8～20μm 的铝箔和铜箔，浆料湿涂层较厚，在 100～300μm 之间，涂布精度要求高。由于浆料为非牛顿高黏度流体，涂布速度不高。

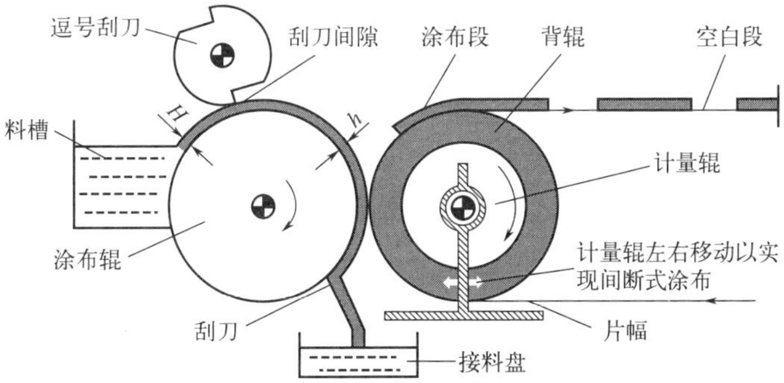

图 3-32　逗号刮刀逆转辊涂布示意图
（涂布辊和计量辊可以分开，以实现间断式的涂层）

3.4.3 条缝涂布工艺

条缝涂布是将定量输入的浆料从涂布头上缝隙挤出，并全部涂于片幅上的涂布方式[图 3-33 (a)]。条缝涂布的特点是浆料润湿唇口，涂布量由浆料从唇口的挤出量决定，具有高速、定量、薄层以及能够进行多层涂布等优点[图 3-33 (b)]，在锂离子电池涂布中得到了应用。

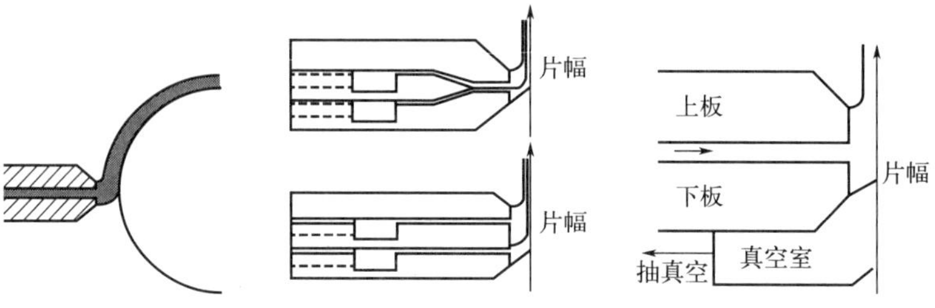

图 3-33 条缝涂布示意图

(1) 条缝涂布的弯液面　条缝涂布的弯液面处于唇口和片幅之间，处于悬空状态，涂布时，弯液面受到片幅拉力的作用而不稳定，因此为了稳定弯液面，条缝涂布还设有真空室[图 3-33 (c)]，真空具有稳定弯液面的作用，所以才使得条缝涂布的速度大幅度提高。

当片幅平行于涂布唇口涂布时，上唇口和片幅间的弯液面中浆料的流型为层流，见图 3-34 (a)，片幅表面上浆料的流速等于片幅速度 v，唇口表面浆料的流速为零。对于牛顿流体，弯液面宽度上的浆料平均流速是片幅速度的一半，则浆料的挤出流量可用下式表示：

$$Q = H_G L u = H_G L \frac{v}{2} = h v L \tag{3-16}$$

$$H_G = 2h \text{ 或 } h = \frac{H_G}{2} \tag{3-17}$$

式中，H_G 为弯液面宽度，即涂布间隙；L 为涂布片幅宽度；u 为浆料平均速度；v 为片幅速度；h 为涂层厚度。

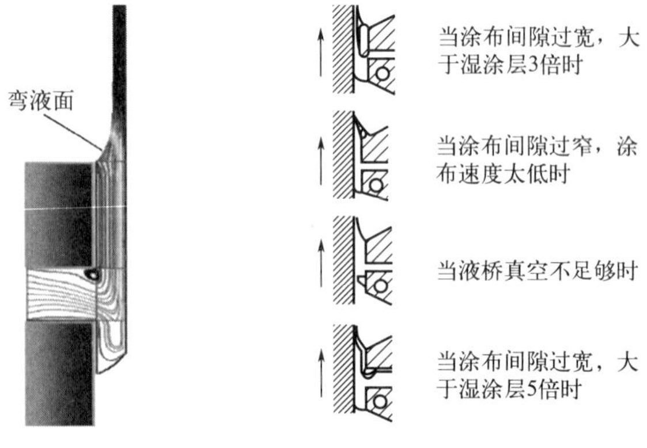

图 3-34 条缝涂布的弯液面及其典型流线 (a) 和涡流 (b)[9]

由式（3-17）可以看出，涂层厚度等于涂布间隙 H_G 的一半。这个公式仅适用于牛顿流体。对于非牛顿流体，由于剪切稀化，涂层厚度会比计算结果薄一些。

条缝涂布的厚度取决于挤出浆料量，涂布稳定性似乎与弯液面无关，但事实上仍然与弯液面密切相关。一是对于牛顿流体，在 $H_G=2h$ 附近涂布有助于弯液面稳定。当涂布间隙过宽（大于湿涂层 3 倍）、涂布间隙过窄、涂布速度过低、真空度不足、条缝太宽（大于湿厚度 5 倍）时都会在涂布间隙不同位置产生涡流，如图 3-34（b）所示。例如，当涂布间隙过宽时，涂布间隙内残留弯液面流体太多，造成流动不稳定涡流；相反，当涂布间隙过小时，涂布间隙容不下较多弯液面流体，会使浆料从间隙溢出到条缝上部产生涡流。二是为涂出更薄的涂层，有时需要将唇口倾斜，以减小弯液面角度，从而有助于涂出更薄的涂层，见图 3-35。

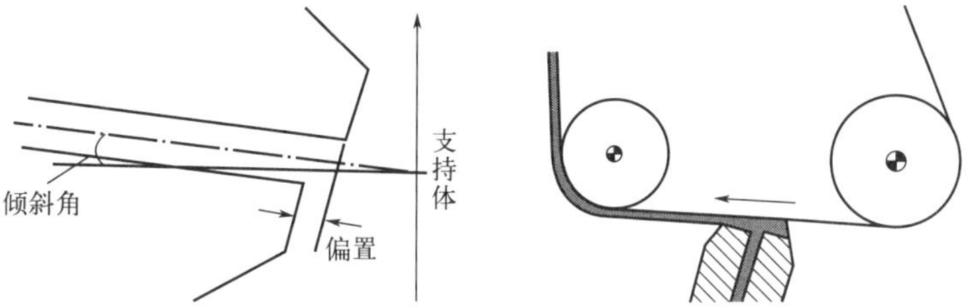

图 3-35　条缝涂布的涂布头倾斜设置

（2）条缝涂布厚度　条缝涂布的厚度决定于输送浆料量和片幅速度，浆料的输送量越大，片幅速度越小，则涂布厚度越大，具体计算公式如下：

$$h=Q/(vL) \tag{3-18}$$

式中，Q 为单位时间泵送浆料的体积流量，cm^3/s；v 为涂布片幅线速度，cm/s；L 为涂布片幅宽度，cm。

（3）涂布窗口　随着输送浆料流量的减小，涂层厚度减小，当浆料输送流量过小时，涂布会出现间断，见图 3-36（a）和图 3-36（b）。所谓最小涂布厚度就是能够涂出完整涂层时的最小涂层厚度。负压对最小涂布厚度的影响见图 3-37[10]：当负压一定时，随着片幅速度增大，最小涂布厚度先增加而后稳定；随着真空度增加，最小涂布厚度减小，表明真空度增加有助于涂出更薄的涂层。

(a)　(b)　(c)

图 3-36　均匀涂膜（a）、低速度极限时出现的间断（b）及大颗粒撞击下游弯液面时形成的条道（c）

涂布间隙是影响涂布质量的重要工艺参数，通常要保证涂布厚度等于涂布间隙 H_G 的一半。随着涂布间隙的减小，涂层厚度减小，当涂布间隙过小时，还会出现拉丝和细条道，见图 3-36（c）。这主要是由于片幅、浆料或空气中夹带的颗粒或气泡污染涂布头表面引起的。如涂布下游弯液面存在颗粒团聚体造成涂布缺陷的原理示意见图 3-38。加强浆料的过滤和消泡、清洁片幅、采用较宽的涂布间隙，有助于减少细条道的产生。

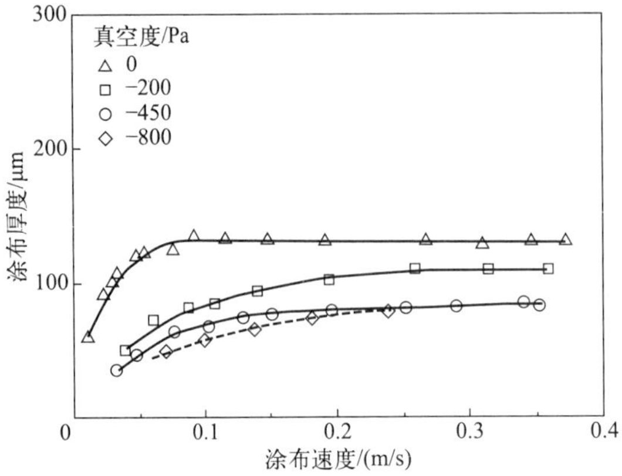

图 3-37 弯液面负压对最小涂布厚度的影响（黏度 50mPa・s）

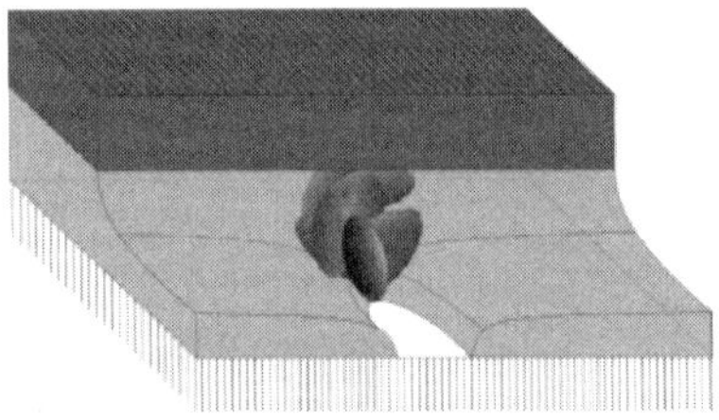

图 3-38 大颗粒和团聚体撞击下游弯液面时形成的涂布缺陷

当浆料黏度为 25mPa・s、涂膜厚度为 85μm、涂布间隙为 250μm 时，由负压和涂布速度决定的涂布窗口见图 3-39。涂布的稳定性与三相接触点 A 的受力密切相关，见图 3-40。在片幅表面总是存在一层空气膜，这个滞留底层空气膜与片幅一起运动，给弯液面施加一个从片幅上剥离开的力，称为空气膜动量，属于不稳定力。空气膜动量可表示为 $\rho_{空气} v^2/2$，片幅速度 v 越大，空气的负压越小，$\rho_{空气}$ 越大，则空气膜动量越大。当片幅速度过大时，空气膜来不及散失就被液膜夹带到涂层中，造成涂层气泡缺陷，不能稳定涂布，见图 3-39 中涂布速度上限时的空气夹带。

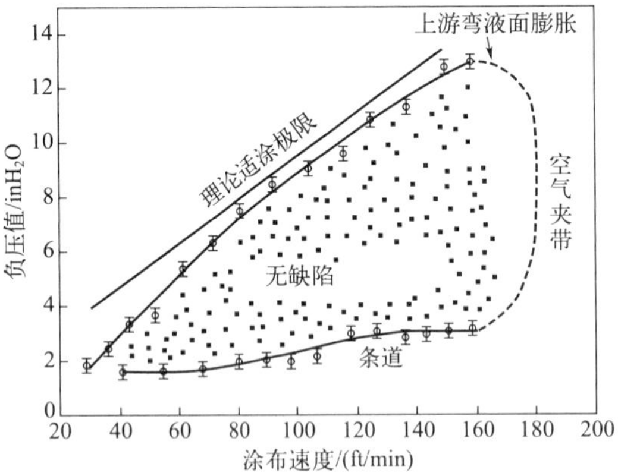

图 3-39 条缝涂布窗口[9]
（黏度 25mPa・s，涂膜厚度 85μm，涂布间隙 250μm）
（$1inH_2O=25.4mmH_2O=249.08891Pa$，$1ft/min=5.08\times10^{-3}m/s$）

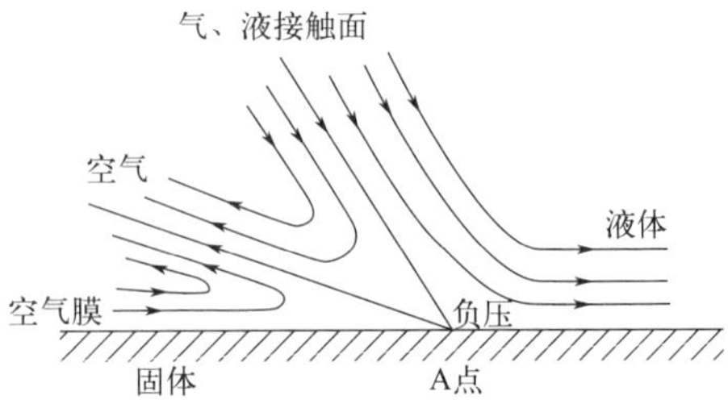

图 3-40 空气膜动量示意图
（A 点为三相接触点）

当负压过低时，在沿片幅运行方向会出现周期性的条道弊病，条道表现为顺片幅方向遮盖率的变化。这是由于负压较低时弯液面的波动引起的，见图 3-39 负压下限条道。随着负压的升高，弯液面变得稳定，涂布无缺陷。而当负压过高时，能够将弯液面吸漏，不能进行稳定涂布，见图 3-39 负压的理论适涂极限。

3.5 干燥原理与工艺

3.5.1 干燥简介

固体物料中含有的水分或其他溶剂成分统称为湿分，含有湿分的固体物料称为湿物料。固体物料的干燥就是对湿物料加热，使所含湿分汽化，并及时移走所生成蒸气的过程。对于极片涂布过程来讲，干燥是将涂膜中的水或其他溶剂蒸发，使湿膜固化的过程。

按照加热方式，干燥过程可以分为对流干燥、传导干燥和热辐射干燥。其中对流干燥是使热空气以相对运动方式与湿物料接触，向物料传递热量，使湿分汽化并被带走的干燥方法。锂离子电池极片涂布干燥主要采用空气对流干燥。图 3-41 为典型的有滚筒支撑的单面冲击干燥器，其明显特征为使用喷嘴。传导干燥是通过传热壁面以热传导方式将热量传给湿物料，使湿分汽化并被去除的干燥方法。热辐射干燥通常以红外热辐射方式加热湿物料表面，物料吸收辐射能后转化为热能，使湿分汽化并被去除。

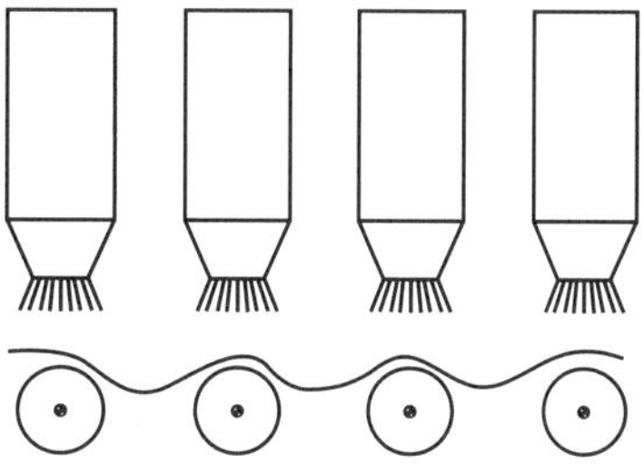

图 3-41　单面冲击干燥器

按照操作压力，干燥过程可分为常压干燥和真空干燥。其中常压干燥就是在大气压下的干燥过程，锂离子电池涂膜的干燥属于常压干燥。真空干燥是在具有一定真空度情况下完成的干燥过程。在锂离子电池制造过程中还有很多环节需要干燥技术，如原材料干燥、注液前电芯干燥、空气除湿等。这里主要讨论常压下水分干燥的基本原理与工艺。

3.5.2 干燥原理

3.5.2.1 干燥水蒸气分压

在一定温度下，采用常压空气对物料进行干燥，减少物料中的水分，物料能否干燥脱水、干燥速度和干燥程度主要与空气和物料中水的蒸气分压有关。下面首先对空气水蒸气分压和物料水蒸气分压进行讨论，然后讨论空气中的干燥原理。

(1) 空气水蒸气分压　空气中通常含有水分，水分含量通常用绝对湿度和水蒸气分压来表示。其中绝对湿度简称为湿度，是指湿空气中单位质量干空气所含有的水汽质量，用 H 表示；空气的湿度也可用水蒸气分压 p_w 来表示。当空气压力不大时，视为理想气体，二者的关系可用式 (3-19) 表示：

$$H=0.622p_w/(p-p_w) \tag{3-19}$$

式中，H 为湿度，g/kg；p 为湿空气的总压力，Pa；p_w 为水蒸气分压，Pa。

在一定温度和压力下，当空气与水长时间接触，达到平衡状态时，空气的绝对湿度达到最大值时，此时的水蒸气分压称为水的饱和蒸气压，用 p_s 表示。此时的空气称为饱和空气，此时的湿度称为饱和湿度。

相对湿度 φ 表示为 p_w/p_s。φ 可以直观地表示空气的不饱和程度，相对湿度越小，空气中可接纳的水分就越多。在一定温度下，当空气与水接触时，则有：

当 $\varphi<1$、$p_w<p_s$ 时，为不饱和空气，空气具有继续容纳水分的能力；

当 $\varphi>1$、$p_w>p_s$ 时，为过饱和空气，空气中水分会凝结成露珠和液态水；

当 $\varphi=1$、$p_w=p_s$ 时，为饱和气体，气体中的水分达到饱和状态，既不会增加也不会减少，液态水分也会保持不变

只有当空气的 $\varphi<1$、$p_w<p_s$ 时，才可作为干燥空气使用。

(2) 物料水蒸气分压　物料中的水分可分为非结合水和结合水。

非结合水是机械地附着在固体表面和内部大孔隙中的水分。非结合水与普通水的性质相同，其水蒸气分压等于同温度下水的饱和蒸气压。物料中含水量较大时，一般含有非结合水。

结合水是通过物理和化学作用与固体物料相结合的水分。存在于物料毛细管中的水分和物料晶格中的结晶水都属于结合水。结合水与物料结合力较强，其水蒸气分压低于同温度下水的饱和蒸气压。这是因为存在于固体物料毛细管中的润湿水分，由于呈凹液面，由公式 (3-6) 可知，凹液面的蒸气压低于外部的大气压力，并且毛细管管径越小，水蒸气分压越小。

(3) 物料在空气中的干燥　在一定温度下，在常压时，物料与空气接触，物料中非结合水和结合水的水蒸气分压分别为 $p_{非结合}$ 和 $p_{结合}$。

对于非结合水，则有：

当 $p_{非结合}=p_s>p_w$ 时，物料中的非结合水分向空气中扩散，物料中的水分减少，物料得到干燥；

当 $p_{非结合}=p_s=p_w$ 时，物料中的非结合水分与空气中的水分处于平衡状态，物料中的水分不变；

当 $p_{非结合}=p_s<p_w$ 时，空气中的水分冷凝析出，物料中的非结合水分含量增大。

对于结合水，则有：

当 $p_{结合}>p_w$ 时，物料中的结合水分向空气中扩散，物料中的水分减少，物料得到干燥；

当 $p_{结合}=p_w$ 时，物料中的结合水分与空气中的水分处于平衡状态，物料中的结合水分不变；

当 $p_{结合}<p_w$ 时，物料从空气中吸收水分，物料中的结合水分含量增大。

由此可知，只有当 $p_{非结合}=p_s>p_w$ 和 $p_{结合}>p_w$ 时，物料中的非结合水和结合水才能进行干燥。非结合水的干燥推动力为 $p_{非结合}-p_w$，结合水的干燥推动力为 $p_{结合}-p_w$，一般来讲，干燥推动力越大，则干燥速度越快。因为有 $p_s>p_{结合}>p_w$，结合水的干燥推动力要小于非结合水的干燥推动力，所以结合水较难干燥，通常毛细管水分需要在 105～110℃烘干，才能完全去除。结晶水脱除温度通常较高，有时可达 200℃以上。

当 $p_{非结合}=p_s>p_w$ 和 $p_{结合}>p_w$ 时，物料可以进行干燥。物料首先失去非结合水，然后失去结合水。随着干燥进行，$p_{结合}$ 减小，p_w 增大。当 $p_{结合}=p_w$ 时，干燥过程停止，物料和空气中的水蒸气分压不再变化，此时物料中的水分不再发生变化。我们将失去的水分称为自由水分，包括非结合水和结合水；而将残留的水分称为平衡水分，包括结合水，平衡水分含量用 X^* 表示。一定温度下物料中各种水分的关系见图 3-42。

当温度为 25℃时，在常压下，某些物料的平衡含水量曲线见图 3-43。空气的相对湿

度 φ 越小，则物料的平衡含水量越小，干燥效果越好。也就是说，在一定相对湿度条件下，物料的干燥存在干燥极限。要想进一步降低含水量，应减小干燥空气的湿度；只有在干空气中才有可能获得绝干物料，即 $\varphi=0$ 时，$X^*=0$。

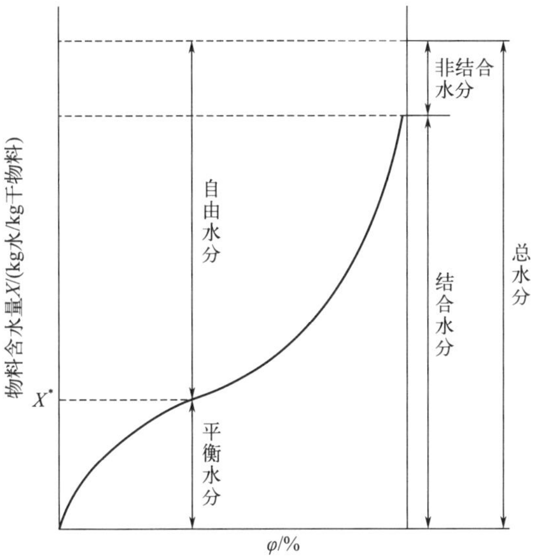

图 3-42　物料中各种水分的关系（温度为定值）

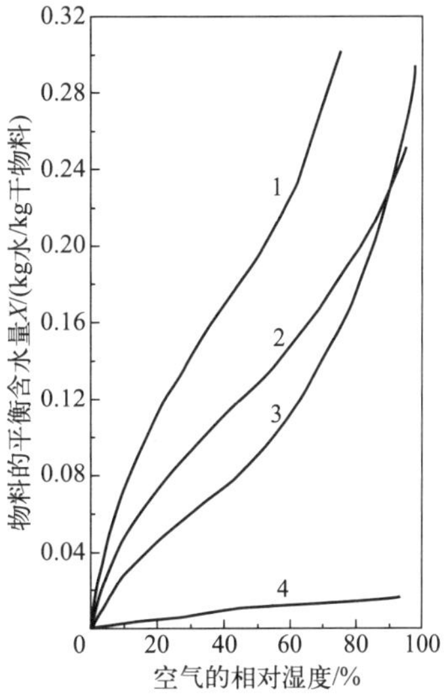

图 3-43　物料的平衡含水量与空气相对湿度的关系[11]

1—烟叶；2—羊毛、毛织物；3—木材；4—陶土

3.5.2.2　干燥温度

温度对干燥的影响一方面体现在对物料中水蒸气分压的影响上，当常压时，对于非结合水来讲，其水蒸气分压等于水的饱和蒸气压。温度对水的饱和蒸气压的影响见表 3-2。可见，随着温度的升高，水的饱和蒸气压升高。也就是说，随着温度的升高，物料中非结合水的水蒸气分压 $p_{非结合}$ 升高，从而增大了非结合水的干燥推动力（$p_{非结合}-p_w$）。例如，20℃时的饱和空气水蒸气分压 $p_w=0.00233$MPa，令 $p_{非结合}=0.00233$MPa，则此时 $p_{非结合}-p_w=0$，物料中的水分不发生变化。当温度升高到 100℃时，$p_{非结合}$ 等于 100℃时水的饱和蒸气压（0.10133MPa），而空气的水蒸气分压 p_w 不变，则 $p_{非结合}-p_w$ 显著增大到 0.099MPa，则物料可以进行干燥，干燥速度加快，并且物料中的含水量还会继续下降。

另一方面，这种随着温度升高，干燥速度和物料干燥程度的提高，也可以从空气接纳水的能力提高上获得解释。例如，在 20℃时 1kg 饱和湿空气的水汽含量仅有 14.4g，而在 100℃时 1kg 湿空气中的水汽含量可达到 1000g。

表 3-2　水的温度与饱和蒸气压的关系

温度/℃	饱和空气水蒸气分压/MPa	1m³ 湿空气水汽含量/g	1kg 湿空气水汽含量/g
0	0.00061	4.9	3.8
10	0.00123	9.4	7.5
20	0.00233	17.2	14.4
30	0.00425	30.1	26.3

续表

温度/℃	饱和空气水蒸气分压/MPa	$1m^3$ 湿空气水汽含量/g	1kg 湿空气水汽含量/g
40	0.00738	50.0	46.3
50	0.01234	82.3	79.0
60	0.01992	129.3	131.7
70	0.03116	196.6	216.1
80	0.04738	290.7	352.8
90	0.07014	418.8	582.5
100	0.10133	589.5	1000

3.5.3 干燥工艺

锂离子电池涂膜干燥通常是采用烘道式干燥方式，空气作为热载体，利用对流加热涂膜，使涂膜中的水分或其他溶剂汽化并被空气带走，达到涂膜固化干燥的目的，如图 3-44 所示。

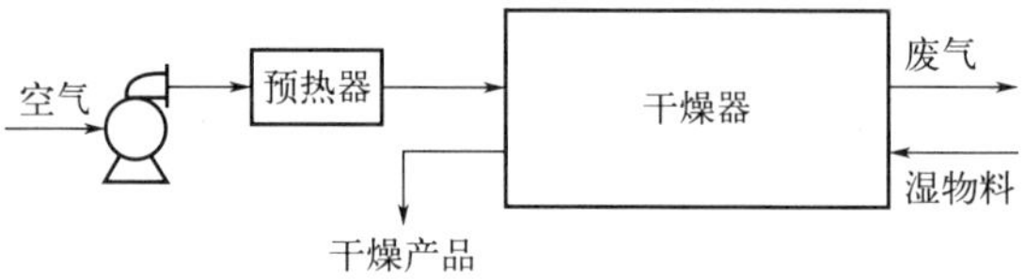

图 3-44 空气干燥器对流干燥示意图

干燥速率为单位时间在单位干燥面积上汽化的水或溶剂的质量，用 U 表示，单位为 kg/（m^2·s）。按照干燥速率曲线，一般可以将干燥分成三个阶段：过渡段、恒速干燥段和降速干燥段。见图 3-45（a）。对于明胶型涂层，沿着烘道长度方向，物料的膜温度、湿含量的具体变化如图 3-45（b）所示。

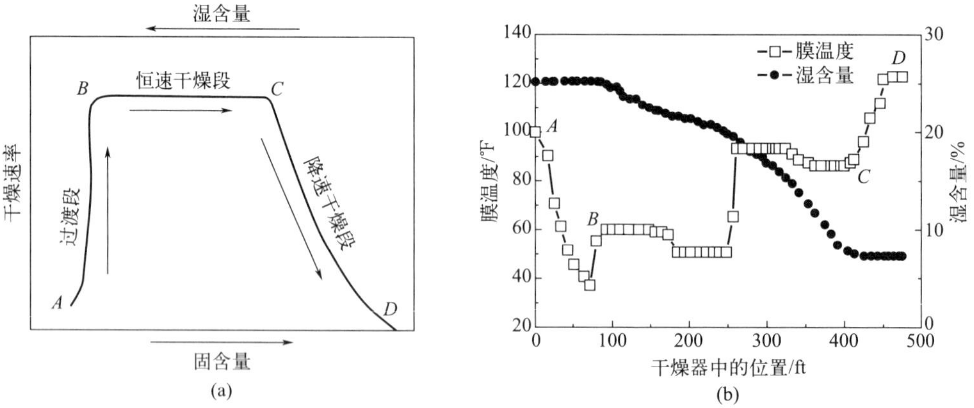

图 3-45 对流干燥速率曲线（a）与非内部扩散控制干燥膜温度和湿含量曲线（b）[8]

$[t/℃=\frac{5}{9}(t'/℉-32)$，$1ft=0.3048m]$

（1）过渡段　对应于图 3-45（a）和图 3-45（b）的 *AB* 段，位于干燥箱前面，膜温度先降后升是过渡段的温度变化特征。这是由于涂膜进入干燥箱后，水或其他溶剂汽化吸热，引起膜温度显著下降，这一阶段的干燥速率快，但时间不长。

（2）恒速干燥段　对应于图 3-45（a）和图 3-45（b）的 *BC* 段，位于干燥箱中段，膜温度恒定不变是恒速干燥段的温度变化特征。大部分水分在这个阶段汽化。这一阶段涂层表面有足够的非结合水分，当干燥空气的温度、湿度、流速和流量等干燥工艺条件不发生变化时，物料的吸热与汽化处于平衡状态，干燥速率和膜温度不发生变化。至于图 3-45（b）中有 4 个温度不变的恒温段，主要是根据分段改变干燥工艺条件所致。

（3）降速干燥段　对应于图 3-45（a）和图 3-45（b）的 *CD* 段，处于干燥烘道的后面，膜温度上升是降速干燥段的温度变化特征。这一阶段物料表面不再被水润湿时，膜表面的水蒸气分压开始下降，降到低于毛细管中结合水的水蒸气分压时，结合水开始汽化。此时由于结合水通过毛细管移动到膜表面的速度跟不上表面的汽化速度，干燥速率下降。由于汽化水量减少，膜温度上升。

干燥工艺控制不当，涂膜会产生缺陷。气孔是涂膜中滞留的气泡冲破涂膜留下的针刺状空洞，是干燥过程中常见的涂膜缺陷。涂膜中的水分或溶剂汽化产生气泡是形成气孔的重要原因。多数气泡是由于恒速干燥段很短，在降速干燥段空气温度高，涂层温度可能超过溶剂沸点而形成的。降低降速干燥段的空气温度是消除此类弊病的常用方法。

3.6　涂布缺陷与电性能

David 等[11] 采用三元正极材料制造涂层缺陷的方法，制备了 4 种涂层缺陷：针孔或凹坑、结块或气泡、1 条宽条道（1X）、3 条细条道（3X）。其中 1 条宽条道和 3 条细条道去除了等量的材料，见图 3-46。天然石墨负极材料涂层无缺陷，作为对比电池的电极。他们制备了 500mA·h 的软包装电池进行电化学性能测试。图 3-47 为电极涂层缺陷电池的电化学循环寿命曲线，1 号线为无缺陷的对比电池数据，2 号线为针孔缺陷，3 号线为结块缺陷，4 号线为 1 条宽条道缺陷，5 号线为 3 条细条道缺陷的循环数据。测试是在 3.0～4.2V 之间进行循环，在每个充电步骤的高截止电压时保持 3h 电压，以加速电池退化。其中每 50 次循环进行一次混合脉冲功率表征（HPPC）。

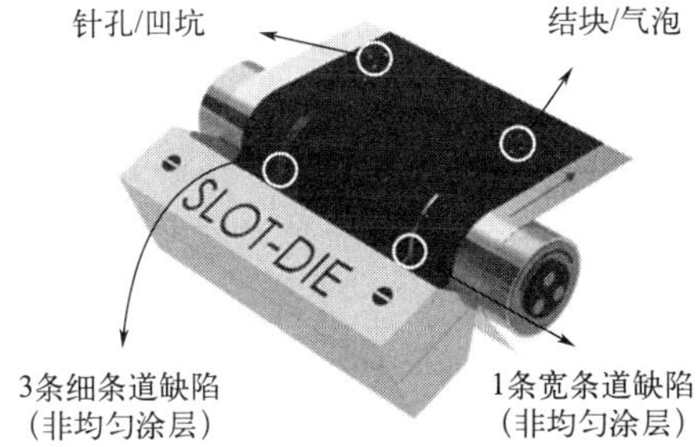

图 3-46　电极涂层过程中出现的针孔或凹坑、结块或气泡、
1 条宽条道和 3 条窄条道等涂层缺陷示意图

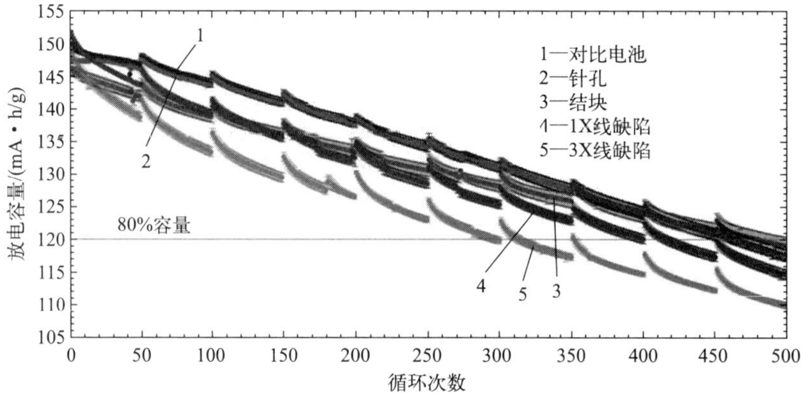

图 3-47 电极涂层缺陷电池的电化学循环数据

这些电极涂层缺陷电池的电化学循环表明，针孔和结块不会导致容量的显著损失。然而，存在线缺陷的涂层制备的电池显示出更严重的容量衰减。对带有一个 3mm 线缺陷的电极进行循环后表征，发现缺陷区域附近的阴极明显退化，这是这些电池中更高容量损失的主要原因。根据所有后循环分析的结果，假设缺陷附近的阴极材料降解是加速电池老化的主要原因，那么缺陷区的初始尺寸会影响阴极材料在重复循环过程中的退化速率。

习 题

1. 解释牛顿流体和非牛顿流体的区别。
2. 简述涂布过程的主要工艺步骤。
3. 为什么良好涂布浆料的黏度和表面张力既不能过大也不能过小？
4. 浆料黏度调控途径有哪些？
5. 浆料表面张力的调控途径有哪些？
6. 简述单辊涂布、逆转辊涂布、条缝涂布的弯液面对涂布厚度的影响。
7. 描述辊涂过程中常见的缺陷及其产生原因，并提出解决方案。
8. 条缝涂布与辊涂有何不同？各自的优势和适用范围是什么？
9. 简述锂离子电池涂布后干燥的目的、干燥过快对涂布有什么不利影响。

10. 已知某液体在空气中的表面张力 $\sigma_{LG}=0.073N/m$，该液体与某固体表面之间的界面张力 $\sigma_{SL}=0.055N/m$，固体的真实表面能 $\sigma_{SG}=0.1N/m$。该液体是否能润湿该固体表面？如果不能，需要增加多少表面张力才能使液体润湿固体表面？如果能，求出润湿角 θ。

11. 考虑一个非牛顿流体悬浮液，其剪切应力与剪切速率之间的关系可以用幂律模型来描述，即 $\tau=K\dot{\gamma}^n$，其中 τ 是剪切应力，$\dot{\gamma}$ 是剪切速率，K 是稠度系数，n 是流性指数。给定一个悬浮液样品，在剪切速率为 $0.1\ s^{-1}$ 时，测得其剪切应力为 10Pa。当剪切速率增加到 $1s^{-1}$ 时，剪切应力增加到 100Pa。此外，当剪切速率达到 $100s^{-1}$ 时，剪切应力为 10000Pa。

（1）确定该悬浮液的稠度系数 K 和流性指数 n。

（2）计算该悬浮液在剪切速率为 $10s^{-1}$ 时的剪切应力和黏度。

（3）如果将悬浮液的温度升高 10℃，稠度系数 K 变为原来的 1.5 倍，而流性指数 n 不变。计算在这种情况下，剪切速率为 $10s^{-1}$ 时的剪切应力和黏度。

参考文献

[1] 杨小生. 选矿流变学及其应用 [M]. 长沙：中南工业大学出版社，1995.

[2] Satas D, Tracton A A. 涂料涂装工艺应用手册 [M]. 赵风清，肖纪君，等，译. 2 版. 北京：中国石化出版社，2003.

[3] 卢寿慈. 工业悬浮液：性能，调制及加工 [M]. 北京：化学工业出版社，2003.

[4] 尼尔生. 聚合物流变学 [M]. 范庆荣，宋家琪，译. 北京：科学出版社，1983.

[5] 张景禹. 彩色胶片 [M]. 北京：轻工业出版社，1987.

[6] Gaskell P H, Innes G E, Savage M D. An experimental investigation of meniscus roll coating [J]. Journal of Fluid Mechanics, 1998, 355: 17-44.

[7] Coyle D J, Macosko C W, Scriven L E. The fluid dynamics of reverse roll coating [J]. AIChE Journal, 1990, 36 (2): 161-174.

[8] 柯亨，古塔夫. 现代涂布干燥技术 [M]. 赵伯元，译. 北京：中国轻工业出版社，1999.

[9] Gutoff E B, Cohen E D. Coating and Drying Defects: Troubleshooting Operating Problems [M]. Hoboken, New Jersey: John Wiley & Sons, 2006.

[10] Lee K Y, Liu L D, Ta-Jo L. Minimum wet thickness in extrusion slot coating [J]. Chemical Engineering Science, 1992, 47 (7): 1703-1713.

[11] Lamuel D, Rose E R, Debasish M, et al. Identifying degradation mechanisms in lithium-ion batteries with coating defects at the cathode [J]. Applied Energy, 2018, 231: 446-455.

第 4 章　辊压

极片辊压是将极片涂层中的粉体经过辊压机压实的过程，如图 4-1 所示。极片进入辊压机后，在对辊压力的作用下，极片中的活性物质粉体发生流动、重排，颗粒之间的空隙减少，粉体颗粒排列紧密化。辊压的主要目的是减小极片厚度，提高粉体层单位体积的活性物质负载量，即提高充填密度，从而达到提高电池容量的目的。辊压良好的极片具有较大的充填密度，厚度均匀，同时极片柔软、不引入杂质。极片辊压过程是粉体的重排和致密化过程，涉及粉体学基础知识和辊压的基础知识。因此本章首先介绍粉体学中的充填和压缩原理，然后介绍辊压原理，最后介绍压实密度对电池性能的影响。

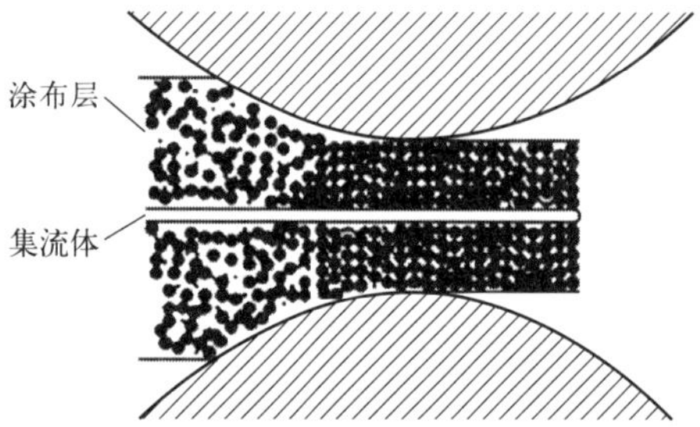

图 4-1　极片辊压机示意图

4.1　粉体性质

粉体学是研究各种形状粒子集合体性质的科学。粉体的辊压过程主要受粉体性质的影响，粉体性质主要包括粒径、粒度分布、形状、密度、比表面积和流动性等。

（1）粒径　粒径是度量粉体粒度大小的粉体性质。球形颗粒用球的直径作为粒径。但实际粉体颗粒通常为不规则形状，因此人们定义了多种等效直径来表达粒径。例如三轴径法，见图 4-2（a），在水平面上，将一个颗粒以最大稳定度放置于每边与其相切的长方体中，用该长方体的长度 l、宽度 b、高度 h 的平均值作为粒径；定向径法，见图 4-2（b）～（d），采用固定方向测定颗粒的外轮廓尺寸或内轮廓尺寸作为粒径；投影圆当量径法，见图 4-2（e），采用与颗粒投影面积相同的圆的直径作为粒径。

实际粉体的粒径通常与测定方法相关。例如，采用激光粒度仪分析粒径时，通常采用球当量径法，把等体积球的直径定义为颗粒的粒径，或把等表面积球的直径作为颗粒等效直径[1]；采用标准筛测量粒径时，当粉体通过粗筛孔而被细筛孔截留时，一般用大于细孔直径而小于大孔直径来表示。

（2）形状　实际粉体颗粒具有不同的形状，为规范颗粒形状的表示方式，人们常用真球形度、实用球形度和圆形度来定量表示。真球形度为颗粒等体积球的比表面积与颗粒实际比表面积之比；实用球形度为与颗粒投影面积相等圆的直径与颗粒投影图最

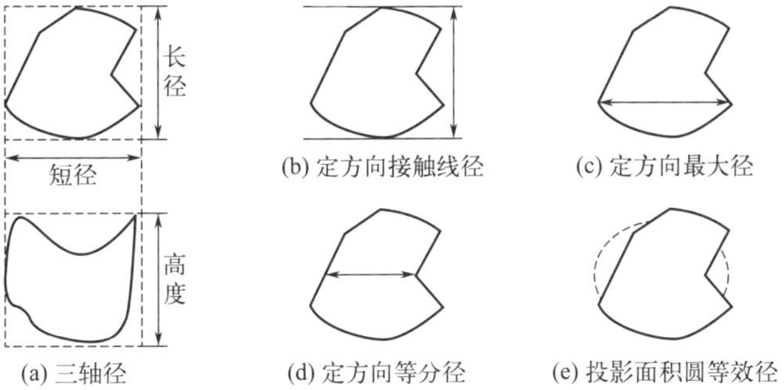

图 4-2 粉体粒径的定义方法

小外接圆直径之比；圆形度为与颗粒投影面积相同圆的周长与颗粒投影轮廓周长之比。有时也用空间维数定性描述颗粒形状，如一维颗粒表示线形或棒状颗粒，二维颗粒表示平板形颗粒，三维颗粒表示颗粒长宽高具有可比性的颗粒。电池常用的正负极材料颗粒形状见图 4-3。

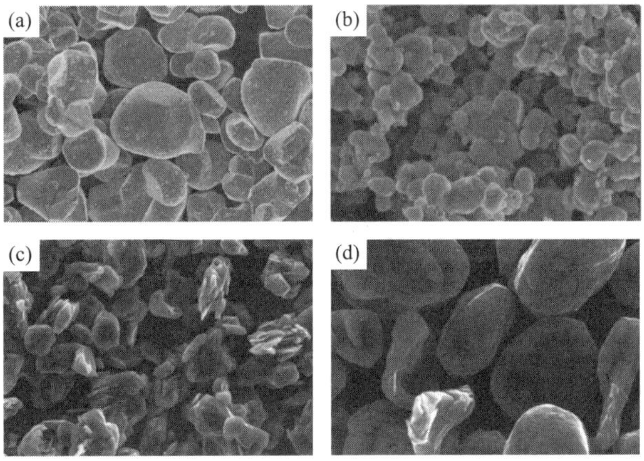

图 4-3 正负极材料典型粉体形貌

（a）正极材料 NCM 单晶；（b）正极材料 LFP 系列；（c）负极材料人造石墨；（d）负极材料天然石墨

（3）粒度分布 粒度分布表征的是不同粒径的颗粒在粉体中占比的多少。以粒径为横坐标、以百分数为纵坐标作图，可以得到方框形粒度分布曲线（图 4-4）。其中图 4-4（a）为微分型粒度分布曲线，也叫频率分布曲线或区间分布曲线，表示在一定粒径区间的颗粒的体积占颗粒总体积的百分比[1]；图 4-4（b）为颗粒的累计分布曲线，通常表示粒度小于某个粒径的颗粒的体积占总体积的百分比。从累计分布曲线的导数就可以得出粒度频率分布曲线。当粒径宽度的区间无限小时，就可以得到圆滑的粒度分布曲线。上面介绍的粒度分布曲线是以体积分数来表示的，也可以用质量分数来表示。图 4-5 为颗粒形貌与粒度分布的关系，粒度呈单峰正态分布的颗粒形貌与粒度分布如图 4-5（a）所示，粒度呈双峰分布的颗粒形貌与粒度分布如图 4-5（b）所示。

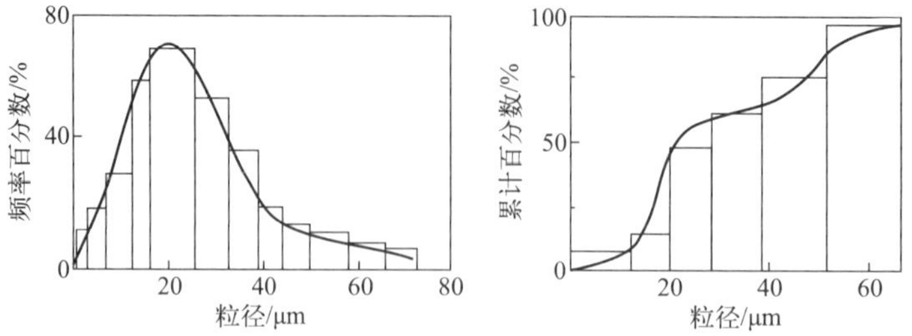

(a) 频率分布（区间分布） (b) 累计分布

图 4-4 粒度分布示意图

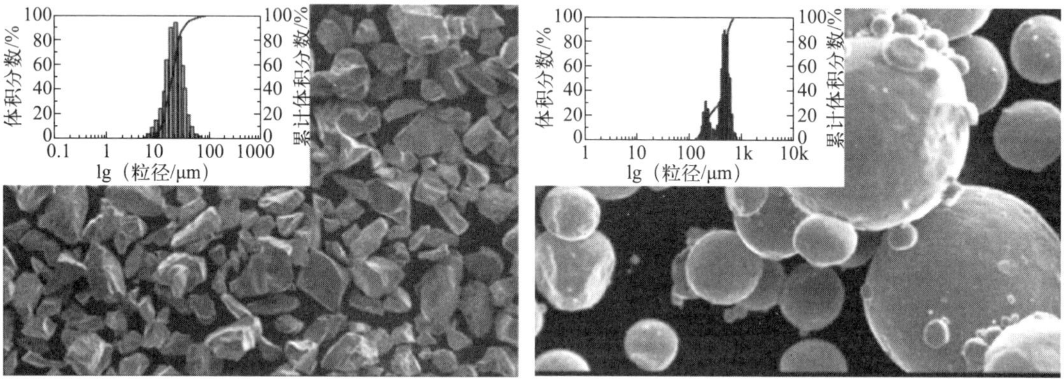

(a) 单峰 (b) 双峰

图 4-5 颗粒形貌及粒度分布曲线

人们通常用累计分布曲线中 10%、50%、90%和 100%时的粒径值来表示粒度分布，相应表示为 d_{10}、d_{50}、d_{90} 和 d_{100}。其中 d_{10} 指小于该粒度值的颗粒体积占颗粒总体积的 10%，可间接表示细颗粒大小；d_{50} 表示粒度大于该值和小于该值的颗粒体积各占颗粒总体积的 50%，也叫中位径；d_{90} 指粒度小于该粒径时的颗粒体积占颗粒总体积的 90%，可间接表示粗颗粒大小；d_{100} 对应的粒径可以认为是最大粒径值。常见电极材料的粒度分布和比表面积见表 4-1。

表 4-1 常见电极材料的粒度分布和比表面积

电极材料	d_{10}/μm	d_{50}/μm	d_{90}/μm	比表面积/(m^2/g)
天然石墨粉末	6.0～13.5	12.4～24.8	25.2～35.1	1.5～3.0
鳞片石墨粉末	≥3.5	8.6～32.5	≤45.2	0.5～2.0
钴酸锂粉末	≥1.2	5.0～12.8	≤35	0.15～0.6
磷酸铁锂粉末	1.2～6.2	8.2～28.3	29.2～38.1	10～15
$LiNi_xCo_yMn_zO_2$	≥5	9～15	≤25	0.25～0.6
锰酸锂粉末	≥2.0	8～25	≤40	0.4～1.0

（4）密度 粉体密度为粉体的总质量与总体积之比。因粉体总体积的定义不同，有三种形式的粉体密度，即充填密度、颗粒密度和真密度[2]。充填密度对应的粉体总体积包含

颗粒间的空隙和颗粒内部的孔隙。颗粒密度对应的粉体总体积为颗粒的体积之和，只包含颗粒内部的孔隙，不包含颗粒间的空隙，也叫视密度。真密度对应的粉体总体积为不包括颗粒内微孔和颗粒间空隙的真实体积。粉体密度大小顺序为真密度＞颗粒密度＞充填密度。

充填密度又分为松装密度、振实密度和压实密度。其中松装密度是颗粒在无压力下自由堆积的密度；振实密度是利用振动使颗粒之间排列更为紧密后测定的充填密度；在加载压力时经过外部载荷挤压后测定的充填密度称为压实密度。通常充填密度的大小顺序为压实密度＞振实密度＞松装密度。锂离子电池中几种常见电极材料的密度见表 4-2。

表 4-2 几种电极材料的密度

电极材料	松装密度/(g/cm^3)	振实密度/(g/cm^3)	压实密度/(g/cm^3)	真密度/(g/cm^3)
石墨	≥0.4	≥0.9	1.5～1.9	2.24
锰酸锂	＞1.2	2.2～2.4	3.0～3.1	4.20
$LiNi_xCo_yMn_zO_2$	≥0.7	2.2～2.5	3.3～3.6	4.8
钴酸锂	＞1.2	2.8～3.0	3.6～4.2	5.05
磷酸铁锂	≥0.7	0.6～1.4	2.2～2.5	3.6

（5）充填率、空隙率和孔隙率[3] 粉末集合体的充填密度与真密度的比值称为充填率，计算公式可用下式表示：

$$\eta=\rho_A/\rho_T \tag{4-1}$$

式中，η 为充填率；ρ_A 为充填密度；ρ_T 为真密度。

粉末集合体颗粒间的空隙占颗粒堆积体积的百分数称为空隙率，计算公式可用下式表示：

$$\varepsilon=1-\rho_A/\rho_T \tag{4-2}$$

式中，ε 为空隙率；ρ_A 为充填密度；ρ_T 为真密度。

粉末集合体颗粒内部的孔隙体积占颗粒体积的百分数称为孔隙率，计算公式可用下式表示：

$$\varepsilon'=1-\rho_p/\rho_T \tag{4-3}$$

式中，ε' 为孔隙率；ρ_p 为颗粒密度；ρ_T 为真密度。

（6）比表面积和粗糙度系数 粉体的比表面积为单位质量粉体具有的表面积，用 m^2/g 表示。比表面积包括颗粒内部孔隙的表面积和颗粒的外表面积。当颗粒内部没有孔隙时，则粉体的比表面积等于粉体颗粒的外表面积，此时粉体的比表面积与直径的关系见图 4-6。由图 4-6 可知，当颗粒形状相同时，随着体积等效径的减小，比表面积增大，这种增大在小于 50μm 时更为显著。而当体积等效径相同时，

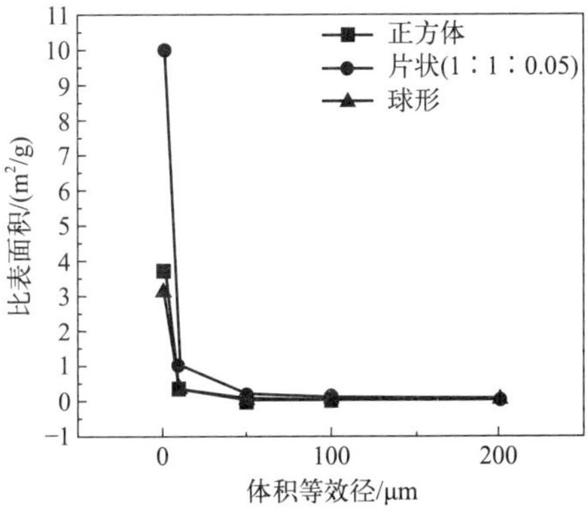

图 4-6 颗粒形状、粒度与比表面积的关系

球形度越大，则比表面积越小[4]。当颗粒内部存在孔隙时，粉体的比表面积要大于图4-6中的比表面积。锂离子电池正负极材料的粒径和比表面积见表4-1。

粉体表面的粗糙度直接关系到颗粒之间以及颗粒与固体壁面之间的摩擦、黏附、吸水等粉体性质，粉体表面的粗糙度可用粗糙度系数 R 来表示，则 R 为粉体的实际比表面积与表观视为光滑粒子的宏观表面积的比值。

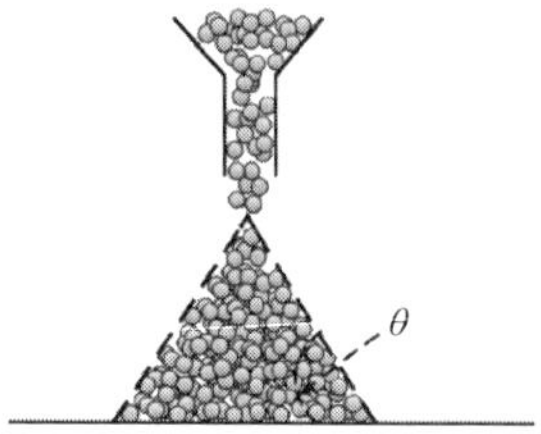

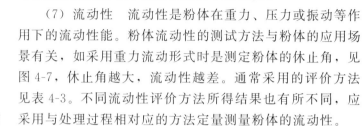

图4-7 自然休止角测定示意图

（7）流动性 流动性是粉体在重力、压力或振动等作用下的流动性能。粉体流动性的测试方法与粉体的应用场景有关，如采用重力流动形式时是测定粉体的休止角，见图4-7，休止角越大，流动性越差。通常采用的评价方法见表4-3。不同流动性评价方法所得结果也有所不同，应采用与处理过程相对应的方法定量测量粉体的流动性。

表4-3 流动形式和相对应的流动评价方法

流动形式	现象或操作	流动性的评价方法
重力流动	粉体由加料斗中流出，使用旋转型混合器充填	测定流出速度、壁面摩擦角、休止角
振动流动	振动加料，振动筛充填、流出	测定休止角、流出速度、视密度
压缩流动	压缩成形（压片）	测定压缩度、壁面摩擦角、内部摩擦角
流态化流动	流化层干燥，流化层造粒，颗粒的空气输送	测定休止角、最小流化速度

4.2 粉体充填性能

4.2.1 理想粉体充填

理想粉体的表面光滑，不存在颗粒间的作用力，不存在摩擦力，紧密接触时颗粒间的缝隙为零。

（1）单一粒径球形粉体充填 粉体规则堆砌的方式有6种（见图4-8），不同堆积方式的空隙率和配位数（单颗粒周围直接接触的颗粒数量）见表4-4。其中密度最大、配位数最大、空隙率最小的为面心立方充填［图4-8（c）］和六方最密充填［图4-8（f）］，配位数均为12，空隙率均为0.2595。

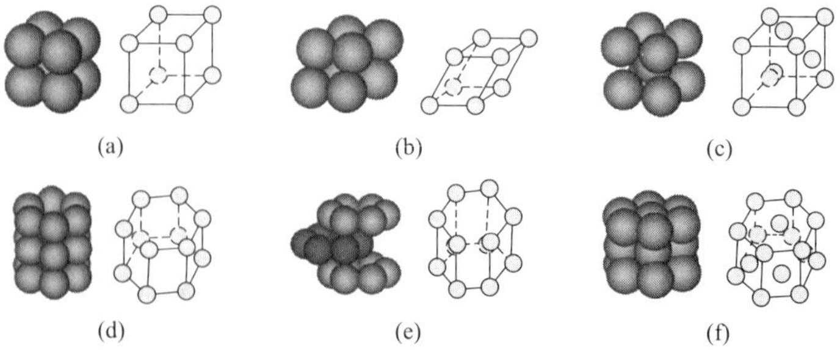

图4-8 Graton-Fraser等径球形粒子的排列

表 4-4 各种充填方式的空隙率和配位数

代号	充填方式	空隙率	配位数
(a)	立方体充填、立方最密充填	0.4764	6
(b)	四方系正斜方体充填	0.3954	8
(c)	面心立方充填或四方系菱面体充填	0.2595	12
(d)	六方系正斜方体充填	0.3954	8
(e)	楔形四面体充填	0.3019	10
(f)	六方最密充填或六方系菱面体充填	0.2595	12

(2) 双粒径球形粉体充填　粉体的规则堆砌符合 Hudson 充填模型。Hudson 充填模型中，将半径为 r_2 的小球充填到半径为 r_1 的大球的六方最密充填体的空隙中。6 个大粒径 r_1 球堆砌形成的空隙为四角孔，4 个大粒径 r_1 球堆砌形成的空隙为三角孔，利用小粒径 r_2 球充填四角孔和三角孔。当 $r_2/r_1<0.414$ 时，粒子可充填到四角孔中；当 $r_2/r_1<0.225$ 时，粒子还可充填到三角孔中。将小粒径 (r_2) 球按照一定数量充填到大粒径 (r_1) 球最密充填的空隙中，空隙率随 r_2/r_1 的变化见表 4-5，由表可知 $r_2/r_1=0.1716$ 时的三角孔间隙支配的对称充填最为紧密，空隙率最小，为 0.1130。

表 4-5 Hudson 充填模型数据

充填状态	装入四角孔的球数	r_2/r_1	装入三角孔的球数	空隙率
四角孔间隙支配的对称充填	1	0.4142	0	0.1885
	2	0.2753	0	0.2177
	4	0.2583	0	0.1905
	6	0.1716	4	0.1888
	8	0.2288	0	0.1636
	9	0.2166	1	0.1477
	14	0.1716	4	0.1483
	16	0.1693	4	0.1430
	17	0.1652	4	0.1469
	21	0.1782	1	0.1293
	26	0.1547	4	0.1336
	27	0.1381	5	0.1621
三角孔间隙支配的对称充填	8	0.2248	1	0.1460
	21	0.1716	4	0.1130
	26	0.1421	5	0.1563

(3) 多粒径球形粉体充填　粉体的充填形式多而复杂，应用较广的充填模型为 Horsfield 充填模型。Horsfield 充填模型采用多种不同半径的球，分别填入最大半径为 r_1 的一次球的六方最密充填形成的空隙中。填入四角孔中的最大球称为二次球（半径 r_2），填入三角

孔中的最大球称为三次球（半径 r_3），其后再填入四次球（半径 r_4）、五次球（半径 r_5），最后以微小的等径球填入残留的空隙中，这样就形成了六方最密充填模型，见图 4-9。

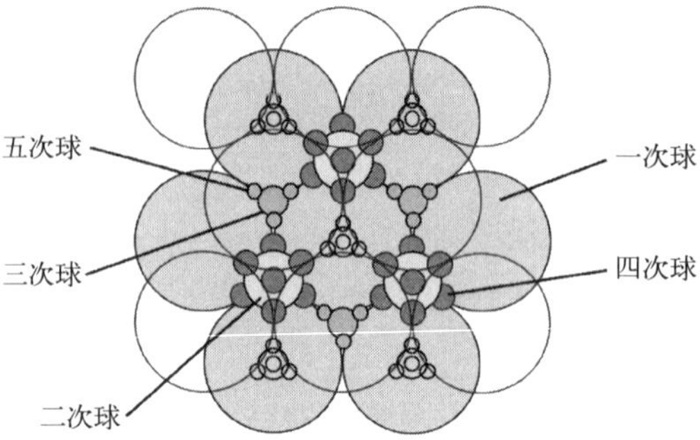

图 4-9 Horsfield 充填模型

经过计算，表 4-6 列出了逐次填入不同粒径球时的空隙率。当以 r_1 球单独充填时，空隙率为 0.260。当按照一定比例引入二次球（r_2）、三次球（r_3）等，空隙率不断下降。五次球加入后，空隙率降低到 0.149。最后获得的空隙率极限值是 0.039。

表 4-6 Horsfield 充填的空隙率

充填状态	球的半径	球的相对个数	空隙率
一次球	r_1		0.260
二次球	$0.414r_1$	1	0.207
三次球	$0.225r_1$	2	0.190
四次球	$0.177r_1$	8	0.158
五次球	$1.116r_1$	8	0.149
最后充填球	极小	极多	0.039

（4）非球形粉体充填　当颗粒形状为棒状和圆片状时，对于均一粒度的粉体，它们的空隙率同为 0.2150，均小于球形粉体的空隙率（0.2595）。对于多面体形状的颗粒，正六面体颗粒可以堆积出空隙率为零的最大充填密度，而其他多面体也可以类似积木状堆积排列，可以得到较低的空隙率[5-7]，如图 4-10 所示。

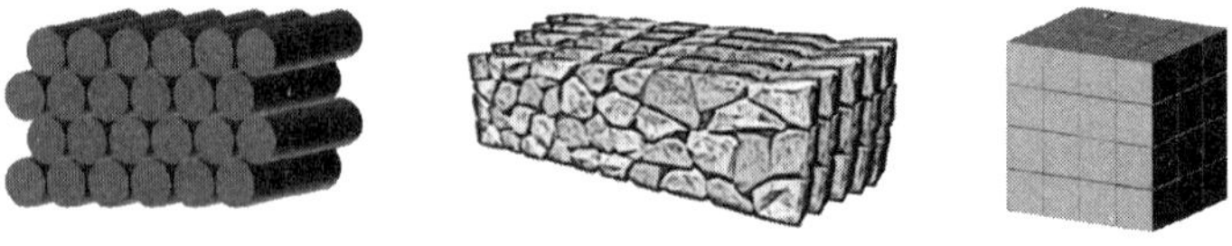

(a) 棒状颗粒　(b) 不规则颗粒　(c) 正六面体颗粒

图 4-10 非球形粉体的理想充填模型

4.2.2 实际粉体充填

对于均一粒径球的实际粉体，由于表面粗糙存在摩擦力，另外也存在颗粒间力作用，因此实际粉体充填时会形成间隙、空位和搭桥，如图 4-11 所示。另外，紧密接触的颗粒也可能采取图 4-8 中（a）、（b）、（d）、（e）的形式充填，使充填的配位数降低，从而使空隙率增大。对于实际粉体，通常球形颗粒的充填密度较大。而对于棒状颗粒，虽然在理想充填情况下规则堆砌时可以获得比球形粉体更大的充填密度，但实际充填过程中存在的交叉搭桥现象严重，获得的充填密度很低。

由于实际粉体颗粒表面粗糙，无论在任何情况下颗粒间的间隙始终存在，不能为零，如图 4-12（a）所示。这就导致随着颗粒的减小颗粒间的接触面积增大，因而颗粒间隙所占的体积增大，因此与理想充填不同，实际粉体随着粒度的减小颗粒的充填密度下降，如图 4-12（b）所示。

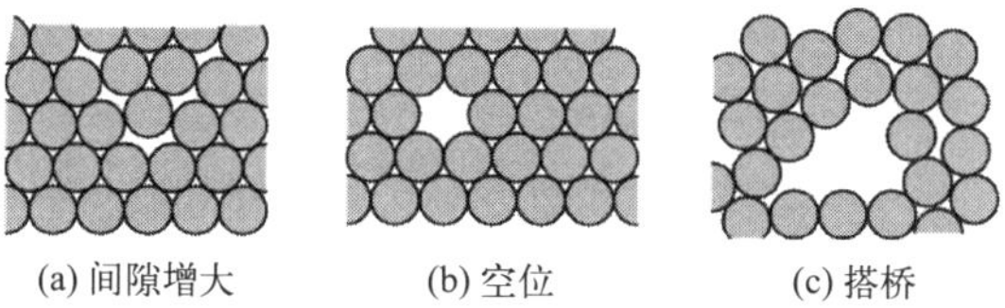

图 4-11 粉体的间隙增大、空位和搭桥

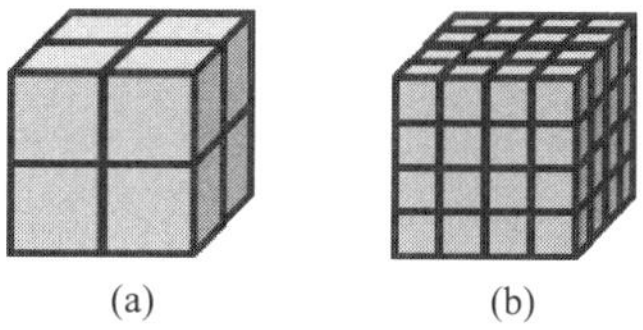

图 4-12 颗粒间隙对不同粒度实际粉体充填密度的影响

颗粒间存在摩擦力。这种摩擦力具有两个作用：一是阻碍粉体的运动，使流动性变差；二是对于紧密堆积的颗粒，这种摩擦力具有使颗粒之间相互咬合聚团，阻碍分散、稳定聚团结构的作用。破碎状颗粒和球形颗粒相比，破碎状颗粒之间存在相互咬合力作用，可以使极片结构更稳定，而球形颗粒之间仅为点接触，极片结构稳定性差。

4.2.3 粉体压缩充填

粉体在压力作用下的充填过程十分复杂，如图 4-13 所示。当粉体未受到压力作用时，粉体之间的空隙率大，粉体充填不紧密，见图 4-13（a）。当粉体受到压力作用后，粉体开始滑动重新排列，颗粒之间的空隙率减小，粉体达到紧密充填状态，见图 4-13（b）。随着压力的增大，粉体颗粒发生弹性变形，颗粒之间的空隙率变化不大，但孔径有所减小，见图 4-13（c）。再进一步增大压力，一些粉体发生塑性变形（不可恢复的形变），孔径进一步减小，见图 4-13（d）。对于脆性粉体则发生破碎，见图 4-13（e）、（f），破碎颗粒充斥在空隙中，所以孔径减小显著。

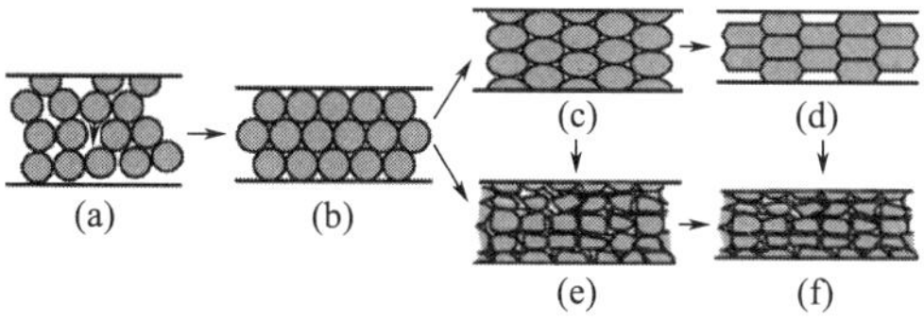

图 4-13 粉体在压力下的充填过程

压缩曲线是研究粉体在压力作用下充填过程的重要方法。测定压缩曲线的典型装置如图 4-14 所示。测定时，将粉体装入模具内，以恒定速度平稳地加压，测定压缩上冲位移、上冲压力 F_V、径向力 F_R、摩擦力（损失力）F_D、下冲力 F_L。该装置可用于测定压实密度-压强曲线、压缩应力-压缩位移曲线、压缩循环曲线等。还有一些简易的压缩曲线测定

装置，如单轴单向压制测定装置，通常只用来测定压实密度-压强曲线。

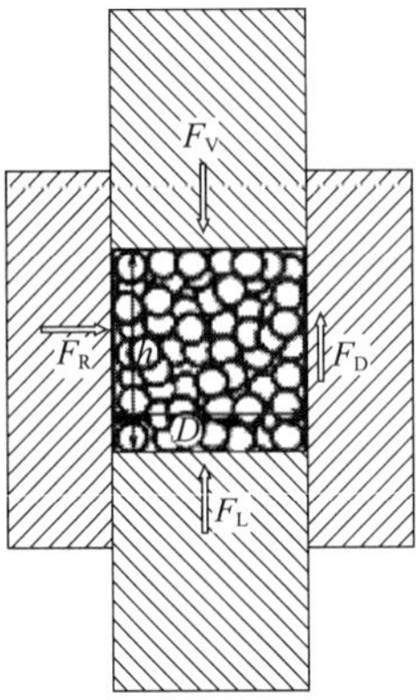

图 4-14 压缩装置受力分析

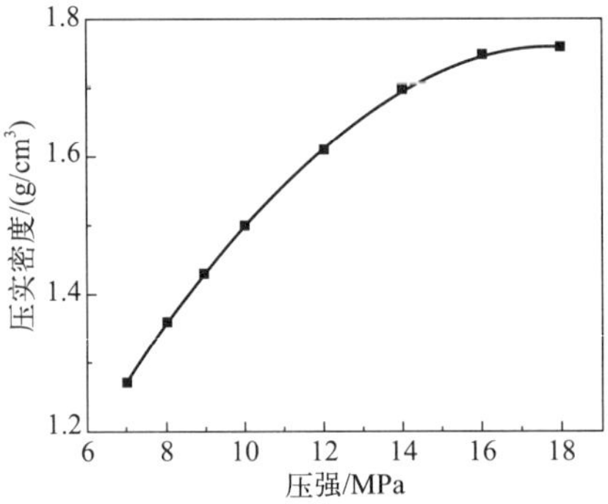

图 4-15 人造石墨的压实密度-压强曲线

（1）压实密度-压强曲线 将压制压强与压实密度作图，可以得到压制压强与压实密度曲线。锂离子电池人造石墨负极材料的压实密度-压强曲线如图 4-15 所示，随着压制压强的增大，压实密度先快速上升后缓慢上升。

（2）压缩应力-压缩位移曲线 将压缩应力（压强）与压缩位移作图，得到如图 4-16 所示的曲线。实际粉体的压缩曲线是实线 $OQAC$。OQ 段，随着压缩位移增大，压缩应力不发生变化，粉体由松散堆积向紧密堆积的转化初期；QA 段，随着压缩位移增大，压缩应力逐渐增大，但不是线性增大，此为压制过程；AC 段，在 A 点解除压力，A 表示最终压缩应力，此段压缩位移变小，压缩应力也变小，为弹性恢复过程，AC 段越接近垂直则粉体弹性越小、越接近塑性物质；当曲线变为 AB 时，为纯塑性物质。图 4-17 为天然石墨的压强-位移曲线。可知天然石墨在压缩过程中存在弹性形变。

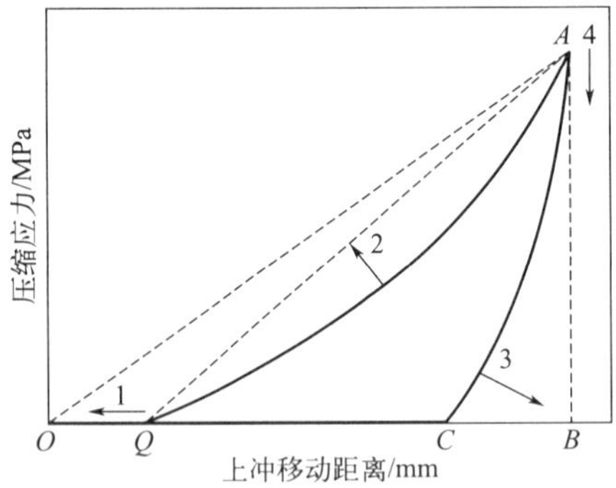

图 4-16 压缩应力-压缩位移曲线

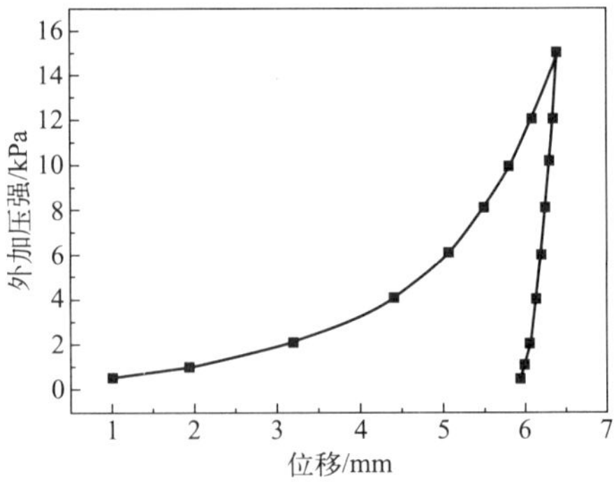

图 4-17 天然石墨的压强-位移曲线

4.2.4 粉体充填性能调控

粉体充填过程会发生粉体的流动和重排，在压力下的充填过程还会发生弹性变形、塑性变形甚至破碎等现象，需要克服粉体的摩擦力、颗粒间作用力、弹性变形、塑性变形和破碎等做功。粉体的充填性能受粉体性质影响显著，下面分别从粉体的粒度及其分布、形状、表面粗糙度、颗粒变形、添加剂和水分等方面讨论对充填性能的影响[8-10]。

(1) 粒度　对于单一粒径、几何形状相似的同种物质粉体，在松装情况下，当颗粒直径大于 200μm 时，比表面积很小，颗粒间接触面积小，颗粒间作用力和摩擦力小，流动性较好，因而空隙率小、充填密度大；当颗粒直径小于 100μm 时，比表面积大，颗粒间接触面积大，颗粒间作用力和摩擦力大，流动性较差，因而充填密度小、空隙率大。颗粒直径介于 100～200μm 之间时处于过渡阶段。在压力作用下，粉体更容易流动和重排，颗粒直径大于 200μm 时的压实密度要大于颗粒直径小于 100μm 时的压实密度，这是因为颗粒大时，颗粒间隙占据体积小，更容易得到大压实密度[11]。

(2) 粒度分布　对于平均粒径相近、几何形状相似的同种物质粉体，在松装情况下，粒度分布范围宽的粉体松装密度小，粒度分布范围窄的粉体松装密度大。这是因为粒度分布宽的粉体具有更多小颗粒，流动性差，导致空隙率大，松装密度小[12]。在压力作用下，粉体的充填表现出与松装相反的性质。当压力大于 2MPa 时，粒度分布范围宽的粉体的压实密度大于粒度分布范围窄的粉体。这是因为在压力作用下，粒度分布范围宽的粉体中的小颗粒充填到大颗粒的空隙中，导致空隙率变小，压实密度变大。

(3) 颗粒形状　在松装情况下，一般认为颗粒球形度大时，流动性好，空隙率小，充填密度大。这是因为当颗粒呈球形时，颗粒间接触面积小、摩擦力小，颗粒较多发生滚动，所以流动性好，易于充填，空隙减小。在压力作用下，多面体状粉体比球形颗粒粉体的压实密度更大。这是因为在压力作用下，多面体状粉体的流动性得到改善，相互结合更紧密，更容易得到比球形颗粒粉体更大的压实密度[13-15]，见图 4-10。

(4) 表面粗糙度　颗粒表面越粗糙，颗粒间摩擦力越大，流动性越差，拱桥效应越显著，粉体内部空隙率越大，颗粒的排列越不紧密[16]。在压力作用下光滑颗粒和粗糙颗粒的相对密度见图 4-18，其中相对密度是指粉体密度占同种物质、同质量无空隙致密物质密度的百分数。随着辊缝减小，压力变大，粉体的相对密度变大，在压力较小且辊缝相同时，光滑颗粒的相对密度比粗糙颗粒的大。但压力较大时，辊缝最小的实验点，二者相对密度相同。

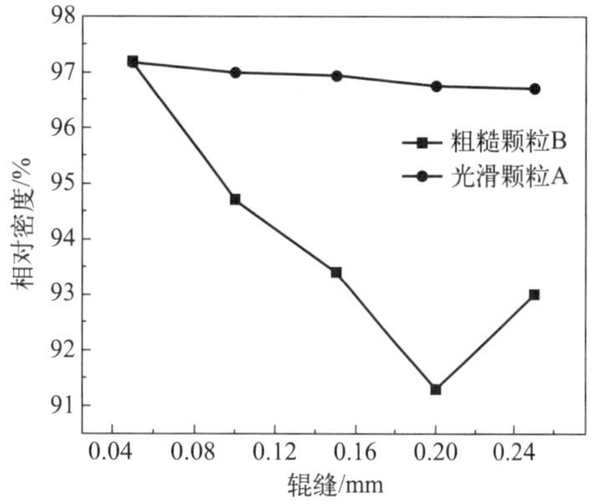

图 4-18　表面粗糙度对相对密度的影响

(5) 颗粒变形　当颗粒发生塑性变形时，颗粒之间的接触面积增加，空隙率降低，压实密度增大。当颗粒发生弹性变形时，颗粒相互嵌入更容易发生，使颗粒排列更为紧密。尽管去掉压力后弹性变形会恢复，但弹性变形还是有利于获得更大压实密度。在锂离子电池中，正负极材料通常具有改性的包覆层，不希望破碎现象发生。

(6) 添加剂　这里讨论黏结剂、导电剂和助流剂等添加剂的影响。由于添加剂要占有空间，也会带来粉体压实密度的下降。黏结剂通常为有机高分子材料，它包裹于粉体表面，充填在颗粒空隙之间。与未加入黏结剂相比，粉体获得相同压实密度需要更大的压力。这是因为压缩过程中不但要克服颗粒间的摩擦力和作用力，还要克服颗粒间黏结剂的黏结力、黏结剂的弹性和塑性变形抗力，致使粉体的流动和重排阻力增加。不同黏结剂对压实密度的影

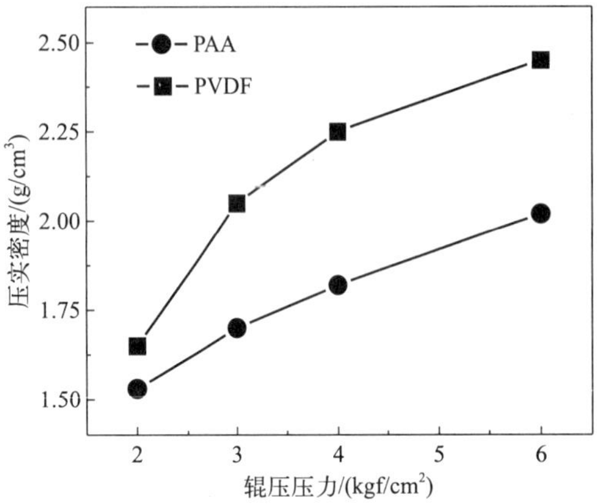

图 4-19 不同黏结剂对球形天然石墨负极材料压实密度的影响[17]

($1kgf/cm^2=98.0665kPa$)

响见图 4-19。导电剂炭黑和气相生长碳纤维不利于压实密度提高，主要是因为纳米材料本身充填密度低，尤其是气相生长碳纤维容易搭桥，不利于压实密度的提高。助流剂附着于颗粒的表面，能够改善颗粒的表面性质，吸附颗粒中的气体，从而减小颗粒之间的摩擦力，有助于改善流动性，增大充填密度。滑石粉和微粉硅胶就是典型的助流剂。

（7）水分　粉体在干燥状态时，一般流动性较好。而粉体在相对湿度较高的环境中吸附一定量水分后，颗粒之间间隙属于毛细管范畴，对于润湿性好的颗粒，颗粒之间吸附有毛细管水分，导致颗粒间附着力增大，形成团聚颗粒。同时团聚颗粒内部保持松散的结构，致使整个粉体充填密度下降。在压力作用下，颗粒内部孔隙中的水会被挤出，在颗粒之间存在较多水分，形成更厚的水膜，这层更厚的水膜在颗粒间起到润滑作用，使压力更好地传递，压力分布均匀，从而增大压实密度。

4.3 极片辊压

锂离子电池极片的辊压可降低涂层厚度，增加压实密度，提高涂膜黏结性，提高电子导电率，达到稳定电极结构和提高电池容量的目的。极片辊压过程中，极片的宽度和长度变形很小，集流体厚度不发生变化，涂层厚度减小，因此极片的辊压是单位面积质量不变而体积减小的过程。

4.3.1 辊压力

辊压开始时，极片与轧辊接触，并靠二者之间的摩擦力，使得轧辊咬住极片，极片被拽入辊缝，在变形区内发生变形，见图 4-20 中弧 AB 和 CD 之间，极片从辊缝出来后完成辊压变形，辊压过程结束。极片在变形区内连续发生变形的过程称为稳定压制阶段。

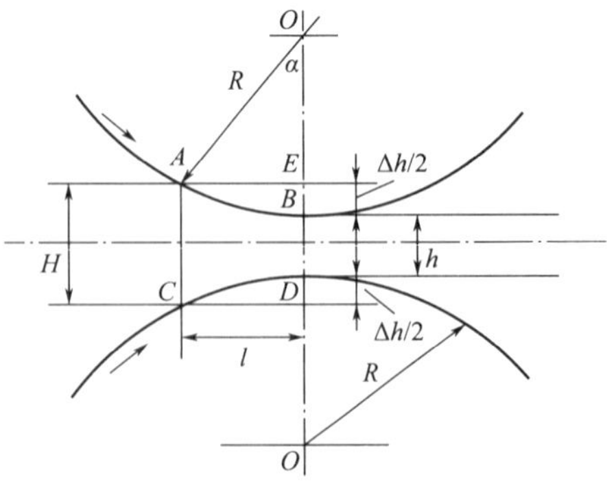

图 4-20 简单辊轧过程变形区图示

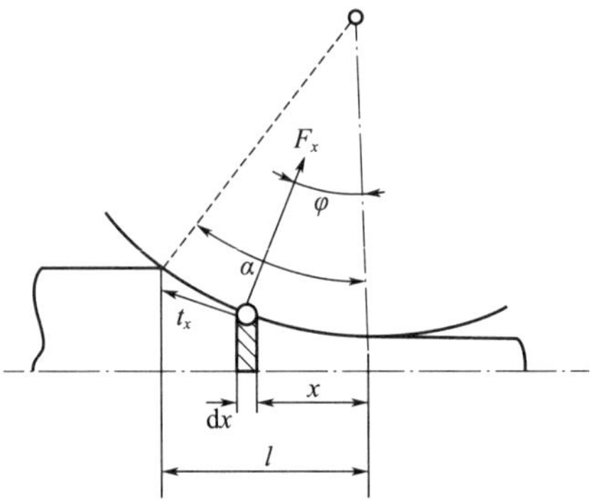

图 4-21 作用在轧辊上的力

极片的辊压力也叫轧制力，是指轧辊对极片作用的总力的垂直分力，这里参照金属箔片的轧制力计算来进行讨论。在板带轧制中，如果两个直径相同且转速相同的轧辊同时驱动，被轧件作等速运动，轧件除受轧辊施加的力外无其他外力作用，而且被轧件的力学性能是均匀的，则称为简单轧制。简化计算辊压力时按照简单轧制进行，如图 4-21 所示。

辊压力 F（N）可用下式表示：

$$F=\overline{p}A \tag{4-4}$$

$$\overline{p}=\frac{1}{A}\int_0^1 F_x \mathrm{d}x \tag{4-5}$$

式中，$\overline{p}$ 为平均压强；A 为接触面积，是指轧件和轧辊实际接触弧柱面的水平投影。

对于简单轧制，A 可用下式表示：

$$A=\frac{B+b}{2}\sqrt{R\Delta h} \tag{4-6}$$

式中，B、b 分别为入、出口处带材宽度；R 为轧辊半径；Δh 为压下量。

4.3.2 弹塑性曲线

辊压机辊缝受到辊压机各部件接触缝隙影响，见图 4-22。当稳定施加辊压力时，轧辊、轴承、压下螺丝、机架等部件的接触缝隙会变小，同时会发生弹性变形，使辊缝增大，这种辊缝增大的现象称为辊压机弹跳或辊跳。

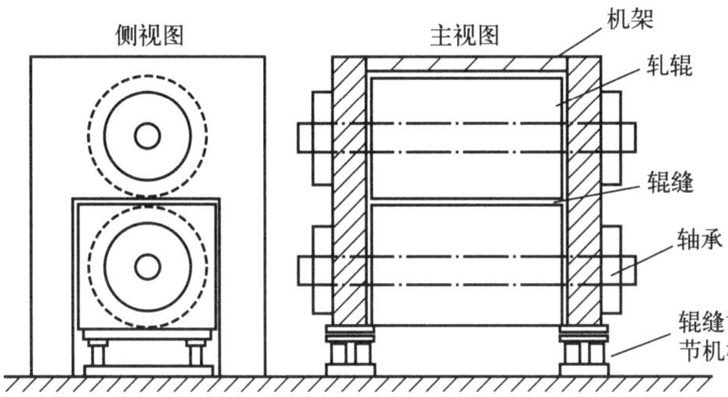

图 4-22 极片辊压机示意图

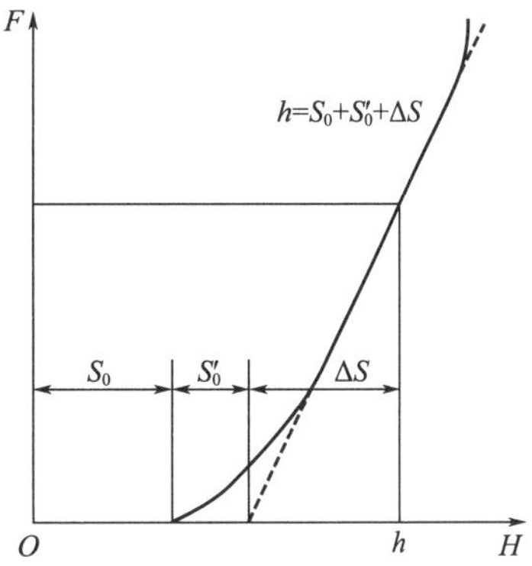

图 4-23 辊压机的弹性曲线

将辊压力 F 和辊缝尺寸 H 作图得到辊压机的弹性曲线，见图 4-23。图中的 S_0 为辊压机空载时的辊缝尺寸；S'_0 为辊压机空载时的轧辊、轴承、压下螺丝和机架等部件的接触缝隙值之和；$\Delta S=F/k$，为辊压时辊压机发生的弹性变形，为轧辊、机架、压下螺丝和机架的弹性形变之和，见图 4-22。

辊压时实际缝隙由空载时的 S_0 增大到 S，则辊压极片的厚度 h 可由下式计算：

$$h=S=S_0+S'_0+\Delta S=S_0+S'_0+F/k \tag{4-7}$$

式中，F 为辊压力或轧制力，N；k 为刚度系数，表示辊压机弹性变形 1mm 所需的力，N/mm。

当然，由于偏心、磨损和热膨胀等因素，辊压机在实际使用过程中，其原始辊缝的 S_0 和 S'_0 也都会发生相应变化，其中偏心会使辊缝周期性变大变小，磨损会使辊缝变大，

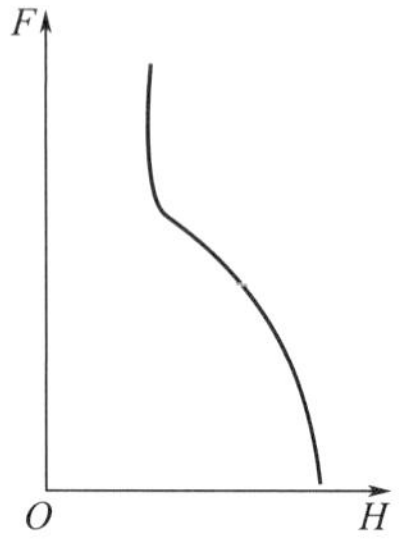

图 4-24 轧件的塑性曲线

热膨胀会使辊缝变小。

薄板轧件的塑性曲线是轧件在指定轧制压力的作用下产生塑性变形时轧制压力与厚度之间的关系曲线，见图 4-24。一般随着轧制力的增大，轧件厚度变小。其中轧件变形抗力大的塑性曲线较陡峭，变形抗力小的塑性曲线较平缓。变形抗力与材料成分、微观组织和变形条件相关，一般纯金属的变形抗力小于合金的变形抗力，粗晶粒组织材料的变形抗力小于细晶粒组织材料的变形抗力，高温、低速变形时的变形抗力小于低温、高速变形时的变形抗力。极片的尺寸及力学性能参数见表 4-7。

表 4-7 极片的尺寸及力学性能参数

板带性质	材质和结构	宽度 /mm	辊压前厚度 /mm	辊压后厚度 /mm	抗拉强度 σ_b /MPa	伸长率 δ /%
正极极片	粉体涂层＋铝箔(16μm)	＜500	＜0.15	＜0.1	≥120	1.3～1.6
负极极片	粉体涂层＋铜箔(10μm)	＜500	＜0.15	＜0.1	≥220	0.6～1.5

在金属薄板轧制过程中，当轧机、轧件和轧制工艺参数被选定后，轧机的弹性曲线和轧件的塑性曲线也随之确定，将轧件塑性曲线与轧机弹性曲线集成在同一坐标图上时就得到了轧制过程的弹塑性曲线，也称轧制的 F-H 图，如图 4-25 所示。图中两曲线交点的横坐标为轧件厚度，纵坐标为对应的轧制压力。

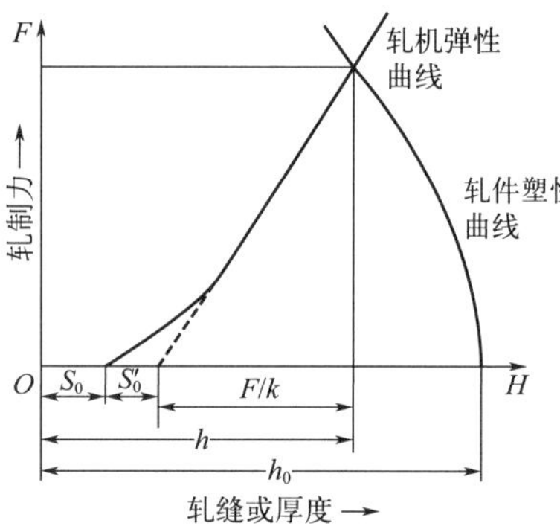

图 4-25 辊压时的弹塑性曲线
（h_0 为轧件初始厚度）

影响轧机弹性曲线的轧制工艺参数主要有辊缝、轧制力。对于辊缝恒定的轧制过程，轧制力由轧机的弹性变形提供，是不可调参数。轧机的弹性变形越大，轧制力越大，轧机的最大轧制力由轧机最大允许的弹性变形量决定。影响轧件塑性曲线的参数有轧件初始厚度、轧制张力和轧制速度等。调整这些工艺参数可以调整弹塑性曲线的交点，从而获得所需厚度的轧制产品。与金属薄板轧制相比，锂离子电池极片辊压过程中，辊压力较小，轧件的塑性曲线倾斜比较小，变化较为平缓。

4.3.3 厚度控制方法

辊压极片的厚度控制是辊压控制的最关键指标之一。在已知要求的充填密度下，极片压制后的厚度 h 可用下式计算：

$$h=(m-m_0)/\rho+h' \tag{4-8}$$

式中，h'为极片集流体厚度；ρ 为压制后的充填密度；m 为单位面积极片的质量；m_0 为单位面积集流体的质量。

影响辊压极片厚度的工艺参数主要有极片性质以及辊缝、辊压张力和辊压速度等。下面分别讨论三者的调整策略。

（1）辊缝调整　在其他辊压条件一定的情况下，设置初始辊缝为 S_{01}，则辊压机的弹性曲线 A 和轧件的塑性曲线 B 如图 4-26 所示，这时得到的轧件厚度为它们的交点对应的横坐标 h_1。当需要减小辊压厚度 δh 时，需要减小辊缝尺寸 δS，即辊缝由 S_{01} 变为 S_{02}，辊压机的弹性曲线左移到 A′，A′与塑性曲线 B 的交点横坐标为 h_2，此时辊压厚度为 h_2，减小了 δh。反之，增大辊缝尺寸，将 A″与 B 的交点右移，辊压厚度增大。

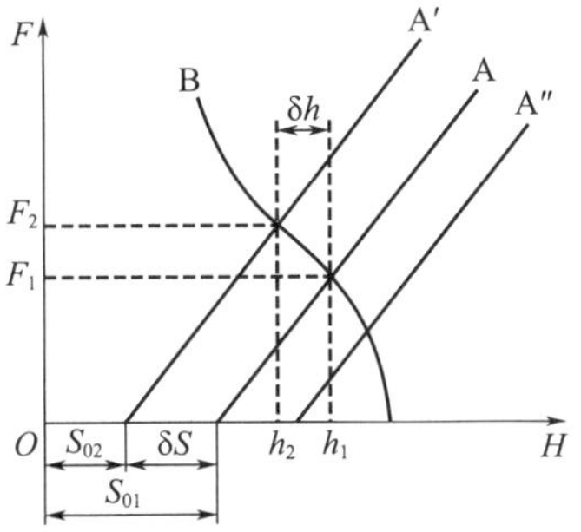

图 4-26　辊缝调整原理图

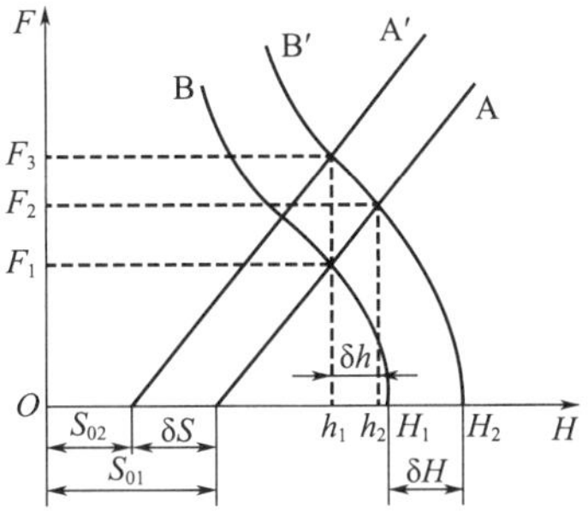

图 4-27　轧件厚度变化时辊缝调整

轧件厚度不同时的辊缝调整如图 4-27 所示。当轧件厚度增大 δH 时，即轧件厚由 H_1 增大到 H_2，在原始辊缝和其他条件不变时，轧件塑性曲线由图中 B 右移为 B′，此时 B′与辊压机的弹性曲线 A 的交点横坐标由 h_1 右移到 h_2，辊压厚度增大 δh。为矫正极片厚度产生的 δh 偏差，调整初始辊缝由 S_{01} 变为 S_{02}，使辊压机的弹性曲线由 A 左移到 A′，辊压厚度（A′和 B′交点横坐标）重回设计辊压厚度 h_1。

（2）辊压张力调整　在辊压过程中，当轧件的前端速度大于后端速度，就会在轧件中产生拉应力，也称为张力。与辊缝调整相比，通过张力调整改变轧件的辊压厚度具有反应快、精确度高、效果好等特点。张力调整是通过改变轧件塑性曲线的倾斜度，来调整辊压机弹性曲线与轧件塑性曲线的交点位置，达到调节辊压厚度的目的[18]。如图 4-28 所示，当张力变大时，塑性曲线由 B 变为 B′，倾斜度变小，塑性曲线与弹性曲线的交点左移，辊压厚度为 h_2，减小了 δh。反之，当需要增大辊压厚度时，减小张力，塑性曲线由 B′变为 B，弹性曲线和塑性曲线的交点右移，辊压厚度变大，变回到 h_1。

针对不同厚度轧件的张力调整如图 4-29 所示。当轧件厚度增大 δH 时，塑性曲线由 B 右移到 B′，弹塑性曲线的交点由 h_1 右移到 h_2，辊压厚度增大了 δh；通过增大张力，使塑性曲线斜率下降，由 B′变为 B″，弹塑性曲线交点左移 δh，辊压厚度回复到 h_1。

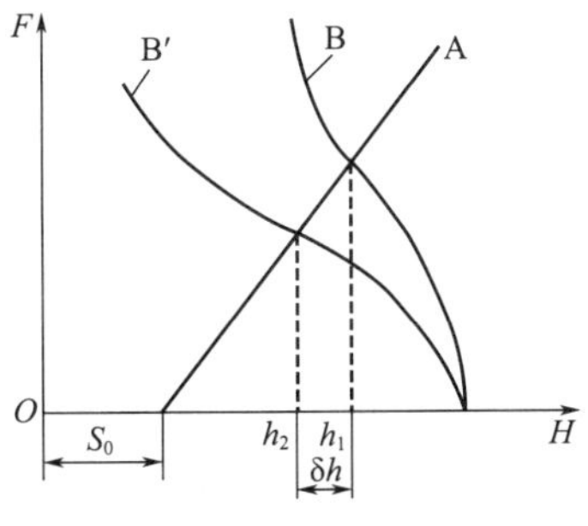

图 4-28　辊压张力调整或速度调整

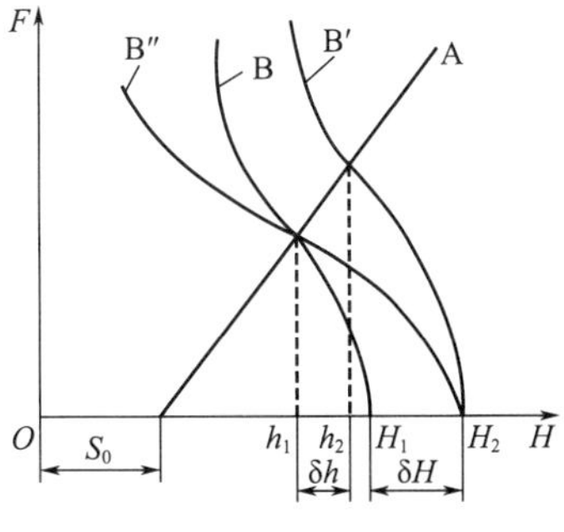

图 4-29　轧件厚度变化时张力调整

（3）辊压速度调整　辊压速度调整会改变轧件塑性曲线的倾斜度。辊压速度越快，则极片塑性曲线越陡，与辊压机弹性曲线交点越靠右，辊压厚度变大；降低辊压速度，会使极片塑性曲线倾斜度降低，辊压厚度减小，其调整原理与张力调整相同，见图 4-28。目前极片辊压速度为 2～40m/min。

4.3.4 伸长率

锂离子电池极片辊压存在极片伸长现象。极片辊压是集流体与涂膜同时受到辊压力作用，涂膜上粉体与集流体之间存在相互作用，如图 4-30 所示。涂层的粉体颗粒之间、颗粒与集流体之间都有黏结剂将它们粘在一起。在辊压过程中，拱形颗粒的上部颗粒受辊压作用产生挤压流动，使与集流体接触的颗粒向前后两个方向移动，对集流体产生拉力，当拉力大于集流体的屈服强度时，集流体就会伸长。极片过度伸长会降低极片的柔韧性。

极片伸长不仅受辊压工艺参数的影响，还受粉体压缩性能的影响。不同活性物质由于压缩性能不同，产生的伸长率也不同。杨绍斌等[19] 取不同的石墨负极材料，采用同样的配方和方法制备极片，使用 SBR 作黏结剂、CMC-Na 为分散剂、12μm 铜箔为集流体，双面涂布，活性物质的涂布密度为 $88g/m^2 \pm 2g/m^2$，以不同压力进行辊压，得到极片的伸长率和压实密度的关系如图 4-31 所示。

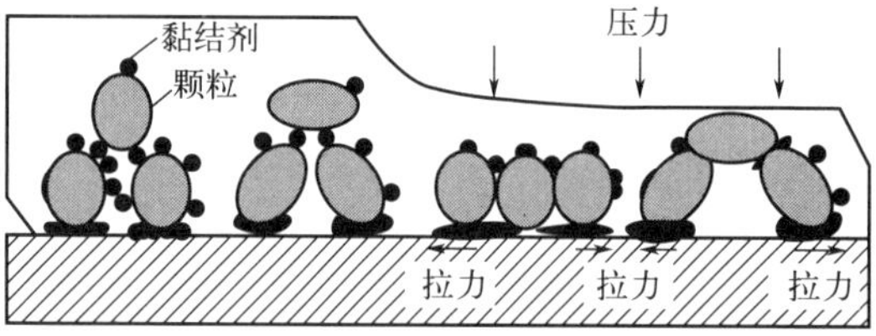

图 4-30　极片辊压伸长原理示意图

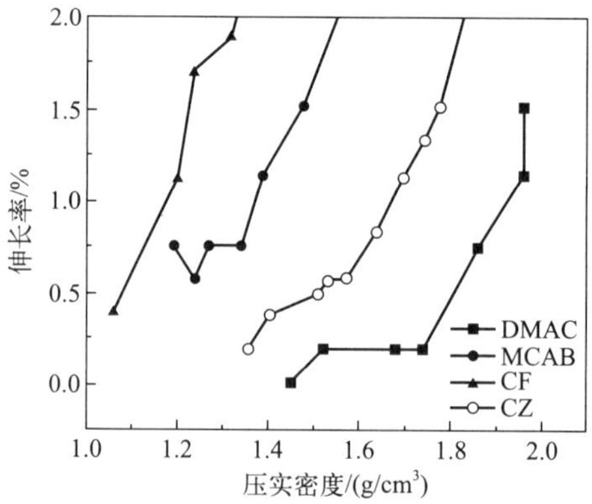

图 4-31　负极极片伸长率与压实密度的关系

比较这四种材料发现伸长率与压实密度均有线性变化阶段出现。由图 4-31 可见，对于石墨化中间相炭微球（MCMB），当压实密度较低，小于 $1.35g/cm^3$ 时，极片伸长率很小并处于波动状态，表明这一阶段颗粒由松散堆积状态向重排和致密化转变，活性物质粉体颗粒与集流体开始紧密接触；当压实密度大于 $1.35g/cm^3$ 时，随着压实密度的增大，极片的伸长率快速增大，接近线性关系。破碎状人造石墨（CZ）和球化天然石墨（DMAC）也存在类似的现象。而纤维状材料（CF）直接进入线性阶段。当压实密度过大时，伸长率过大，极片变形严重，不能正常使用。极片辊压一般应处于线性初始阶段，此时极片伸长率的一致性好，颗粒保持紧密接触，极片的压实密度和空隙率稳定。

杨绍斌等[19] 在专利中建议以伸长率为 1%时的压实密度衡量不同活性物质极片的压

缩性能，见表 4-8。其中球化天然石墨球形度好、表面光滑、易发生塑性变形，有利于压实密度的提高，因此获得的压实密度最大，为 1.932g/cm^3。而纤维状材料很难流动重排，压缩性能最差，压实密度仅为 1.180g/cm^3。

表 4-8 负极材料 1%伸长率时的压实密度

材料种类	压实密度/(g/cm^3)
球化天然石墨	1.932
破碎状人造石墨	1.674
石墨化中间相炭微球	1.371
纤维状材料	1.180

4.3.5 极片缺陷与控制

通常良好的极片具有表面平整度高、色差均匀一致、任意横纵截面厚度一致、外形平直等特点。但是实际薄板辊压过程中常有不合格品出现，会出现瓢曲、起拱、波浪、侧弯、褶皱、裂边、翻边等不良板形，以及颗粒突起、凹陷、空洞、气泡、花纹、粉体脱落、色差等表面缺陷。这些不合格品的出现有的因为涂布工艺不当造成的涂层本身缺陷，有的因为辊压设备故障和辊压工艺不当造成的缺陷。图 4-32 列出了两个常见辊压缺陷的照片。

（1）瓢曲　因横向和纵向都出现弯曲而形成的极片翘曲现象。可能是由于轧辊凸度控制不当，使凸形轧辊中间区域变形量大，形成翘曲造成的。这是因为正常轧辊的辊中间直径大，辊两端直径稍小，这样才能在辊压时轧辊发生弓形变形，使轧辊在整个辊压面上施加的压力一致。这种缺陷在辊压力过大、张力较大时更容易发生。配置合适凸度的轧辊、设置合适的辊压力和张力可以避免瓢曲缺陷。

（2）波浪　沿辊压行进方向呈波浪状的连续突起和凹陷。两侧辊缝不等且周期性变化、来料沿辊压方向存在周期性的厚度变化或卷取张力周期性变化都会引起波浪缺陷。采用高精度设备保证辊缝均匀、提高来料涂层质量、提高厚度的一致性、控制卷取力均匀性等可以避免波浪缺陷。

（3）褶皱　极片表面呈现的细小的、纵向或斜向局部凸起的、一条或多条圆滑的槽沟，称为褶皱，见图 4-32（a）。辊压轧件偏斜、辊压变形不均、辊压力过低、极片厚度不均导致应力分布不均；来料板形不好或有横波，同时卷取时张力不够；卷取轴不平、套筒不圆等导致卷曲张力不均匀都会引起褶皱。保证极片辊压行进方向与轧辊轴线垂直；辊压时适当减小压下量、增大卷取时的张力，使变形趋于均匀；控制极片来料的厚度、板形，符合辊压要求；更换不圆套筒等方法可以避免褶皱缺陷。

(a) 褶皱

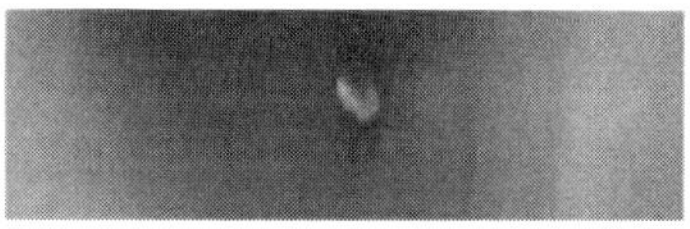

(b) 颗粒突起

图 4-32 极片的常见辊压缺陷

（4）颗粒突起　极片表面的局部大颗粒突起，见图 4-32（b），由于辊压时掉粉并黏附在极片上造成。防止掉粉或高效发挥除粉系统作用可避免颗粒突起。

（5）侧弯　纵向向某一侧弯曲的非平直状态。轧辊两端辊缝不等，或者来料极片两侧厚度不一致，在极片剪切后展开出现侧弯。送料不正也可以造成侧弯。采用高精度设备保证辊缝均匀和送料对正、保证极片来料厚度均匀可以避免侧弯。

（6）花纹　辊压过程中产生的滑移线，呈有规律的松树枝状花纹，有明显色差。原因是辊压时压下量过大，或辊压速度过快，极片在轧辊间由于摩擦力大，流动速度慢，产生滑移；辊形不好，温度不均；轧辊粗糙度不均；张力过小，特别是后张力小。控制辊压的压下量和辊压速度处于合适的范围内，保证轧辊温度分布均匀、粗糙度均匀并符合要求，调整张力符合要求等方法可以避免花纹出现。

（7）色差　极片辊压后表面色彩不一致。粉料搅拌不均导致涂布面密度不均、轧辊表面光洁度不均匀容易产生色差。提高涂布面密度的一致性和轧辊表面粗糙度一致性可避免色差。

4.4 压实密度与电池性能

4.4.1 压实密度与电池容量

从活性物质角度讲，提高电池容量的办法有两种：一是提高单位质量活性物质的容量，二是提高单位体积材料的充填量即压实密度。前者是制备材料时衡量材料性能的重要指标，而后者通常在使用过程中体现出来。图 4-33 为石墨负极材料压实密度与单位体积活性物质比容量的关系。由图可知，在质量比容量不变的情况下，压实密度增加 0.1g/cm^3，单位体积比容量增加 27～35mA・h/cm^3。尤其是随着材料制备技术的进步，例如石墨负极材料的质量比容量已经接近理论容量，通过提高压实密度来提高电池容量具有十分重要的现实意义。

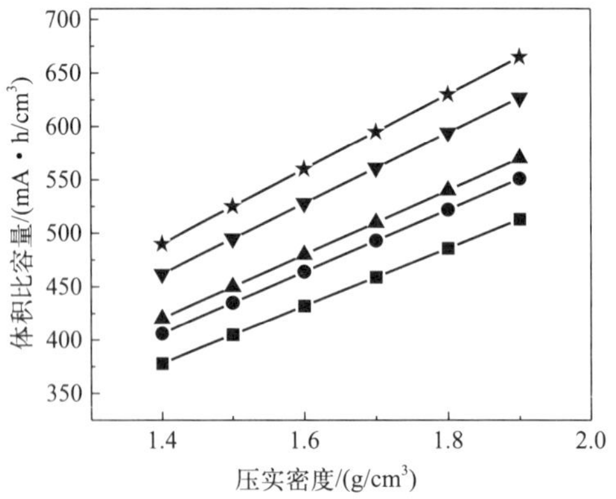

图 4-33　石墨负极材料压实密度对体积比容量的影响

质量比容量：★ 350mA・h/g；▼ 330mA・h/g；▲ 310mA・h/g；● 290mA・h/g；■ 270mA・h/g

4.4.2 压实密度与电极空隙率

压实密度直接影响极片的空隙率和空隙直径分布，见表4-9。由表可知，通过调整电极材料的粒度和压实密度可以调整极片的空隙率和空隙直径分布。对于粒度为7.23μm的$LiFePO_4$正极材料，压实密度越大，空隙率越低，最频空隙直径越小。对于石墨负极材料，在相同压实密度时，活性物质的粒度越大，最频空隙直径也越大，当$d_{50}=8.22\mu m$压实密度为$1.5g/cm^3$时，石墨B的最频空隙直径为400nm，而当$d_{50}=18.24\mu m$时石墨A的最频空隙直径为2200nm，比前者显著增大[20]。

表4-9 不同材料的粒度、压实密度和空隙参数

活性材料	压实密度/(g/cm^3)	粒度d_{50}/μm	空隙率/%	最频空隙直径/nm
$LiFePO_4$	1.5	7.23	41.33	355
	1.8		34.82	180
	2.0		27.97	130
	2.2		23.96	110
石墨A	1.0	18.24	40.72	3900
	1.2		35.65	3200
	1.5		27.87	2200
石墨B	1.0	8.22	48.99	950
	1.2		39.99	640
	1.5		27.67	400

虽然压实密度越大，活性物质充填量越多，电池的体积比容量越大，但是实际极片的压实密度并非越大越好，当压实密度过大时，电极的空隙率过小，充满的电解液减少，电极的离子电导率过低，导致电池的容量、循环性能、倍率性能和低温性能下降。通常需要将粒度很小的活性物质颗粒除去，以保证电极具有足够的最频空隙直径和空隙率，具有足够的液相电导率。

习 题

1. 粉体累计分布曲线中的d_{10}、d_{50}、d_{90}和d_{100}的物理意义是什么？
2. 什么是粉体的充填密度、堆密度、振实密度、压实密度？
3. 简述实际粉体和理想粉体在充填时的主要区别是什么。
4. 分析锂离子电池生产过程中辊压的目的和作用。
5. 辊压机的弹性曲线与轧件的塑性曲线交点的物理意义是什么？
6. 试分析锂离子电池极片辊压与电化学性能的关系。
7. 已知石墨负极材料的松装密度为$0.8g/cm^3$，振实后体积减少了25%。计算石墨负极材料的振实密度。

8. 某锂离子电池的正极材料在压制后，其单位面积极片的质量 m 为 50mg/cm^2，单位面积集流体的质量 m_0 为 15mg/cm^2，极片集流体的厚度 h'为 0.02mm。压制后的充填密度 ρ 为 3.5g/cm^3。计算该正极片压制后的厚度 h。

参考文献

[1] Allen T. Particle size measurement [M]. Springer, 2013: 50-60.

[2] Wen-Zhen Z, Ke-Jing H, Zhao-Yao Z, et al. Physical model and simulation system of powder packing [J]. ACTA Physica Sinica, 2009, 58: S21-S28.

[3] Karim A, Fosse S, Persson K A. Surface structure and equilibrium particle shape of the $LiMn_2O_4$ spinel from first-principles calculations [J]. Physical Review B, 2013, 87 (7): 075322.

[4] Göktepe A B, Sezer A. Effect of particle shape on density and permeability of sands [J]. Proceedings of the ICE-Geotechnical Engineering, 2010, 163 (6): 307-320.

[5] Zhuang L, Nakata Y, Kim U G, et al. Influence of relative density, particle shape, and stress path on the plane strain compression behavior of granular materials [J]. Acta Geotechnica, 2014, 9 (2): 241-255.

[6] Zhang Y, Wang Y, Wang Y, et al. Random-packing model for solid oxide fuel cell electrodes with particle size distributions [J]. Journal of Power Sources, 2011, 196 (4): 1983-1991.

[7] Wensrich C M, Katterfeld A. Rolling friction as a technique for modelling particle shape in DEM [J]. Powder Technology, 2012, 217: 409-417.

[8] Jiao M H, Sun L, Gu M, et al. Mesoscopic simulation on the compression deformation process of powder particles [J]. Advanced Materials Research, 2013, 753: 896-901.

[9] Gaderer M, Kunde R, Brandt C. Measurement of particle properties: Concentration, size distribution, and density [M] //Hand book of Combustion. Weinheim: Wiley-VCH, 2010: 243-272.

[10] Ding D, Wu G, Pang J. Influences of electrode surface density on lithium ion battery performance [J]. Chinese Journal of Power Sources, 2011, 12: 008.

[11] Plumeré N, Ruff A, Speiser B, et al. Stöber silica particles as basis for redox modifications: Particle shape, size, polydispersity, and porosity [J]. Journal of Colloid and Interface Science, 2012, 368 (1): 208-219.

[12] Song J, Bazant M Z. Effects of nanoparticle geometry and size distribution on diffusion impedance of battery electrodes [J]. Journal of the Electrochemical Society, 2013, 160 (1): A15-A24.

[13] Höhner D, Wirtz S, Scherer V. Experimental and numerical investigation on the influence of particle shape and shape approximation on hopper discharge using the discrete element method [J]. Powder Technology, 2013, 235: 614-627.

[14] Yang J, Wei L M. Collapse of looses and with the addition of fines: the role of particle shape [J]. Geotechnique, 2012, 62 (12): 1111-1125.

[15] Azéma E, Estrada N, Radjai F. Nonlinear effects of particle shape angularity in sheared granular media [J]. Physical Review E, 2012, 86 (4): 041301.

[16] Fu X, Huck D, Makein L, et al. Effect of particle shape and size on flow properties of lactose powders [J]. Particuology, 2012, 10 (2): 203-208.

[17] Yoon-Soo Park, Eun-Suok Oh, Sung-Man Lee. Effect of polymeric binder type on the thermal stability and tolerance to roll-pressing of spherical natural graphitea nodes for Li-ion batteries [J].

Journal of Power Sources，2014，248：1191-1196.

［18］ Zhang J，Wang L，Yang R. Study on tension control technique of squal lithium ion battery winding machine ［J］. Modular Machine Tool & Automatic Manufacturing Technique，2009，2：20.

［19］ 杨绍斌，范军，刘甫先，等. 电池电极材料充填性能测试方法：CN200410027394. 6 ［P］. 2005-12-07.

［20］ 杨鹏. 锂离子电池容量衰减的研究 ［D］. 上海：上海交通大学，2013：15-36.

第 5 章　锂离子电池剪切

分切是将辊压之后的大片极片分裁成单个极片的过程。分切分为纵切和横切。纵切的目的是将大片极片沿长度方向分切成长条状，也称为分条；横切是指沿垂直于长度方向进行切断操作，见图 5-1 (a)。经过纵切和横切以后就可获得所需设计尺寸的正负极极片。分条常采用圆盘剪[1]，见图 5-1 (b)；横切常用的有平刃剪[2]，见图 5-1 (c)。

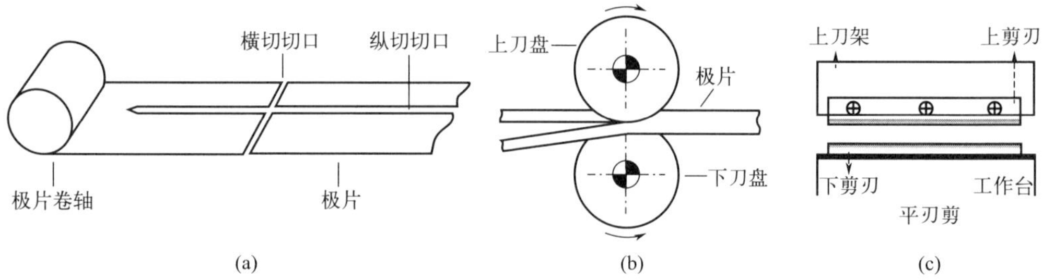

图 5-1　极片分切示意图

5.1 剪切原理

对于塑性材料，剪切过程可以分为三个阶段[3,4]：

① 刀片开始压入板材，剪刃间板材发生塑性变形流动，至塑性变形量达到塑性应变极限时为止，称为第一阶段。这一阶段剪切的板材形成的是光滑剪切面，见图 5-2 (a)。

② 刀片继续压入板材，剪刃间板材裂纹萌生、扩展和贯通，剪刃间板材在拉应力作用下发生撕裂，至上下刀刃在同一水平面时为止，称为第二阶段。这一阶段板材被撕裂形成无光撕裂面，见图 5-2 (b) 和 (c)。

③ 刀片继续下压，由于塑性流动，剪刃间板材被挤到重叠刀刃的细小夹缝中间，随着刀刃重叠量的增大，夹缝中间的板材被撕裂拉断，至刀具分开为止，此时在边缘形成毛刺，称为毛刺形成阶段，见图 5-2 (d)。在刀具分开过程中，刀具会对板材产生磨平或挤压作用，使无光撕裂面和毛刺形貌发生改变，但是改变不大。

剪切后形成的剪切断口如图 5-3 所示，由光滑剪切面、无光撕裂面和边缘毛刺等三个部分组成[4-6]。无光撕裂面也称为脆性断裂面，其宽度与材料的塑性有关，塑性越好的材料，无光撕裂面越小；光滑剪切面越大，产生的金属流动越多，越容易产生毛刺，反之对于脆性材料则不存在光滑剪切面，形成的毛刺少。

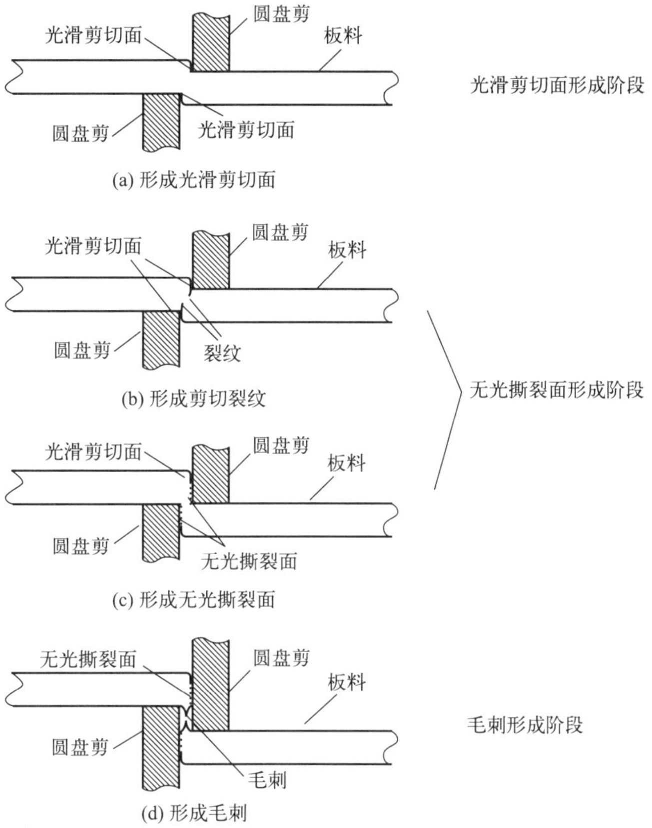

图 5-2　剪切过程示意图

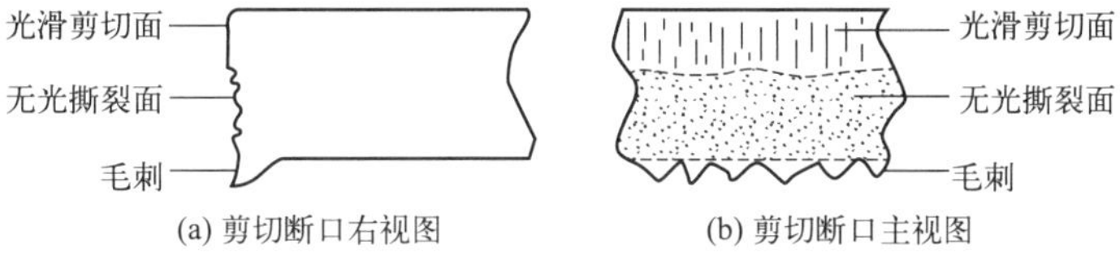

图 5-3　剪切断口

5.2　极片剪切工艺

5.2.1　剪切力

剪切力是重要的剪切工艺参数，剪切时最先需要知道的是剪切力的大小。在剪切进刀过程中，取微小的进刀深度 ε，在此进刀深度内剪切力与进刀面积之比，即在单位断面面积上的剪切力，也称为剪切阻力或剪切抗力，用 τ 表示[7]。当取进刀深度无限小时，可得到单位剪切阻力与进刀深度的微分曲线，也称为剪切阻力曲线，如图 5-4 所示。由图中可以看出，剪切阻力随进刀深度先快速增加后缓慢增加，直至达到最大值后下降，这里的最大值称为最大剪切阻力。

剪切阻力与材料本身的性质密切相关。剪切阻力曲线是计算剪刀施加剪切力大小的主要依据。最大剪切力 p_{max} 与剪切材料的剪切阻力和截面积相关，可用下式[8] 计算：

$$p_{max}=K\tau_{max}S \tag{5-1}$$

式中，S 为被剪卷材的剪切面积，mm^2；K 为刀刃磨损、刀片间隙增大而使剪切力提高的系数，小型剪切机通常为 1.2～1.4；τ_{max} 为被剪卷材的最大剪切阻力，MPa。

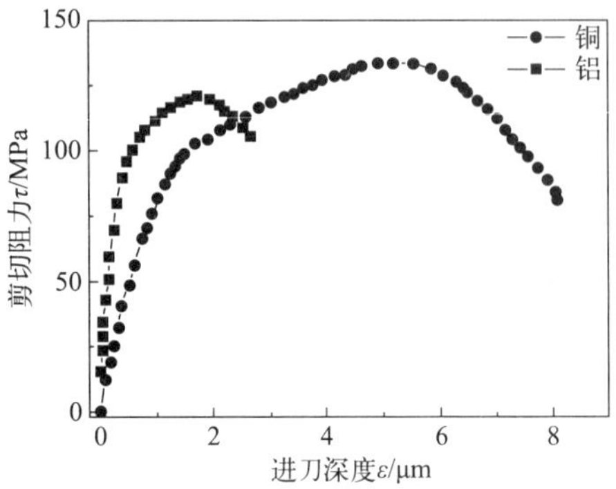

图 5-4 剪切阻力曲线

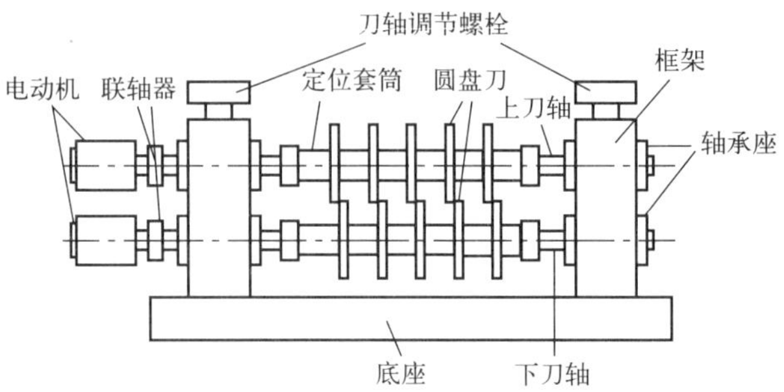

图 5-5 分条机结构示意图

采用滚刀的分切装置也称为分条机，见图 5-5。剪切面积 S 与剪切方法有关，滚切的剪切面积约为弓形面积的一半，见图 5-6 中黑色半弧形 ABC 部分。剪切面积 S 与刀盘直径有关，刀盘直径越大，半弓形面积越大，剪切面积越大，最大剪切力也越大。

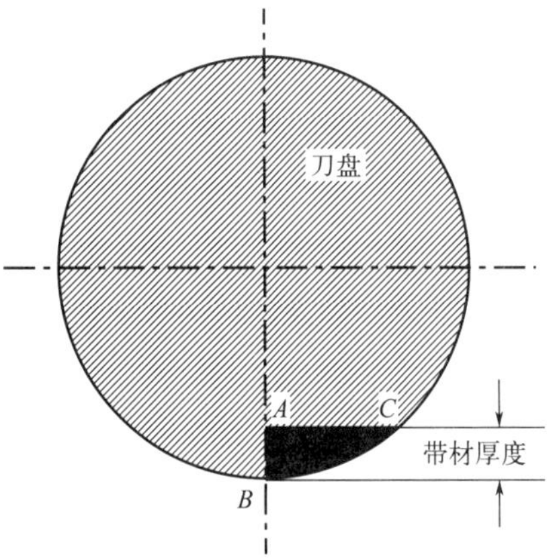

图 5-6 剪切面积（黑色半弧形 ABC 部分）示意图

剪切材料对剪切过程影响很大。材料强度越大、塑性越差、脆性越大，则达到最大剪切力时的进刀深度越小，剪切面积越小。剪切温度较高，特别是高于金属材料的回复、再结晶温度或高分子材料的软化点温度时，剪切材料硬度大幅度下降，塑性大幅度提高，进刀深度增大。通常硬状态材料易于剪切；半硬状态材料较难剪切；软状态材料如退火金属一般不能剪切，甚至出现粘刀现象。

锂离子电池生产过程中，需要分切的材料有正极极片、负极极片、极耳和隔膜，这些材料的性质见表 5-1。

表 5-1 极片、极耳和隔膜加工后的典型尺寸和性质

板带性质	材质和结构	宽度/mm	厚度/mm	力学性能参数		
				拉伸强度(σ_b)/MPa	伸长率(δ)/%	硬度(HV)
正极极片	粉体涂层+铝箔(16μm)	<500	<0.15	50～90	1.3～1.6	—
负极极片	粉体涂层+铜箔(10μm)	<500	<0.15	>350	0.6～1.5	—

续表

板带性质	材质和结构	宽度/mm	厚度/mm	力学性能参数		
				拉伸强度(σ_b)/MPa	伸长率(δ)/%	硬度(HV)
隔膜	聚丙烯+聚乙烯复合多孔膜或聚乙烯多孔膜	<100	<0.025	>100	600~650	—
铝塑复合膜	铝箔与高分子多层复合膜	<100	0.012	48~55	1.2~1.6	—
铝极耳	铝合金	3.5	0.12	≥75	15~46	20~25
镍极耳	镍	3.5	<0.12	≥345	≥30	85~100

5.2.2 刀盘间隙

分切时刀盘的水平间隙和垂直间隙（如图 5-7 所示）直接影响切面形貌，另外切面形貌也是判断水平间隙和垂直间隙合理性的依据[9]。

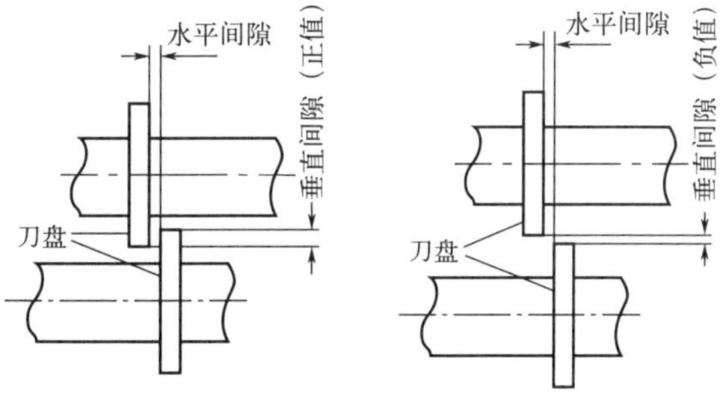

图 5-7 配刀间隙

（1）水平间隙 水平间隙大小取决于被剪金属板材的强度与厚度，一般随着被剪板材厚度与强度的增加，水平间隙应适当增加。材料较硬时，水平间隙可取材料厚度的 10%~20%；材料较软时，水平间隙可取材料厚度的 5%~10%。表 5-2 中给出了水平间隙和垂直间隙的参考值。

表 5-2 水平间隙和垂直间隙的参考值

水平方向		垂直方向	
厚度/mm	水平间隙/mm	厚度/mm	垂直间隙/mm
0.00~0.15	几乎为 0	0.25~1.25	材料厚度的 1/2
0.15~0.5	材料厚度的 6%~8%	1.5	0.55
0.5~3	材料厚度的 8%~10%	2	0.425

在剪切过程中，水平间隙对剪切变形和受力的影响见图 5-8。板材在上、下刀盘剪切力的作用下产生变形，图 5-8 中给出了剪刃间板材的受力分析。上下剪切力与板材表面平行方向的分力作用于剪刃间板材两端且方向相反，称为拉应力；而垂直于表面方向的力称为压应力，主要起剪切作用。剪切力产生的拉应力和压应力的大小主要与水平间隙有关，

水平间隙越大，拉应力越大，压应力越小。

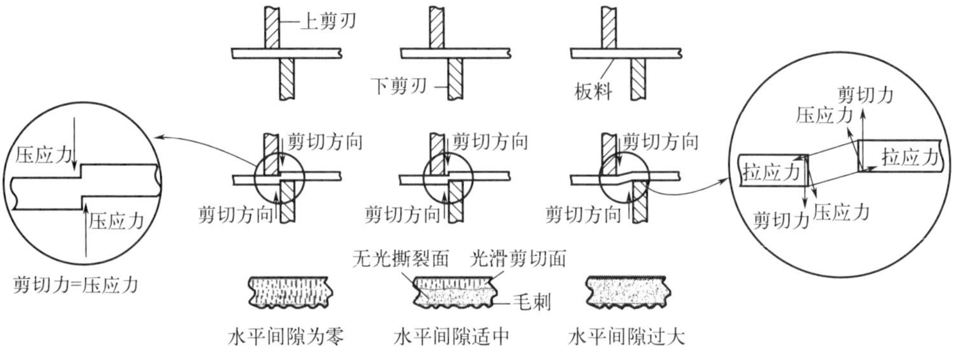

图 5-8 水平间隙对剪切变形和受力的影响

当水平间隙过小时，相同剪切力产生的拉应力较小而压应力较大，剪刃间板材受力以压应力为主。当达到金属屈服极限时，金属沿着压应力发生流动切断，因此剪切面以光滑剪切面为主，几乎占据整个剪切面。同时部分材料将被挤出，形成毛刺。另外，夹在剪刃间的板材对剪刃形成了反方向胀大压力，导致剪刃磨损，甚至会发生崩剪刃等事故。

当水平间隙过大时，相同剪切力产生的拉应力较大而压应力较小，剪刃间板材受力以拉应力为主。在拉应力作用下板材产生裂纹，裂纹扩展连通完全断裂，因此剪切面以无光撕裂面为主，几乎占据整个剪切截面。塑性材料拉断时产生的毛刺较大，甚至还可能导致剪切区域过大形成翻边[10]。

当水平间隙适中时，相同剪切力产生的拉应力和压应力分配适中。在剪切初期，受力以压应力为主，剪刃间板材被剪切形成光滑剪切面；在剪切后期，受力以拉应力为主，剪刃间板材被拉断形成无光撕裂面。水平间隙适中时，光滑剪切面的宽度是板材壁厚的1/3～1/2，光滑剪切面和无光撕裂面边界平直，形成的毛刺较小。

采用圆盘剪对1.6mm镀锌板进行剪切，发现随着水平间隙的增大，光滑剪切面宽度逐渐减小，见图5-9（a）；毛刺高度先呈现在较小尺寸波动后急剧增大，见图5-9（b）。采用圆盘剪对2mm厚钢板进行剪切，得到水平间隙对剪切力的影响，如图5-10所示。由图可见，随着水平间隙增加，剪切力一般呈先上升后下降趋势。

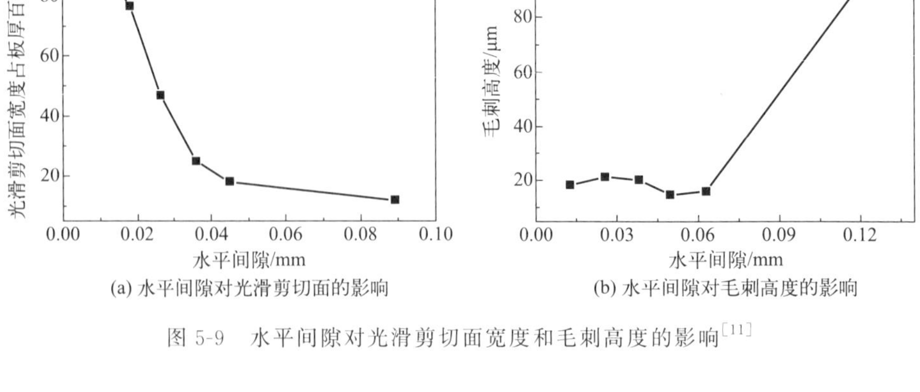

图 5-9 水平间隙对光滑剪切面宽度和毛刺高度的影响[11]

(2) 垂直间隙 垂直间隙是指在垂直方向上刀盘的最大重叠量，上下刀盘重叠时取正值，反之取负值。垂直间隙过小时，上下剪刃处裂纹不能重合，会出现局部弯曲或切不开的现象[10]；垂直间隙适中时，光滑剪切面和无光撕裂面的宽度分布合理，形成的毛刺较小；垂直间隙过大时，使光滑剪切面增大，无光撕裂面减小甚至消失，边缘出现变形（翘边或荷叶边）、毛刺增大等缺陷。不同板材厚度对应的垂直间隙参考值见表5-2。由表可见，随着板材厚度增加，垂直间隙先增加后减小，在板材厚度为1.5mm时垂直间隙最大，为0.55mm。

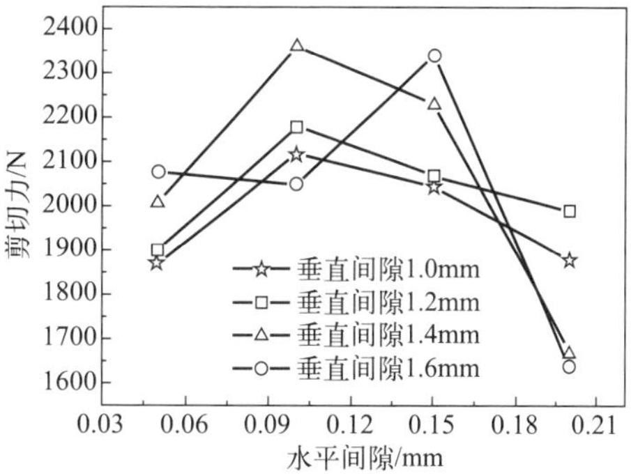

图5-10 水平间隙对剪切力的影响[12]
（刀盘半径284mm，剪切速率20mm/s）

水平间隙对垂直间隙也有影响，当水平间隙较大时，垂直间隙往往不需要较大，即可以满足剪切需要。剪刃的垂直间隙还与带材塑韧性有关。一般塑性较好的材料需要增大垂直间隙，增大剪切区面积，减小撕裂区面积，以增加断面平整度。

5.2.3 剪切速率

剪切是金属塑性变形、裂纹萌生到扩展断裂的过程，需要在一定时间内完成。当剪切速率大于塑性变形和断裂速率时，剪切所造成的裂纹前端应力得不到松弛，形成应力集中，造成裂纹前端应力硬化，使断裂向脆断方向发展，变形抗力增大，进刀深度减小。如300℃的超细晶纯铜在变形速率为$8000s^{-1}$时的变形抗力为$2000s^{-1}$时的8倍[13]。因此，剪切速率的提高，对于塑性材料可促使切面脆性断裂，增大无光撕裂面，减小光滑剪切面，减小毛刺高度，改善剪切面品质；而对于脆性材料不会改变剪切断面形态。但剪切速率过快，会使剪切力过大，刀具温升增大，磨损加剧，剪切稳定性下降。表5-3给出了常用剪切速率的经验数据。

表5-3 圆盘剪常用剪切速率[3]

板材厚度/mm	0.007～0.05	0.05～2	2～5	5～10	10～20	20～35
剪切速率/(m/s)	1～4	1.5～3.2	1.0～2.0	0.5～1.0	0.25～0.5	0.2～0.3

极片的集流体通常为塑韧性较好的铝和铜，不易得到整齐的切面，较快的剪切速率可以使极片趋向于脆性断裂，更容易获得整齐的切面，减小毛刺。一般圆盘剪切机的剪切速率可达到500m/min。

5.2.4 剪切张力

在纵切过程中，张力的作用是通过保证运行紧绷和平稳提高剪切尺寸精度，使剪切质量稳定。在横切过程中，张力会增大剪切区域的拉应力，提早使板材屈服，产生裂纹并断裂，因此张力会使剪切力下降，同时还可使切面形貌得到改善，如由楔形变得较为平整、宽度明显减小、相对切入深度减小等。

由上可知，施加张力对剪切质量提高有利。但是张力也不能过大和过小。当张力过小时，带材运行速度产生波动，纵切过程中易产生分切精度降低的现象[14]，横切过程中易产生剪切力增大、切口质量变差、切入深度增大的现象。张力过大，则会由于局部塑性变形在板材表面出现横向波纹，造成纵切过程中边部损伤，带材在套筒上绷得太紧还易造成擦伤。

张力选择主要依据材料的强度、厚度和宽度。通常随着材料的厚度和宽度减小，运行张力正比减小。表 5-4 为开卷机和卷取机张力推荐值，依据以下经验公式设定：

$$张力=带材厚度\times宽度\times张力推荐值 \tag{5-2}$$

表 5-4 推荐张力值

厚度范围/mm	开卷机张力/MPa	卷取机张力/MPa
0.007～0.101	15(最大)	15(最大)
0.101～0.375	4.8	12.4
0.376～3.000	3.4	9.0
3.001～9.375	2.8	6.9

5.3 激光分切

5.3.1 激光分切特点

激光分切是利用聚焦的激光束产生的高功率密度（10^6～10^9 W/cm^2）能量作为热源的分切方法。激光分切具有分切工件变形小、精度高、切缝几何形状好、分切速度快等特点。与机械式的接触式分切相比，激光分切属于非接触式分切，不存在工具的磨损带来的加工质量劣化现象。由于受激光器功率和设备体积的限制，激光分切只能分切厚度较小的板材和管材，随工件厚度的增加，分切速度明显下降。激光分切设备费用高，一次性投资大。

激光分切方法主要分为汽化分切和熔化分切。汽化分切是利用高能量密度的激光束加热工件，在短时间内使分切缝的工件材料发生汽化，形成切口的分切方法。材料的汽化热一般很大，所以激光汽化分切时需要的功率大。激光汽化分切多用于极薄金属材料和非金属材料的分切，如极片的分切。熔化分切是利用激光加热使金属材料熔化，喷嘴喷吹非氧化性气体（Ar、He、N_2 等），依靠气体的强大压力使液态金属排出，形成切口，所需能量只有汽化分切的 1/10。激光熔化分切主要用于一些不易氧化的材料或活性金属的分切，如不锈钢、钛、铝及其合金等。

5.3.2 激光分切工艺

激光分切速度主要取决于激光功率和脉冲频率。使用连续激光分切时，功率较大，分切速度较快。在激光功率为 100W 时，分切速度已经高于常规机械分切速度（60m/min），并且在相同功率情况下负极极片比正极极片的分切速度更快[15]，如图 5-11（a）所示。使用脉冲激光分切时，功率较低，分切速度较慢。在相同功率情况下，频率高对应的分切速度较高，100Hz 比 50Hz 的分切速度略微提高，并且在相同功率和频率情况下负极的分切速度大于正极的分切速度，如图 5-11（b）所示。

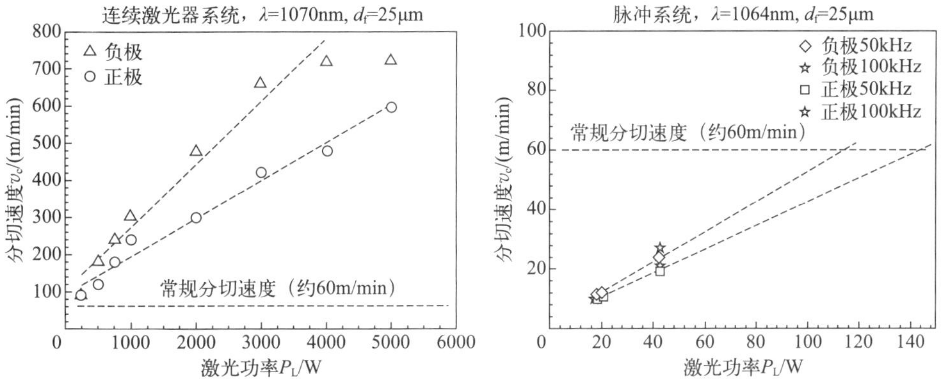

(a) 连续激光分切　　(b) 脉冲激光分切

图 5-11　激光功率和频率对分切速度的影响

λ—激光的波长；d_f—激光焦点处直径

在激光分切过程中，脉冲激光的持续时间和频率对分切形貌产生影响。采用短脉冲持续时间和高频率进行分切，会导致集流体金属熔化并沉淀于活性物质表面形成球形颗粒；采用长脉冲持续时间和低频率进行分切，沉淀颗粒尺寸会减小甚至消失，但是活性物质层会出现裂纹缺陷。如图 5-12 所示。

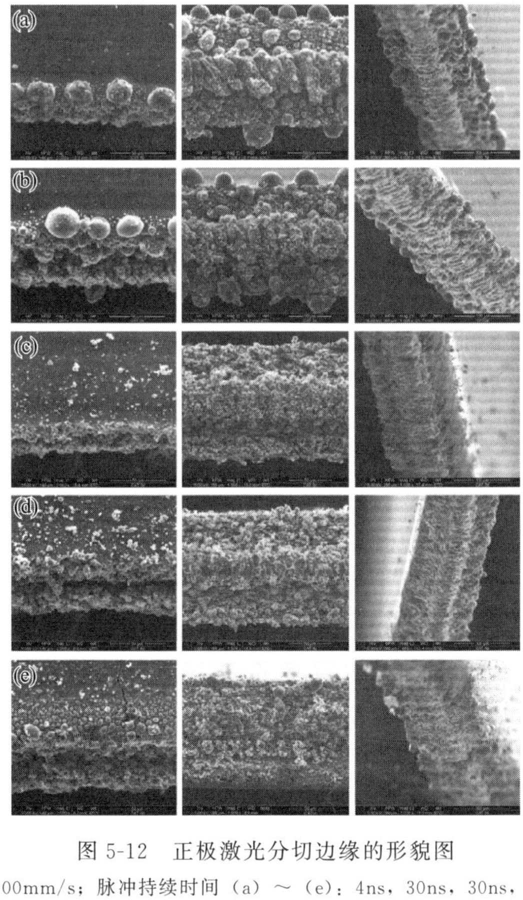

图 5-12　正极激光分切边缘的形貌图

[分切速度为 100mm/s；脉冲持续时间（a）～（e）：4ns，30ns，30ns，200ns，200ns；频率（a）～（e）：500kHz，500kHz，100kHz，100kHz，20kHz[16]]

分切边缘质量与激光脉冲通量和频率密切相关。三元材料正极和石墨负极需要的最低平均分切激光频率是 20kHz，激光脉冲通量为 110～150J/cm^2；磷酸铁锂正极需要的最低分切能量频率是 100kHz，激光脉冲通量为 35～40J/cm^2。分切质量良好的极片见图 5-13[17]。

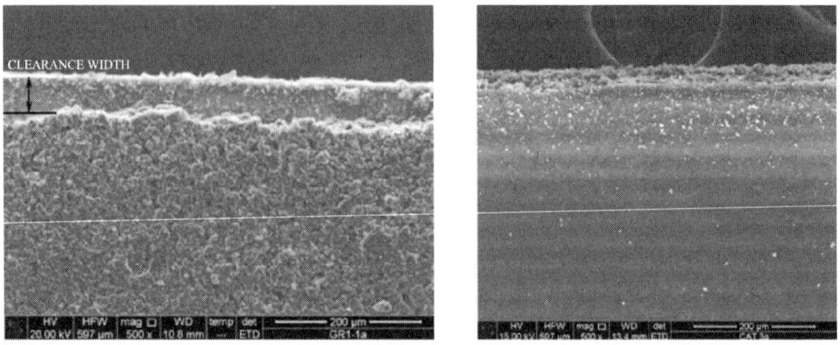

(a) 石墨负极　　(b) $LiFePO_4$正极

图 5-13　激光分切的合格切口[17]

激光的分切深度是激光功率的分段函数，如图 5-14 所示。在活性物质去除之前，激光功率增大，分切深度显著增加，当分切到集流体时，激光功率增大时分切深度变化平缓。由于导热性优良，极片中集流体对分切深度的影响（阻碍分切深度增加）较活性物质层更为显著。与活性物质相比，集流体具有更高的热导率和更低的光吸收率，因而具有更高的熔化阈值和更低的材料去除率[16]。

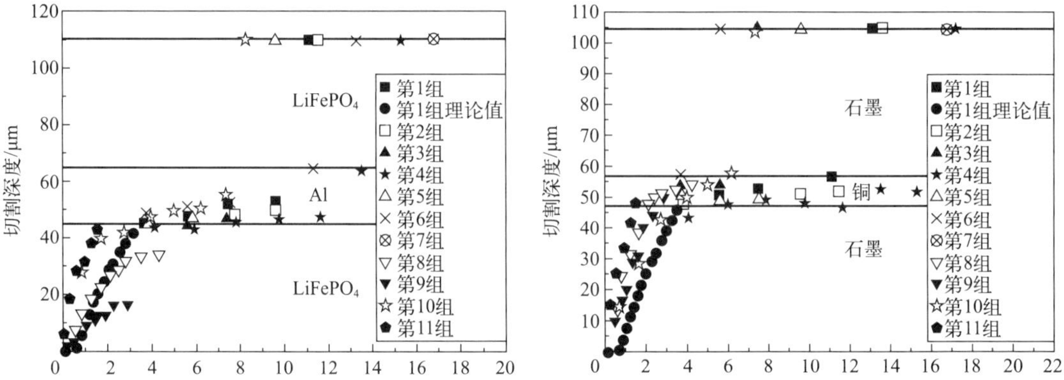

(a) 正极　　(b) 负极

图 5-14　正极和负极的分切深度与激光功率的关系[16]

激光分切产生的缺陷有机械缺陷、涂层分层和裂纹，其中分层会降低活性物质的传导性，进而降低电池容量。电极的加热会导致活性物质层的分解，从而影响电池性能。因此激光分切应用目前仍然十分慎重，需要谨慎评估。

5.4 极片剪切缺陷

在锂离子电池生产过程中，需要分切的材料很多，包括正负极极片、隔膜、铝塑复合膜、镍铝条带等，这里主要讨论极片的分切缺陷及其对电池性能和安全性能的影响。

（1）毛刺　毛刺是剪切面边缘存在的细、短、尖的金属刺，见图 5-15。一般集流体两面都涂满活性物质，剪切后毛刺较少；而单面涂覆或纯集流体的剪切则毛刺较多。产生毛刺的原因很多，包括剪刃不锋利、剪刃润滑不良和剪刃水平间隙调整不当等。因此，保持剪刃锋利、剪刃润滑良好、合理使用水平间隙等可以减少毛刺产生。另外，采用新型分切技术如激光分切，可以将极片沿分割处熔化或汽化而切开，可避免毛刺的产生[18]。

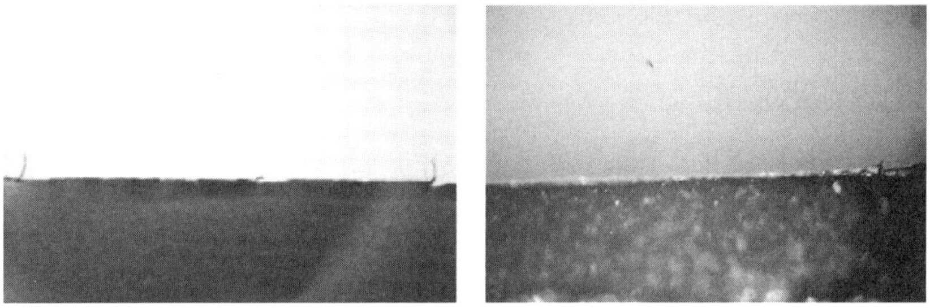

图 5-15　极片边缘的毛刺

（2）翻边　翻边是极片边部翘起和弯折的现象，如图 5-16 所示。水平间隙过大时，上下剪刃将塑性好的极片弯折拉断，断口处于弯折处，与极片不在同一平面，即出现翻边。水平间隙过大会产生翻边，当翻边缺陷普遍存在时，应减小水平间隙，避免剪切时产生弯折；当翻边缺陷在局部周期出现时，应考虑是否是刀具翘曲造成的。剪刃垂直间隙过大也会形成翻边，当翻边缺陷普遍存在时，应减小剪刃垂直间隙，避免剪切时产生过长撕裂区；当翻边缺陷在局部周期出现时，应考虑是否是刀具径向跳动误差造成的。

图 5-16　翻边

图 5-17　粉尘

（3）粉尘　极片分切过程中，剪切作用会使部分涂层边缘的粉体脱落并附着在极片表面，称为极片粉尘，见图 5-17。在剪切过程中，带材剪切区存在局部拉伸变形，引起涂布在上面的粉体脱落，拉伸变形量越大、变形区域越大，粉体脱落越多。随着毛刺和翻边等缺陷的增多，粉尘也增多。另外，极片中粉体的黏结性不好、环境中的粉尘过多，也会造成极片被粉尘污染。

因此，适当增大涂布层黏结性、减少毛刺和翻边等缺陷的出现、保持环境清洁可以减少粉尘的脱落。但粉尘仍无法避免，需要采取除尘装置对粉尘进行去除，如利用毛刷和真空吸入相结合的方式清除粉尘[19]。

毛刺和粉尘是分切的主要缺陷。毛刺和粉尘的存在可能穿破隔膜，产生微小的短路（称为自放电），而电池需要搁置一段时间才能测出电压的明显下降，在此过程中毛刺和粉尘造成电池自放电率的提高，降低电池合格率。毛刺和粉尘缺陷严重时甚至会引起电池的内短路，降低电池的安全性能。尤其是在不良环境下使用电池时，如在高温下电池隔膜强度下降，毛刺和粉尘更容易穿破隔膜引发电池膨胀、起火或爆炸。毛刺与粉尘的影响不同，毛刺大时可以直接刺破隔膜引起短路，但是粉尘多引起的是自放电。在极片毛刺多的卷曲端部张贴胶带[20] 可降低刺穿隔膜的风险。

习 题

1. 简述锂离子电池极片分切的质量要求。

2. 简述塑性材料剪切过程三个阶段及对应极片切面的特点，说明剪切毛刺产生的原因。

3. 简述刀盘的垂直间隙、水平间隙对极片分切质量的影响。

4. 随着剪切速率的增大和剪切张力的增加，剪切质量的变化规律是什么？

5. 试对比分析机械分切和激光分切的特点，并指出机械分切容易出现的缺陷。

6. 分析极片剪切出现的毛刺和粉尘对极片电化学性能的影响。

7. 在电池生产过程中，需要对一个长度为 80mm、厚度为 1mm 的极片进行平刃剪分切，使其变成两个宽度相等的极片。极片的材料具有一定的剪切强度，已知剪切阻力为 20N/mm。如果考虑分切刀具的磨损，实际分切时所需的剪切力会比理论值大 10%。那么，实际上分切这个极片所需的总剪切力是多少？

8. 如何优化锂离子电池的分切工艺，提高分切质量和生产效率？

参考文献

[1] 路家斌，潘嘉强，阎秋生. 不锈钢薄板圆盘剪分切过程有限元仿真研究 [J]. 机械工程学报，2013，49 (9)：190-198.

[2] 蒋佳佳. 滚切剪剪切机构研究及力学分析 [D]. 湘潭：湘潭大学，2010.

[3] 贾海亮. 圆盘剪剪切过程的有限元模拟和实验研究 [D]. 太原：太原科技大学，2010.

[4] Chen B，Liu S H，Yang J. Simulation research for strip shearing section level distribution [J]. Applied Mechanics and Materials，2012，157：231.

[5] 刘书浩，陈兵，杨竞. 带钢剪切断面层次分布对剪切工艺影响探究 [J]. 机械设计与制造，2012，(10)：108-110.

[6] 阎秋生，赖志民，路家斌，等. 金属板材无毛刺精密分切新工艺分切断面形貌特征 [J]. 塑性工程学报，2013，20 (2)：20-24，39.

[7] 张冠兰. 电解镍板剪切力与剪切抗力的研究 [D]. 昆明：昆明理工大学，2010.

[8] 李华. 板带材轧制新工艺、新技术与轧制自动化及产品质量控制实用手册 [M]. 北京：冶金工业出版社，2006.

[9] 马立峰，黄庆学，黄志权，等. 中厚板圆盘剪剪切力能参数测试及最佳剪刃间隙数学模型的建立 [J]. 工程设计学报，2012，19 (6)：434-439.

[10] Jia X，Wang Q，Huang Z Q，et al. The finite element imitate of the best adjusting of shear blade

clearance of disk shear in cutting plate [J]. Advanced Materials Research, 2012, 422: 836-841.

[11] 阎秋生，赖志民，路家斌，等. 镀锌板圆盘剪分切侧向间隙对断面形貌的影响 [J]. 塑性工程学报，2014, (4): 69-73.

[12] 俞家骅. 变宽度圆盘剪切机金属板材曲线剪切剪切力研究 [D]. 北京：北方工业大学，2013.

[13] 王稳稳. 超细晶纯铜高应变速率变形 [D]. 南京：南京理工大学，2013.

[14] 王旭. 电池极片轧制与分切设备的控制系统研究 [D]. 天津：河北工业大学，2013.

[15] Luetke M, Franke V, Techel A, et al. A comparative study on cutting electrodes for batteries with lasers [J]. Physics Procedia, 2011, 12: 286-291.

[16] Lutey A H, Fortunato A, Ascari A, et al. Laser cutting of lithium iron phosphate battery electrodes: Characterization of process efficiency and quality [J]. Optics & Laser Technology, 2015, 65: 164-174.

[17] Lutey A H A, Fortunato A, Carmignato S, et al. Quality and productivity considerations for laser cutting of $LiFePO_4$ and $LiNiMnCoO_2$ battery electrodes [J]. Procedia CIRP, 2016, 42: 433-438.

[18] Jin PARK-HONG, Hyun SUH-JONG, Woo CHO-KWANG, et al. Method for cutting electrode of secondary battery using laser: KR20130016516 (A) [P]. 2013-02-18.

[19] 姜亮，孙占宇. 一种极片分条机清除粉尘装置：CN202621476U [P]. 2012-12-26.

[20] Takamura Yuichi, Hanai Hiroomi, Kawabe Shigeki, et al. Pressure-sensitive adhesive tape for battery: KR20130031223 (A) [P]. 2013-03-28.

第6章　锂离子电池装配

锂离子电池的装配是指将电池的零部件装配成单体电池的过程。对于金属壳体电池，是指将正负极片、隔膜、极耳、绝缘片、壳体、盖板等零部件装配成电池的过程。装配过程通常可以分成卷绕和叠片、组装、焊接等工序。卷绕和叠片是将集流体上焊接有极耳的正负极片和隔膜制成正极/隔膜/负极结构的方形或圆柱形电芯结构的过程。组装是指将电芯、壳体、盖板等装配到一起的过程。焊接是将极耳、极片、壳体、盖板按工艺要求连接在一起的过程。

6.1　极片卷绕和叠片

6.1.1　卷绕和叠片简介

（1）卷绕和叠片特点　卷绕通常是首先将极耳用超声焊焊接到集流体上，正极极片采用铝极耳，负极极片采用镍极耳，然后将正负极极片和隔膜按照正极/隔膜/负极顺序进行排列，再通过卷绕组装成方形或圆柱形电芯的过程，如图 6-1 所示。

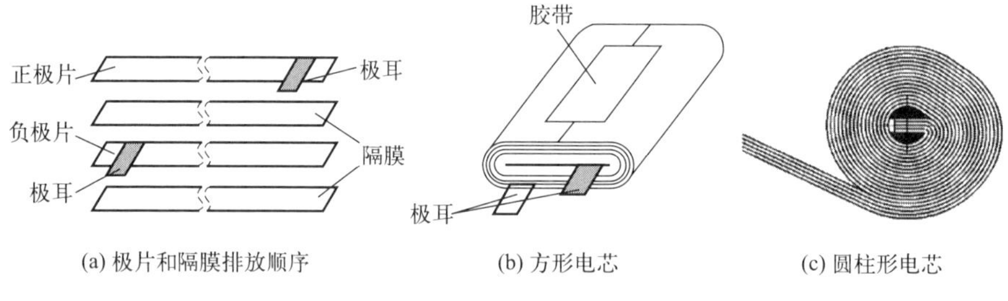

图 6-1　卷绕式锂离子电池电芯结构示意图

叠片通常是将正负极极片和隔膜按照正极/隔膜/负极顺序逐层叠合在一起形成叠片电芯，叠片过程如图 6-2 所示。叠片方式既有将隔膜切断的积层式叠片，也有隔膜不切断的Z字形的折叠式叠片。叠片通常以凸出的集流体作为引出极耳，注意极耳部分没有正负极活性物质涂层。

卷绕电芯与叠片电芯制备的电池各有优势。卷绕电芯通常具有自动化程度高、生产效率高、质量稳定等优点。但是卷绕电芯的极片采用单个极耳，内阻较高，不利于大电流充放电。另外卷绕电芯存在转角，导致方形电池空间利用率低，如图 6-3（a）所示。因此卷

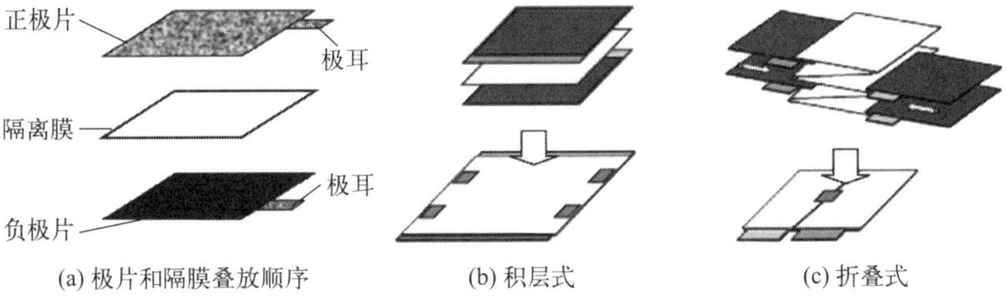

图 6-2　叠片式锂离子电池结构示意图

绕电芯通常用于小型常规的方形电池和圆柱形电池。叠片电芯的每个极片都有极耳，内阻相对较小，适合大电流充放电；同时叠片电芯的空间利用率高，如图 6-3（b）所示。因此叠片电芯通常适用于大型的方形电池，也可用于超薄电池和异形电池。但是叠片工艺相对烦琐，同时存在多层极耳，容易出现虚焊。

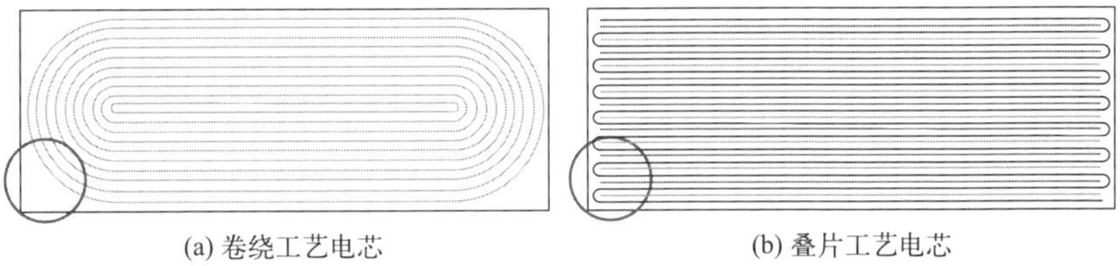

图 6-3　卷绕工艺与叠片工艺电芯对比示意图

（2）卷绕和叠片工艺流程　全自动卷绕机是将正极/隔膜/负极卷绕成电芯的装置，卷绕工艺流程如图 6-4 所示。首先将正负极极片分别与极耳焊接在一起，然后分别在极耳焊接处贴上保护胶，以防止毛刺引起短路。将隔膜进行预卷绕。将正负极极片依次送入预卷绕的隔膜中间进行共同卷绕，切断正负极极片和隔膜，贴终止胶固定，形成电芯。对电芯进行短路检验，合格产品送入下一工序。

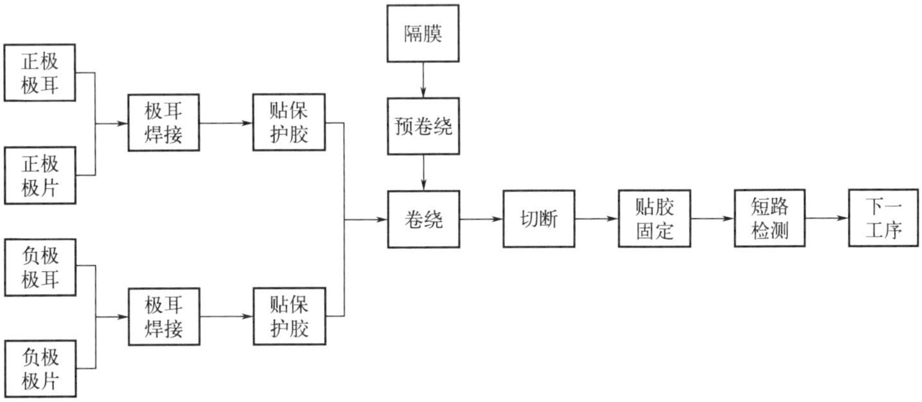

图 6-4　锂离子电池全自动卷绕机工艺流程

全自动叠片机的工艺流程见图 6-5。正负极极片经过定位后传输至叠片台，隔膜从料卷放卷后也引入叠片台。极片经过精确定位后依次叠放在叠片台上，隔膜左右往复移动形成正极/隔膜/负极的叠片结构。叠片完成后，自动贴胶固定，送入下一工序。

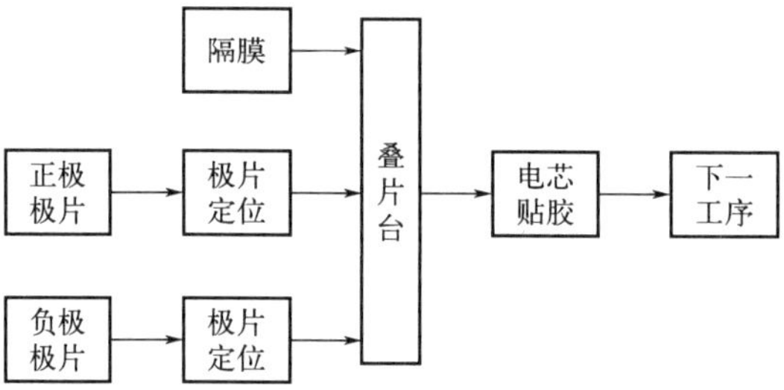

图 6-5 锂离子电池全自动叠片机工艺流程

（3）卷绕和叠片工艺要求 卷绕与叠片的具体工艺要求如下：

① 负极活性物质涂层能够完全包住正极活性物质涂层，以防止在大电流充电时在负极表面的边缘析锂造成电池性能劣化。对于卷绕电芯，负极的宽度通常要比正极宽 0.5～1.5mm，长度通常要比正极长 5～10mm；对于叠片电芯，负极的长度和宽度通常要大于正极 0.5～1.0mm。负极多出的尺寸与卷绕和叠片的工艺精度有关，精度越高，多出的长度和宽度就越小。

② 隔膜处于正负极极片之间，能够将正负极完全隔开，并且比负极极片更长且更宽。对于卷绕电芯，隔膜的宽度通常要比负极宽 0.5～1.0mm，长度通常要比负极长 5～10mm；对于叠片电芯，隔膜的长度和宽度通常要大于负极 1～2mm。隔膜具体多出的长度、宽度还与电芯结构设计有关。

③ 卷绕电芯松紧适度、极片边缘对齐度好和极耳位置合理。松紧度是通过卷绕时极片和隔膜的张力进行控制的，卷绕过松浪费空间，过紧不利于电解液渗入以及极片充放电时的膨胀和收缩。对齐度好是指卷绕时要防止电芯出现螺旋，叠片电芯要求极片和隔膜叠片的整齐度高。极片的极耳等部件装配位置要准确，从而减小空间浪费和安全隐患。卷绕和叠片过程要防止极片损坏，保持极片边角平整。

6.1.2 卷绕和叠片工艺

卷绕和叠片工艺的主要工艺参数有卷绕张力和纠偏，对于卷绕工艺还有卷针的形式和尺寸。下面分别进行讨论。

（1）卷针形式 卷针是卷绕工序中的核心部件，按照形状分为片式卷针和圆柱形卷针。卷针的形状和尺寸决定于电芯的形状和大小。方形电池常用片式卷针，由上下两个相同尺寸的金属片组成，有效卷绕部分呈长方形，两层金属片之间留有微小的间隙，能够穿过并夹住隔膜；金属片外表面为光滑的扁平弧形，拔出端为半圆弧形，如图 6-6（a）所示。卷针的长度通常大于隔膜宽度，横断面的周长略小于电芯最内层的设计周长。电芯能够从卷针上顺利拔出，避免带出内层隔膜、破坏电芯对齐度等弊病出现。

圆柱形电池常用圆柱形卷针，由两个半圆柱体的金属棒组成，可以夹住隔膜进行卷绕，卷针拔出端也设计成有利于拔出的形状，见图 6-6（b）。卷针的直径应尽量小，但是不能小于极耳的宽度。圆柱形卷针早期也用于方形电池，圆柱形的电芯进行压扁后制成方形电芯，电芯里层的宽度略大于圆形卷针周长的一半。这种压扁电芯内部张力大，厚度不容易控制，后来圆形卷针被片式卷针取代。

（2）张力控制 对于卷绕工艺要同时控制正负极极片和隔膜的张力，而叠片工艺只需

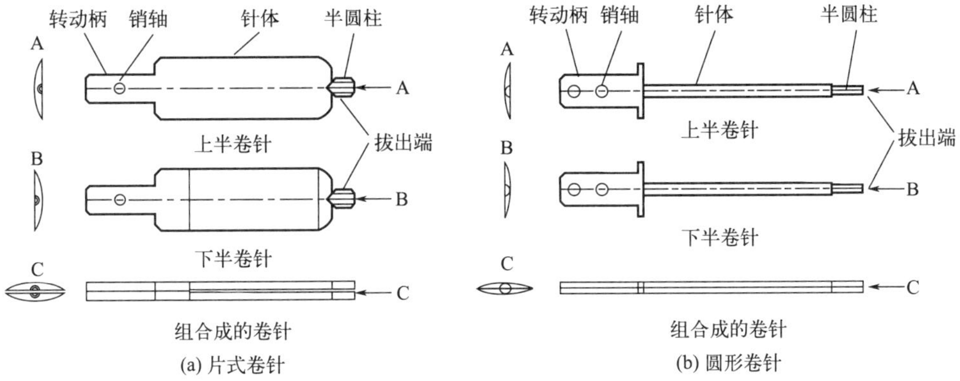

图 6-6　卷针结构示意图

控制隔膜的张力。首先讨论卷绕的张力控制，然后讨论叠片的张力控制。

卷绕过程中的张力变化是动态时变过程。对于圆柱形电池，卷绕过程中张力的大小及其波动较小，相对容易控制。对于方形电池，卷绕过程中的张力波动较大，当片式卷针以恒角速度转动时，极片和隔膜的线速度发生类似于正弦函数的周期性变化，线速度的最大值和最小值相差很大，而且在运行过程中出现尖角，从而导致极片对应的张力也发生类似于正弦函数的周期性波动，变化幅度也很大。在一个卷绕周期内极片的线速度变化和张力变化曲线如图 6-7 所示。

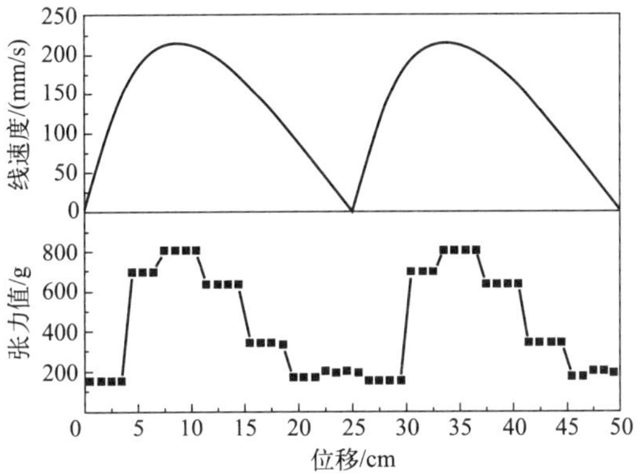

图 6-7　极片的线速度和张力变化曲线

张力的严重波动会导致电芯内部的电极产生向内膨胀和变形以及卷绕不整齐和电池表面不平整等缺陷。常见的张力过大导致的缺陷为电芯内部褶皱和中心孔反弹，见图 6-8。

对于方形电池，张力恒定控制首先是控制卷绕过程中卷绕线速度波动，然后是对张力的周期性变化进行削峰填谷，使张力趋于均匀。这种对张力进行削峰填谷的办法很多，主要有卷针自转加入公转、加入调速机械凸轮调节送料速度，从而使张力趋于一致，如图 6-9（a）和（b）所示。随着自动化水平发展，逐渐采用数字控制方式来减小卷绕时的张力波动，特别是动态张力的波动，如图 6-9（c）所示。

在保证张力一致的情况下，张力大小也需要严格控制。极片和隔膜的张力大小直接影响电芯的松紧度。在电芯卷绕过程中，张力过大会导致极片和隔膜拉伸发生塑性变形，在

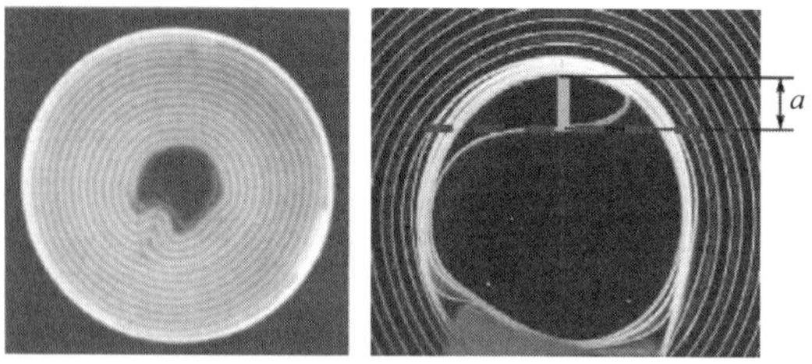

(a) 褶皱　　(b) 中心孔反弹

图 6-8　圆柱形电池卷绕的褶皱和隔膜中心孔反弹

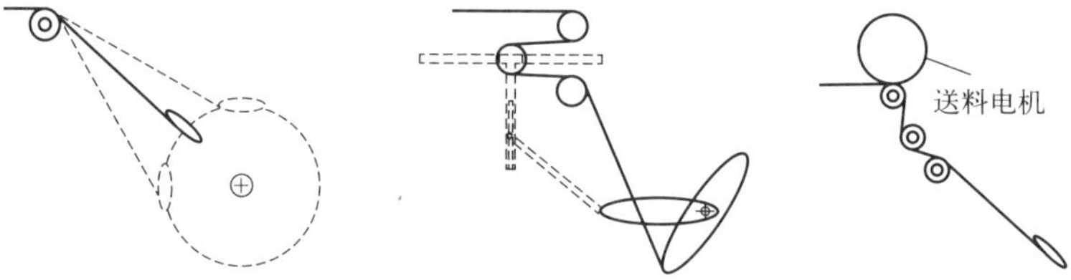

(a) 卷针自转加公转控制　　(b) 调速机械凸轮控制　　(c) 数字控制

图 6-9　卷绕过程中张力控制方法[1]

电池充电过程中电池极片会膨胀变厚，使张力进一步增大，严重时甚至拉断极片；张力过小会导致电芯的松紧度过低，还可能使卷绕不能正常进行。因此在卷绕过程中必须对张力大小进行合理的控制。张力控制时还要考虑为电芯在后续充电过程中的电极变厚预留膨胀空间。隔膜的张力控制为 0.3～1N，极片为 0.4～1.5N。

对于隔膜连续的叠片电芯，张力影响电芯的形状。张力过大，容易导致叠片电芯的隔膜边缘翘曲，导致电芯不平整；张力过小，隔膜松弛，也会造成电芯表面不平整。

（3）纠偏　纠偏是对正负极极片和隔膜在放卷、输送和卷绕过程中偏离预定位置的纠正。纠偏通常是通过对收放卷机构进行平移来实现的。纠偏直接影响正负极极片和隔膜的对齐度，当纠偏精度降低或出现故障时会出现螺旋现象。螺旋使电池的安全性能和空间利用率下降。方形电池内部的 X 射线微焦衍射透视分析如图 6-10 所示。自动卷绕纠偏精度高，边缘对齐度高，卷绕质量好；手工卷绕纠偏精度低，螺旋现象严重，这是手工卷绕被淘汰的原因。

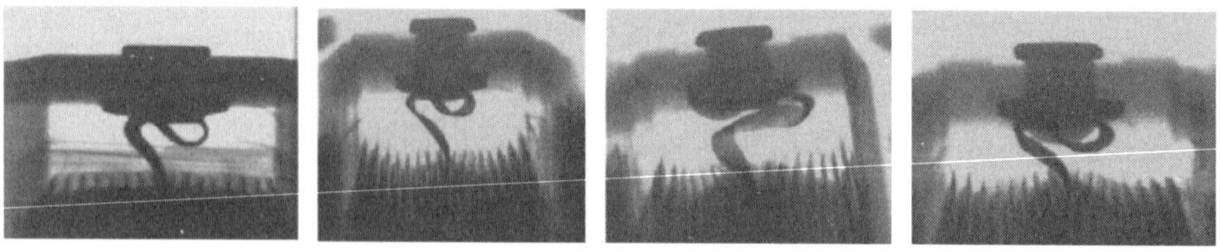

(a) 自动卷绕　　(b) 手工卷绕　　(c) 手工卷绕　　(d) 手工卷绕

图 6-10　方形电池卷绕的纠偏

对于叠片电芯，无论隔膜是否连续，纠偏都会影响叠片电芯的结构。纠偏不良时，容易导致负极包不住正极，存在安全隐患。

6.2 电池装配制造流程

（1）软包装电池装配制造流程 软包装锂离子电池的装配制造流程如图6-11所示。首先将铝塑复合膜冲压成型制成壳体，壳体中有两个冲压的坑，其中一个为壳体坑，用来放置电芯，另一个为气囊坑，用来储存化成时产生的气体。然后将卷绕或叠片形成的电芯放入壳体内，再利用热压封装方法进行顶封和侧封，电池的装配工序就完成了。在化成工序中，从气囊一侧的侧面敞口处注入电解液，然后进行热压侧封。进行预化成充电，产生的气体进入气囊。之后将气囊剪裁掉，进行电池侧封，把侧封的宽边进行折叠整形，以减少电池所占空间。注意在软包装电池中正负极的极耳直接作为电池的正负极引出端子，也就是作为正负极使用。

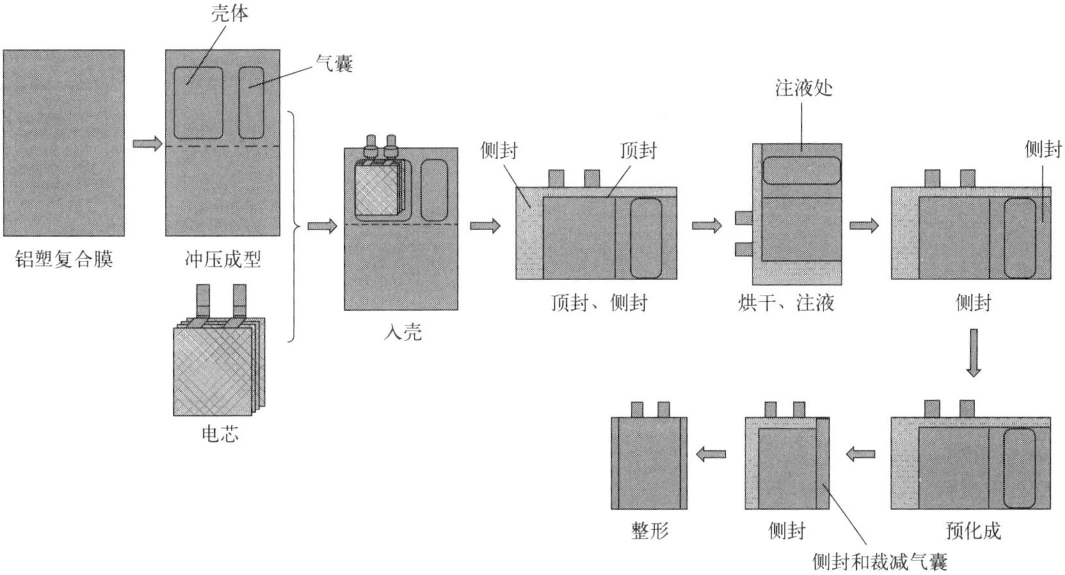

图6-11 软包装电池装配制造流程

（2）方形铝壳电池装配制造流程 方形铝壳电池的装配和制造流程如图6-12所示。首先将电芯装入铝壳，入壳后给电芯上部的极耳装绝缘片，将负极镍极耳和盖板上的镍柱进行电阻焊焊接，镍柱作为电池负极的引出端子。然后将正极铝极耳和盖板中的铝板部分进行电阻焊焊接，镍柱与盖板上的铝板部分是绝缘的，盖板上的铝板部分作为电池正极的引出端子。采用激光焊将盖板与壳体之间的缝隙进行密封焊接。方形钢壳电池的装配与铝壳电池流程大致相同，但正负极引出端子与方形铝壳电池的正好相反。

在金属盖板上通常设有注液孔，注液后进行预化成，预化成产生的气体从注液孔排出，最后用钢珠压紧注液孔进行密封。

（3）圆柱形电池装配制造流程 圆柱形钢壳电池的装配和制造流程如图6-13所示。圆柱形电池的正极极耳位于电芯中央，方向朝上；负极极耳位于电芯边缘，方向朝下。将圆柱形电芯中的负极极耳弯曲后和绝缘底圈配合一起放入圆柱形壳体底部，将圆柱形电芯装入壳体。采用电阻焊将负极极耳与钢壳底部焊接在一起，钢壳的底部作为负极的引出端

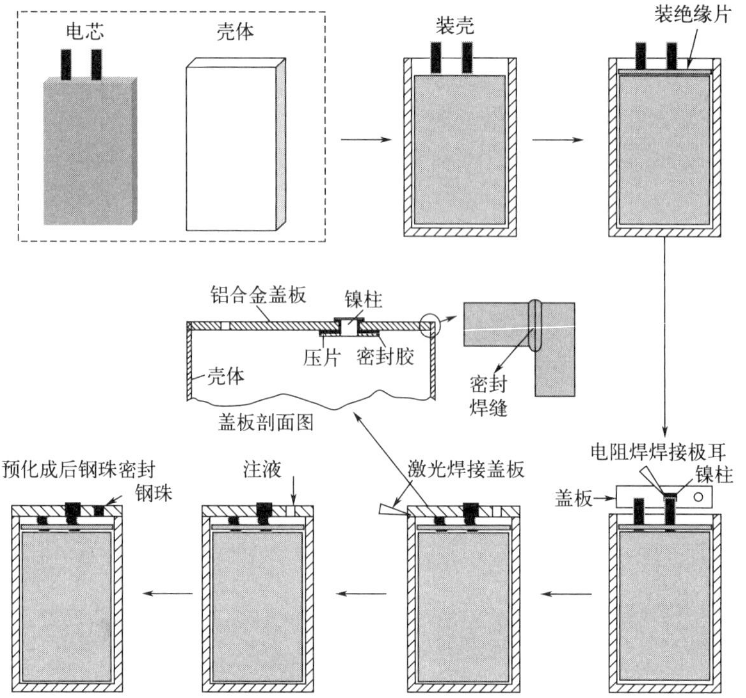

图 6-12 方形铝壳电池装配和制造流程

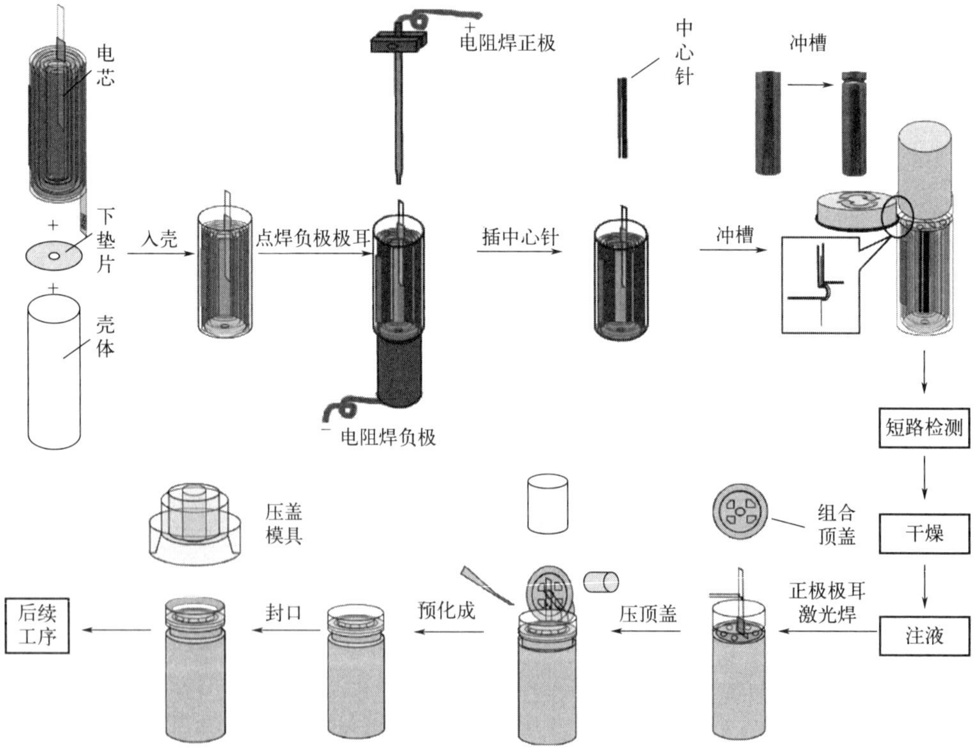

图 6-13 圆柱形钢壳电池装配和制造流程

子。其中电阻焊的正极是从卷绕电芯的中心孔插入，并和钢壳底部外面的圆柱形负极配合实现焊接，焊接后移走电阻焊的正负极。然后插入中心针，其作用是防止中心孔的极片向内膨胀。再进行钢壳上部的滚槽，也称为冲槽，其作用是固定卷芯、有利于增加壳体强度和压顶盖。进行短路检测，真空干燥和注液，将正极极耳焊接到组合顶盖上的正极焊接区域，然后将顶盖压入壳体内，最后将圆柱壳体上部边缘向内折压紧，进行封口。

圆柱形锂离子电池的组合顶盖从上到下由顶盖、垫片或正温度系数热敏电阻（PTC）、安全阀、垫片、正极焊接片和密封圈等部分组成，主要结构见图 6-14（a）。其中顶盖起到正极引出端子作用；正温度系数热敏电阻主要起到温度保护作用；安全阀是当电池内部压力上升到一定数值时打开并翻转，起到释放压力和断开电路的作用，见图 6-14（b）；正极极耳焊接片起到焊接正极极耳和连接到正极引出端子的作用，气体通道是较大量气体的排出通道。

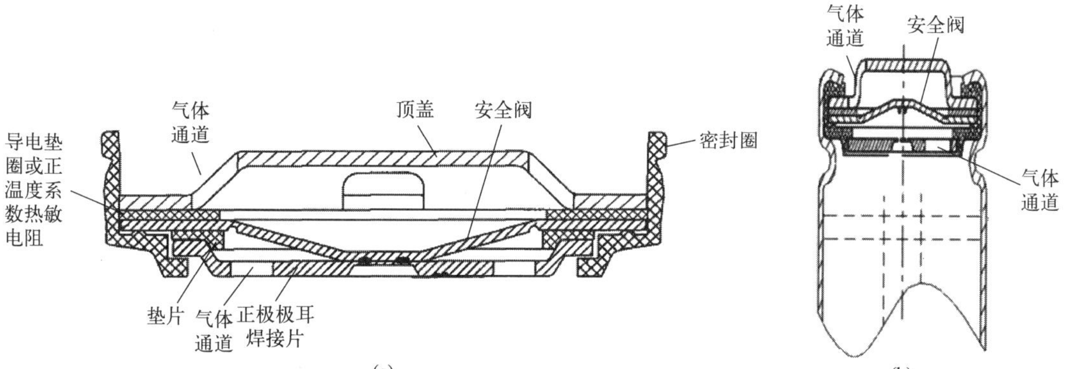

图 6-14　组合顶盖的结构示意图（a）和安全阀工作原理（b）

6.3　焊接原理

6.3.1　焊接简介

焊接是两种或两种以上同种或异种材料通过加热、加压或是两者并用，在焊缝间填充或不填充材料，使工件的材质达到原子间结合而连接成一体的加工方法[2]。广义上，焊接也称为连接，包括使用黏结剂的黏结加工方法。

（1）焊接接头　焊接的连接部分称为接头，被连接件称为母材。焊接接头的基本形式分为对接接头、搭接接头、T 形接头和角接接头等四种[3]，如图 6-15 所示。对接接头受力比较均匀，节省材料，但对下料尺寸和装配精度要求较高。搭接接头焊前准备、下料尺寸和装配精度要求相对较低，适合于箔类、薄板、不等厚度薄板之间的焊接。角接接头和 T 形接头承载能力差，适用于一定角度或直角连接。

锂离子电池焊接时，极耳与集流体、极耳与壳体、极耳与电极引出端子采用搭接接头，如图 6-16 所示，焊接方式属于点焊，通过一个或多个焊点来实现连接。壳体与盖板通常采用角接接头，有时为保证装配精度和防止焊接烧穿采用锁底接头，属于角接接头的一种，如图 6-17 所示，焊接方式为缝焊，通过连续的线形焊缝来实现连接。

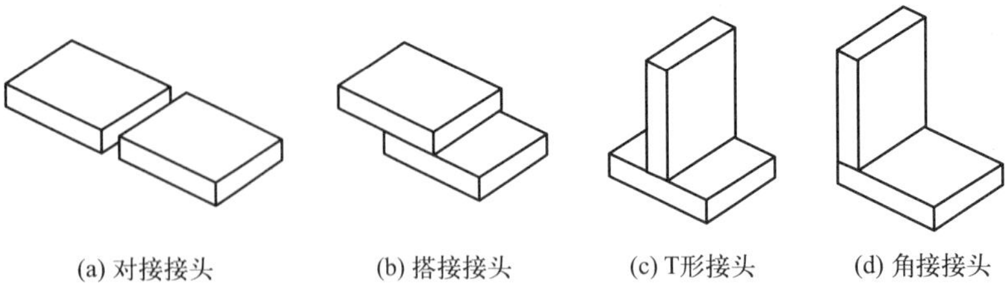

图 6-15　焊接接头形式

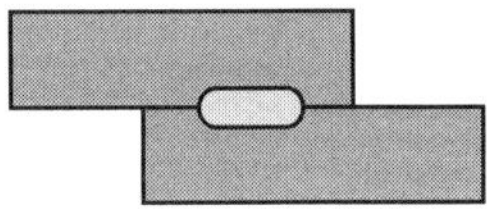

图 6-16　搭接接头

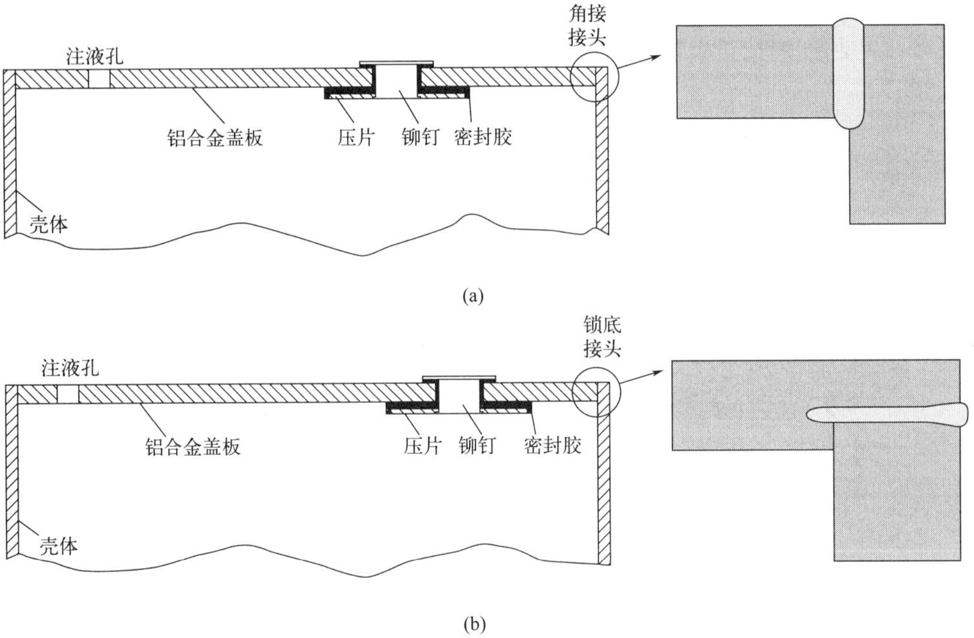

图 6-17　角接接头

(2) 常用焊接方法　焊接方法通常分为熔化焊、钎焊和压力焊等三种。

熔化焊是将母材加热至熔化状态形成焊接接头的连接方法。加热源为电弧、乙炔气火焰、激光、电子束等。熔化焊有时需要加入填充金属（如焊丝），熔化焊焊丝的组成与母材基本相同。

钎焊是将钎料熔化，而母材不熔化，利用液态的钎料来填充接头间隙形成焊接接头的连接方法。热源有火焰、电加热、电炉等。钎焊的钎料熔点低于母材，焊接接头强度低。

压力焊是通过施加压力形成焊接接头的连接方法。常伴有加热或摩擦生热，以便将焊缝加热至高塑性或熔化状态达到冶金结合，包括电阻焊、摩擦焊和超声波焊等。

在锂离子电池装配过程中，金属壳体与盖板的密封采用激光焊接，属于熔化焊。极耳与金属壳体、极耳与电极引出端子通常采用电阻焊，极耳与集流体采用超声波焊，二者均属于压力焊；软包装电池和聚合物电池涉及铝塑复合膜与铝塑复合膜、铝塑复合膜与极耳的热压密封，广义上热压密封也属于焊接范畴。

焊接时，压力与温度之间存在相关关系，焊接温度越高，焊接压力就越低。这是因为加热可提高金属塑性，降低金属变形阻力，显著减小所需压力；同时加热又能增加金属原子的热运动和扩散速度，促进原子间的相互作用，易于实现焊接。由图 6-18 可以看出，纯铁焊接温度处于低于再结晶温度 T_r 的冷压力焊接区Ⅰ时，焊接所需压力最大；当温度处于 T_r 和熔点 T_m 之间的热压力焊接区Ⅱ时，焊接压力减小；当温度处于大于 T_m 的熔焊区Ⅲ时，则不需要压力；当温度和压力处于曲线下方时，属于不能焊接区Ⅳ。

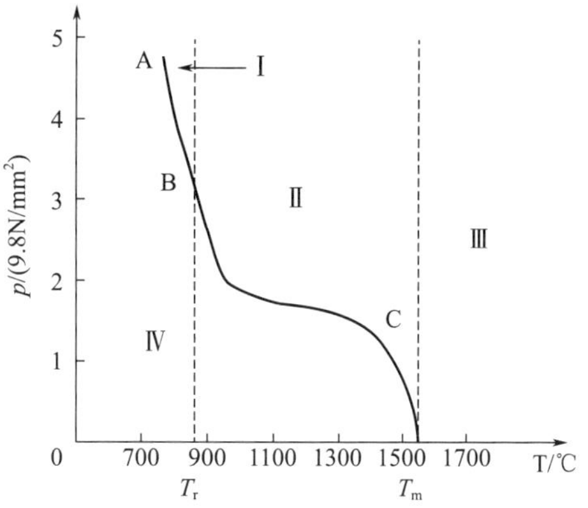

图 6-18　纯铁焊接时所需压力和加热温度的关系

Ⅰ—冷压力焊接区；Ⅱ—热压力焊接区；Ⅲ—熔焊区；Ⅳ—不能实现焊接区；T_r—再结晶温度；T_m—熔点

(3) 焊接质量检验　焊接检验贯穿于焊接生产的始终，包括焊前、焊接生产过程中和焊后成品检验。焊接检验是评价和保证焊接质量的重要环节。焊接检验依据被检对象是否被破坏分为破坏性检验和非破坏性检验。具体焊接检验方法见表 6-1。

表 6-1　焊接检验方法

类别	检验项目	检验内容和方法
破坏性检验	力学性能	拉伸、冲击、弯曲、硬度、疲劳、韧度等试验
	化学分析与试验	化学成分分析、晶界腐蚀试验
	金相与断口试验	宏观组织分析、微观组织分析、断口检验与分析
非破坏性检验	外观检验	母材、焊材、坡口、焊缝等表面质量检验，成品或半成品的外观几何形状和尺寸的检验
	整体强度试验	水压强度试验、气压强度试验
	致密性试验	气密性试验、吹气试验、载水试验、水冲试验、沉水试验、煤油试验、渗透试验
	无损测试试验	射线探伤、超声波探伤、磁粉探伤、渗透探伤、涡流探伤

(4) 焊接安全保护　焊接时要与电机和电器接触，经常使用易燃和易爆气体，焊接过程中又会产生有毒有害气体、粉尘、熔池液态金属喷溅、弧光辐射、高频电磁场、噪声和射线等。例如激光焊的激光亮度比太阳光和电弧的亮度高十个数量级，会对皮肤和眼睛造成损伤；设备中有数千伏至数万伏的高压激励电源，容易造成电击和火灾；材料被激光加热而蒸发、汽化，会产生各种有毒的金属烟尘和等离子体云。例如电阻焊经常产生喷溅。因此，首先要按照相关标准要求做好工作人员的安全防护。

另外，焊接产生的金属烟尘还会影响电池质量，例如烟尘吸附在极片表面，会增加安全隐患。因此，应当将焊接车间隔离，并做好除尘工作。

6.3.2 焊接化学冶金

焊接化学冶金是熔焊时焊接区内各种物质之间在高温下的相互作用过程，这里以钢材的电弧焊为例介绍焊接的化学冶金过程。

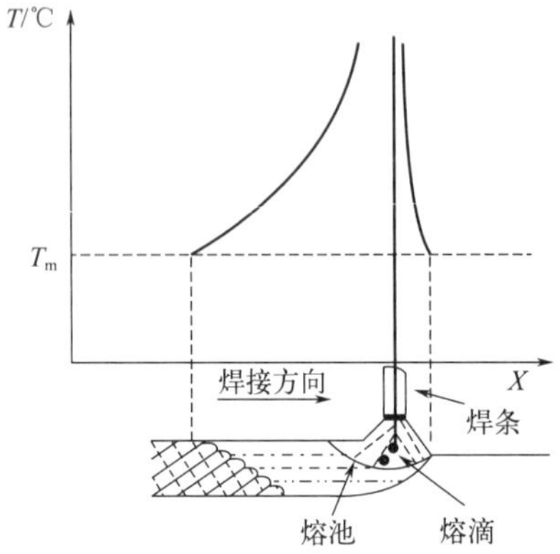

图 6-19 熔池的温度分布

电弧焊是利用焊条和接头之间产生的电弧作为热源来加热的，在焊接过程中，焊条和母材的金属都被电弧加热，焊条形成熔滴滴落，与母材熔化的金属一起形成熔池。在熔滴滴落过程中，熔滴的温度高且直径小，平均温度可高达 1800～2400℃，熔滴直径为 0.1mm。熔池反应区的温度在 1600～1900℃，熔池中金属液体的质量在 100g 以内，持续时间短，通常在 30s 之内。沿着焊条的前进方向，由前边到后面，温度呈现先快速升高后缓慢下降的趋势，见图 6-19。

在正常的焊接中，电弧作用中心前方熔池头部的金属，处于急剧升温并迅速熔化阶段，而电弧作用后方熔池尾部的金属处于降温阶段，并进入凝固和结晶阶段，熔池形状呈现头部大、尾部小的形状。在电弧焊熔池内通常发生一系列冶金化学反应，反应过程中产物会以气体、液态金属、固体化合物三种形式存在。最终冷却下来时只有固态金属、固体化合物和气体产物存在，下面分别讨论。

（1）固体化合物与夹杂　在焊接过程中，气体会与金属发生反应生成化合物，这些化合物以熔渣形式存在于液态金属中。例如氧能与金属生成氧化物，冷却时就会以夹杂物的形式存在于焊缝中，形成焊接缺陷，造成焊缝的金属强度、塑性、韧性和抗腐蚀性下降；氮可与金属（Fe、Ti）形成氮化物，导致金属强度和硬度升高、塑性和韧性下降。反之，如果这些化合物能够从液态金属熔池中上浮，以熔渣的形式覆盖在熔池表面，就会起到隔绝空气和保护作用，不会对焊缝金属的性能产生不好的影响。焊丝表面的药皮成分发生反应生成的氧化物、氯化物、氟化物、碳酸盐、硅酸盐和硼酸盐等化合物多以保护作用为目的来进行设计，因此在焊接过程中一般要根据母材的特点对熔池周围的气体成分进行控制。例如金属如果不和氮气反应，就可以采用氮气保护；如果和氮气反应，就采用氩气作为保护气体。

由上面还可以知道，在焊接过程中，通过让金属发生反应，能起到脱氧、脱硫、脱磷、除氢的作用。例如在焊接温度下对氧的亲和力比被焊金属大的金属，如 Al、Ti、Si、Mn 等，均可作为脱氧剂加入焊丝药皮中与金属中的氧反应生成氧化物，同时处于液态的脱氧产物不溶于液态金属且密度小于液态金属，有利于上浮到熔池表面。

（2）生成的气体产物与气孔和裂纹　在焊接过程中，焊接温度高于 2000℃时，会生成具有很高反应活性的气体，如双原子分子、单原子分子或离子。首先气体产物会在金属中溶解，溶解度见图 6-20。随温度升高，气体在液体金属中溶解度总体呈现上升趋势，说明熔池金属中存在溶解气体。如果熔池冷却速度适当，气体会在熔池尾部逸出，不会带来不良影响。如果冷却速度过快，就会使气体来不及逸出，加上气体降温时会出现溶解度的急剧下降，导致残留在金属中的气体析出，在金属中形成气孔。

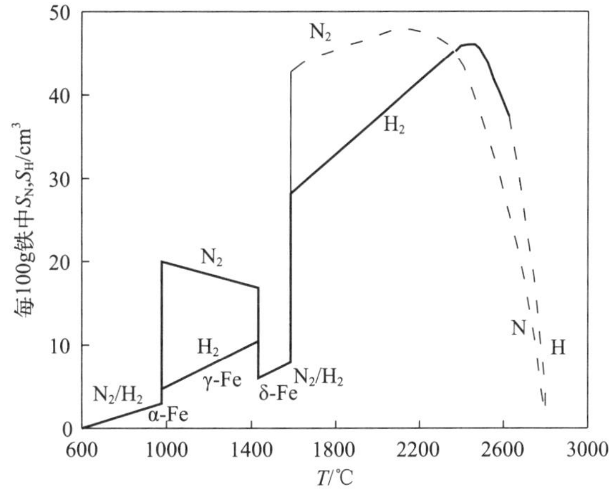

图 6-20　氮气、氢气在铁中的溶解度（S_N、S_H）与温度的关系
（$p_{N_2}=p_{H_2}=0.1$MPa）

除了析出的气体外，金属中还会残留有气体，例如 Al、Fe、Ni、Cu、Cr、Mo 不能和氢生成稳定的氢化物，但氢能够溶于这类金属及其合金中。溶解的氢以两种形式存在：一是以原子或离子形式存在，在金属晶格中自由扩散，达到相当大的深度；二是以氢原子聚集到金属的晶格缺陷、显微裂纹和非金属夹杂物的边缘空隙中，与金属（Zr、Ti、V、Ta、Nb）形成稳定氢化物，不能自由扩散。溶解的氢气造成的暂态现象是脆化，使塑性严重下降；溶解氢还会造成冷裂纹，冷裂纹是在焊后较低温度下产生的，有的是在焊后冷却过程中产生的，有的是在焊后一段时间产生的。

焊接时生成气体的主要来源是母材和焊丝表面附着的油污、水，金属表面的钝化膜、铁锈，焊丝上的药皮，周围空气和保护气体。因此，为保证焊接质量，应该减少具有负面影响的气体生成。一是需要清洗焊件，使其表面清洁和干燥，避免和减少气体的生成。二是施加保护气体，常用的保护气体有氩气、氮气和二氧化碳气体等。应选择不参与反应的气体或溶解度小的气体作为保护气体。如 Cu、Ni 金属既不能溶解氮又不形成氮化物，可用氮气作为保护气体。三是调整焊接规范，延长冷却时间等。

（3）金属产物凝固与偏析和结晶裂纹　随着焊接热源的不断运动，金属的熔化和结晶不断进行，这里主要讲冷却结晶过程。焊缝冷却结晶过程有两个特点：一是由于熔池金属被周围冷却的金属包围，熔池中心与边缘之间的温度梯度很大，并且熔池体积小，因此冷却速度快；二是晶粒主要呈现垂直于熔池壁的柱状晶形态。焊缝熔池的结晶过程见图 6-21。焊缝熔池的结晶首先从熔池壁开始，晶粒沿着与散热最快方向的相反方向长大，因受到相邻正在长大晶粒的阻碍，向两侧生长受到限制，因此焊缝中的晶体是指向熔池中心的柱状晶体。

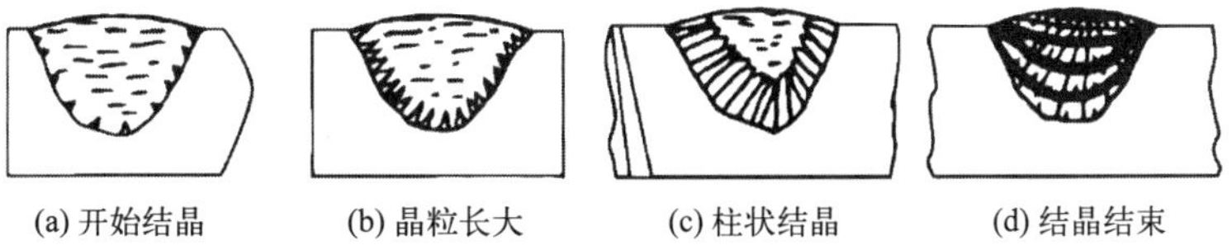

图 6-21　焊缝熔池的结晶过程

基于焊缝冷却结晶过程的两大特点，在焊缝冷却结晶过程中，会造成残留液态金属中的合金元素与已经结晶晶粒中的合金元素不同，也就是最终结晶完成后合金元素的分布由原来均匀分布变成了不均匀分布，存在偏析现象。偏析现象严重时会导致焊缝裂纹。这种结晶裂纹的产生就是在金属结晶过程中，先结晶的金属熔点高，纯度较高，后结晶的金属杂质较多，并且杂质富集在晶粒的交界处，该交界处又称为薄弱地带。例如当钢含硫较高时，FeS 和 Fe 可以在 980℃形成低熔点共晶体，存在于晶界表面，减弱了晶粒之间的结合力。加之，由于接头变形不自由，使焊缝金属受到拉力作用，导致这个薄弱地带开裂，形成结晶裂纹。

对焊缝金属冷却结晶的改善方法主要是通过细化晶粒提高焊缝力学性能。改善方法有：一是焊接工艺调整，例如减小熔池体积有利于防止焊缝晶粒的长大；二是变质处理，通过焊丝或焊剂向熔池加入合金元素，如钒、钛、钼、铌、铝、硼、氮等元素，可以大大细化晶粒，从而使焊缝组织得到改善。

6.3.3 焊接的热影响区

在熔焊过程中，焊缝中的金属经历了一次复杂的熔化冶金过程，而焊缝附近区域的母材金属经历了一次未熔化的加热过程。金相组织是指在显微镜下观察到的金属材料的内部结构，包括金属材料的晶粒大小、形态、分布，以及相界、晶界等微观结构特征。把焊缝两侧发生组织和性能变化的区域称为热影响区。焊接接头由焊缝和热影响区组成。其中熔合区是焊缝和热影响区之间的过渡区域，在熔焊条件下范围很窄。

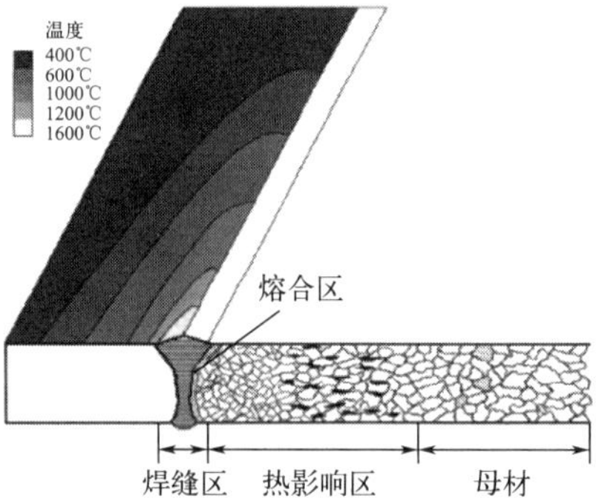

图 6-22 低碳钢熔化焊接头的组织变化[4]

低碳钢熔化焊接头的组织变化见图 6-22。在热影响区中，由于经受的加热温度高，晶粒长大比较严重，力学性能下降，其中熔合区的化学成分及组织存在很大不均匀性。在很多情况下，熔合区是产生裂纹和局部破坏的发源地。

对于焊缝区域，由于冷却速度较快，加上可以采用冶金调节，一般不是力学性能最薄弱处。对于热影响区，在不进行后续调节情况下，通常是焊接接头的最薄弱处。焊接质量保证就是薄弱之处达到要求。

6.4 激光焊接

6.4.1 激光焊接特点

激光是经过受激辐射放大的光，具有单色性好、方向性好、亮度高和相干性好等特点[5]。激光焊接是利用高能量密度的激光束作为热源的焊接方法。激光焊接过程见图6-23。激光束经过反射镜和聚焦透镜，将焦点聚焦到焊件焊缝处进行焊接。为保持光路稳定，通常激光头不动，而工作台带动焊件移动，同时施以保护气体实现激光焊接。

锂离子电池装配时，金属壳体与盖板、壳体外底部与复合镍带需要激光焊接。因为需要焊接功率不高，所以固体激光器在锂离子电池焊接过程中得到广泛应用。固体激光器通常以掺杂Nd^{3+}的钇铝石榴石$Y_3Al_5O_{12}$（YAG）晶体作为产生激光的工作物质。

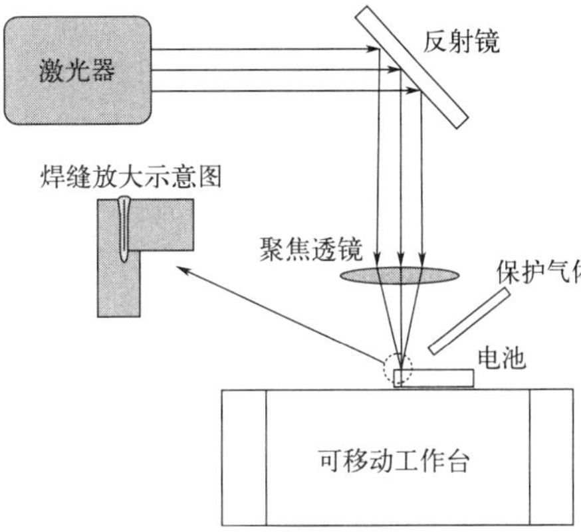

图6-23 激光焊接原理示意图

（1）激光焊接原理 激光焊接是激光照射到非透明焊接件的表面，一部分激光进入焊件内部，入射光能转化为晶格的热振动能，在光能向热能转换的极短（约为10^{-9}s）时间内，热能仅局限于材料的激光辐射区，而后热量通过热传导由高温区向低温区传递，引起材料温度升高，继而局部金属产生熔化、冷却和结晶，形成原子间的连接，由于温度极高还会出现金属的汽化现象。还有一部分激光被反射，造成激光能量的损失。

根据焊件激光作用处功率密度不同，可将激光焊接分为热传导焊和深熔焊。其中热传导焊的激光辐照功率密度小于10^5W/cm^2，能将金属表面加热到熔点与沸点之间。焊接时，金属材料表面温度升高而熔化，然后通过热传导方式把热能传向金属内部，使熔化区逐渐扩大，凝固后形成焊点或焊缝，其熔深轮廓近似为半球形，如图6-24（a）所示。热传导焊接过程稳定、熔池搅动较低、外观良好且不易产生焊接缺陷，适合于薄板焊接，对微细部件精密焊接具有独特优势。锂离子电池焊接常采用的就是热传导焊。

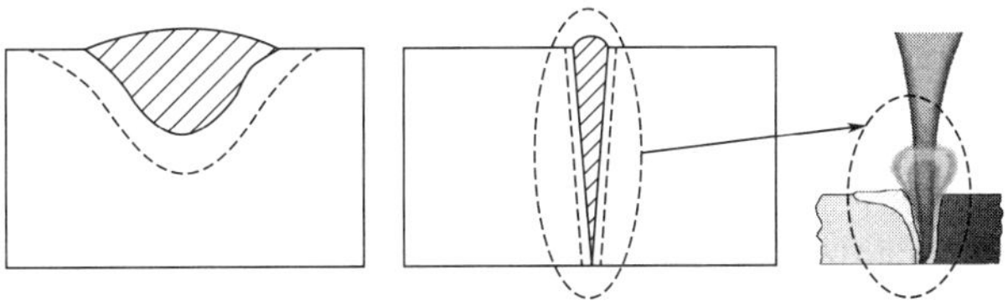
(a) (b)

图6-24 激光热传导焊和激光深熔焊示意图

激光深熔焊的激光辐照功率密度大于10^6W/cm^2，能将金属表面温度在极短时间内（10^{-8}～10^{-6}s）升高到沸点，使金属熔化和汽化，汽化的金属蒸气以较高速度向上逸出，形成小孔。这个充满蒸气的空洞就像一个黑体，几乎吸收了所有的入射光束能量，空洞腔内的平衡温度可达到2500℃左右，热量从这个高温孔向外传递，导致孔周围的金属熔化。随着小孔向前移动，小孔内前方的母材在光束照射下不断蒸发，产生的高温蒸气向上逸出，维持小孔的稳定存在。而在小孔向前移动后，金属液不断充填于小孔后面留下的空间，并随之冷凝成焊缝，完成焊接过程，如图 6-24（b）所示。这种焊接方式又称激光小孔焊，有利于实现中厚板材料的焊接，焊接速度很容易达到每分钟数米。

（2）激光焊接特点　激光焊接属于无接触式加工，焊接热量集中、焊接速度快、热影响区小；焊接变形和残余应力小；焊接温度高，可以焊接难熔金属，甚至可以焊接陶瓷以及异种材料等[6]；易于实现高效率的自动化与集成化；焊接精度高，工件越精密，激光焊接的优势越明显。激光焊接在锂离子电池装配中已经得到广泛应用[7,8]。

6.4.2 脉冲激光缝焊工艺

激光缝焊的主要工艺参数有功率密度、焊接速度、脉冲波形、脉冲宽度、光斑直径、离焦量和保护气体。

（1）功率密度　功率密度是激光加工中最关键的工艺参数之一。根据热能传导方程，可求出达到一定温度时所需的功率密度 q_0（W/cm²）：

$$q_0=\frac{0.886TK}{(\alpha\tau)^{1/2}} \tag{6-1}$$

式中，T 为温度，℃；α 为热扩散率，cm²/s；K 为热导率，$W/(\mathrm{cm}\cdot℃)$；τ 为脉宽，s。

设当工件表面温度达到熔点 T_m 时所需功率密度为 q_1，当工件表面温度达到沸点 T_v 时所需功率密度为 q_2，当功率密度超过一定值 q_3 时材料产生强烈蒸发。电池壳常用材料铝和钢的所需功率密度见表 6-2。

表 6-2　不同金属功率密度值

金属	T_m/℃	T_v/℃	τ/s	K/[W/(cm·℃)]	α/(cm²/s)	q_1/(W/cm²)	q_2/(W/cm²)	q_3/(W/cm²)
钢	1535	2700	10^{-3}	0.51	0.51	5.8×10^4	1.0×10^5	6.7×10^5
铝	660	2062	10^{-3}	2.09	2.09	4.1×10^4	1.3×10^5	8.6×10^5
铜	1083	2300	10^{-3}	3.89	1.12	1.1×10^5	2.34×10^5	1.4×10^6
镍	1453	2730	10^{-3}	0.67	0.24	5.4×10^5	1.0×10^5	7.5×10^5
不锈钢	1500	2700	10^{-3}	0.16	0.041	3.5×10^5	6.3×10^5	—

在实际应用中，普通热传导焊接所需功率密度<10^6 W/cm²。功率密度的选择除取决于材料本身特性外，还需根据焊接要求确定。在薄壁材料（0.01～0.10mm）的焊接中，其功率密度 q_0 应选为 $q_1<q_0<q_2$，以避免材料表层汽化成孔，影响焊接质量。在厚材料（>0.5mm）的焊接中，大多数金属材料通常取 $q_0=q_2$，这时即使出现一定量的汽化也不会影响焊接质量；厚材料的功率密度也可以取高一些，q_0 可选为 $q_2<q_0<q_3$。电池壳材料厚度一般在 0.2～0.6mm 之间，有一定熔深要求，在实际焊接过程中功率密度通常取 $q_0=q_2$，能够满足壳体连接的要求。

（2）焊接速度　焊接速度影响单位时间内的热输入量。与其他焊接方法不同，对于激光焊接，特别是高速焊接，由于热传导比较微弱，在给定功率时可以使用以下经验公式计算焊接速度：

$$0.483P(1-R)=vW_{\text{weld}}\delta\rho C_{p}T_{\text{m}} \tag{6-2}$$

式中，P 为激光功率，W；R 为反射率；v 为焊接速度，m/s；W_{weld} 为焊缝宽度，m；δ 为板厚，m；ρ 为材料密度，kg/m^3；C_p 为比热容，J/(kg·K)；T_{m} 为材料熔点温度，K。

图 6-25 为在其他条件一定的情况下焊接速度对焊接接头温度分布的影响[9]。由图可见，随着焊接速度加快，高温区域面积减小。这是因为焊接速度越快，材料对激光能量的吸收越少，热传导速度越慢，熔化区域越少，温度越低。

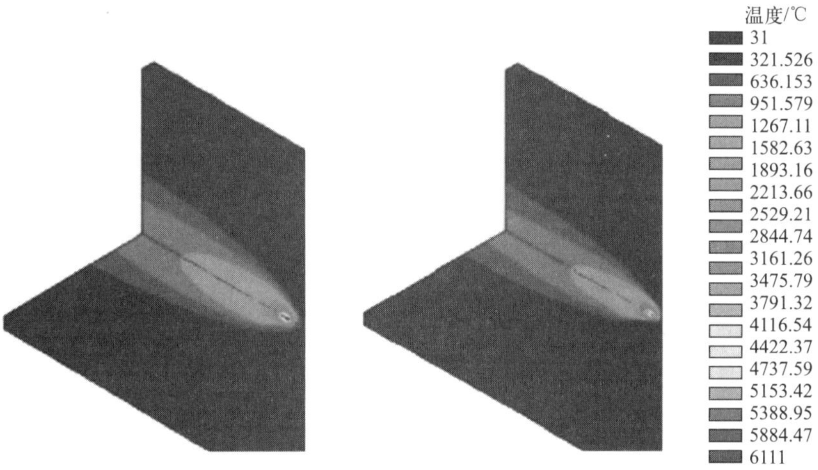

(a) 500mm/min　　(b) 700mm/min

图 6-25　不同焊接速度下的温度分布

当焊接速度过快时，液态金属不能够重新分布，会凝固在焊缝两侧，出现咬边或未焊透缺陷，咬边是沿焊缝根部出现低于母材表面的凹陷或沟槽的现象，未焊透是焊缝金属和母材之间出现未完全熔化结合的现象。另外，界面上残留有油污、氧化物时，也易在焊缝根部出现未焊透的现象。在焊接速度过低时，熔池大而宽，而且容易形成下塌，这时熔化金属的量较大，由于金属熔池的重力过大，表面张力不足以维持熔池液态金属的圆弧形状，因而熔池液态金属会从焊缝中间滴落或下沉，在表面形成凹坑。由于锂离子电池壳体与盖板厚度都较薄，在保证焊透情况下，应采用较快的焊接速度。

（3）脉冲特性　激光的脉冲特性是由激光强度、脉冲宽度、脉冲波形和脉冲频率共同决定的。矩形激光脉冲的激光强度 I 与时间 t 的关系如图 6-26 所示。其中 τ 为激光作用时间，称为脉宽；T 为脉冲周期；$1/T$ 为脉冲频率，即单位时间脉冲次数。

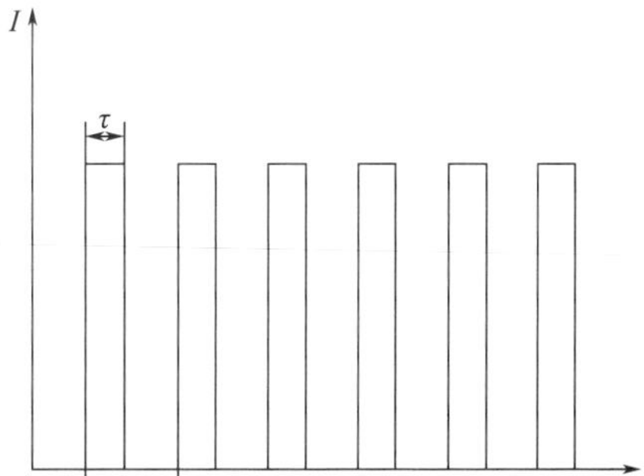

图 6-26　矩形激光脉冲

激光的单脉冲能量越大，熔化量越大；而当激光单脉冲能量一定时，脉冲宽度 τ 越大，激光强度 I 越小。其中脉冲宽度对熔深影响最大，由于材料的热物理性能不同，获得最大熔深时的脉冲宽度不同，如钢的脉冲宽度为 $5\times10^{-3}\sim8\times10^{-3}$s。激光脉冲波形有很多种，主要有缓降、平坦、缓升和预脉冲等，如图 6-27 所示。

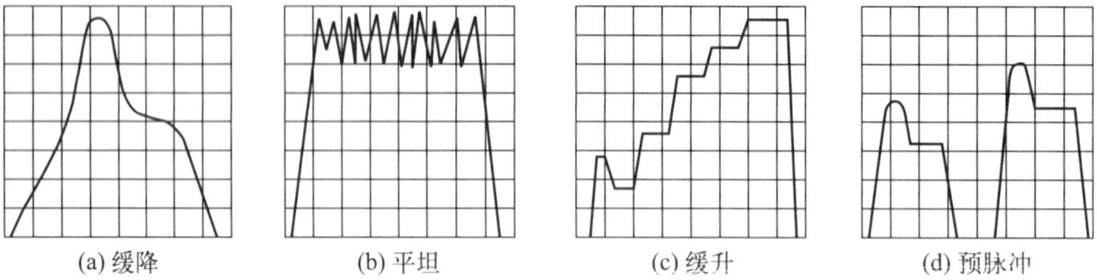

图 6-27　激光脉冲波形

当高强度激光束入射至材料表面时，60%～98%的激光能量因反射产生损失，而且反射率随表面温度上升而下降。对于铝合金和铜等材料，反射率高且变化较大，当焊接开始时，材料表面对激光的反射率高，当材料表面熔化后激光吸收率迅速升高，一般采用指数衰减波或带有前置尖峰的波形，如图 6-27（a）所示。对于不锈钢等材料，焊接过程中反射率较低且变化不大，宜采用平坦波形，如图 6-27（b）所示。对于镀锌板等表面易挥发的金属材料，可选择缓升波形，如图 6-27（c）所示。对于表面杂质含量较多的材料，可选择预脉冲波形，如图 6-27（d）所示。

（4）光斑直径和离焦量　根据光的衍射理论，焦点处的光斑直径（d_0）最小，计算公式如下：

$$d_0=\frac{2.44f\lambda}{D(3m+1)} \tag{6-3}$$

式中，d_0 为最小光斑直径；λ 为激光波长；f 为透镜焦距；D 为聚焦前光束直径；m 为激光振动膜的阶数。

激光的焦点并非总是位于材料表面，焦点与表面的距离称为离焦量（F）。激光焊接通常需要一定的离焦量，因为激光焦点处光斑中心的功率密度过高，容易蒸发成孔，而离开激光焦点的各平面上功率密度分布相对均匀，有利于实现更稳定、更高效的焊接。调节离焦量可以改变激光光斑大小。在一定功率条件下，焦点处功率密度最大，随光斑直径增大功率密度减小。当焦点处于焊件表面上方时称为正离焦（$\Delta F_0>0$），加热工件的能量仅为聚焦处下方的能量，一般用于薄板焊接；反之称为负离焦（$\Delta F_0<0$），加热工件的能量为聚焦处上方、焦点和下方的能量之和，一般用于厚板焊接，如图 6-28 所示。锂离子电池薄板激光焊接过程中一般采用正的离焦量。

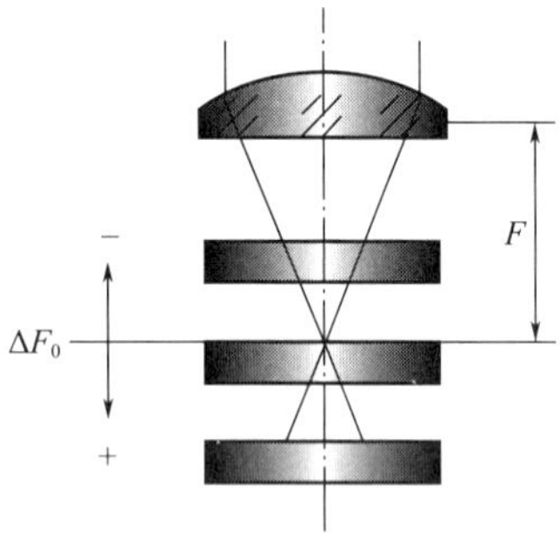

图 6-28　离焦量示意图

（5）保护气体　激光焊接过程中，保护气体常使用氦气、氩气及氮气等惰性气体，可以起到驱除等离子体、防止表面氧化、预防产生裂纹、改善外观质量、防止设备光学器件污染等作用。例如，铝合金激光焊常见缺陷是气孔，而其产生的主要原因是激光焊接过程中空气中的水分以及氧化膜中吸附的水分在激光作用下直接分解产生氢，这些氢析出形成气泡，熔池结晶速度较快，部分气泡来不及逸出留在焊缝中造成气孔。采用氮气保护，既可以减少壳体表面焊接过程中氧化，又可减少焊缝气孔。保护气体的气流量要适当，气流量过小时，起不到保护作用；而气流量过大时，又会使熔池金属流动状态改变过大，影响焊接质量。

6.4.3　激光焊焊接性

激光焊焊接性是指金属材料在激光焊接时获得优质焊接接头的难易程度。容易获得优质焊接接头，则金属材料的焊接性好，反之就是焊接性差。激光焊的热输入很快，焊缝冷却结晶速度快，组织较细小，来不及偏析；激光焊具有净化效应，使焊缝杂质含量降低；焊缝区残余拉应力较小；焊接接头的冷热裂纹倾向小，抗腐蚀能力强，力学性能和使用性能好。对于常规熔焊方法焊接性较差的金属及合金，在激光焊时具有较好的焊接性。锂离子电池涉及的同种材料的激光焊有铝和铝、不锈钢和不锈钢的焊接，异种材料的激光焊有不锈钢和镍焊接、铜和镍焊接等。激光焊具有很快的加热和冷却速度，加之能量高度集中，激光加热对电池内部隔膜和活性物质影响小，所以锂离子电池的金属壳体和金属盖板之间的密封焊接广泛应用激光焊。

（1）不锈钢的焊接　奥氏体不锈钢的热导率只有碳钢的1/3，激光能量散失比碳钢少，因此奥氏体不锈钢的熔深稍大一些。根据化学成分计算的Cr与Ni当量比值对焊接性具有较大影响，当该比值处于1.5～2.0之间时，不会轻易发生热裂，激光焊接性好[10]，如18-8系列的304奥氏体不锈钢。而当该比值小于1.5时，镍含量较高，焊缝热裂纹倾向明显提高，焊接性变差，如25-20系列的310S奥氏体不锈钢。所以钢壳锂离子电池的壳体和盖板常用304奥氏体不锈钢。

（2）铝及铝合金的焊接　铝及铝合金焊接的最大问题是对激光的高反射率和铝的高导热性。焊接起始时，铝及铝合金表面对波长为1.06μm的Nd：YAG激光的反射率为80%左右，因此焊接时需要较大的起始功率。达到熔化温度后，吸收率迅速提高，甚至超过90%，有利于焊接顺利进行。另外，随着温度的升高，氢的溶解度急剧升高，快速冷却时不易逸出而形成氢气孔；铝合金中硅、镁等易挥发元素在焊缝中更易形成气孔。通常在高功率、高焊接速度和良好的保护下可消除焊缝的气孔缺陷[11]。

（3）异种材料的焊接　异种材料的焊接性取决于两种材料的物理性质，如熔点、沸点和导热性等。两种金属的熔点和沸点之间应该有重叠区间，可同时熔化，则可以进行激光焊。并且重叠温度区间越大，激光焊参数范围越大，焊接性越好，否则就很难实现激光焊。铝和镍在1453～2327℃存在同时熔化区间，镍和不锈钢约在1500～2601℃存在同时熔化区间，因此它们可以进行激光焊连接。

6.5　超声波点焊

6.5.1　超声波焊接特点

超声波焊接是利用超声（频率>15kHz）产生的机械振动能量，并在静压力的共同作用下实现连接的焊接方法。在锂离子电池生产中，极耳与集流体之间、叠片式电池多层极耳之间的连接常采用超声波焊接[12]。

（1）超声波焊接原理　超声波焊接装置主要由超声波发生器、电-声换能耦合装置

(声学系统)、加压机构和控制装置等组成，如图 6-29 所示。超声波发生器是一种变频装置，作用是将工频（50Hz）转换成超声频率为 15～80kHz 的振荡电流。电-声换能耦合装置由换能器、变幅杆（聚能器）、耦合杆和声极组成。其中换能器的作用是将超声波发生器的振荡电流转换成相同频率的机械振动；变幅杆（聚能器）的作用是放大换能器输出并通过耦合杆传输到焊件；声极分上声极和下声极，上声极端部通常制成球面，一般通过上声极向焊件输入超声波振动能量，下声极通常是砧座，用以支撑工件和承受所加压力。加压机构的作用是给焊件施加静压力。控制装置的作用是实施有效控制，完成焊接操作。

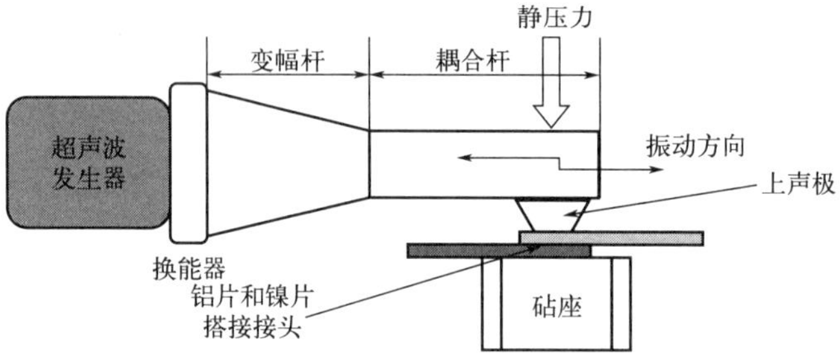

图 6-29 超声波焊接过程图示意

超声波焊接过程如下：首先是对焊件施加静压力，然后开始超声振动，上声极与上焊件之间因振动摩擦形成暂时的连接。再通过上焊件将超声振动直接传递到上下焊件的接触面，依靠振动摩擦去除接触面的油污和氧化物杂质，使纯净金属表面暴露并相互接触。随着振动摩擦时间延长，接触表面温度升高，达到熔点的 35%～50%，产生塑性变形，微观接触面积越来越大，塑性变形不断增加，出现焊件间的机械嵌合。这种机械嵌合促进金属表面原子扩散与结合，完成冶金反应，形成焊缝，如图 6-30 所示。冶金结合完成后，压力解除，超声振幅继续存在一定时间，消除声极与焊件的粘连，焊接过程结束。对于金属与非金属之间的焊接，在结合面上形成的是机械嵌合的焊接接头。

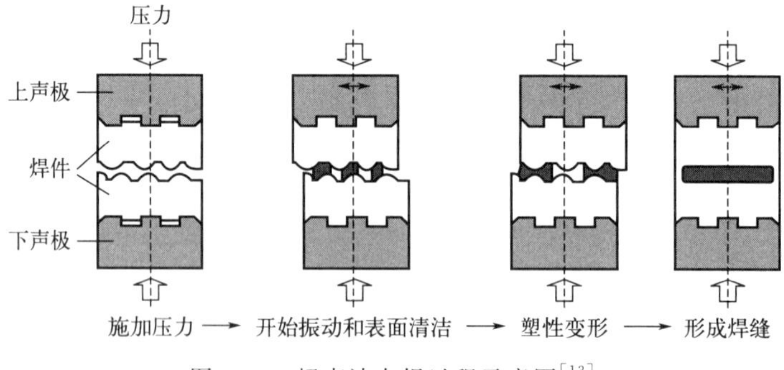

图 6-30 超声波点焊过程示意图[13]

（2）超声波焊接特点　超声波焊接焊件无电流通过、无外加热源，特别适合高导电和高导热性的材料和一些难熔金属如金、银、铜、铝等的焊接。超声波焊接焊缝不熔化、无氧化且无喷溅，适用于导热、硬度、熔点等性能相差悬殊的异种金属材料，金属与陶瓷、玻璃等非金属材料，以及塑料与塑料的焊接。超声波焊接接头变形小，焊件静载强度和抗疲劳强度较高，焊接过程稳定，再现性好，还可以实现厚度相差悬殊、多层箔片、细丝以及微型器件等特殊结构的焊接。超声波焊接对焊件表面的氧化膜具有破碎和清理作用，焊接表面状态对焊接质量影响较小。超声波焊接耗能小，仅为电阻焊的5%，但所需的功率随工件厚度及硬度的提高呈指数增加，不适合厚件之间、硬而脆材料之间的焊接，接头形式仅限于搭接接头。超声波焊接一般不需要气体保护。

6.5.2 超声波点焊工艺

超声波焊接接头的质量主要由焊点质量决定。影响焊点质量的因素主要包括接头设计、表面处理和工艺参数。其中工艺参数主要有超声波焊接功率 P、超声振动频率 f、振幅 A、静压力 F 和焊接时间 t 等。

(1) 焊接功率　超声波焊接所需功率主要取决于被焊材料的硬度和厚度。一般来说，焊接所需功率随工件的厚度和硬度的增大而增加，可按下式确定：

$$P=kH^{\frac{3}{2}}\delta^{\frac{3}{2}} \tag{6-4}$$

式中，P 为超声波焊接功率，W；k 为系数；H 为焊件材料的HV硬度；δ 为焊件厚度，mm。

对公式取双对数作图，得到所需功率与工件厚度、硬度的关系为线性关系，如图6-31所示。

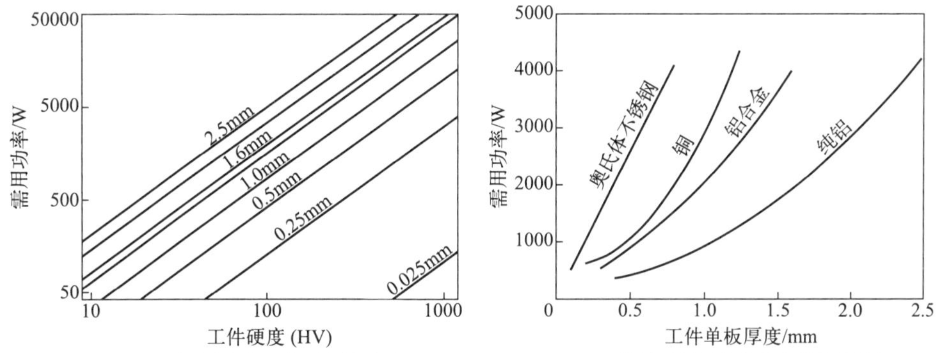

(a) 需要功率与工件硬度的关系　(b) 几种材料超声波焊接所需要功率

图6-31　功率与工件硬度、厚度的关系[14]

(2) 频率和振幅　超声波的频率和振幅直接影响焊接功率，焊接功率与频率和振幅的关系可用下式计算：

$$P=4\mu SFAf \tag{6-5}$$

式中，P 为超声波功率；μ 为摩擦系数；S 为焊点面积；F 为静压力；A 为振幅；f 为振动频率。

在摩擦系数 μ、焊点面积 S 和静压力 F 不变的情况下，由公式可以看出超声波功率与振动频率和振幅的乘积成正比。

① 振动频率 f。振动频率选择主要受焊接材料物理性能及厚度影响。在焊件硬度及屈服强度都比较低时，通常选用较低的振动频率。焊件较薄时宜选用较高的振动频率，因为在保证功率不变的情况下提高振动频率可以相应降低振幅，可减少因振幅过大引起的交变应力造成的焊点疲劳破坏。焊件较厚时需要选择较低的振动频率，以减少振动能量在传

递过程中的损耗，但由于焊件越厚所需焊接功率越大，此时应相应选择较大的振幅，以满足焊接功率需求。

② 振幅 A。超声波焊接的振幅一般在 5～25μm 之间。振幅大小与焊件接触表面间的相对移动速度密切相关，决定着焊接结合面的摩擦生热大小，因而影响焊接区的温度和塑性流动。通常焊件硬度及厚度越大，选择的振幅越高。当振幅较大时，高能量输入使得焊接区域内产生大量摩擦热，瞬间温度升高有利于金属塑性流动，形成良好焊点，因此使接头剥离力增加。另外，振幅越大，表面氧化膜越容易去除。

(3) 静压力　静压力 F 的作用是保证声极将超声振动有效传递给焊件。当静压力过低时，超声波难以传递到焊件，超声波能量几乎全部消耗在上声极与焊件之间的表面上，不能形成有效连接。当静压力适中时，超声振动得以有效传递，能使焊件之间产生足够的摩擦功，焊接区温度升高，界面接触处塑性变形面积增大，能够形成有效连接。当静压力过大时，会使摩擦力过大，振动频率减小，焊件间摩擦运动减弱，甚至会使振幅降低，焊件间的连接面积不再增加或有所减小，焊点强度降低。

选用偏高一些的静压力可在较短时间内得到相同强度的焊点。与偏低的静压力相比，偏高的静压力能在振动早期相对较低温度下形成相同程度的塑性变形，在较短时间内达到最高温度，使焊接时间缩短，提高焊接生产率。硬铝超声波点焊接头的抗剪切力与静压力和焊接时间的关系见图 6-32。可见，当静压力由 1000N 上升至 1200N 时，焊接抗剪切力达到最大值的时间缩短。

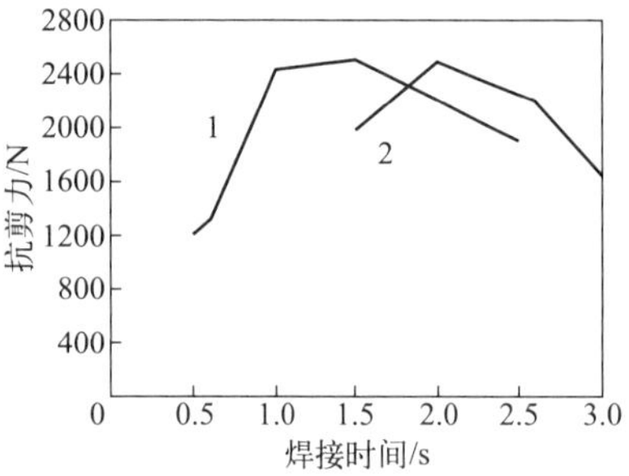

图 6-32　静压力对形成最高强度的接头所需时间的影响[14]

1—F＝1200N，A＝23μm；2—F＝1000N，A＝23μm；铝厚度 1.2mm

静压力的选择取决于材料硬度及厚度。当材料的硬度较高时，较大的静压力可增加接触面积、提高表面温度、增大塑性变形，形成有效连接；当材料厚度较大时，较大的静压力能够加大材料在厚度方向上的塑性变形，从而形成有效连接。表 6-3 为超声波焊接机的功率和静压力范围，一般功率越大的焊接机可焊接的厚度越大，因此静压力范围随之增大。当将薄的金属箔焊接于厚的金属件上时，一般将薄焊件置于厚焊件的上方。

表 6-3　不同功率超声波焊接机提供的焊接压力范围

焊接功率/W	焊接压力/N	焊接功率/W	焊接压力/N
20	0.04～1.7	1200	270～2670
50～100	2.3～6.7	4000	1100～14200
300	22～800	8000	3560～17800
600	310～1780		

(4) 焊接时间　焊接时间 t 是指超声波能量输入焊件的时间。形成有效焊点存在一个最短焊接时间，小于最短焊接时间不能形成有效焊接。一般随着焊接时间的延长，接头强度增加，然后逐渐趋于稳定。但当焊接时间超过一定值后，焊件受热加剧、塑性区扩大，声极陷入焊件，使焊点截面减薄，同时引起焊点表面和内部的疲劳裂纹，

接头强度降低。

焊接时间的选择随材料性质、厚度及其他焊接参数而定，高功率和短时间的焊接效果通常优于低功率和长时间的焊接效果。当静压力和振幅增加、材料厚度减小时，超声波焊接时间可取较低数值。表 6-4 为几种典型材料超声波焊接的工艺参数。

表 6-4　几种典型材料超声波焊接的工艺参数

材料		厚度/mm	焊接工艺参数			上声极材料
种类	牌号		压力/MPa	振幅/mm	焊接时间/s	
铝及铝合金	1050A	0.3～0.7	200～300	14～16	0.5～1.0	45 钢
		0.8～1.2	350～500	14～16	1.0～1.5	
	5A03	0.6～0.8	600～800	22～24	0.5～1.0	
	5A06	0.3～0.5	300～500	17～19	1.0～1.5	
	2A11	0.3～0.7	300～600	14～16	0.15～1.0	
	2A12	0.3～0.7	300～600	18～20	1.0～1.5	轴承钢 GCr15
		0.8～1.0	700～800	18～20	0.15～1.0	
纯铜	T2	0.3～0.6	300～700	16～20	1.5～2	45 钢
		0.7～1.0	800～1000	16～20	2～3	
钛及钛合金	TA3	0.2	400	16～18	0.3	上声极头部堆焊硬质合金，硬度 60HRC
		0.25	400	16～18	0.25	
		0.65	800	22～24	0.25	
	TA4	0.25	400	16～18	0.25	
		0.5	600	18～20	1.0	
非金属	树脂 68	3.2	100	35	3.0	钢
	聚氯乙烯	5	500	35	2.0	橡胶

镍与铜的超声波焊接接头见表 6-5。采用种类Ⅲ作为标准。种类Ⅰ和Ⅱ代表焊不足、焊点处纯净金属之间没有形成有效连接的现象，主要原因有功率不足、压力过小、时间不足或振幅过小。种类Ⅳ和Ⅴ代表焊过度、声极在焊件表面上的压痕过深，甚至造成表面粘连撕裂的现象，主要原因有静压力过大或焊接时间过长。

表 6-5　镍与铜的超声波焊接接头失效形式[15]

种类	失效模式	描述	失效图片	力(N)-位移(mm)曲线
Ⅰ	未结合式断裂截面	失效区域为接头内部，镍-铜之间未发生黏附，接头区域无裂纹，低剥离力	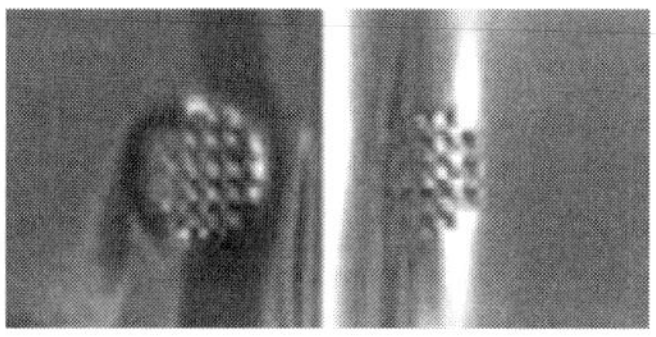	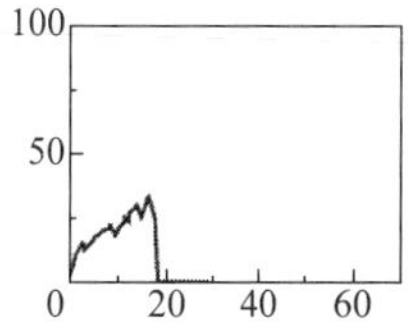

续表

种类	失效模式	描　述	失效图片	力(N)-位移(mm)曲线
Ⅱ	部分黏附式断裂截面	失效区域为接头内部，断裂截面小部分黏附(无撕裂)，中等剥离力	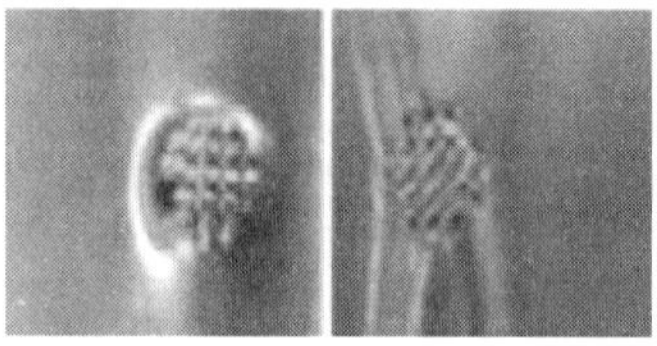	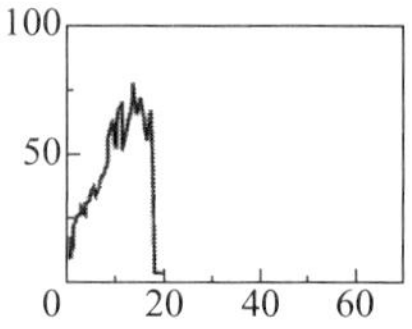
Ⅲ	大部分撕裂式断裂截面	失效区域为接头内部及基体，材料发生撕裂，中高剥离力	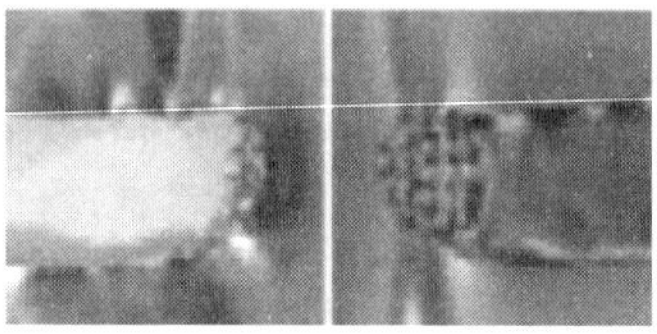	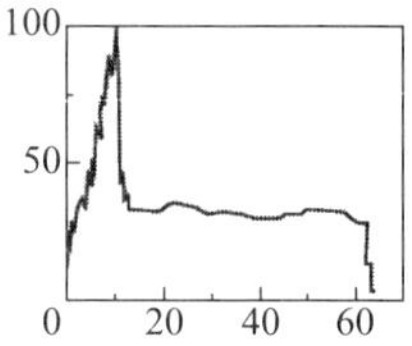
Ⅳ	小部分撕裂式断裂截面	失效起源于焊接裂纹，材料发生撕裂，中低剥离力	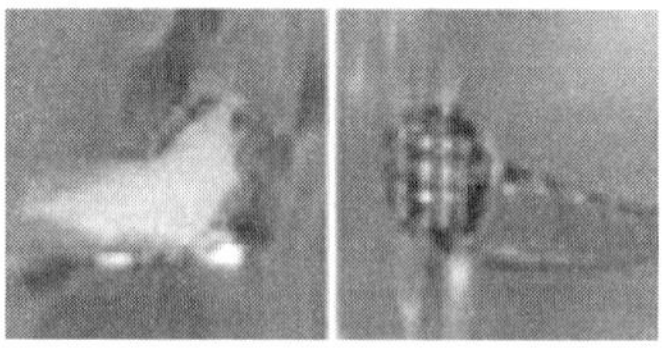	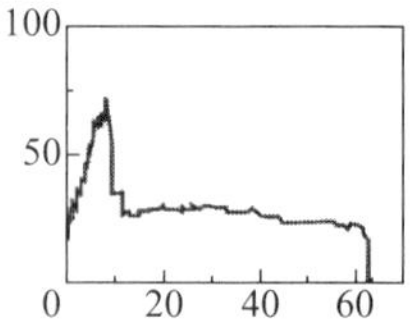
Ⅴ	圆周式断裂截面	沿焊接区域完全断裂，纽扣状断裂(无撕裂)，纽扣式断裂剥离力	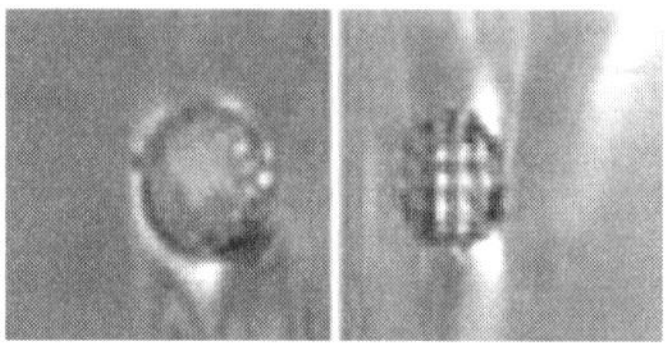	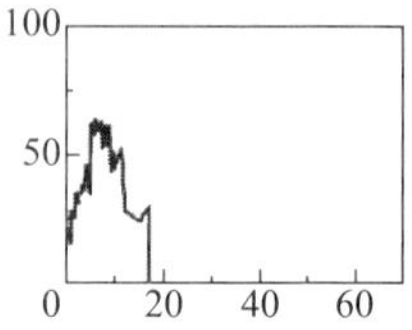

(5) 声极形状与材料　平板搭接点焊时，上声极端部多制成球面，球面半径一般为相接触焊件厚度的 50～100 倍。球面半径过大会导致焊点中心附近脱焊，过小会引起压痕过深，可见球面半径的过大或过小都会使焊接质量发生波动。另外，上声极与焊件的垂直度降低，接头强度急剧下降。

声极材料应具有较大的摩擦系数、较高的硬度和耐磨性、良好的高温强度和疲劳强度，以保证声极的使用寿命和焊点强度稳定。高速钢、滚珠轴承钢多用于铝、铜、银等较软金属焊接，沉淀硬化型镍基超合金等多用于钛、锆、高强度钢及耐磨合金焊接。

(6) 接头设计　超声波焊接接头只限于搭接一种形式。接头设计参数包括边距 s、点距 e 和行距 r 等，见图 6-33。边距 s 为焊点到板边的距离，应保证声极不压碎或穿破薄板边缘。点距 e 和行距 r 应根据接头的强度和导电性要求来进行设计，一般 e 和 r 越小，单位面积内的焊点越多，接头的承载能力越高，焊接后接头的导电性就越好。锂离子电池的极耳和集流体之间的焊接对导电性要求很高，因此需要设计多个焊点。

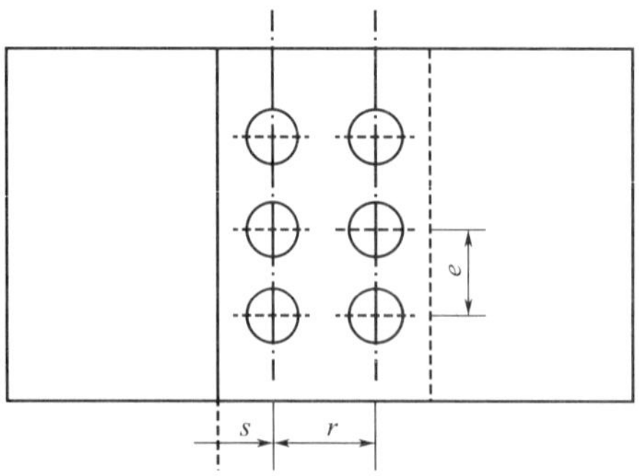

图 6-33　超声波焊点焊接头的设计

(7) 表面处理　铝、铜与黄铜等金属超声焊时，表面带有较薄的氧化膜，未被严重氧化，焊接时氧化膜会被破碎和分散开来，对焊接质量影响不大；若严重氧化或表面已有锈皮，则必须进行清理。铝及其合金焊接时，表面准备要求比其他方法都低，正常情况下只需要脱脂处理。但铝合金中的镁含量高时，会形成一层厚的氧化膜，为了获得质量良好的焊接接头，焊前应将这层氧化膜去除。表面处理方法可用机械磨削法或化学清洗法。焊件表面带有保护膜或绝缘层可以进行超声波焊接，但需要提高超声波焊接功率，否则焊前仍需清除保护膜或绝缘层。

6.5.3 超声焊焊接性

超声波焊接依靠机械超声振动和压力相结合实施焊接，焊接过程无电流通过和外加热源，焊缝不熔化、接头变形小，焊件静载强度和抗疲劳强度较高，焊接表面清洁程度要求低，焊接过程质量稳定性好。适合高导电和高导热性材料以及金、银、铜、铝等难熔金属的焊接，不但适合金属之间的焊接，也可用于塑料与塑料的焊接。适用于导热、硬度、熔点等性能相差悬殊的异种金属材料，金属与陶瓷、玻璃等非金属材料，以及不同高分子材料之间的焊接。适合厚度相差悬殊的金属焊接，对焊件的厚度比没有限制。但不适合厚件之间、硬而脆材料之间的焊接。

（1）同种金属材料的焊接　对强度较低的铝合金，超声波点焊和电阻焊点焊的接头强度大致相同；而对较高强度的铝合金，超声波焊接接头强度可以超过电阻焊的强度，这是正极极耳铝与正极集流体铝箔选择超声焊的原因。对于钼、钨等高熔点材料，超声波可避免接头区的加热脆化，能够获得高强度的焊接接头，但是焊接声极和工作台应选用硬度较高的材料，焊接参数也应该适当偏高。当然，对于高硬度金属之间的焊接以及焊接性较差金属之间的焊接，也可以采用另一种硬度较低的过渡层。

（2）异种材料的焊接　异种材料之间的超声波焊接决定于两种材料的硬度，两种材料的硬度越接近、越低，超声焊焊接性越好；硬度相差悬殊时，当一种材料硬度较低、塑性较好时，可以形成良好的接头，并且一般硬度较低的放在上面，使其与上声极接触。当两种材料的塑性都较低时，可通过添加塑性较高的中间层来实现焊接。镍与铜的超声焊焊接性好，因此锂离子电池镍极耳和铜箔焊接采用超声波焊接。

6.6 电阻点焊

6.6.1 电阻点焊特点

电阻焊是将被焊工件压紧于两电极之间，利用电流流经工件产生的电阻热形成焊接接头的一种焊接方法。在锂离子电池生产中，电阻焊用于负极极片的镍极耳（厚度约为0.15mm）与盖板上的镍电极的点焊以及正极极片的铝极耳与盖板上的铝板部分的点焊连接。在钢壳电池中，用于正极铝极耳与盖板上的镍电极、负极镍极耳与盖板上的钢板部分的焊接。

在电阻点焊过程中，通过柱状电极对搭接焊件施加压力，并通电产生电阻热，使焊件局部熔化形成熔核，冷却结晶后形成焊点，如图 6-34（a）所示。

焊点形成一般分为四个阶段，分别为预压阶段、焊接阶段、维持阶段和休止阶段。

① 预压阶段：是对焊件施压的过程，分为压力上升和恒定两个部分。这使得焊件缝隙减小，有助于建立稳定的电流通道，获得稳定的电流密度。另外，在压力作用下金属产

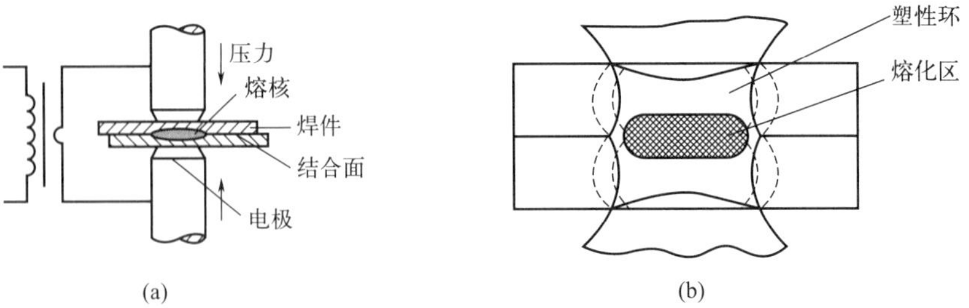

图 6-34　电阻点焊原理图

生塑性变形，使接头处焊件紧密接触，密封性好。

② 焊接阶段：是预压阶段结束后的通电加热过程。随着温度升高，在塑性变形区域内的中心部位出现熔核，熔核温度高于液态金属熔点，而在熔核的外围形成高温塑性密封区域，称为塑性环，见图 6-34（b）。当碳钢塑性环温度为 500～600℃时，塑性环具有保护熔核金属不被氧化、不泄漏和不喷溅的作用。

③ 维持阶段：是切断电流后继续保持压力的过程，使熔核在压力下冷却结晶，防止缩孔、裂纹的产生，形成力学性能高的焊点。

④ 休止阶段：解除焊接压力，焊接结束。

电阻点焊时，焊接通电产生的热量决定焊接熔核温度和大小，电阻焊产热由下式决定：

$$Q=I^2Rt \tag{6-6}$$

式中，Q 为热量，J；I 为焊接电流，A；R 为电极间电阻，Ω；t 为焊接时间，s。

电阻焊的产热与焊接电流 I 的平方成正比，与电极间电阻 R 成正比，与焊接时间 t 成正比。焊接电流和焊接时间是电阻焊直接控制的工艺参数。电极间电阻则是通过接头设计和压力来进行间接控制。

电阻焊电阻 R 包括工件内部电阻 R_1、两工件间接触电阻 R_2、电极与工件接触电阻 R_3，即 $R=R_1+R_2+R_3$。电阻 R 越大，则产生热量越大。电阻焊的有效热量通常为总热量的 10%～30%，大部分热量以其他形式损失掉，其中电极传导散热约占总散热的 30%～50%，工件传导散热约占 20%，辐射散热约占 5%。

工件内部电阻 R_1 析出热量占总热量的 90%～95%。R_1 与金属本身性质有关。如不锈钢的导电和导热差，点焊时产热多而散热慢，可采用较小焊接电流；而铝的导电和散热好，产热少而散热快，必须采用大电流进行焊接。一般金属的电阻率随温度升高而增加，金属熔化时的电阻率为熔化前的 1～2 倍。

接触电阻 R_2 析出热量占内部热源的 5%～10%。接触电阻一般随电极压力增大而减小，并且随温度升高塑性变形增大而很快降低直至消失。虽然接触电阻析热占比不大，但对初期温度场的建立、扩大接触面积、促进电流分布的均匀化有重要作用。接触电阻受表面性质影响，表面粗糙度越大、氧化膜越厚、表面油污越多，接触电阻越大。而氧化膜和油污造成的电阻增大会增加电流分布的不均匀性，因此在焊前必须进行工件表面清理。

按照供电方式可将电阻点焊分为双面单点焊、双面双点焊、单面单点焊和单面双点焊等，如图 6-35 所示。双面单点焊是指从焊件两侧对单个焊点馈电，见图 6-35（a)。双面双点焊是指从焊件两侧同时对两个焊点供电，见图 6-35（b)。单面单点焊是指从焊件单侧馈电，主要用于零件一侧电极可达性很差或零件较大时的情况，见图 6-35（c)。单面双点焊是指从一侧对两个焊点馈电，见图 6-35（d)。

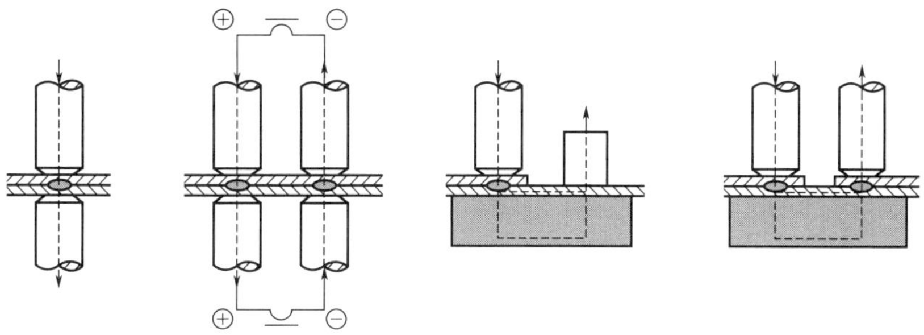

图 6-35 电阻点焊分类

电阻点焊的优点是焊接属于局部加热，熔核冶金过程始终被塑性环封闭，保护效果好，热影响区很小，变形与应力小；焊点形成时间短，通常为零点几秒，工作效率很高；在焊接过程中不需要焊丝和焊条等消耗材料；在焊接过程中无有害气体和烟尘产生，劳动条件好；操作方便，易于实现自动化，适于批量生产。电阻点焊主要缺点是接头形式和工件厚度受到一定限制，通常采用搭接接头，单板厚度小于 3mm。

6.6.2 电阻点焊工艺

电阻点焊影响焊接质量的主要工艺参数有焊接电流、焊接时间、电极压力、电极结构与焊件厚度、点焊分流与接头设计等。

（1）焊接电流　电阻焊析出的热量与电流的平方成正比，因此焊接电流对焊点性能影响最敏感。一般来讲，随着焊接电流增大，熔核的尺寸增大，如图 6-36 所示。当焊接电流过低时，产生热量不足，熔核尺寸小甚至没有熔核，焊点拉剪载荷较低。随着焊接电流增大，熔核尺寸增加，焊点拉剪载荷增大，当熔核尺寸达到最大时拉剪载荷最大。当焊接电流过高时，产生热量过大，温度过高，熔核和塑性环进一步扩大，先是造成焊点区域的承载力下降，出现压痕过深、凸肩等缺陷，见图 6-37（f)。如果塑性环超出压力作用区域，熔核金属液体在压力作用下从两层金属缝隙之间喷出，产生内部飞溅，见图 6-37（a)；如果从轴向冲破板材表面，则产生外部飞溅，见图 6-37（b)。

（2）焊接时间　焊接时间是指焊接时导通电流的持续时间。实验得出的焊点强度与焊接时间的关系见图 6-38。*AB* 段的焊接时间短，随焊接时间的延长，焊接区热量积累增多，熔核尺寸逐渐增大，焊点强度增大，但焊点强度不稳定。*BC* 段的焊接时间适当，熔核尺寸足够大，焊点强度最高。如果继续增加焊接时间，则熔核温度大于正常值，焊件表面会出现压痕过深，焊点处的截面积减小，焊点强度下降。焊接时间与焊接电流存在着等效关系，当焊接电流小时需要的焊接时间长，这种配合关系称为软规范，而采用大电流和短时间焊接则称为硬规范。

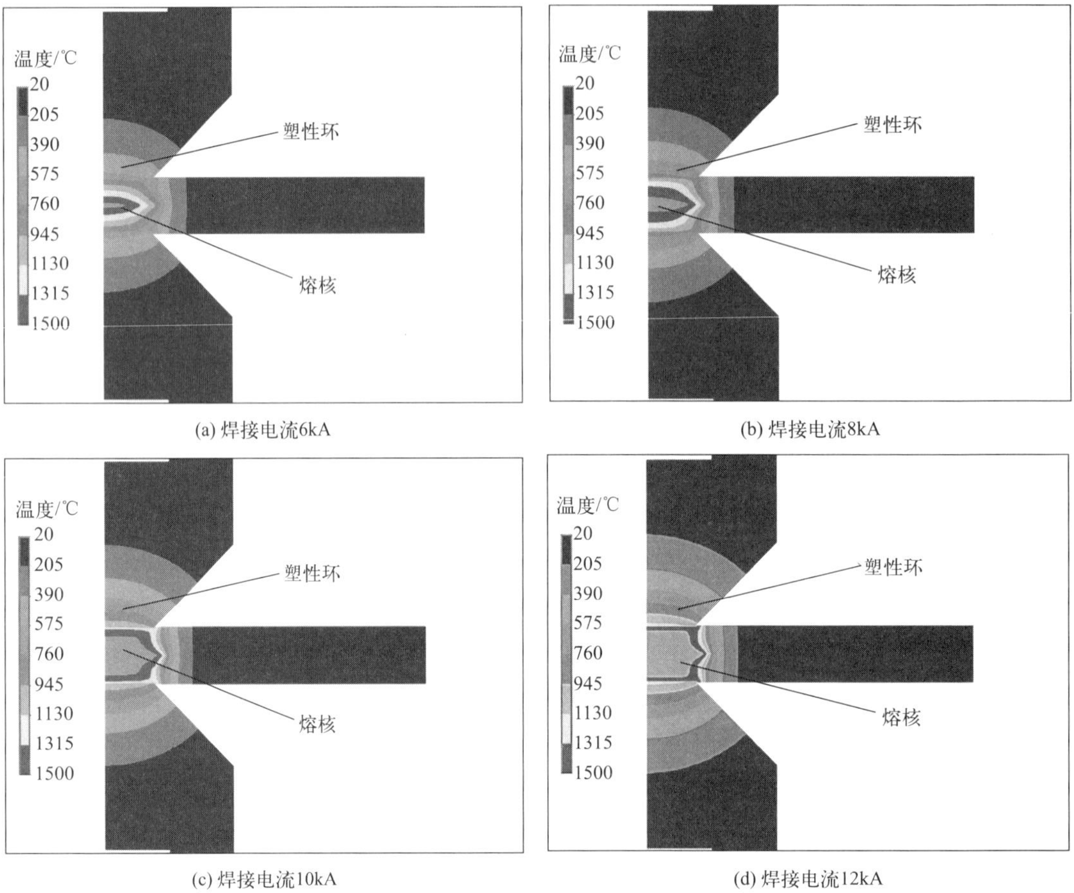

图 6-36 焊接电流对温度场和熔核尺寸的影响[16]

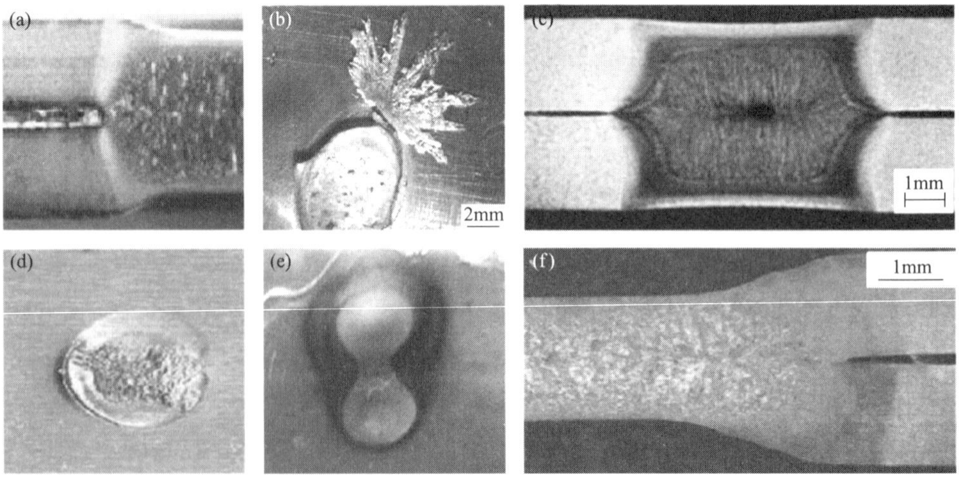

图 6-37 常见的焊接缺陷[17,18]

(a) 内部飞溅；(b) 外部飞溅；(c) 缩孔；(d) 粘连；(e) 虚焊及弱焊；(f) 压痕过深

（3）电极压力　电极压力对接触电阻、加热和散热、焊接区塑性变形和熔核的致密程度有直接影响。电极压力过小，焊件间的变形范围及变形程度不足，接触面积小，造成局部电流密度过大，同时塑性环密封性不好，易出现内部喷溅，严重时甚至造成表面局部烧伤或熔化金属溢出，造成外部喷溅。有时还会造成电极和工件接触电阻过大，析热量过大，将电极与焊件焊接在一起，形成粘连，如图 6-37（d）所示。电极压力过大，焊接区接触面积增大，接触电阻变小，电流密度减小，产热量小，导致熔核尺寸过小，形成虚焊和弱焊，见图 6-37（e）。电阻焊参数之间相互影响，相互制约。一般电极压力大时采用硬规范焊接，而电极压力小时则采用软规范焊接。

在电极压力的维持阶段，熔核液态金属会发生冷却结晶，并且体积收缩，由于冷却和结晶是由边缘逐渐向中心发展，如果过早撤掉压力，就容易在中心造成缩孔，见图 6-37（c）。

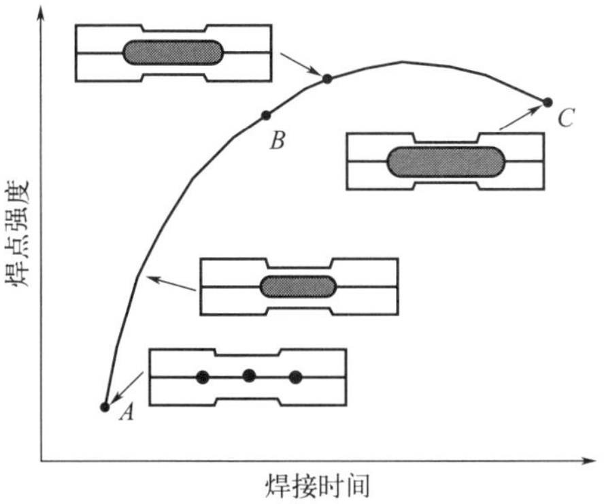

图 6-38　焊点强度和焊接时间的关系[19]

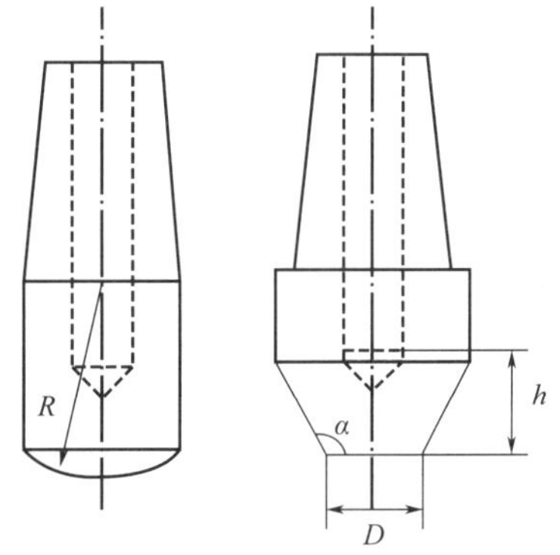

(a) 球面形　(b) 锥台形

图 6-39　电极头结构

（D 为锥台形电极头端面直径，α 为锥台形夹角，R 为球形面电极头球面直径，h 为水冷端距离）

（4）电极结构与焊件厚度　电极头是指点焊时与焊件表面相接触的电极端头部分。图 6-39 为常用电极头的结构。电极头部为球面结构时，见图 6-39（a），接触和散热效果最好，焊件焊点表面质量最好。电极头部为圆锥平面形结构时，见图 6-39（b），电极头直径 D 越大，电极头的接触面积越大，电流密度越低，熔核尺寸越小，焊点强度就越低。α 角越大，散热性越好，表面温度越低，模拟结果见图 6-40，但此时电极磨损时面积变大较快，造成焊接质量不稳定；反之，α 角越小，散热性越差，表面温度越高，越易变形磨损。因此 α 角应该适度。电阻点焊的电极一般由导热性好和耐磨性好的材料制成，既保证电极和焊件不会焊在一起，又保证电极耐磨性及电极尺寸稳定。焊接不锈钢时，通常采用铬锆铜电极；焊接铝及其合金时，通常采用纯铜、镉铜及铬铜等电极；镍的焊接一般采用纯铜和铬锆铌铜电极。

当对不同厚度的焊件进行点焊时，产热和散热条件发生改变。同种材料、不同厚度板焊接时熔核将向厚板一侧偏移，不同材料、相同厚度板焊接时熔核将向导电、导热性差的一侧偏移，偏移的结果将使焊点强度变低。解决办法为：一是采用硬规范焊接；二是采用不同接触表面直径的电极，在薄工件和导电、导热性好的一侧采用较小直径的电极，以增加这一侧的电流密度并减小电极散热的影响，或者在该侧采用导热性差的铜合金或加导热性较差的金属垫片，以减少这一侧的热损失。

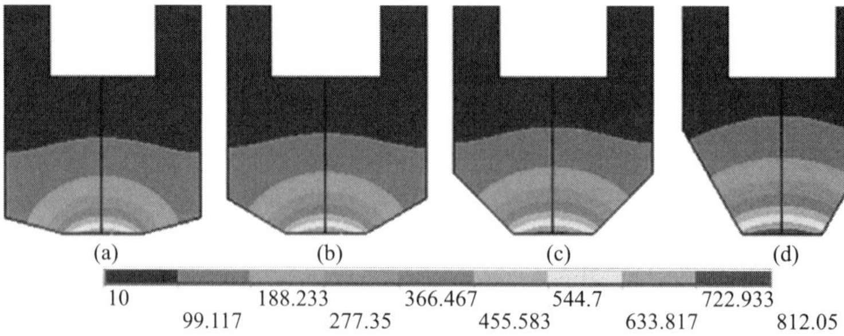

图 6-40　α 角对电极温度场的影响[20]

(a) 165°；(b) 150°；(c) 135°；(d) 120°

(5) 点焊分流与接头设计　点焊分流是在焊接第二个焊点时部分电流会流经旁边已焊好焊点的现象，如图 6-41 所示。点焊分流会使实际的焊接电流减小，使焊接质量变差。影响焊接分流的因素主要有焊件厚度、焊点间距、焊件层数和焊件表面状况。一般随着焊点间距的减小和焊件厚度的增大，分路电阻减小，分流程度增大，通过焊接区的电流减小。当焊件表面存在氧化物或脏物时，两焊件间的接触电阻增大，同样使通过焊接区的电流减小。因此应进行合理的点焊接头设计。低碳钢点焊常用的焊点间距为 30～50mm，分流占 40%～50%。

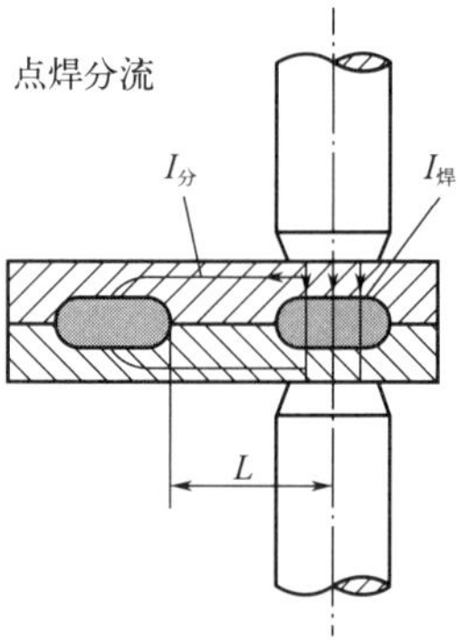

图 6-41　点焊分流现象

6.6.3 电阻焊焊接性

影响金属材料电阻焊焊接性的主要因素有：材料的导电和导热性好，不易蓄热形成熔核，焊接性差；材料高温强度大，高温下不容易变形，易产生飞溅和电极磨损，焊接性差；材料塑性温度范围窄，对参数波动敏感，易出现裂纹，焊接性差；材料对快速加热和快速冷却敏感性强，易生成不稳定组织和裂纹，焊接性差；具有熔点高、硬度高、易形成致密氧化膜等特点的金属材料，一般焊接性差。

(1) 不锈钢点焊　奥氏体不锈钢电阻率大、热导率小，具有很好的焊接性。可采用较小焊接电流和较短时间进行焊接。当焊接加热时间过长时，热影响区扩大并出现过热，近缝区晶粒粗大，甚至出现晶界熔化现象，接头性能降低，故宜采用偏硬的焊接条件。不锈钢高温强度高，需提高电极压力，否则会出现缩孔及结晶裂纹。不锈钢线膨胀系数大，焊接薄壁结构时易产生翘曲变形，应该注意加强冷却。由于电阻率大，电流分流减少，可适当减小点距。

(2) 铝的点焊　铝导电性、导热性好且散热快，不利于蓄热和熔核的完整形成，焊接性差。铝合金宜采用硬规范进行焊接，焊接电流常为相同板厚低碳钢的 4～5 倍。同时，铝及铝合金的点焊宜采用缓升和缓降焊接电流以起到预热和缓冷作用，采用阶梯形或马鞍形压力曲线提供较高锻压力，有利于防止喷溅、缩孔及裂纹等缺陷。另外，铝表面有氧化物钝化膜，清理后很容易再次生成，焊前必须按工艺文件仔细进行表面化学清洗，并规定焊前存放时间。

（3）镍的点焊　要增大焊接电流才能获得良好的焊接接头。但在大电流点焊时容易与电极粘连，应该减少焊接时间、增加电极压力与电极间距，以减轻电极头与工件表面的粘连倾向，因此焊接时应综合考虑选择电流值。另外，在镍及镍基合金焊接中的主要有害杂质锌、硫、碳、铋、铅、镉等能增加镍基合金的焊接裂纹倾向；镍及镍基合金点焊前要去除表面氧化层，这是因为表面氧化物熔点高（2090℃）而镍熔点低（1446℃），易造成未焊透缺陷。

6.7 铝塑复合膜热封装

6.7.1 热封装特点

铝塑复合膜的密封是利用热板、介电加热或超声波等外界条件，在压力作用下使上下两层铝塑复合膜黏结在一起的封装过程。软包装锂离子电池的钻塑复合膜通常采用热封方法，包括铝塑复合膜的侧封、顶封和底封，如图 6-42 所示。其中顶封通常包含铝塑复合膜与极耳、铝塑复合膜与铝塑复合膜之间的热封装，侧封和底封为铝塑复合膜之间的热封装。

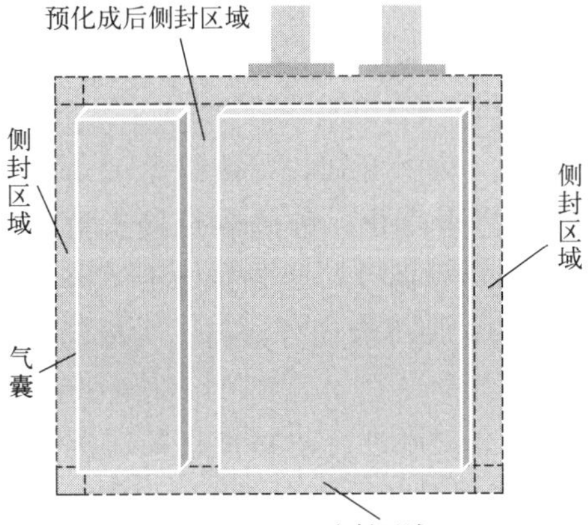

图 6-42　铝塑复合膜封装部位

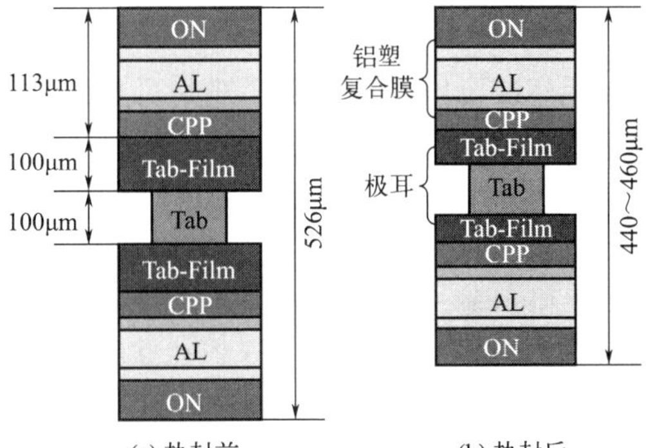

图 6-43　铝塑复合膜热封前后变化示意图

ON—延伸尼龙；AL—铝箔；CPP—流延聚丙烯；Tab—极耳；Tab-Film—极耳胶

铝塑复合膜顶封时，将铝塑复合膜内层的 CPP 胶层面相对，在 CPP 胶层之间夹有极耳，极耳上下表面有极耳胶膜，见图 6-43（a）。将顶封部分置于上下两个长条形的加热板之间，压紧并维持一定时间进行热封。铝塑复合膜的 CPP 胶层和极耳胶层相互融合，冷却后紧密粘贴在一起，完成封装，如图 6-43（b）所示。侧封和底封是铝塑复合膜之间的热封，不涉及极耳。

高分子材料热封时有两种作用：一种是扩散作用，就是在加热和压力的双重作用下，在两层铝塑复合膜之间，以及铝塑复合膜与极耳胶的界面间，处于黏流状态的大分子依靠剧烈热运动互相渗透和扩散，实现密闭封口；另一种是黏弹作用，就是高分子聚合物发生紧密接触，大分子在引力作用下实现密封。一般来讲，对于铝塑复合膜的热封过程，扩散作用和黏弹作用兼而有之。

6.7.2 热封工艺

热封窗口是指能够获得满意密封效果的热封温度、时间和压力等热封工艺参数的范围。为确定合理的热封窗口，首先要了解铝塑复合膜的热重（TG）分析曲线和差示扫描量热（DSC）分析曲线，见图 6-44。由图可见，铝塑复合膜内层的熔融温度范围在两个吸热峰之间，也就是 160～215℃。

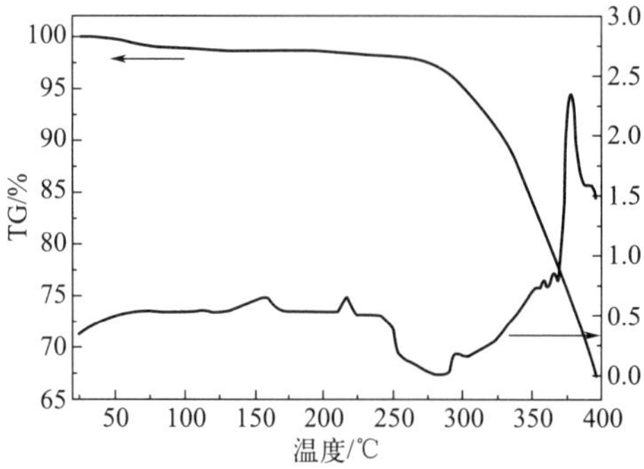

图 6-44　铝塑复合膜的 TG、DSC 曲线

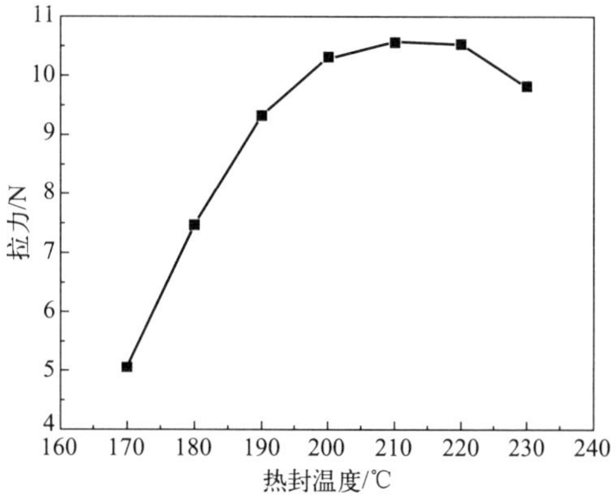

图 6-45　铝塑复合膜在不同温度热封后接头的拉力

铝塑复合膜在不同温度热封后接头的拉力见图 6-45。从图可知，在热封温度未达到铝塑复合膜内层中聚丙烯（CPP）的熔点时，聚丙烯未完全熔化，因此热封接头拉力很小；在热封温度为 210℃时，拉力达到最大值；继续升高热封温度，热封拉力会下降。这是因为，当热封温度过高时，聚丙烯全部熔化，在压力的作用下会向外溢出，在冷却过程中产生微裂纹，使拉力降低。

热封时间与热封温度的关系见图 6-46。热封温度越高，可进行热封操作的时间范围越窄。当热封温度低于热封窗口下限时，虽然热封时间范围很宽，但没有达到聚丙烯大分子链运动所需的温度，无法使聚丙烯胶层相互融合。当热封温度在热封窗口内时，聚丙烯熔融且其分子链开始运动，有充裕的时间在压力的作用下与胶层分子相互缠结，使得两层物质封合到一起。当温度接近热封窗口上限时，热封时间范围非常窄，热封过程很难控制，聚丙烯层很容易完全熔融、烧焦，甚至发生严重变形。热封压力对热封效果也有影响，压力过低导致热封强度不够，压力过高容易挤走部分热封料而使密封性变差。

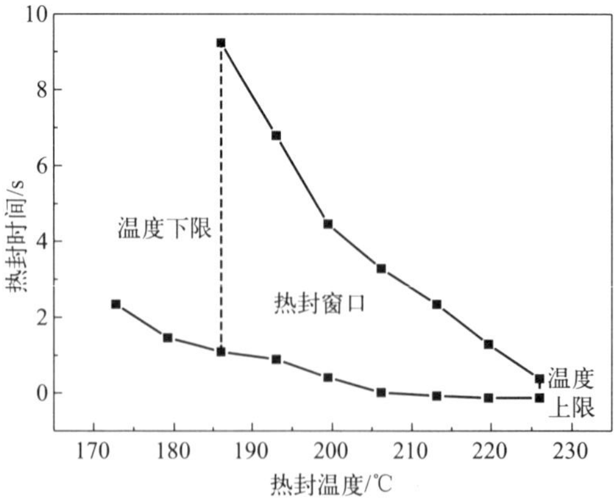

图 6-46　热封时间与热封温度的关系

习　题

1. 简述圆柱形锂离子电池装配的工艺流程。
2. 试分析锂离子电池卷绕和叠片的工艺要求。
3. 试分析卷绕电池和叠片电池的优缺点。
4. 简述锂离子电池焊接涉及的部件以及采用的焊接方法。
5. 试分析焊接过程中焊接温度和焊接压力之间的关系。
6. 简述激光焊的特点。
7. 影响电阻焊的工艺参数有哪些?
8. 简述超声焊的工艺参数对接头质量的影响规律。
9. 锂离子电池焊接操作过程中需要注意哪些安全问题?
10. 锂离子电池的装配工艺与电池安全性有何关联?
11. 在电阻点焊过程中，已知焊接电流 I 保持为 100A，焊接时间 t 为 0.5s。工件内部电阻 R_1 为 0.01Ω，两工件间接触电阻 R_2 为 0.02Ω，电极与工件接触电阻 R_3 为 0.03Ω。根据公式 $Q=I^2Rt$ 计算焊接过程中产生的总热量 Q，并估算有效热量的大致范围。
12. 在锂离子电池的自动化装配线上，焊接机器人负责将电池的正负极与相应的极耳片进行焊接。已知焊接机器人每分钟可以完成 120 次焊接操作，每次焊接操作成功率为 98%。如果一条装配线上有 5 台这样的焊接机器人同时工作，那么在一个 8 小时的工作班次内，预计能成功完成多少次焊接操作?

参考文献

[1] 王梓文．冷轧卷取机恒张力研究及参数优化 [D]. 秦皇岛：燕山大学，2012.

[2] 柯伸道．焊接冶金学 [M]. 北京：高等教育出版社，2012.

[3] 邹增大．焊接手册 [M]. 北京：机械工业出版社，2014.

[4] Brüggemanna G，Mahrle A，Benziger T. Comparison of experimental determined and numerical simulated temperature fields for quality assurance at laser beam welding of steels and aluminium alloyings [J]. NDT and EInternational，2010，33 (7)：453-463.

[5] 关振中. 激光加工工艺手册 [M]. 北京：中国计量出版社，2007.

[6] Dal M，Fabbro R. An overview of the state of art in laser welding simulation [J]. Optics and Laser Technology，2016，78：2-14.

[7] Ramoni M O. Laser surface cleaning-based method for electric vehicle battery remanu-facturing [D]. Lubbock，Texas：Texas Tech University，2013.

[8] Kirchhoff M. Laser applications in battery production-from cutting foils to weldingthe case [C] // 2013 3rd International Electric Drives Production Conference (EDPC). IEEE，2013：1-3.

[9] Shanmugam N S，Buvanashekaran G，Sankaranarayanasamy K，et al. A transient finite element simulation of the temperature and bead profiles of T-joint laser welds [J]. Materials and Design，2010，31 (9)：4528-4542.

[10] Shanmugam N S, Buvanashekaran G, Sankaranarayanasamy K. Experimental investigation and finite element simulation of laser beam welding of AISI304 stainless steel sheet [J]. Experimental Techniques, 2009, 34 (5): 25-36.

[11] Muhammad Zain-ul-abdeina, Daniel Néliasa, Jean-Francois Jullien, et al. Experimental investigation and finite element simulation of laser beam welding induced residual stresses and distortions in thin sheets of AA6056-T4 [J]. Materials Science and Engineering: A, 2010, 527 (12): 3025-3039.

[12] Lee Dongkyun, Kannatey-Asibu Elijah, Cai Wayne, et al. Ultrasonic welding simulations for multiple layers of lithium-ionbattery tabs [J]. Journal of Manufacturing Science and Engineering, 2013, 135: 061011.

[13] Kim T H, Yum J, Hu S J, et al. Process robustness of single lap ultrasonic welding of thin, dissimilar materials [J]. CIRP Annals-Manufacturing Technology, 2011, 60: 17-20.

[14] 赵熹华，冯吉才. 压焊方法及设备 [M]. 北京：机械工业出版社，2011.

[15] Al-Sarraf Z S. A study of ultrasonic metal welding [D]. Glasgow, Scotland: University of Glasgow, 2013.

[16] Wan X, Wang Y, Zhang P. Department modelling the effect of welding current on resistance spot welding of DP600 steel [J]. Journal of Materials Processing Technology, 2014, 214: 2723-2729.

[17] Holzer M, Hofmann K, Mann V, et al. Change of hot cracking susceptibility in welding of high strength aluminium alloy AA7075 [J]. Physics Procedia, 2016, 83: 463-471.

[18] Srikunwong C, Dupuy T, Bienvenu Y. Numerical simulation of resistance spot welding processusing FEA technique [C] //Proceedings of 13th international conference on computer technology in welding. Orlando, Florida: NIST and AWS, 2003: 53-64.

[19] 牛济泰，王式正. 焊接基础 [M]. 哈尔滨：黑龙江科学技术出版社，1987.

[20] Li Y, Wei Z, Li Y, et al. Effects of cone angle of truncated electrode on heat and mass transfer in resistance spot welding [J]. International Journal of Heat and Mass Transfer, 2013, 65: 400-408.

第 7 章 锂离子电池化成

装配好的锂离子电池需要经过注液、化成和老化三个工序才能制备出成品电池。注液是将电解液注入真空干燥深度脱水的电池壳体内的过程。化成是对注液后的电池进行首次充电的过程，包括预化成和化成两个阶段。预化成是在注液后对电池进行小电流充电的过程，并伴有气体产生。化成是在预化成后以相对较大的电流对电池充电的过程，气体生成量很少。老化是将化成后的电池在一定温度下搁置一段时间的过程。本章首先讨论锂离子电池的化成过程，然后讨论注液、化成和老化工艺。由于水分对电池化成及性能影响显著，本章还将讨论水分控制。最后介绍电池制成后的分容分选。

7.1 化成原理

7.1.1 化成反应

锂离子电池化成就是对注液后的电池进行首次充电的过程。下面以锂离子电池石墨负极的化成反应为例，讨论化成过程中发生的化学反应。

锂离子电池化成的化学反应主要是电解液与负极之间的反应，包括电解质锂盐、溶剂EC等的反应以及杂质水和溶解氧的反应，具体反应见表7-1。化成反应生成固体、气体和液体产物，其中固体产物主要包括ROCOOLi（烷基碳酸锂）、ROLi（烷氧基锂）、Li_2CO_3、LiF、Li_2O、LiOH等，这些固体产物沉积在负极表面，形成离子可导、电子不可导的固体电解质界面膜，称为SEI（solid electrolyte interphase）膜[1]；气体产物包括C_2H_4等烃类气体和CO_2、H_2等无机气体；液体产物生成后直接溶解在电解液中。由表还可知，化成反应生成很多自由基，但自由基不稳定，最终将转化成稳定的固体、气体和液体产物。

表7-1 化成反应所有可能发生的化学反应[2]

种类	名称	化学反应
溶剂	EC	$EC+2e^- \longrightarrow CH_2=CH_2\uparrow + CO_3^{2-}, CO_3^{2-}+2Li^+ \longrightarrow Li_2CO_3(s)$ $EC+2e^-+2Li^+ \longrightarrow (CH_2CH_2OCOO)_2Li_2$ $EC+e^- \longrightarrow EC^-$（阴离子基） $2EC^- \longrightarrow CH_2=CH_2+(CH_2OCOO^-)_2$ $(CH_2OCOO^-)_2+2Li^+ \longrightarrow (CH_2OCOO)_2Li_2(s)$

续表

种类	名称	化学反应
溶剂	DEC(碳酸二乙酯)	$CH_3CH_2OCOOCH_2CH_3+e^-+Li^+ \longrightarrow CH_3CH_2OLi+CH_3CH_2OCO\cdot$ 或 $CH_3CH_2OCOOCH_2CH_3+e^-+Li^+ \longrightarrow CH_3CH_2OCOOLi+CH_3CH_2\cdot$
	DMC(碳酸二甲酯)	$2DMC+2e^-+2Li^+ \longrightarrow CH_3OCOOLi+CH_3OLi+CH_3\cdot+CH_3OCO\cdot$
	EMC(碳酸甲乙酯)	可以生成 $CH_3CH_2OCO\cdot$、$CH_3CH_2O\cdot$、$CH_3OCO\cdot$、$CH_3O\cdot$ 等自由基
锂盐	$LiPF_6$	$LiPF_6 \longrightarrow LiF+PF_5$ $PF_5+H_2O \longrightarrow 2HF+PF_3O$ $PF_5+2xe^-+2xLi^+ \longrightarrow xLiF+Li_xPF_{5-x}$ $PF_3O+2xe^-+2xLi^+ \longrightarrow xLiF+Li_xPF_{3-x}O$ $PF_6^-+2e^-+3Li^+ \longrightarrow 3LiF+PF_3$
杂质	O_2	$\frac{1}{2}O_2+2e^-+2Li^+ \longrightarrow Li_2O$
	H_2O	$LiPF_6 \longrightarrow LiF+PF_5$ $PF_5+H_2O \longrightarrow 2HF+PF_3O$ $Li_2CO_3+2HF \longrightarrow 2LiF+H_2CO_3$ $H_2CO_3 \longrightarrow H_2O+CO_2(g)$ $H_2O+e^- \longrightarrow OH^-+\frac{1}{2}H_2(g)$ $OH^-+Li^+ \longrightarrow LiOH(s)$ $LiOH+Li^++e^- \longrightarrow Li_2O(s)+\frac{1}{2}H_2(g)$

7.1.2 固体产物及 SEI 膜

对于石墨负极材料与锂构成的电池，在首次充电过程中，在 0.8V 左右出现了一个充电的电压平台，这个平台在第二次充电时消失，是个不可逆平台，见图 7-1。它与石墨嵌入化合物的可逆充电平台无关，而是 SEI 膜形成的不可逆充电平台。

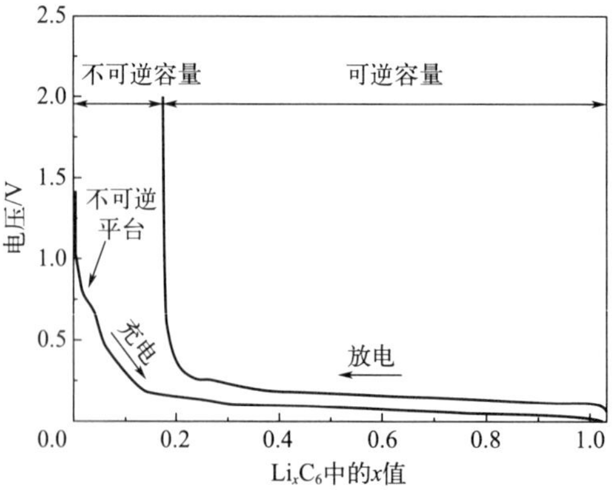

图 7-1 石墨/Li 半电池的首次充放电曲线

注：石墨负极材料与锂构成的电池，对于锂离子电池来讲，也称为半电池，此图对其充放电过程按照锂离子电池的充放电过程来命名。详见第 9 章的半电池部分。

在首次充电时，石墨表面呈现裸露状态，电化学电位很低，具有极强的还原性。现在人们普遍认为没有一种电解液能抵抗锂及高嵌锂炭的低电化学电位。因此，首次充电的初期，电解液中的锂盐和溶剂在石墨表面发生还原反应，生成的固体产物 SEI 膜具有传导离子、阻断电子传导的作用，这样锂离子可以自由进出[3]，电解液与石墨之间电子绝缘，可以阻止电解液继续发生还原反应。也就是说，只有生成 SEI 膜才使得负极石墨具有稳定的循环能力。SEI 膜的结构是由多种微粒的混合相态组成，厚度为 5～50nm，见图 7-2。

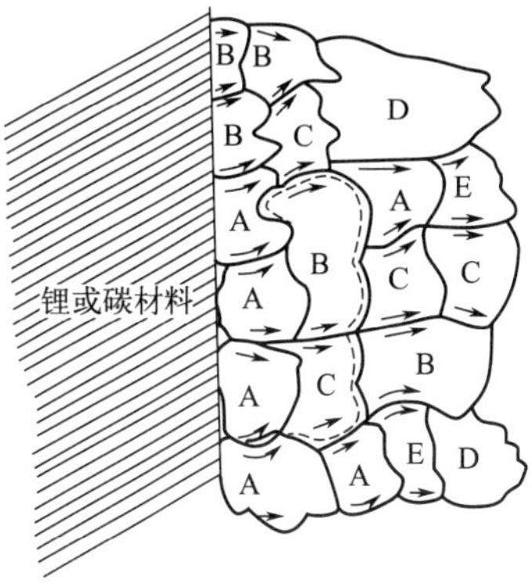

图 7-2　斑纹状多层 SEI 膜的结构模型

A—Li_2O；B—LiF；C—Li_2CO_3；D—聚烯烃；E—烷基碳酸锂

7.1.3　气体产物与水分

在化成过程中，生成的气体包括 C_2H_4、C_2H_6 和 CH_4 等烃类气体以及 H_2、CO_2 和 CO 等无机气体。化成电压对生成气体的种类和气体量的影响见表 7-2。由表可知，当恒压 2.5V 充电完成后，产生气体主要为 H_2、CO_2 和 CO，这一阶段产气量不大，但在整个充电过程中 H_2、CO_2 和 CO 主要在这一阶段产生。当电压在 3.0～3.5V 之间恒压充电时，产生气体主要为 C_2H_4 和 CO_2，这一阶段产气量最大，SEI 膜的形成主要发生在这一阶段。化成至 3.5V 时产生的气体量占总气体量的 90%以上。当化成电压大于等于 3.8V 时，产生气体主要为 C_2H_4 和 CH_4，这一阶段产气量大幅度下降。正是由于化成时产生大量的气体，电池化成反应一般分为预化成和化成两个阶段，在预化成阶段之后要将气体排出，然后才能将电池进行最后密封，再继续进行化成。

表 7-2　化成至不同电压下的总产气量和气体组成[4]

编号	样品	产气体积/mL	各气体的体积分数/%									
			H_2	CO_2	C_2H_4	CH_4	C_2H_6	C_3H_6	C_3H_8	CO	O_2	N_2
1	0.02C 恒流充电至 2.5V	2.00	36.46	51.65	0.66	0.00	0.00	0.00	0.00	10.58	0.05	0.60
2	2.5V 恒压充电 24h	1.50	20.60	52.84	3.95	0.00	0.30	0.00	0.00	21.97	0.05	0.29
3	3.0V 恒压充电 24h	10.00	4.76	18.21	70.75	0.96	0.81	0.03	0.00	4.46	0.00	0.00
4	3.5V 恒压充电 24h	8.50	5.37	4.34	73.78	5.71	1.54	0.16	0.00	9.06	0.01	0.02
5	3.8V 恒压充电 24h	1.50	7.67	3.74	45.06	32.95	4.06	0.60	0.00	5.88	0.01	0.03
6	4.0V 恒压充电 24h	0.50	3.28	5.67	13.74	61.53	6.29	0.58	0.00	2.75	0.35	1.24
7	恒流充电至 4.3V，之后 4.2V 恒压充电 24h	0.10	5.52	8.95	0.48	65.11	7.03	0.59	0.13	11.59	0.11	0.48

在化成过程中，水分是最易引入的杂质，水分发生的反应见表 7-1。由表可见，H_2O 杂质的引入，一是可以直接电解产生氢气，二是和 $LiPF_6$ 的生成物 PF_5 反应产生 HF，HF 与 Li_2CO_3 反应生成 CO_2，可见 CO_2 和 H_2 的产生主要与 H_2O 杂质密切相关。以双三氟甲基磺酰亚胺锂（LiTFSI）溶于 EC/EMC 作为电解液，对石墨和金属 Li 组成的半电

池进行产气研究[5]，当水分含量较低（≤20μg/g）时，产生的 C_2H_4 气体量较多，产生的 H_2 和 CO_2 气体量较少；当水分含量较高（4000μg/g）时，产生的 H_2 和 CO_2 气体量大幅度增加，见图 7-3。

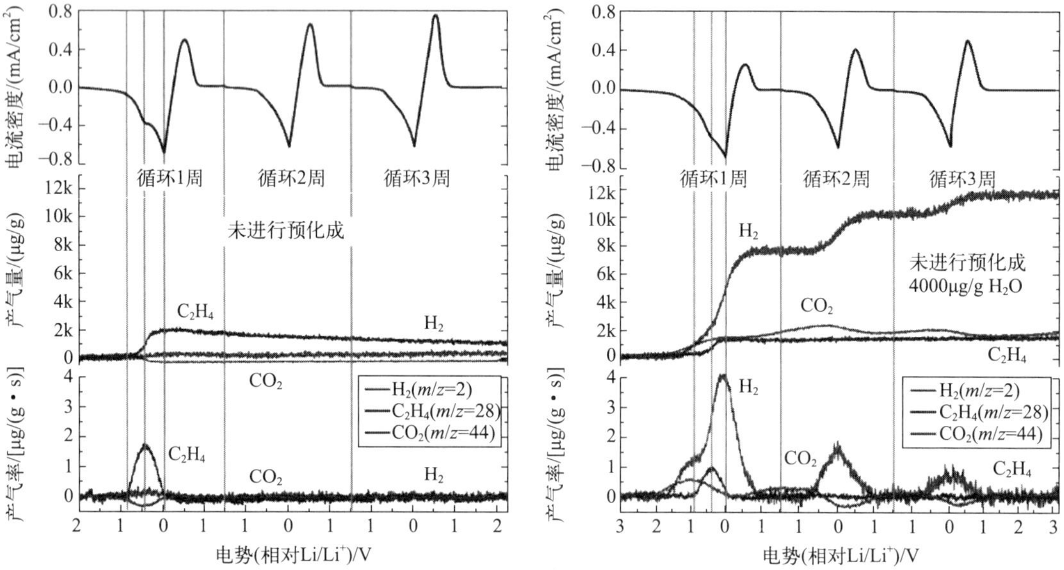

(a) 水分含量20μg/g (b) 水分含量4000μg/g

图 7-3 锂离子电池电解液产气量及其成分

由图 7-3 还可以看出，当水分含量较低（≤20μg/g）时，气体不仅在首次充放电过程中产生，在随后的两次循环中还会继续产生，随着循环次数的增加产气量逐渐减小。这也表明化成反应在首次充放电过程中进行得并不完全，在后续的充放电过程中化成反应还会持续进行，见图 7-3（a）。而当水分含量较高（4000μg/g）时，在后续的两次充放电过程中产生的气体量还会继续增大，见图 7-3（b）。这也是电解液含水量较高时，将电池封口后，电池厚度增大的主要原因。另外，水分过多还会导致电池首次不可逆容量增大[6]，见图 7-4。这些都是在锂离子电池制造过程中对水分进行严格控制的原因。

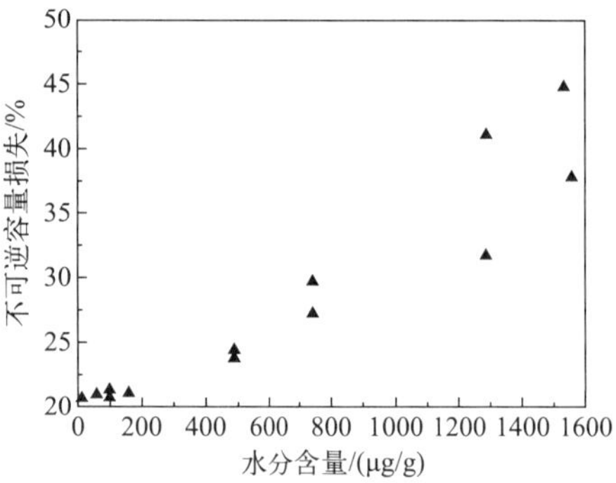

图 7-4 电解液水分含量与首次不可逆容量的关系（1mol/L $LiClO_4$/EC+DMC）

7.1.4 极片的膨胀

极片在注液后的静置和化成过程中会发生膨胀现象，导致电池的厚度增加[7]。极片的膨胀包括电极材料颗粒的膨胀、黏结剂的溶胀和颗粒间应力松弛等三个方面。

（1）电极材料颗粒的膨胀 电极材料膨胀主要是由锂的嵌入和表面 SEI 膜的形成引起的。石墨在嵌锂过程中形成的三阶 LiC_{18}、稀二阶 LiC_{18}、二阶 LiC_{12} 和一阶 LiC_6 化合物[8,9] 如图 7-5 所示。嵌锂过程中石墨碳层间距和晶胞体积的变化见表 7-3。随着嵌锂量增大，碳层间距逐渐增大，晶胞体积也逐渐增大。当嵌锂量最大形成一阶化合物时，碳层间距增大 7.4%，晶胞体积增大约为 10%。这说明石墨嵌锂过程中体积膨胀主要是由碳层间距增大造成的。

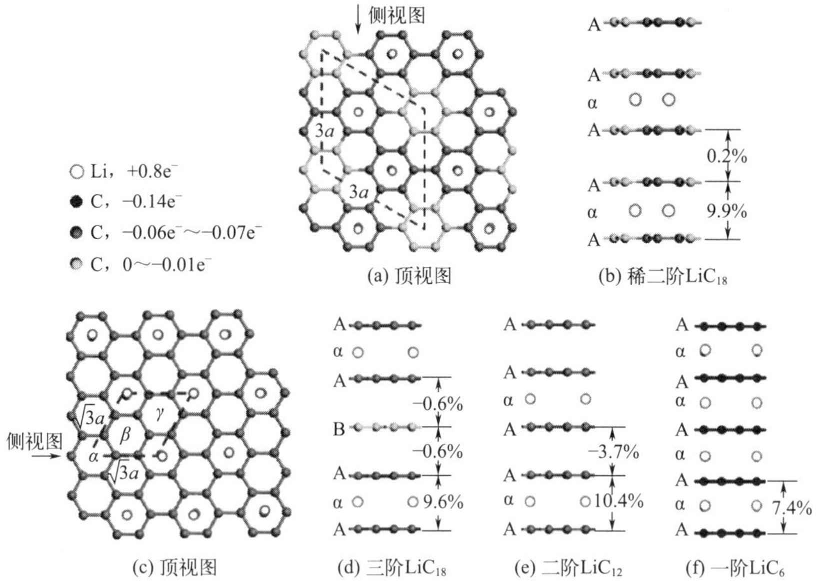

图 7-5 石墨嵌锂过程的晶胞结构示意图

表面形成 SEI 膜也会导致极片膨胀[10]。在首次充电过程中，负极极片中石墨颗粒表面会形成 SEI 膜，SEI 膜覆盖在活性物质颗粒表面，导致石墨颗粒体积增大，造成极片膨胀。但由于 SEI 膜很薄，由此造成的极片厚度膨胀不明显。各种电极材料的膨胀率见表 7-3 所示。

表 7-3 石墨嵌锂的层间距和晶胞体积 [11]

石墨嵌锂化合物	计算层间距/Å(膨胀率/%)	XRD 层间距/Å	计算晶胞体积/$Å^3$(膨胀率/%)
石墨	3.302	3.355	51.38
LiC_{18}(三阶)	3.395(+2.8%)	—	53.22(+3.6%)
LiC_{18}(稀二阶)	3.469(+5.1%)	3.527	54.37(+5.8%)
LiC_{12}(二阶)	3.417(+3.5%)	3.533	53.76(+4.6%)
LiC_6(一阶)	3.547(+7.4%)	3.706	56.51(+10.0%)

注：1Å=0.1nm=10^{-10}m。

表 7-4 电极材料膨胀率 [12]

电极材料	嵌锂相	膨胀率/%	电极材料	嵌锂相	膨胀率/%
石墨	LiC_6	10	$Ni_{1/3}Co_{1/3}Mn_{1/3}O_2$	$LiNi_{1/3}Co_{1/3}Mn_{1/3}O_2$	2
Si	$Li_{3.75}Si$	263	$FePO_4$	$LiFePO_4$	5
Sn	$Li_{3.75}Sn$	190	Mn_2O_4	$LiMn_2O_4$	6.8
CoO_2	$LiCoO_2$	2			

（2）黏结剂的溶胀　黏结剂溶胀是指极片中的黏结剂吸收电解液中的溶剂后自身发生溶胀的现象。黏结剂溶胀使得颗粒间隙增大，导致极片厚度增加。影响黏结剂溶胀的因素有溶剂种类、黏结剂的添加量和颗粒粒度等。溶剂与黏结剂的相容性越好，溶胀越明显；黏结剂添加量越多，溶胀越大；颗粒粒度越小，颗粒间隙越多，溶胀越大，尤其是导电剂的纳米粒子聚团中含有黏结剂，黏结剂的溶胀会使纳米粒子的间隙增大。

（3）颗粒间应力松弛　颗粒间应力松弛膨胀是指极片经过电解液浸泡后，活性物质颗粒之间、导电剂颗粒之间以及活性物质颗粒和导电剂颗粒之间的应力释放，使得极片结构松弛，导致电池极片厚度进一步增大的现象。导致极片内部产生颗粒间应力的因素主要有极片的辊压、活性物质颗粒的膨胀以及化成产生气体的逸出。极片内部颗粒间的应力越大，应力释放造成的膨胀越明显。球形颗粒属于点接触，更容易释放应力膨胀。而对于破碎状颗粒，由于属于面接触，互相咬合，溶胀会小一些。如图 7-6 所示。

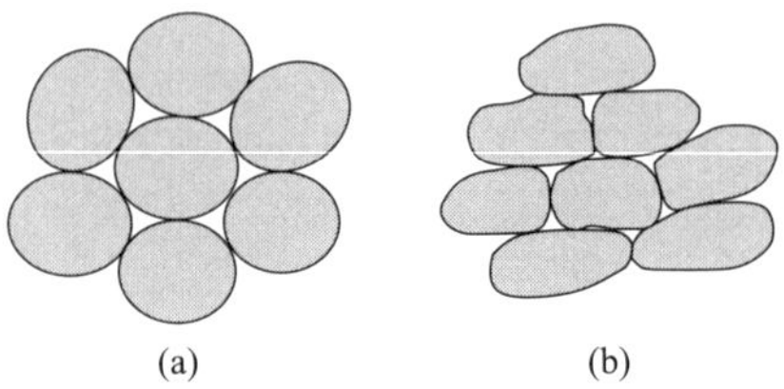

图 7-6　球形颗粒（a）堆积和破碎状颗粒（b）堆积形式

极片的膨胀包括注液后的膨胀和化成过程中的膨胀两部分。注液后的极片膨胀包括黏结剂的溶胀和颗粒间的应力松弛膨胀，化成膨胀包括颗粒嵌锂体积膨胀和应力松弛膨胀。其中溶胀和应力松弛是不可恢复的；而颗粒嵌锂体积膨胀是周期性变化的，可以恢复。对于 $LiCoO_2$/石墨软包装电池，在化成初始阶段电池厚度增加最明显，随后增幅逐渐减小。初期增加的厚度约为 4%，这部分增加的厚度在随后放电过程中不可恢复；在随后的充放电过程中，电池的厚度随着充放电过程出现周期性变化规律，电池厚度增加幅度有所降低，约为 2%。具体见图 7-7[13]。

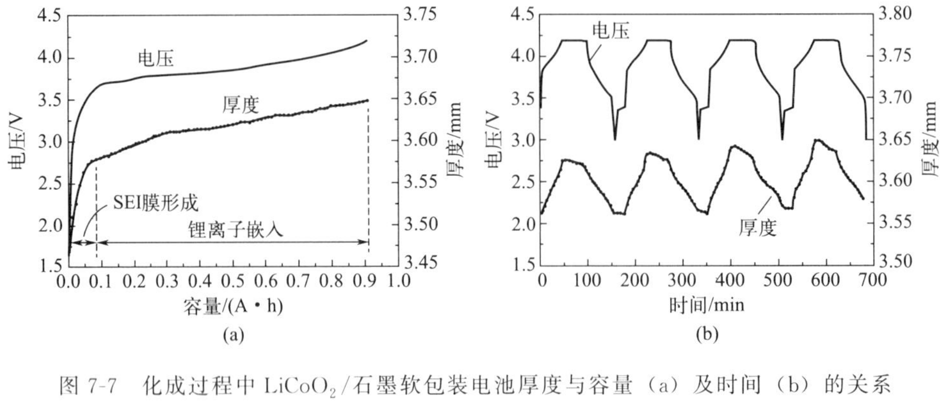

图 7-7　化成过程中 $LiCoO_2$/石墨软包装电池厚度与容量（a）及时间（b）的关系

7.2 注液工艺

7.2.1 注液浸润过程

注液是将电解液注入到电池内部的过程。在注液过程中，首先利用抽真空排除电池壳体内部的气体，形成负压，然后在氮气或氩气的保护下将经过计量的电解液注入到电池壳体内，见图 7-8。电解液在压力差（p_0-p_1）的作用下流入电池内部，并且浸润到极片颗粒间空隙、颗粒内部孔隙以及隔膜孔隙内，见图 7-9。经过完全浸润的电池才能进行化成，极片润湿不足容易导致极片未润湿部分不能进行化成反应，从而造成化成不均匀。电解液在这些孔隙的浸润程度与压差作用和表面力作用有关。

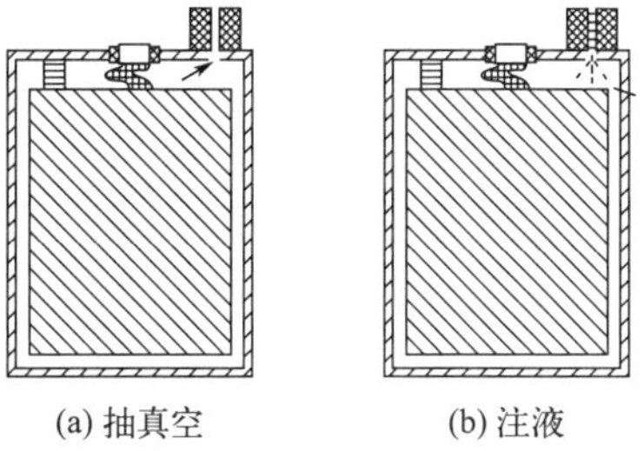

图 7-8 注液过程示意图

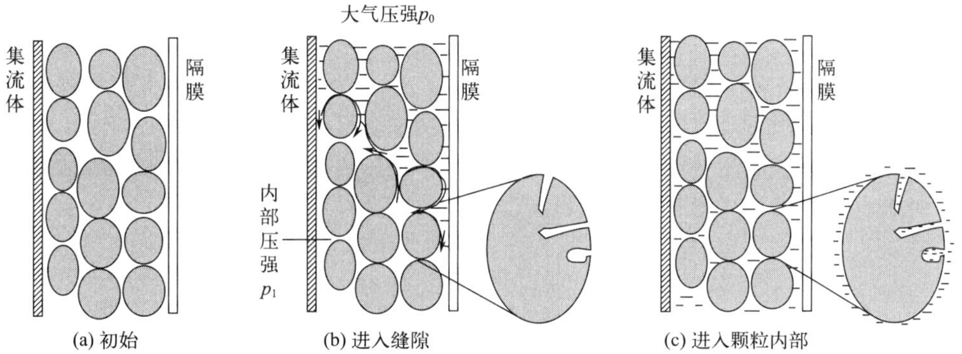

图 7-9 电解液浸润过程示意图（$p_0>p_1$）

（1）压差作用　经过压实的正负极极片内部具有丰富的孔隙。极片中的这些孔隙通常为毛细孔和微孔。磷酸铁锂正极极片的孔隙率为 10%～20%，孔隙直径 D_{50} 为 200～300nm；石墨负极极片的孔隙率更高，为 20%～30%，D_{50} 为 650～900nm。

如果将电解液的浸润看作流体在细小管道内的流动，流体流过无限长圆形毛细管时的理论流量 Q 和最大流速 v_{max} 可用下式表示：

$$Q=\frac{\pi d^4 \Delta p}{128\mu l} \tag{7-1}$$

$$v_{max}=\frac{d^2 \Delta p}{16\mu l} \tag{7-2}$$

式中，Q 为流体流量，m^3/s；v_{max} 为最大流速，m/s；d 为管直径，cm；μ 为流体运动黏度，m^2/s；l 为管长度，cm；Δp 为管道两端压力差，kgf/cm^2（$1kgf/cm^2=98.0665kPa$）。

流体流动的最大速度与压差成正比，$\Delta p=p_0-p_1$（见图 7-9）。提高电池抽真空的真空度，减小 p_1，可以提高 Δp，有助于提高浸润速度。流体流动的最大速度与孔隙直径 d 的平方成正比，如孔隙直径 d 减小一半，速度会降低到原来的 1/4，流量会减少到原来的

1/16。由于电解液在这些微小孔隙中浸润的速度较慢，锂离子电池注液以后需要静置一段时间，让电解液充分进入极片和隔膜的孔隙，达到充分浸润[14]。

（2）毛细作用 即使在外部压力差消除的情况下，电解液在极片中的润湿也会受到毛细作用。当孔隙直径在毛细孔范围（0.2～500μm）内，表面张力引起的毛细作用也可以使电解液在孔隙中发生流动。

当毛细管插入电解液中时，在大气压 p_0 时，对于圆形管内的液体球形弯曲表面，其压强可用公式 $p_{弯}=p_0\pm\Delta p$ 计算。弯液面的附加压强 Δp 在考虑润湿角时，可用下式表示：

$$\Delta p=\rho g h=\frac{2\gamma\cos\theta}{r} \tag{7-3}$$

式中，h 为毛细管中液面上升或下降的高度，cm；γ 为表面张力系数，N/m；θ 为润湿角，(°)；ρ 为流体密度，g/cm^3；g 为重力加速度，m/s^2；r 为毛细管半径，cm。

毛细作用具有促进润湿和阻碍电解液润湿的双重作用。在均一直径的毛细孔隙中，当润湿角<90°时，形成凹液面，附加压强 Δp 为负号，则 $p_{弯}<p_0$，毛细作用使电解液向毛细管中流动，对润湿有促进作用，见图 7-10（a）；当润湿角>90°时，形成凸液面，附加压强 Δp 取正号，则 $p_{弯}>p_0$，毛细作用阻碍电解液向毛细管中流动，对润湿有阻碍作用，见图 7-10（b）。对于锂离子电池电解液，多为润湿角<90°的体系。当遇到均一孔径毛细孔时，毛细作用对润湿是有益的。当遇到非均一直径的毛细孔时，毛细作用的影响不同，对于直径逐渐减小的孔隙毛细作用逐渐增大，对于直径逐渐变大的孔隙毛细作用逐渐减小，对于直径先减小后增大的孔隙电解液易停留在这些孔隙的峰腰处。

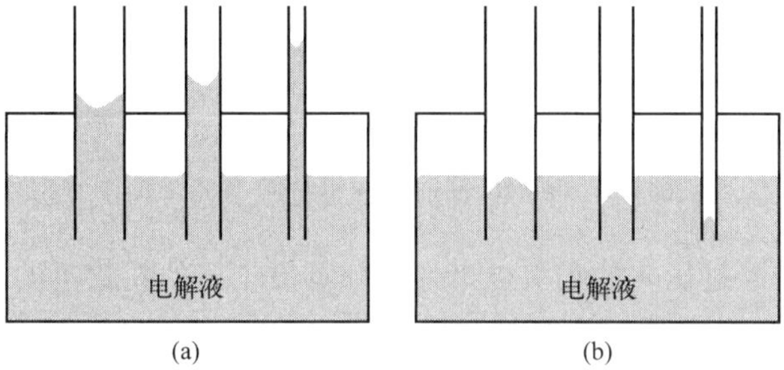

图 7-10 毛细作用引起的弯液面情况

（3）吸附作用 当电解液进入极片或隔膜的微孔（<2nm）孔隙时，产生明显的吸附作用。这时微孔的孔径与电解质和电解液分子处于同一数量级，相对孔壁的势能场相互叠加增强了固体表面与液体分子间的相互作用力，使微孔对电解液的吸附能力更强，吸附作用对电解液的浸润有推动作用[15]。但是电解液在这些微孔中宏观意义上的流动几乎停止，通常利用吸附扩散进入这些微孔中，浸润速度可能更慢。对于颗粒中存在的封闭的“墨水瓶”孔，电解液也是通过在孔口的汽化和内部吸附过程来实现浸润的。

综上，减小极片的宽度、减薄极片厚度，可以使电解液的浸润距离变短；减小压实密度、使颗粒间孔隙直径增大，润湿性增大，吸附作用增强，都有助于提高电解液的浸润速度。

7.2.2 注液量

封装后的电池内部理论上可以容纳电解液的最大空间 V_{max}（mL）可以采用下式计算：

$$V_{max}=V_0-V_1-V_2-V_3-V_4-V_5 \tag{7-4}$$

式中，V_0 为电池封装后壳体内部的空间，mL；V_1 为活性物质所占空间，mL，可用活性物质质量/真密度计算；V_2 为导电剂所占空间，mL，可用导电剂质量/真密度计算；V_3 为隔膜所占空间，mL，可用隔膜质量/真密度或隔膜体积×（1－孔隙率）计算；V_4 为黏结剂所占空间，mL，可用黏结剂质量/密度计算；V_5 为集流体、极耳、贴胶、绝缘片所占空间，mL，可用长×宽×高计算。

电池的最大注液量可用下式计算：

$$m=V_{max}\rho \tag{7-5}$$

式中，m 为最大注液量，g；ρ 为电解液的密度，g/mL。

以铝壳 523450 型号电池为例，分别以钴酸锂为正极活性物质、天然球化鳞片石墨为负极活性物质组成锂离子电池，分别设计了 2.5g、2.8g、3.1g 和 3.4g 四个注液量的电池，电化学性能测试结果如图 7-11 所示。由图可见：当电解液量较少时，不能充分浸润极片和隔膜，引起内阻偏大、容量发挥较低，循环性能差；电解液量增多，极片和隔膜充分浸润，内阻变小、容量发挥增大，循环性能变好。但是电解液过量会导致电池副反应增多，产气量和固体产物增多，循环性能也会变差，过多的游离电解液也会参与燃烧和爆炸等剧烈反应，导致安全性能降低。

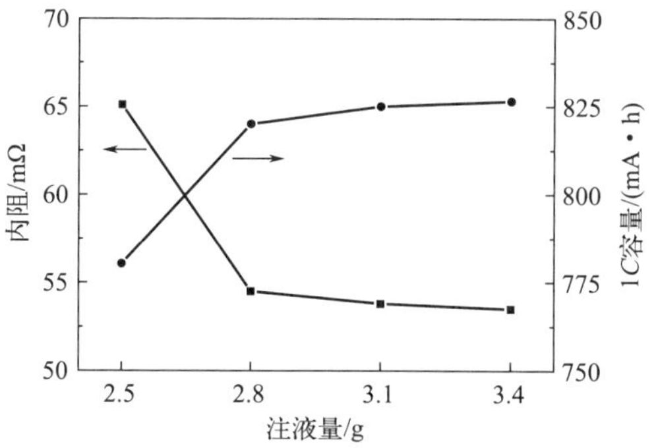

图 7-11　电解液注液量对电池性能的影响

7.3 化成工艺

锂离子电池化成是对电池进行的首次充电过程，化成工艺的主要目的：生成均匀稳定的 SEI 膜，使电池具有稳定的循环性能；排除化成反应中产生的气体，防止电池封口后的气胀；使电池极片膨胀，获得稳定的电池厚度。化成分多个阶段进行充电，有气体排出的充电步骤称为预化成；预化成后对电池进行密封，密封以后的充电步骤称为化成。

7.3.1 预化成工艺

（1）气体逸出通道的形成　在电池预化成时，主要是在负极表面产生气体。产生的气体首先以微小气泡形式附着在负极颗粒表面；随着产生气体量逐渐增多，微小气泡不断长大，开始相互接触和合并长大；随着气体量进一步增大，气泡持续长大，气泡内部压力

p_1 持续增加，较大的气泡依靠内部压力冲开隔膜与极片的间隙，逐渐在二者间隙处聚集，并向压力较低的极片边缘扩展，当气泡扩展至边缘并与外部大气连通，便可形成稳定的气体逸出通道（气路），此后气体沿这些通道不断逸出至壳体外。气路形成的过程见图 7-12。

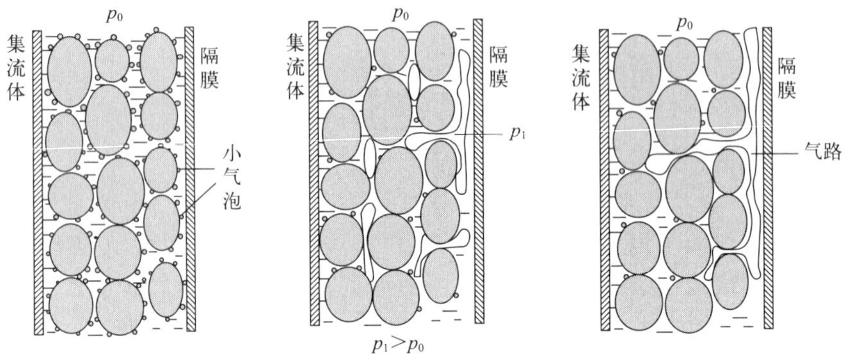

图 7-12 锂离子电池化成过程中负极表面气路形成示意图

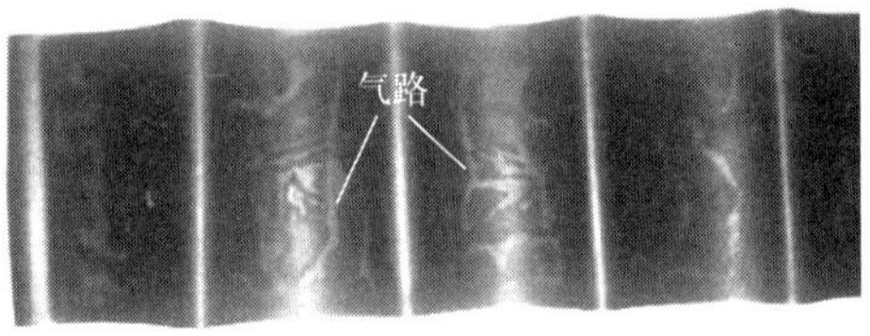

图 7-13 极片中观察到的气路

在预化成后，对于产气量较大的电池，负极极片表面可以观察到指向极片边缘的河流状气路，见图 7-13。这是由于极片与隔膜之间存在的气体为绝缘体，气路形成后，会使极片气路通道上的预化成反应停止，导致整个极片的化成反应不均匀。预化成的气路面积与电池壳体的夹紧力和充电电流有关。对于方形电池，钢壳电池比铝壳的夹紧力大，因此钢壳的气路面积要比铝壳的气路面积小。软包装电池壳体夹紧力很小，容易产生膨胀，因此需要外部施加夹紧力，以便减小形成的气路面积，使化成反应更加均匀。采用小电流充电产生气体的速度较慢，有利于气路面积减小，使预化成后极片的化成反应更均匀。如果预化成不当，气路面积过大，会使气路部分在以后的化成过程中继续发生产生气体的化成反应，导致电池气胀。

（2）电解液的损失　预化成的气体逸出还会造成电解液损失。在预化成过程中，产生的气泡会占据部分空间，使电解液体积膨胀溢出，造成电解液损失；随着预化成的进行，气体量增大，电解液溢出损失量增大；当极片中形成稳定的气路后，电解液的溢出量则大幅度减少。理论上讲，电解液的损失与气路面积有关，气路面积越大，电解液损失越大。由于方形钢壳电池的气路面积比铝壳的小，钢壳电池电解液的损失量通常比铝壳电池小。软包装电池预化成时，溢出的电解液和气体均进入气囊，电解液化成后又回到电池中，几乎不损失。

（3）锂离子电池预化成制度　预化成工艺制度主要是充电电流和截止电压。预化成一般采用较小的电流，不但会减小气体逸出通路面积，减少电解液损失，还有利于形成致密稳定的 SEI 膜。这是因为，充电电流大时，形核大而不均匀，导致 SEI 膜结构疏松，与颗粒表面附着不牢。预化成后还需要静置一段时间，一方面让气体充分逸出，另一方面还可以让反应不充分的气路部分继续完成产气反应。预化成的截止电压不宜过低或过高。电压过低时，气体不能充分形成并逸出，造成电池封口后气胀；电压过高时，预化成时间延长，电池容易吸收环境中的氧气或水分等杂质，也会造成电池性能下降或封口后气胀。例如，充电电流可为 $0.02C$～$0.2C$，充电到容量的 20%左右，对于钴酸锂正极体系充电截止电压为 3.4V 左右。

对于钢壳电池，壳体具有较大夹紧力，电池厚度膨胀不显著，预化成后可直接密封。对于铝壳电池，壳体夹紧力较小，电池厚度膨胀显著，需要预化成后施加压力使其厚度恢复，然后进行密封。对于软包装电池，需要外部施加一定的夹紧力，预化成后切去气囊，并将多余气体抽出后进行密封。

7.3.2 化成工艺

化成是在预化成后的继续充电过程，主要目的是继续完成化成反应，形成完整的 SEI 膜。另外，对于预化成反应不足的气路或气泡区域，在随后的化成过程中电解液继续润湿这些极片区域，继续完成化成反应，使极片不同部位的化成程度趋于均匀。化成的温度为 20～35℃，并且选择稍高温度有利于化成。

化成电流可以适当提高。这是因为预化成完成后 SEI 膜基本形成，后续的产气量大幅度降低，产气量很小，一般不会引起电池膨胀，所以提高电流可以缩短化成时间，提高化成设备效率。化成电流一般为 $0.5C$～$1.0C$，充电截止电压对于钴酸锂和三元材料正极的电池可以充电至 3.9V 以上，通常充电至 4.2V。

7.3.3 老化工艺

老化是指将化成后的电池在一定温度下搁置一段时间使电池性能稳定的过程，也称为陈化。老化主要有持续完成化成反应、促进气体吸收和化成程度均匀化等作用。化成反应虽然在首次充电时已经接近完成，但是最终完成还需要较长时间。这是因为，密封后的化成，存在气路或气泡的极片区域与其他区域的化成反应程度还没有达到完全一致，这些区域之间存在电压差，这些微小的电压差会使极片不同区域化成反应程度趋于均匀化，这种均匀化速度很慢，这也是老化需要较长时间的原因之一[16]。另外，预化成过程中还会产生微量气体，老化过程中电解液会吸收这些气体，有助于减小电池气胀现象。

按照老化温度通常将老化分为室温老化和高温老化。室温老化是电池在环境温度下进行的老化过程，不用控制温度，工艺简单，但是由于室温波动，不能保证不同批次电池的一致性。高温老化是电池在温度通常高于室温的温度下进行的老化过程，优点是高于环境温度，可以加速老化反应速率，能够控制老化温度的一致性，从而有助于保证不同批次电池的一致性。但是过高温度可能造成电池性能下降。

在老化过程中，随着时间的延长，电池的电压逐渐降低并趋于稳定。自放电电池的电压下降速度比正常电池快，正常电池和自放电电池电压随时间的变化规律见图 7-14。老化时间越长，自放电电池与正常电池的电压差越显著。这样，在老化后，就可以利用压差的不同检出自放电电池。

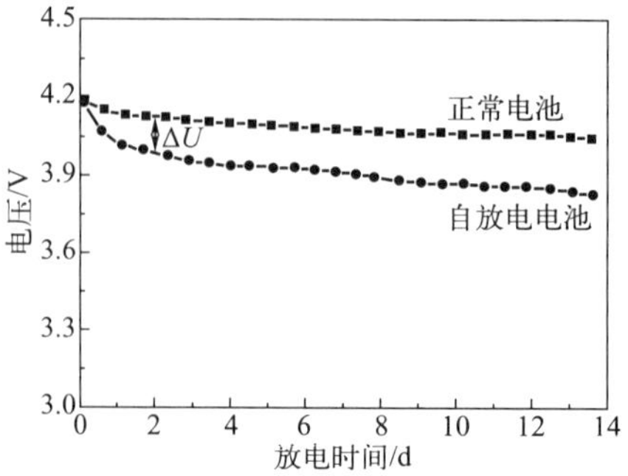

图 7-14 锂离子电池自放电电压降示意图

7.4 水分控制工艺

在化成反应中水分的作用始终是负面的，为减少化成时电池中的水分，锂离子电池的大部分生产环节中都需要严格控制水分。水分来源有原材料自身含有的水分以及从环境中吸收的水分。锂离子电池制造过程中的水分控制包括：在正负极油性溶剂制浆过程中也需要严格控制水分，这是因为正极浆料的溶剂 NMP 吸水性强，吸水会造成正极浆料不稳定。在装配过程中，控制和减少电极极片、隔膜、壳体和极耳本身的水分以及从空气中吸收的水分；在注液过程中，控制和减少电池和电解液本身含有的水分以及从空气中吸收的水分；在预化成过程中，由于电池没有完全密封，需要控制和减少从空气中吸收的水分。

减少原材料和中间半成品的水分含量的方法主要是干燥。在第 3 章中已经对常压干燥的原理与工艺进行了介绍，这里重点讨论在注液中应用的深度脱水方法——真空干燥。在锂离子电池生产过程中，极片在装配前以及注液前的电池都需要进行真空干燥。对于控制加工过程中从环境吸收的水分，主要方法是控制环境的湿度。

7.4.1 真空干燥

真空干燥是一种将物料置于负压条件下，在加热或冷冻条件下进行物料脱水的干燥方式。常用的真空度表示真空程度，是指处于真空状态下的气体稀薄程度。真空度等于所测定的气压，则气压越低，真空度越高。按照真空度不同，将真空分为低真空、中真空和高真空三类，气压分别在 10^5～10^2 Pa、10^2～10^{-1}Pa 和 10^{-1}～10^{-5}Pa 之间。与常压干燥相比，真空干燥的特点是：在相同温度下可以脱出更多的吸附水分或吸附杂质；可以在温度较低时进行，防止高分子隔膜的收缩；真空干燥箱里空气稀薄，可以减少电池中物质的氧化等。

7.4.1.1 真空干燥原理

(1) 真空干燥传热　在真空干燥箱中加热时，干燥箱内壁、干燥箱中的气体以及被干燥物料之间存在温度差，会产生热量传递。一般来说热量传递有热传导、对流和辐射传热三种方式。在低真空和高真空状态下，传热方式会明显不同。

在低真空状态下，这时气体分子密度相对较高，传热主要以热传导和对流两种方式进行。热传导是低真空状态下最主要的传热方式，当真空烘箱的固体壁面存在温度较高时，气体分子与壁面频繁碰撞，热量会从高温部分传导到低温部分。对流传热仍然起到一定的作用。

在高真空状态下，这时气体分子密度极低，气体分子的平均自由程变得非常长，气体分子与壁面之间的碰撞变得稀少，因此气体的传导传热大幅度减小。此时，辐射传热成为主要传热方式，壁面材料的发射率则成为影响辐射传热效率的关键因素。由于锂离子电池真空干燥温度较低，辐射传热速度也很慢。

（2）真空干燥传质　真空干燥包括水分由物料内部扩散至物料表面和再到离开表面的蒸发过程以及通过真空管路迁移出来的管路过程。前面的蒸发过程在涂布的干燥工艺中已有论述。这里主要讨论水分子在真空管路中的迁移速度。

当低真空时，通常气体分子在圆形直管路中的流动分为湍流、过渡流和层流三种状态。当气体的压强和速度足够高时，流线呈旋转卷曲状，旋涡不断出现和消失，每一点的流速和压强都随时间改变，并且围绕着平均值大幅度起伏，这时流型为涡流，也称为湍流。当气体的压强和速度足够低时，不再出现旋涡，靠近壁面的流体几乎是不运动的，整个流体呈现一层紧挨着另一层的滑动，一直到管中心的速度最大，流线沿流动方向呈直线状，这种流动称为层流，也称为黏滞流。在涡流和层流之间，存在的是过渡流状态。

当高真空时，由于分子间碰撞产生的黏滞性消失，流动特性发生根本改变，气体分子之间不再碰撞，每个分子独立地在管路内运动，只与管壁相撞。分子在壁面的反射主要是漫反射，当分子碰到壁面以后向任意方向飞出，与入射方向和速度没有关系，这种流动状态称为分子流。分子流是真空特有的流动状态，这时气体流动既不会产生压强差也不形成流线。在分子流和黏滞流之间也存在一种新的过渡流状态。

在抽真空过程中，从大气压开始的短时间抽气过程，气体可能发生涡流，一般气体发生的是黏滞流和分子流，涡流和黏滞流的转变是突然的，而黏滞流和分子流的过渡是缓慢的。对于空气温度为 20℃、平均压强为 $p_{平}$、直径为 D 的圆形导管：

如果 $p_{平} D > 0.5\text{Torr} \cdot \text{cm}$，为黏滞流；

如果 $p_{平} D < 1.5 \times 10^{-2}\text{Torr} \cdot \text{cm}$，为分子流（1Torr＝133.32Pa）。

圆形导管的气体流量可用流导 C 来表示，$C = Q/(p_1 - p_2)$，量纲与体积流量一样，实际上等效于单位体积流量，其定义为导管两端维持单位压强差时通过导管输运的气体体积。对于 20℃的空气，在黏滞流、过渡流和分子流状态时，圆形截面管流导的通用公式如下[17]：

$$C = 12.1 J D^3 / L \tag{7-6}$$

$$J = (1 + 271 D p_{平} + 4790 D p_{平}) / (1 + 316 D p_{平}) \tag{7-7}$$

当 $D p_{平} > 0.5\text{Torr} \cdot \text{cm}$ 时，为黏滞流，J 可简化为（4790/316）$D p_{平}$，则

$$C = 183.4 D^4 p_{平} / L \tag{7-8}$$

当 $D p_{平} < 1.5 \times 10^{-2}\text{Torr} \cdot \text{cm}$ 时，为分子流，$J = 1$，则

$$C = 12.1 D^3 / L \tag{7-9}$$

由上可知，在分子流时，流导与压强无关，只与管路直径和长度有关。这就是在分子流情况下，虽然以质量流量表示的气体流量极小，但仍然要求导管尽量短而直径大的原因。以图 7-15 为例进行说明。图中有两个容器①和②相通，则由①向②的流动和由②向

①的流动是彼此独立的，总流量为二者之差。由 A 点出发的分子中，运动方向在图示 α 角度内的分子不与管壁碰撞，可从容器①运动到容器②，见图 7-15（a），由此可知 α 角越大，由容器①进入容器②的气体分子越多，流导越大。当管长增加或管径减小时，A 点的 α 角均会很快减小，见图 7-15（b）和（c），B 点的情形与 A 点类似。但对于图 7-15（d）的情况，管长增加且管径减小时，A 点的 α 角度最小，由 B 出发的分子不能直接到达②，因此流导最小。

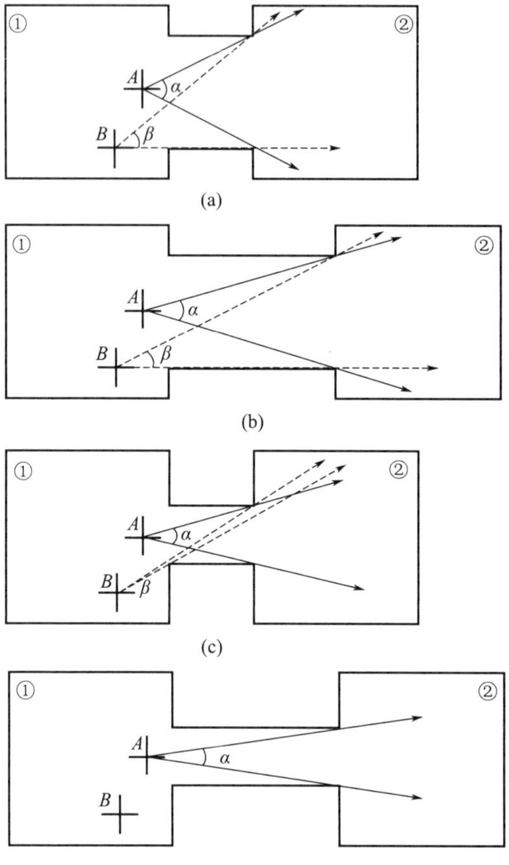

图 7-15 管径对分子流流导的影响

7.4.1.2 真空干燥工艺

衡量真空干燥效果的指标是干燥物料的出气量或含水率。影响真空干燥效果的因素主要是干燥物料性质和干燥的工艺参数，其中干燥物料性质主要是干燥物料的水蒸气分压，在第 3 章中已有讨论。干燥工艺参数主要有真空度、干燥温度和干燥时间，这里主要讨论干燥工艺参数。

（1）真空度　在一定温度下进行真空烘干过程，真空度较高时，真空环境空气中的水分压降低，使得物料中水分与空气中水分的分压差增大，从而增大了干燥推动力，使得干燥速度加快，同时还会使物料中的平衡水分含量更低，达到更好的脱水效果。随着真空度的提高，由于传热和传质速度大幅度下降，干燥速度会随之大幅度下降。当 $Dp_{平} < 1.5\times$

10^{-2}Torr · cm 时，真空干燥速度与真空度无关，干燥速度受管路分子流动速度控制，只与真空管路的直径、长度有关。在真空干燥过程中，可以多次充入干燥的惰性气体，然后将惰性气体抽出，利用惰性气体将微量水分带出来，用对流代替分子流，提高真空干燥速度。

（2）干燥温度　在真空烘干过程中，随着物料温度的升高，物料中非结合水和结合水的水分分压会提高，从而增大真空干燥的推动力，使干燥速度加快，同时还会使物料获得更好的干燥效果。这与常压干燥的温度影响类似。但过高的温度可能导致物料的变性或破坏，如锂离子电池的隔膜在高温下会发生收缩，导致电池的内阻升高。真空干燥可采用先低温后高温的分段干燥工艺进行脱水，低温用于脱出大部分水分，微量水分则采取高温干燥，防止隔膜发生变形。

需要注意的是，高真空时分子流传热和辐射传热很慢，如辐射传热量与距离的平方成反比。同一个物体，距离加热壁 20cm 处所接受的辐射热只是距离加热壁 10cm 处的 1/4，差异很大。在高真空时，干燥室的温度难以达到均匀分布。真空干燥可先在低真空时进行加热，再进行高真空加热干燥，有助于提高加热速度。但是真空度也不能太低，否则抽出热空气过多，会影响泵的效率，或者大量气体排不出去，会引发箱体爆裂。或者采用间歇抽真空的方式，这样水分在密闭空间内增多，可以辅助传热，有助于提高传热速度，增大干燥速度。

（3）干燥时间　干燥时间过短可能导致物料内部水分未完全蒸发，尤其是真空干燥，水分逸出的速度很慢，所以真空干燥往往需要较长时间。时间过长则可能造成能源浪费，因此需要根据物料所需干燥程度合理确定干燥时间。

锂离子电池的典型干燥工艺为：先抽真空至－0.095MPa 后维持 20min，再充氩气/氮气至－0.05MPa 后维持 20min，然后抽真空至－0.095MPa，重复 3～5 个循环后保持真空干燥状态，直到取出前 1h 再进行一次循环。电池注液前真空干燥条件通常真空度为－0.1MPa、温度为 70～90℃、干燥时间为 9～36h。

对于注液前的电池真空干燥，欲提高脱水率，还有一个需要注意的问题是要减少干燥前进入电池中的水分。在相同干燥条件下，干燥前电池的含水量越小，则真空干燥的速度越快，脱水效果越好。因此在装配过程中要严格控制水分，确保注液前干燥能够脱出更多水分。

7.4.2　空气水分控制

在电池装配和化成过程中，控制空气湿度是防止物料与空气接触时水分不期望增加的有效方法，而常压干燥和真空干燥是降低物料水分含量的有效方法。这里首先讨论空气中物料水分的控制原理，然后讨论物料水分控制工艺方法。

在一定温度和常压下，假定物料中的水蒸气分压为 $p_{物料}$，空气的水蒸气分压为 p_w，则只有当 $p_{物料}<p_w$ 时，空气中的水分才能进入物料中，物料才能吸收水分，使物料的水分含量增大。钴酸锂粉体、电解液、正极极片和电池的水分吸收曲线见图 7-16。对于干燥的钴酸锂粉体，见图 7-16（a），在温度 45℃和湿度 50%时，放置 3h 水分含量就接近 4000μg/g。随吸附时间的延长，钴酸锂吸附水分先增加较快，然后增加缓慢，并趋于平缓。这是因为物料吸附水分的推动力为 $p_w-p_{物料}$，在物料吸收水分过程中物料中水蒸气

分压升高，物料吸水推动力下降造成的；而当物料中水蒸气分压升高，$p_w = p_{物料}$时，物料不再吸收水分，水分处于平衡状态。

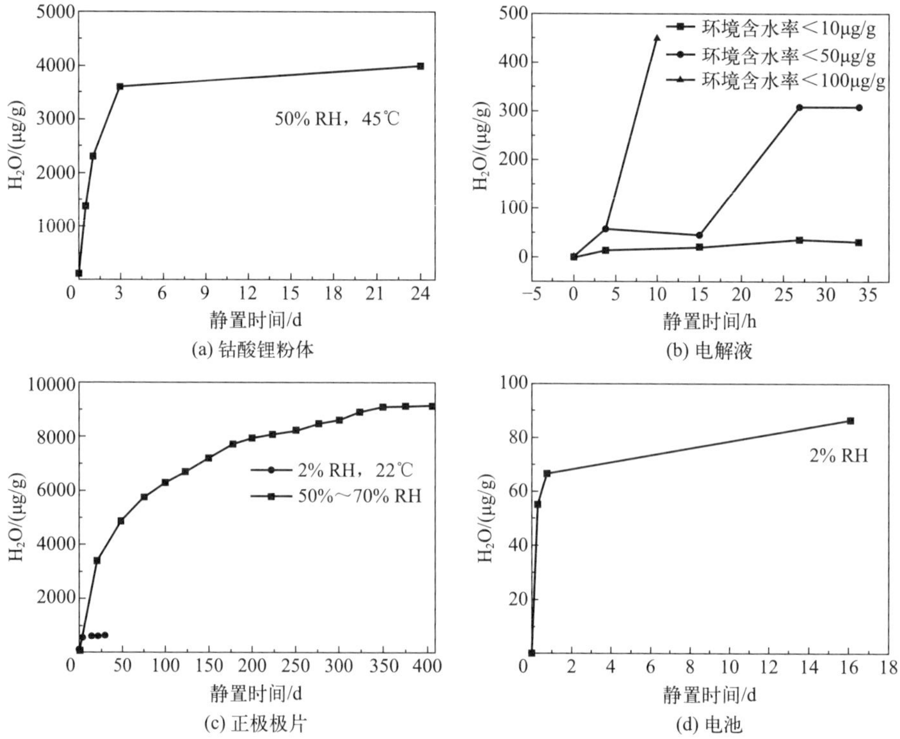

图 7-16　锂离子电池钴酸锂粉体、电解液、正极极片和电池吸水曲线

要想降低物料在空气中的吸收水分量，就必须降低空气的湿度，这样才会降低物料吸附水分的推动力，才会降低物料的吸水速度和吸水量，见图 7-16（b）、（c）中的电解液和正极极片吸水曲线图。电池的吸水规率与单一原料的吸水类似，见图 7-16（d）。

物料吸收空气中的水分还受温度影响。对于物理吸附，当温度升高时，$p_{非结合}$ 和 $p_{结合}$ 增大，物料吸附水分的推动力 $p_w - p_{非结合}$ 和 $p_w - p_{结合}$ 减小，会降低物料的吸水速度。因此，当空气湿度及 p_w 不变时，温度升高有助于维持低含水量。

锂离子电池制造过程中需要防止水分进入物料的环节很多，如在正极制浆和涂布过程中需要防止水分进入正极浆料，在装配过程中需要防止原材料、极片、隔膜和壳体以及装配半成品从空气中吸附水分，在化成过程中电池封口前需要防止电池从空气中吸附水分。

空气中物料水分控制主要包括五个方面：减少所购入原材料水分、密闭物料不与空气接触、降低空气的湿度、减少物料与空气接触时间以及提高物料温度。降低空气湿度是最主要的工艺控制方法，如装配环境湿度一般要求小于 30%，化成环境湿度一般要求＜20%，正极制浆环境湿度一般要求低于 10%。需要注意的是，因为锂离子电池产品质量要求不同，各个厂家的环境湿度控制也不同。

7.5 分容分选

电池制造过程中，对于同一型号同一批次的锂离子电池，由于工艺条件波动和环境因素波动，电池性能会产生区别。分容是通过对电池进行充放电，将电池按容量分类的过程；分选是通过对电池其他各项性能指标进行检验，按照产品等级标准将电池分类的过程。

7.5.1 分容分选流程

分容分选包括全检项目和抽检项目。全检项目需要对每块电池进行检测，主要包括开路电压、自放电、电池容量、电池厚度、电池内阻和外观等。抽检项目采取随机取样的方法进行检测，主要包括循环性能、倍率放电性能、高低温性能等电性能以及短路、过充过放、热冲击、振动、跌落、穿刺、挤压和重物冲击等安全性能。有些抽检项目会对电池造成永久性伤害，如安全性能和循环性能的检验，在抽检后，电池不能作为产品出售。抽检项目还包括高端分析测试方法的使用，如 X 射线微焦检测和计算机断层扫描方法，这些方法属于无损检测，检测后的电池可以作为产品出售。随着电池检验技术水平的提高，检验项目逐渐增多，方法也在不断完善。

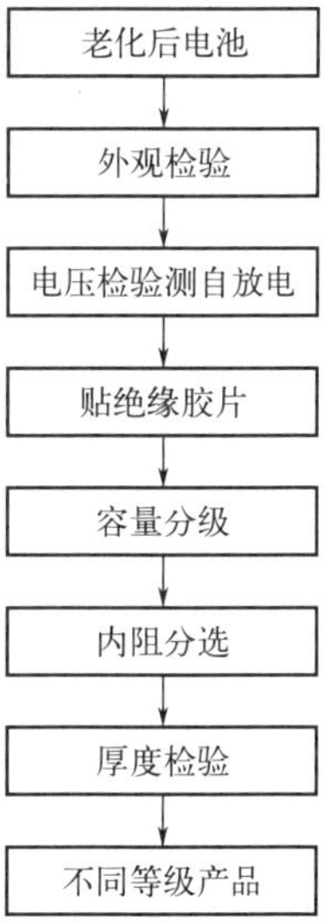

图 7-17　锂离子电池分容分选工艺流程

以铝壳电池为例，分容分选的全检项目工艺流程如图 7-17 所示。老化后的电池经过外观检验合格后，进行电压测定并检验电池的自放电，自放电电池停止流通；合格品进入贴绝缘胶片工序，防止盖板上电极短路；对电池进行容量测试、内阻测试和厚度测定，最后确定产品等级。

7.5.2 检验项目

分容分选的检验项目很多，这里重点讨论内阻、自放电、厚度和循环性能检验以及 X 射线微焦检测和计算机断层扫描方法。

（1）内阻　内阻属于全检项目。影响电池内阻的因素主要有极片的配方、压实密度和厚度，极耳的尺寸、位置和焊接情况，以及电解液注液量等[18]。极片配方中导电剂越多，电池内阻就越小，但是导电剂过多，活性物质充装量下降，容易导致电池的容量降低。压实密度越高，活性物质颗粒电子导电性越好，电池内阻越小，但压实密度过大会使极片液相导电性变差，从而整个电池内阻增大。极片面积越大，极片越薄，则内阻越小。极耳的厚度和宽度对电池内阻有影响，厚度越厚、宽度越宽，电池内阻越低。极耳的位置对电池内阻有影响，图 7-18 中给出了正负极极片极耳位置的 4 种组合，不同极耳位置的内阻分别为 12mΩ、15mΩ、14mΩ 和 26mΩ，可见对于卷绕制成 0754200 软包装锂离子电池，正负极极耳均在极片中间部位的内阻最小，在极片两端部位的内阻最大[19]。

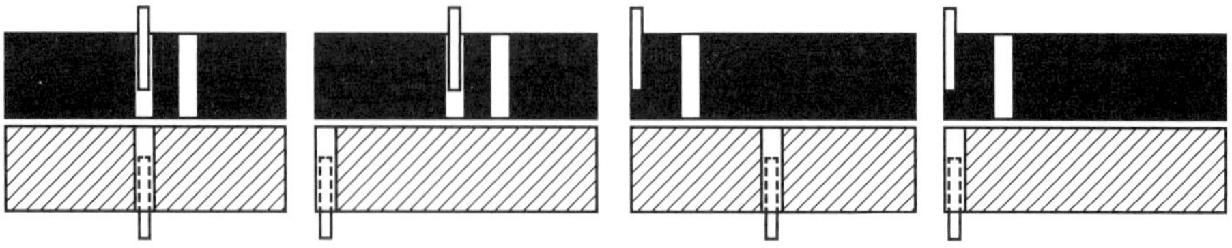

图 7-18 电池极片和极耳设计示意图

（2）自放电 自放电属于全检项目。自放电主要与电池内部的微短路有关。导致电池内部短路的原因主要分为物理因素和化学因素。

物理因素引发的自放电也称为物理自放电，主要由极片或极耳边缘的金属毛刺以及极片上的颗粒物引起，当毛刺过长或颗粒过大时，就能刺破隔膜，直接导致内短路，从而引发电池的自放电。颗粒物可能来自制浆、极片涂布和装配过程中由于机械设备金属部件磨损或腐蚀形成的铁屑，如干燥过程中干燥箱脱落的铁锈。

化学反应引发的自放电也称为化学自放电，主要由正负极材料中含有的微量金属元素或电池制造过程中引入的微小金属杂质颗粒引起，金属杂质主要为 Fe、Cr、Ni、Cu 和 Zn 等。这些杂质不能直接刺破隔膜引发内部短路，但这些杂质在电池充放电过程中能被还原成金属单质，并在负极表面和隔膜的孔隙中不断沉积生长，使正负极形成内短路，产生自放电[20,21]。例如，在满电储存时，正极材料中的 Fe 会发生氧化溶解并在负极上发生还原沉积反应，反应机理见图 7-19，具体反应方程式（仅表示转化关系）如下：

正极反应：$$Fe + Li_{x+2}CoO_2 \longrightarrow Fe^{2+} + Li_xCoO_2 + 2e^- \quad (7\text{-}10)$$

$$Fe^{2+} + Li_{x+2}CoO_2 \longrightarrow Fe^{3+} + Li_xCoO_2 + e^- \quad (7\text{-}11)$$

负极反应：$$Fe^{3+} + Li_xC + e^- \longrightarrow Fe^{2+} + Li_{x-1}C \quad (7\text{-}12)$$

$$Fe^{2+} + Li_xC + 2e^- \longrightarrow Fe + Li_{x-2}C \quad (7\text{-}13)$$

在锂离子电池产业化的早期，由于正极 Fe 杂质控制不严格，这种自放电时有出现。自放电电池隔膜表面由金属杂质生成的黑点见图 7-20。

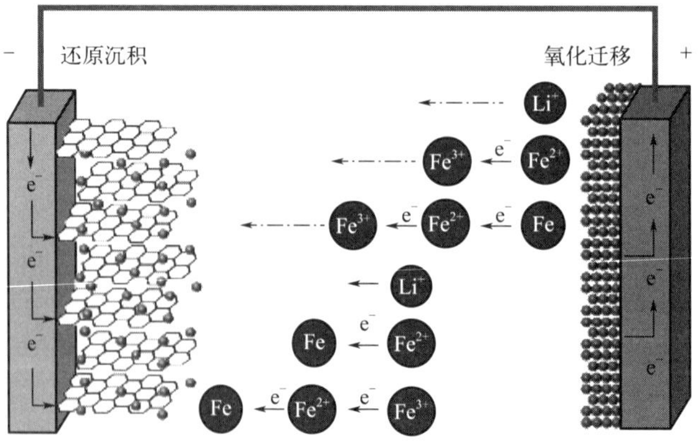

图 7-19 隔膜中出现黑色物质和元素分析结果

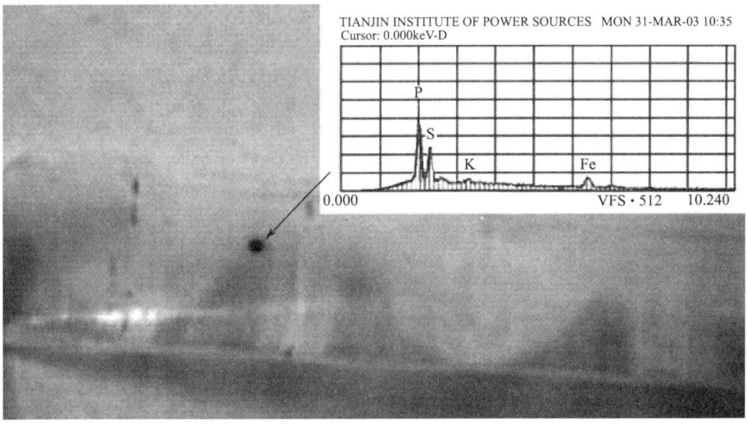

图 7-20　由金属杂质生成的黑点示意图

（3）厚度　电池厚度属于全检项目，主要是针对方形电池进行的检验。影响电池厚度的因素主要包括电池极片和隔膜的膨胀以及电池的气胀。极片和隔膜的膨胀在前面已经论述。电池气胀是指电池在封口后化成反应继续产生气体，使电池壳体膨胀增厚，例如过量的水分引入或预化成不足，在封口后化成过程中还会继续产生气体，造成气胀。

（4）循环性能　循环性能属于抽检项目。影响电池循环性能的因素主要有正负极材料活性物质种类与配比、极片压实密度、电解液种类和注液量以及制造过程中引入的水分等。例如电解液注液量不足会导致极片润湿不足，循环性能下降。若正负极极片的压实密度过高，会使极片中液相离子导电变差或材料结构破坏严重，导致电池循环性能下降。

（5）X 射线微焦检测　X 射线微焦检测属于无损检测技术。在 X 射线穿透电池内部时，各部分对 X 射线吸收的程度不同，到达增强屏的 X 射线量也存在差异，可得到电池内部清晰的结构显像[22]。可以观察电池内部正负极极片、隔膜的位置和对齐度，极耳位置以及焊接缺陷等[23]，从而提前发现缺陷，提高锂离子电池的安全性能，如图 7-21 所示。

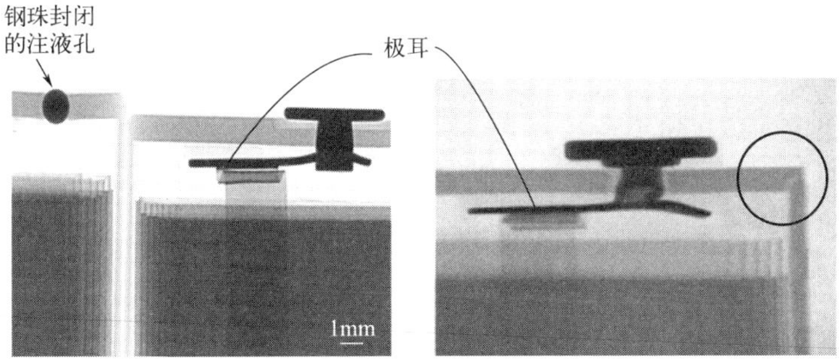

图 7-21　锂离子电池 X 射线无损检测结构图

（6）计算机断层扫描（CT）　计算机断层扫描属于无损检测技术，可以得到电池内部的三维结构图像。这种无损检测技术成为质量控制和失效分析的强大工具，主要用于确认电池内部结构的合理性和可靠性，如正负极极耳与壳体上正负极引出端子的连接情况、极片和隔膜的卷绕情况等，见图 7-22。

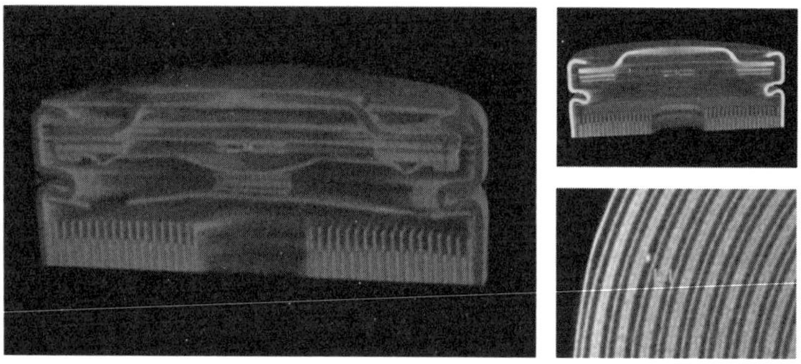

图 7-22　锂离子电池 CT 检测结构图和异物

7.5.3　包装出厂

经过分容分选的锂离子电池，检验合格后进行喷码，以方便厂家追溯锂离子电池的质量，需要标注的信息通常包括产品型号、生产批号以及其他必要的信息编号。然后进行包装，包装过程需要对电池贴绝缘纸保护正负极，以防止正负极短路和电池外观受到破坏。电池的包装箱应该确保电池稳定和不晃动，防止因电池晃动导致的电池短路。

电池应在清洁、干燥、通风的室内环境中贮存，环境温度为－5～35℃，相对湿度不大于 75%，避免与腐蚀性物质接触，远离火源及热源。电池需要包装成箱进行运输，在运输过程中要防止剧烈震动、冲击和挤压，防止日晒雨淋。

习　题

1. 固体电解质界面膜（SEI 膜）在锂离子电池中的作用是什么？
2. 锂离子电池化成过程中都产生哪些气体？在什么电位下生成的气体量最大？
3. 锂离子电池化成为什么要分为预化成和化成两个阶段进行？
4. 极片膨胀的原因有哪些？在设计电池极片厚度时应该如何考虑膨胀因素？
5. 简述化成时气体的逸出过程。气体逸出造成电解液的增加还是减少？
6. 分析化成时气体逸出的气路对化成反应的影响。
7. 试分析化成过程中预口化成制度的选择原则。
8. 试分析水分对电池性能的影响。
9. 影响真空干燥的工艺参数有哪些？它们对电池干燥脱水的影响规律是什么？
10. 如何通过控制化成条件来优化锂离子电池的性能？

参考文献

[1]　Väyrynen A, Salminen J. Lithium ion battery production [J]. The Journal of Chemical Thermodynamics, 2012, 46: 80-85.

[2] Van Schalkwijk W, Scrosati B. Advances in lithium-ion batteries [M] //Advances in Lithium-ion Batteries. Boston: Springer, 2002: 1-5.

[3] Lu P, Li C, Schneider E W, et al. Chemistry, impedance, and morphology evolution in solid electrolyte interphase films during formation in lithium ion batteries [J]. The Journal of Physical Chemistry C, 2014, 118 (2): 896-903.

[4] 黄丽，金明钢，蔡惠群，等. 聚合物锂离子电池不同化成电压下产生气体的研究 [J]. 电化学，2003，9 (4): 387-392.

[5] Bernhard R, Metzger M, gasteiger H A. Gas evolution at graphite anodes depending on electrolyte water content and SEI quality studied by on-line electrochemical mass spectrometry [J]. Journal of the Electrochemical Society, 2015, 162 (10): A1984-A1989.

[6] Joho F, Rykart B, Imhof R, et al. Key factors for the cycling stability of graphite intercalation electrodes for lithium-ion batteries [J]. Journal of Power Sources, 1999, 81: 243-247.

[7] Cannarella J, Arnold C B. Stress evolution and capacity fade in constrained lithium-ion pouch cells [J]. Journal of Power Sources, 2014, 245: 745-751.

[8] Thinius S, Islam M M, Heitjans P, et al. Theoretical study of Limigration in lithium-graphite intercalation compounds with dispersion-corrected DFT methods [J]. The Journal of Physical Chemistry C, 2014, 118 (5): 2273-2280.

[9] Sacci R L, Gill L W, Hagaman E W, et al. Operando NMR and XRD study of chemically synthesized LiC_x oxidation in a dry room environment [J]. Journal of Power Sources, 2015, 287: 253-260.

[10] Nie M, Chalasani D, Abraham D P, et al. Lithium ion battery graphite solid electrolyte interphase revealed by microscopy and spectroscopy [J]. The Journal of Physical Chemistry C, 2013, 117 (3): 1257-1267.

[11] Qi Y, Guo H, Hector L G, et al. Threefold increase in the Young's modulus ofgraphite negative electrode during lithium intercalation [J]. Journal of the Electrochemical Society, 2010, 157 (5): A558-A566.

[12] Qi Y, Hector L G, James C, et al. Lithium concentration dependent elastic properties of battery electrode materials from first principles calculations [J]. Journal of The Electrochemical Society, 2014, 161 (11): F3010-F3018.

[13] Fu R, Xiao M, Choe S Y. Modeling, validation and analysis of mechanical stressgeneration and dimension changes of a pouch type high power Li-ion battery [J]. Journal of Power Sources, 2013, 224: 211-224.

[14] Coowar F A, Blackmore P D. Method of constructing an electrode assembly: US12/270276 [P]. 2008-11-13.

[15] Kugino S. Non-aqueous electrolyte secondary battery: US13/985888 [P]. 2012-2-16.

[16] Agubra V, Fergus J. Lithium ion battery anode aging mechanisms [J]. Materials, 2013, 6 (4): 1310-1325.

[17] (法) 德拉福萨 (Ddlafasse, J.), (法) 蒙古屯 (Mongodin, G.). 真空技术的工程计算 [M]. 陈丕瑾，译. 北京：机械工业出版社，1985.

[18] Wu G, Sun H, Pan L. Lithium-ion battery: US8865330 [P]. 2014-10-21.

[19] 陈宏，胡金丰，衣守忠. 高倍率锂电池极耳研究 [J]. 电源技术，2013，37 (4): 540-542.

[20] Yazami R, Reynier Y F. Mechanism of self-discharge in graphite-lithium anode [J]. Electrochimica Acta, 2002, 47 (8): 1217-1223.

[21] Swierczynski M, Stroe D I, Stan A I, et al. Investigation on the self-discharge of the $LiFePO_4$/C

nanophosphate battery chemistry at different conditions [C] //IEEE. Transportation Electrification Asia-Pacific (ITECAsia-Pacific), 2014 IEEE Conference and Expo. New Jersey: IEEE Power & Energy Society, 2014: 1-6.

[22] Etiemble A, Besnard N, Adrien J, et al. Quality control tool of electrode coating for lithium-ion batteries based on X-ray radiography [J]. Journal of Power Sources, 2015, 298: 285-291.

[23] Lee S S, Kim T H, Hu S J, et al. Joining technologies for automotive lithium-ion battery manufacturing: A review [C] //ASME 2010 International Manufacturing Science and Engineering Conference. American Society of Mechanical Engineers. Pennsylvania, USA, 2010: 541-549.

第8章 电池的组装、安全与回收

单体电池就是化成和老化的裸电池，也叫电芯，通常不能直接使用，需要对单体电池加装保护板等组件或者将多个单体电池装配到一起组成电池组后才能使用，这些过程统称为单体电池的组装，也称为电池的 PACK。本章先讨论单体裸电池的组装，再讨论电池组的组装，最后讨论电池的安全和回收。

8.1 单体电池组装

单体电池的组装主要是把电芯、保护板及其他附件组装到一起的过程。锂离子电池的组装可以使电池能够进行正常的充电和放电，还可以防止锂离子电池的过充电和过放电、过电流和短路、过热和过冷等对电池造成的损坏或出现的安全问题。保护板由印刷线路板和电子元器件组成，其他组件包括正温度系数电阻和负温度系数电阻等。下面分别说明保护板和其他附件所起到的保护作用。

过充电会导致电压持续升高，过充保护是当电压超过规定上限值时自动切断充电电路，同时对电池进行放电，恢复电压至正常值的过程。过放电会导致电压持续下降，过放保护是当电池电压降至规定值后自动切断放电，同时对电池进行充电，恢复电压至正常范围的过程。常见的保护技术参数范围见表 8-1。

表 8-1 保护技术参数

保护功能	锰酸锂,三元材料	磷酸铁锂
过充保护电压/V	4.2～4.35	3.65～3.9
过充恢复电压/V	4.05～4.15	3.45～3.8
过放保护电压/V	2.7～3.0	2.0～2.5
过放恢复电压/V	2.8～3.2	2.2～2.7

过电流保护是当回路负载过大，放电电流过大，超过设定的限制值时，切断放电回路的过程。过电流保护在负载恢复正常后会自动解除。

短路保护是当电池的正负极直接连接，导致电流异常增大时，在极短时间内切断放电回路的保护过程。短路保护的延时时间通常是微秒级。正温度系数电阻（PTC）是实现过电流保护的物理器件之一，如图 8-1 所示。PTC 的特点是随温度升高电阻增大。当电

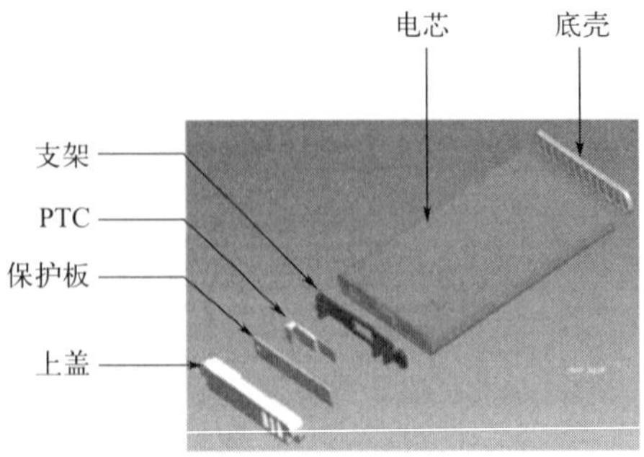

图 8-1 单体电池的加工组装示意图

路中有过电流发生时，流经 PTC 的大电流产生热量使 PTC 的阻值迅速升高，从而降低回路电流，起到过电流保护作用。当故障排除后，PTC 恢复为低阻抗，电路重新导通，因此 PTC 又称为自复保险丝。对于圆柱形电池，PTC 通常集成在电池内部；对于方形电池，则有的集成在保护板上，有的可以单独使用。

熔断保险丝（FUSE）是实现过电流和短路保护的物理器件之一，FUSE 起到最后保护屏障的作用，在电池短路或过电流的情况下，FUSE 靠自身熔断来切断整个回路。这种切断无法自身恢复，只能更换保护板。

过热和过冷保护可通过负温度系数电阻（NTC）来实现。NTC 的特点是随温度升高电阻降低，并且具有响应速度快、精度高等优点，使得其在锂离子电池温度监测中发挥着不可替代的作用。NTC 紧贴电芯外部安装，并接入电路中，用来检测温度变化。当检测到温度过高时，可以通过相应的电路控制机制切断电路或降低充放电速率，用于防止电池过热。低温充电可能会造成电池损坏或出现安全问题，当检测到温度过低时，可以触发相应的保护措施，限制充电或暂停充电，用于防止电池过冷出现的安全隐患。

单体电池的组装过程是首先将电池的各组件装配到一起，方形电池的常见组件见图 8-1，包括底壳、电芯、支架、PTC、保护板和上盖等。然后进行注塑，即在电芯、保护板和其他附件装配好后，将加热状态下的熔融高分子材料注入各组件之间，对各组件起到定形、密封和绝缘作用。

8.2 电池组

8.2.1 单体电池串并联

当单体电池的电压和容量不能满足使用要求时，就需要组成电池组使用。组成电池组的方式有串联、并联和复联等方式。其中串联可提高电压，但电池组容量不变；并联可提高容量，但电池组电压不变；复联是串联和并联的结合，可达到既增加容量又提升电压的目的。

单体电池组成电池组时，单体电池的一致性对电池组性能影响显著。下面分别讨论单体电池一致性对串联电路、并联电路和复联电路的充放电影响。

（1）串联电路 串联电路的特点是流经各单体电池的电流相等。单体电池内阻的不一致导致电池充放电的不一致，如图 8-2 所示。当两个电池的容量相等时，当充电电压至 8.4V 时，内阻大的电池分担了更大的电压，就会导致电池的过充电；而内阻小的电池分担的电压小，因此会导致欠充电，见图 8-2（a）。同理，在放电时也会造成过放电和欠放电，见图 8-2（b）。只有在两个电池的电阻相等时，才能保持充放电的一致性。

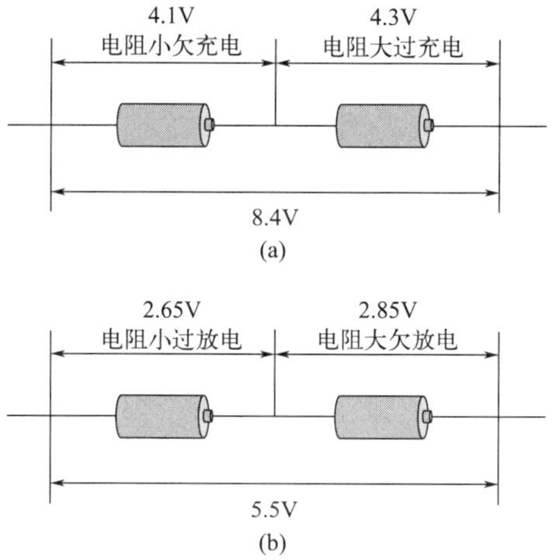

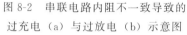

图 8-2　串联电路内阻不一致导致的过充电（a）与过放电（b）示意图

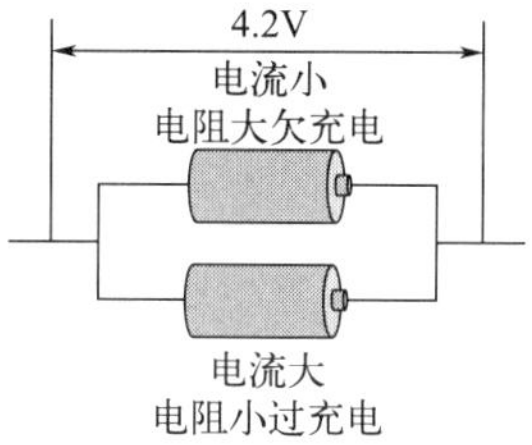

图 8-3　单体电池并联电路过充示意图

（2）并联电路　并联电路的特点是各单体电池端电压相等。单体电池内阻的不一致会导致电池充放电的不一致，如图 8-3 所示。当两个电池的容量相等时，以单体电池容量的 2 倍进行放电且放电时间相同时，内阻较小的单体电池流经的电流较大，就会过放电，而内阻较大的电池就会欠放电。停止放电后，电阻较大、电压高的电池会给电阻较小、电压低的电池充电，至两个电池达到电压一致时为止，这种电池的互相充放电会造成额外的能量损失，但也保证了各个电池充放电的一致性。反之，当对并联电池组进行充电并以恒压充电结束时，内阻较小的单体电池流经的电流较大，将首先充满电，此后充电电流就会由于极化阻抗增大而大幅度减小，不至于造成过多充电，而内阻较大的电池则继续充电，一般不会造成过充电。

当并联电路中一个单体电池出现内短路时，短路电池相当于另一个单体电池的外短路，如图 8-4 所示，对整个电路冲击较大，因此需要及时终止，需要加熔断保护技术。

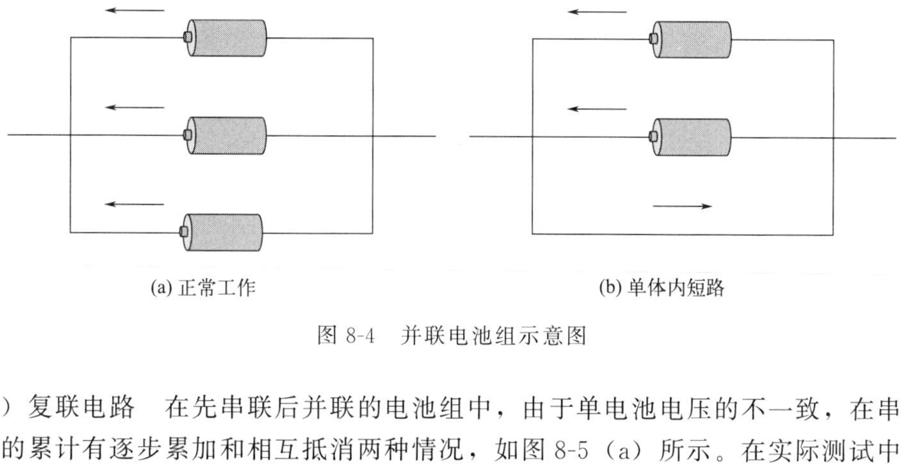

图 8-4　并联电池组示意图

（3）复联电路　在先串联后并联的电池组中，由于单电池电压的不一致，在串联组中电压差的累计有逐步累加和相互抵消两种情况，如图 8-5（a）所示。在实际测试中，串联组之间的电压差较大，并且电压差随放电深度的增加而增大，使得互充电现象加重，能量

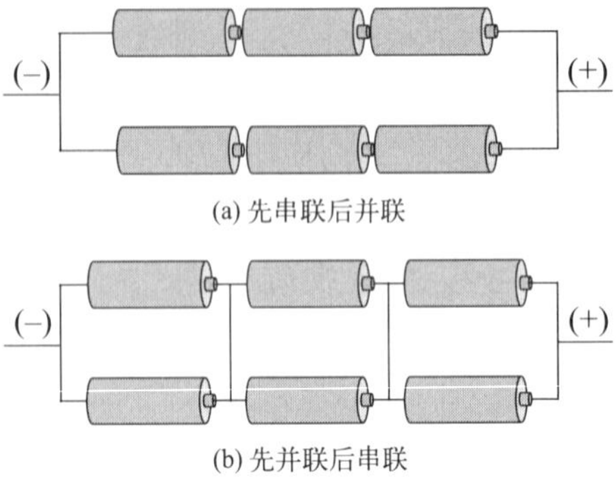

图 8-5　复联电路示意图[1]

损失更大。在先并联后串联的电池中，先并联的电池虽然也存在互充电现象，但单体电池的电压差相对较小，互充电能耗较小，如图 8-5（b）所示。因此，在复联电路中，尤其是电池数量很多时，大多采用先并联后串联的复联形式。

（4）单体电池的一致性　电池的一致性对电池组充放电影响显著。在对电池组进行充电时，如果按照电池组额定容量进行充放电，无论是串联电路还是并联电路，都会存在过充电和过放电的电池。因此，为保证单体电池不过充电也不过放电，就必须减小整个电池组的充放电深度，这样就会造成电池组容量下降。另外，由于电池组每次充放电的不均匀性，电池随着循环使用时间的延长，电池的性能差异增大，如电池内阻增大程度或容量减小程度不一致，导致电池的一致性变差，从而降低电池组的使用容量和循环性能。也就是说，单体电池的一致性直接影响电池的容量和循环性能，单体电池的一致性越好，则电池组的使用容量越大，循环性能越好。

造成电池性能差异的主要原因是原料性质波动和制造过程工艺参数的波动，绝对来讲是没有两块电池是完全相同的。电池组对单体电池制造的一致性提出了更高要求，也就是要求在电池制造过程中不断减小原料性质波动和制造过程工艺参数波动是制造工艺发展的永恒追求。单体电池的一致性可以用对一定数量的电池进行性能测试，测试参数落在规定范围内的数量来表示，落在规定范围内的数量越多或比例越高，则单体电池的一致性越好。电池的一致性有容量一致性、内阻一致性、端电压一致性等。

电池的一致性与生产过程中的原料性质和工艺参数波动有关，这种波动范围越小，电池的一致性越好；还与一致性要求有关，一致性要求越高，则一致性的电池就越少。在一致性电池筛选过程中，可以采用容量、内阻或端电压等单一参数进行筛选，具有操作简单方便的优点，但反映出的电池性能不全面。也可以采用几个性能综合筛选，如利用容量和内阻一起进行筛选，或者采用容量、内阻和电压三个参数对电池进行筛选。配组的单体锂离子电池的筛选典型条件为[2]：放电容量差（0.2C）≤3%，内阻差≤5%，自放电率差≤5%，平均放电电压差≤5%。随着单体电池制造一致性的不断提高，这种筛选指标也在不断提高。

8.2.2　电池组结构

这里以电动汽车电池为例讨论电池组结构。汽车用锂离子电池电池组由电池模组、机械系统、电气系统、热管理系统和电池组管理系统组成。其中电池组管理系统在下一节专门讨论。

（1）电池模组　电动汽车电池组为制造方便，人们通常将单体电池组装成电池模块，再将电池模块组装成电池模组，最后将电池模组组装成电池组。电池模块是单体电池连接起来构成电池组的最小单元。通常为一组并联的单体电池，可作为一个单元替换。电池模组是由多个电池模块串联或并联组成的一个模块组。图 8-6 为电池模块、模组和电池组示意图。第一款特斯拉纯电动车 Roadster 电池包是由 6831 节 18650 型电池组成，其中 69 节并联称为一个模块，再将 9 组串联为一层，最后串联堆叠 11 层构成。

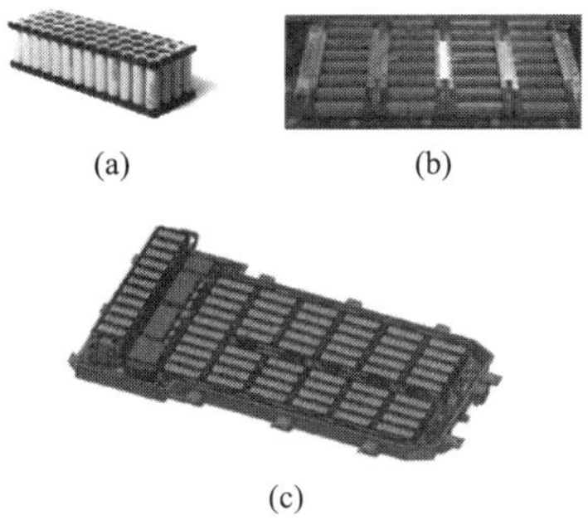

图 8-6　电池模块（a）、模组（b）和电池组（c）示意图

（2）机械系统　主要由箱体和机械连接件等构成，主要功能是承载电池模组、电气系统、热管理系统和电池组管理系统的硬件，使各个系统构成一个整体，对电池各个系统起到保护作用，并起到与汽车稳固连接的固定作用。

（3）电气系统　主要由电气元件和连接线束构成。电气系统是通过线束将继电器、电流传感器、电阻和熔断器等众多电气元件连接起来，并采用电木和环氧板进行高压电绝缘形成的强电系统。其主要功能是实现电池组的充放电和保障电路的安全使用。

（4）热管理系统　主要由传热介质、换热器和温度检测设备等构成。其主要功能是确保电池系统在适宜温度范围内工作，保证电池的充放电效率、电池寿命和使用安全性。常用的传热介质主要有空气、液体与固体相变材料等，其中空气作为传热介质的控温系统较为常用，见图 8-7。

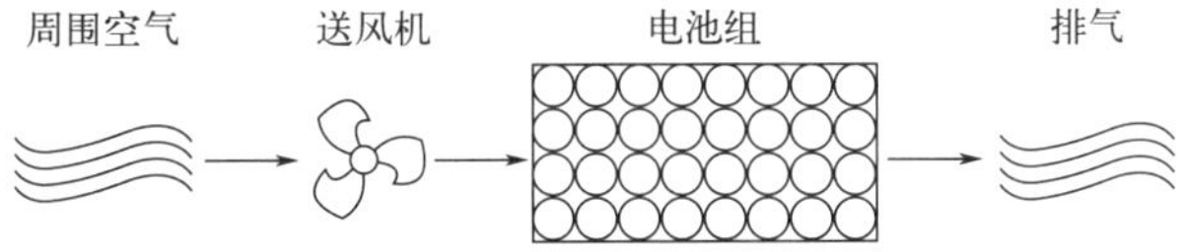

图 8-7　空气基电池冷却系统示意图

电动汽车电池组，也称为电池包。典型电动汽车电池组中的模块示意图见图 8-8 所示。在这个模块中，方型电池由串联铜条将电极连接，并联到一起，此外还有内层施缘板，外层防护板和覆盖板。对电动汽车电池组的要求是，在保证电池组性能和安全的前提下尽量减小电池组体积和减轻电池组重量，不断提高电池组的质量能量密度和体积能量密度，提高电池组的集成效率。

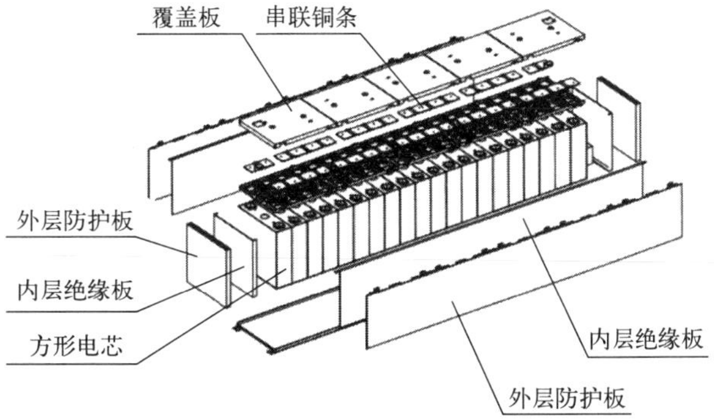

图 8-8　电池组中模块结构示意图

8.2.3 电池组管理系统

电池组管理系统（BMS）是通过对电池组状态的检测，实现对电池组的有效控制，保证电池组的正常使用和安全稳定运行的综合管理系统。锂离子电池组管理系统主要功能包括参数采集、荷电状态（SOC）和健康状态（SOH）估计、充放电控制和容量均衡、温度控制和故障保护等，图 8-9 为典型的动力锂离子电池组管理系统。

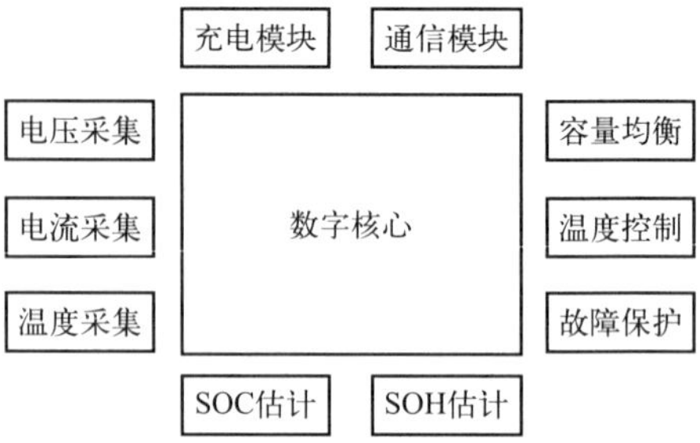

图 8-9 锂离子电池组管理系统

参数采集功能是电池组管理的基础和依据，通常包括电压、电流和温度的采集。电压的采集可以用来估算电池的荷电状态；电流的采集可以判断过电流情况和估计电池的荷电状态；温度的采集不但可以为温度控制提供依据，还可以修正电池的荷电状态，因为一般温度越低，容量发挥越低。参数采集还是判断电池是否出现过充、过放、过热、过电流和短路等不安全状态的前提。

电池荷电状态估计功能是指电池使用一段时间或长期搁置后的剩余容量与其完全充满电状态容量的比值，它决定了电动汽车的续航里程。有很多方法用于 SOC 评估。例如，库仑计量法是通过计算电池组电流与时间的积分来计算锂离子电池组充入和放出的电量，再与电池的额定电量比较来估算电池的 SOC。

电池健康状态估计功能，容量法是最简单的 SOH 评估方法，是指一定条件下电池可放出容量的最大值占新电池额定容量的百分比。对锂离子电池组健康状态进行实时监测和评估，使得对健康状态下降达到临界值的电池模块或电池组的及时更换成为可能。在锂离子电池使用过程中，随着循环次数增加，容量不断下降。对于便携式电子产品的锂离子电池，循环 400 次的要求为 SOH≥80%；对于电动工具用电池组，循环 500 次的要求为 SOH≥80%；对于能量型动力锂离子电池，循环 1500 次的要求为 SOH≥80%；对于功率型动力锂离子电池，循环 2000 次的要求为 SOH≥80%；对于储能型锂离子电池，循环 2000 次的要求为 SOH≥80%。

容量均衡功能是电池在充放电过程中的均衡方式，目的是减小电池不一致性对电池组性能发挥的影响，包括充电均衡、放电均衡和充放电双向均衡三种方式。

充电均衡功能：在电池组充电过程中后期，部分电池的电压较高，已经超过限制值（一般低于截止电压），需要控制这些满充的电池少充、不充甚至转移能量，从而不损伤已充满的电容量小的电池，而容量大的电池继续充电，从而提高整个电池组的充电容量。

放电均衡功能：在电池组输出功率时，通过限制容量低的电池放电，使得单体电压不低于预设值（一般要比放电终止电压高一点）。或者采用电阻消耗均衡法，通过与电池单体连接的电阻将高于其他单体的能量释放，以达到各单体电池的均衡。

充放电双向均衡功能：可实现充电过程和放电过程的均衡。例如在每两个相邻电池之间设置电子开关和并联电容，控制电子开关的通断，将电压高的电池的能量传递给并联电容，然后并联电容将能量传递给相邻电压较低的电池。依此类推，通过控制电子开关的开通与关断，利用电容实现能量的逐个传递，最终达到电池组的充电和放电均衡。

温度控制的主要功能是温度较高时对电池组进行散热，防止电池过热引发安全事故；温度较低时对电池组进行加热，保证电池在低温环境下充电和放电的安全性和使用效率；减小电池组中不同位置的电池或者电池不同部分的温度差异，抑制局部热点或热区的形成。

故障保护的主要功能是通过实时监测电池的电压、电流、温度等关键参数及时发现电池的异常状态。当检测到电池故障或异常时，会采取一系列措施来保护电池不受损害，防止电池组安全事故。例如，切断电池的充电和放电回路，防止电池进一步受损；同时，它还会向整车控制器发送故障信息，以便驾驶员或维修人员及时采取措施。

通信模块的主要功能是实现网络通信。它可以通过控制器局域网总线（CAN）等通信协议与整车控制器、电机控制器等其他车载设备进行信息交互，实现电池信息的共享和协同控制。在故障发生时，BMS可以将故障信息发送给其他设备，以便整个车辆系统做出协调响应。

8.3　电池热失控

8.3.1　单体电池热失控

锂离子电池的过热、燃烧或爆炸主要是由热失控造成的，过充电、短路和加热等都可能引发电池内部发生放热反应，产生大量的热，如果不能及时散热，很容易导致热失控。采用3C、10V对早期生产的方形铝壳电池进行过充电，采用外接热电偶测定方形锂离子电池壳体的温度变化，见图8-10。随过充时间延长，两块电池的温度上升曲线呈现了两个温升平台，第一温升平台是30℃以下，然后温度快速上升至第二个温升平台60～80℃，最后温度第二次快速上升。其中电池A的温度上升至最大值116℃后下降，电池发生膨胀，但是没有爆炸；而电池B的温度上升至108℃后继续上升，超过150℃后壳体破裂，电池发生爆炸和起火，发生了热失控。

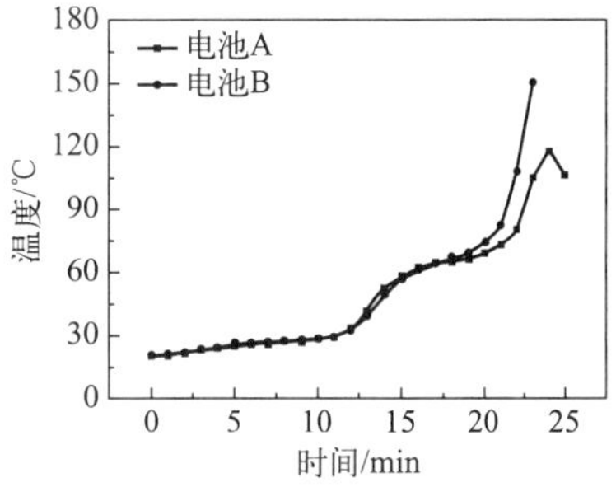

图8-10　正常电池在3C、10V过充电条件下电池的升温曲线

引发热失控的原因主要有机械滥用、电气滥用、热滥用、环境滥用等。有关滥用的相关内容见8.4.2节电池使用与安全部分。滥用状态可能会从一种状态转移到另一种状态，直到热失控发生。例如机械滥用的电池被撞击挤压将导致电气滥用的内部短路，内部短路发热将导致热滥用，直至触发热失控。

（1）发热反应与热失控特征温度　电池的热失控是由电池内部的放热反应引起的，随着温度升高，锂离子电池发生的放热反应如图8-11所示，依次为SEI膜与电解液的反应、电解液中$LiPF_6$和溶剂的分解反应、正极活性物质的分解反应和溶剂催化分解、Li_xC_6与PVDF黏结剂的反应等。

绝热加速量热仪是电池热稳定性测试的常用装置，它可在绝热环境中测量电池产生的热量，并能排除散热对体系的影响。采用绝热加速量热仪对近期生产的电池的热稳定性进行测试，结果如图8-12所示。

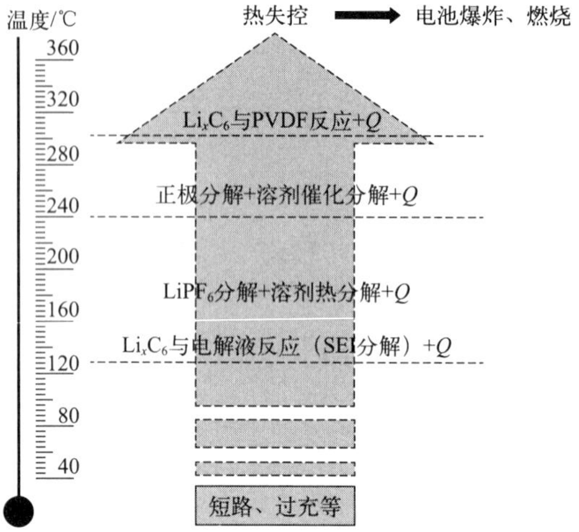

图 8-11 锂离子电池的主要放热反应及热失控示意图

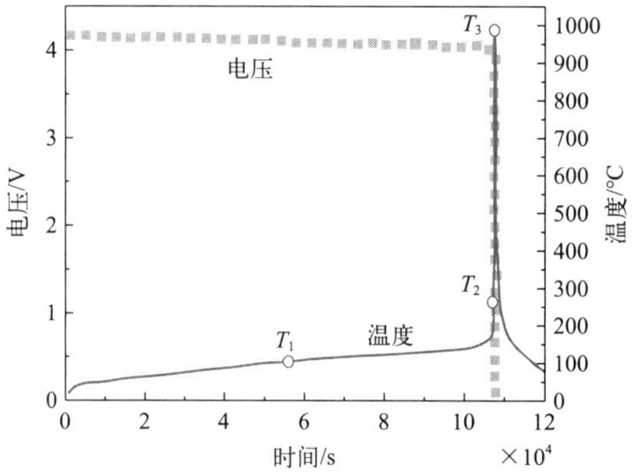

图 8-12 单体电池热失控特征曲线[3]

单体电池热稳定性测试时有三个特征温度，分别为失去热稳定性温度（T_1）、热失控触发温度（T_2）和热失控最高温度（T_3）。

失去热稳定性温度 T_1 与 SEI 膜稳定性相关，SEI 膜稳定性越好，T_1 越高。意味着温度超过 T_1，SEI 膜开始分解发热，电池被破坏，因此 T_1 反映了电池的整体热稳定性。测试电池的 T_1 为 120℃左右。温度超过 T_1 时的温升主要与 SEI 膜分解反应有关，其中溶剂 EC 发生的化学反应中可能形成乙烯二碳酸锂［$(CH_2OCOOLi)_2$］（见表 7-1），该物质的典型反应见式（8-1），这时还生成了可燃气体和氧气，使电池内部压力升高。

$$(CH_2OCOOLi)_2 \longrightarrow Li_2CO_3 + CH_2{=}CH_2 + \frac{1}{2}O_2 + CO_2 \tag{8-1}$$

热失控触发温度（T_2）是与不可控反应发热相关的温度。意味着一旦到了这个温度，不可控反应就被激发，热失控开启，温度快速上升不可避免。测试电池的 T_2 为 260℃左右。当温度超过 T_2 时，触发的不可控反应或因素主要有隔膜高温熔融失效、负极镀锂膜的反应和正极材料分解反应。隔膜的高温失效造成电池内部正负极接触，内部短路，大量放热，属于物理机制。负极镀锂膜的反应是因为在电池使用过程中负极表面会生成镀锂膜。例如，当电池充电电流超过允许值时，锂来不及进入石墨层间，就会在负极表面析出，形成镀锂膜，或者当电池过充电时，也会在负极表面形成镀锂膜。负极镀锂膜的反应和正极材料的分解属于化学反应，见式（8-2）～式（8-4）。T_2 是由隔膜高温熔融失效温度、负极镀锂膜开始反应温度和正极材料开始分解反应温度中的最小值决定的。

$$2Li + (CH_2OCOOLi)_2 \longrightarrow 2Li_2CO_3 + CH_2{=}CH_2 \tag{8-2}$$

$$Li_{0.5}CoO_2 \longrightarrow \frac{1}{2}LiCoO_2 + \frac{1}{6}Co_3O_4 + \frac{1}{6}O_2 \tag{8-3}$$

$$3O_2 + C_3H_6O_3(DMC) \longrightarrow 3CO_2 + 3H_2O \tag{8-4}$$

热失控最高温度（T_3）是在测试情况下电池中含有的所有能量都释放出来后达到的温度。测试电池的 T_3 为 1000℃左右，当温度达到 T_3 时，所有放热反应完毕，温度达到最高。这个温度由电池材料决定。

特征温度 T_1、T_2 和 T_3 由电池化学与安全设计决定，还受电池的荷电状态和退化程度影响。一般来讲，T_1 和 T_2 越高越好，T_3 越低越好。

（2）燃烧与爆炸条件　当温度达到 T_1 以上时，开始产生气体，随着温度升高，持续有气体产生，气体主要来源于电解液溶剂的蒸发以及电池中化学反应生成的气体。气体会造成电池内部压力升高，方形电池同时发生膨胀。当内部压力超过安全阀压力或壳体承受压力时，电池破裂和排气。

需要注意破裂和排气这一时刻至关重要。当电池内部处于封闭状态时，反应生成的氧气不足以使电池发生着火和爆炸。而在电池破裂后，可能出现以下两种情况：

一是当可燃气体、助燃气体氧气和温度三者关系符合起火三角关系时，发生着火和爆炸。例如对于空气中的氢气来说，只有浓度在 4%～17%和 56%～75%之间、温度达到 500～570℃才能发生自燃和爆炸。同理，电池受热时产生可燃气体，可燃气体在电池打开时与大量空气接触，进入着火和爆炸范围。体系一旦打开，电池内部其他反应物与空气接触并发生反应，这种反应会继续加热电池，由于内部和外部的相互作用，体系危险性大幅度增加。当多元溶剂沸点不同时，会出现不超过 3 个的多级喷射火灾。

二是当可燃气体、助燃气体氧气、温度三者任意一个条件不符合起火三角关系时，就不会发生着火和爆炸。这表明热失控不能直接导致起火和爆炸，如果气体排到惰性气氛中，不与空气相遇，就不会发生着火和爆炸。

8.3.2　电池组热失控

对于电动汽车电池组的热失控研究表明，热失控通常首先发生在一个电池中，然后传播到相邻电池。热失控传播通过两条失效发展路径发生。一是预期失效传播路径。由热传递驱动的热失控传播，先从一个电池传播到相邻电池，然后传播到整个模块，再传播到相邻模块。由于是热传递驱动，阻塞和控制相对容易。二是意外（非预期）失效传播路径。这种传播是由气体和火焰传播引起的热失控传播，传播具有不确定性，难以控制，具体见图 8-13。

两条失效传播路径的关系是互相转化，意外失效传播路径一旦开始，两条路径平行发展，由于火灾释放的热量大于热失控释放的热量，两条路径的演化速度将显著加快。如果

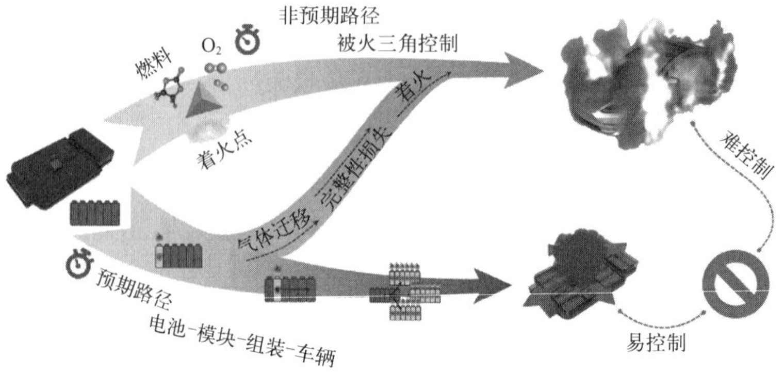

图 8-13 热失控传播路径

热失控传播没有得到很好的控制，此时电池组爆燃，并最终燃烧车辆。

8.4 提高电池安全性

防止热失控是提高锂离子电池安全性能的重要途径。无论是单体电池还是电池组，都是以提升锂离子电池在电气滥用、机械滥用、热滥用和环境滥用等四个方面的安全性能为目标，从锂离子电池制造和使用两个方面防止和缓解热失控。

8.4.1 电池制造与安全

锂离子电池的制造直接影响电池的安全性能，下面从原材料、结构和制造三个层次讨论提高锂离子电池安全性能的途径。

（1）电池原材料 从原材料上考虑主要是选择安全性能好的原材料，包括单体电池制造原材料的选择以及电池组制造原材料的选择。

① 单体电池制造原材料。选择安全性能好的正负极材料、电解液、黏结剂和隔膜等原材料，只有这样才能从原材料上保证单体电池安全性能。例如，正极材料中磷酸铁锂的安全性能比钴酸锂和三元材料好；在电解液中添加过充和阻燃等添加剂，可以提高电解液安全性能；选择涂有三氧化二铝陶瓷涂层的隔膜，能够保证隔膜在高温下不失效。

② 电池组制造原材料。选择安全性能好的单体电池，其他组成部件则选择耐热和阻燃材料。例如有机高分子材料可选用阻燃性、绝缘性、耐高低温性能好的材料，如阻燃PPE和阻燃增强PA等；隔热材料可选择不可燃岩棉板、珍珠岩、玻璃纤维、陶瓷板和相变材料等；密封导热材料可选择绝缘性好、粘接力强、散热效果好、使用温度范围宽、具有缓解震动作用的材料，如选择使用温度范围宽（－54～250℃）的硅胶。

（2）电池结构

① 单体电池结构。在电池结构设计时，应充分考虑电池的安全性能。例如，对于金属壳体电池，设有安全阀门，一旦电池内部电压升高，安全装置启动适时泄压；在电池上装有PTC，当电池温度升高时，PTC的电阻会迅速增大，限制电流增大并使其迅速减小到安全范围；增加极耳宽度可降低极耳处的内阻，降低正负极极耳处的发热，电池的内部温度分布见图8-14；聚合物电池将正负极粘接在一起的，发生机械滥用时不容易发生层错，内部绝缘性好，防止内部短路。

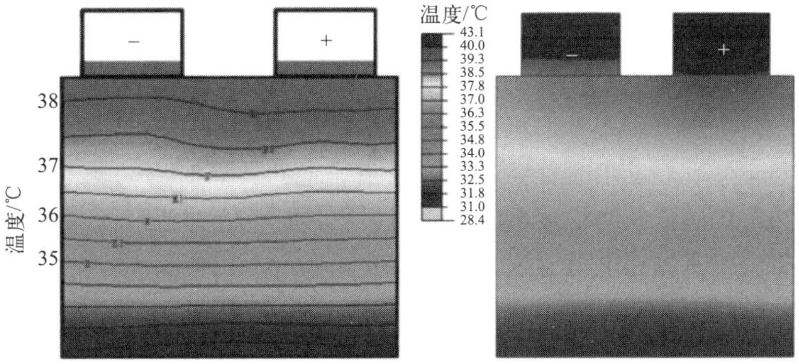

(a) 红外实测图　(b) 模拟图

图 8-14　聚合物锂离子电池内部温度分布的红外实测图和模拟图[4,5]

② 电池组结构。在电池组结构设计时，应充分考虑电池组的安全性能。例如，要加强机械部分结构强度，采取能量吸收结构设计，提高耐冲击性、耐撞性和抗震性。要加强强电部位的绝缘，电池的两极、两极与电池箱体的距离大于最小距离（10mm），防止击穿放电；要密封整个箱体，预防涉水短路发生；模块之间保留适当的间隙，提供散热空间，同时模块之间还要增加隔热层，防止热失控传播；每个电池植入小型芯片，测量每个电池的电压和电流，监控安全状态。

（3）电池制造

① 单体电池制造。在电池制造过程中，应充分考虑电池的安全性能。例如，减少电池制造缺陷，如减少极片和极耳的毛刺，提高电池安全性能；提高电池制造设备加工精度，减少制造工艺波动，提高电池的一致性；严格控制制造过程中的水分，防止水分引入过多造成的电池安全性能下降。

② 电池组制造。在电池组制造过程中，应充分考虑电池组的安全性能。主要是选择一致性好的单体电池，防止电池组使用过程中安全性能的加速劣化；对于电池组电路焊接连接部分，要保证接触点电阻足够小，发热量小，同时不能虚焊脱落，防止强电打火起弧；对于弹性金属片接触的电池组，要注意接触部分的紧密接触，紧固件应该防止松动，不打火；防水密封部分要保证密封质量和密封强度。

8.4.2　电池使用与安全

电池的滥用情况可能发生在系统级、模块级、单元级或材料级中的各个层级，而且各个层级之间相互作用、相互转化。虽然提升电池安全性能是提高电池在使用过程中处于滥用状态下的安全性能，但是在电池使用过程中，防止电池滥用，识别和防止电池出现异常，成为保障电池使用安全的关键。电池管理系统就承担保障电池正常使用和防止滥用的功能。这里就锂离子电池在使用过程中的安全管理做进一步说明。

防止电气滥用方面主要是保证锂离子电池的温度、电流、电压处于安全区间内。例如，负极表面生成镀锂膜会降低负极的热稳定性，甚至产生枝晶，产生内部短路，因此在充电过程中的主动控制策略就是优化充电制度，防止电池的过充电、过大电流充电和过低温充电，以及一旦发现存在镀锂倾向及时切断电路。防止电池内部局部电弧损坏电路，当强电绝缘老化、电路焊接裂开、电路连接螺丝松动时可能产生电弧，损坏用电回路，因此要及时对产生的电弧进行检测，切断电路或进行维修。

防止机械滥用方面主要是避免使用过程中过大的震动、冲击和撞击等导致电池的挤压、刺破、变形和破碎的发生，从而避免安全事故。但在电池使用过程中，这种情况发生又难以绝对避免。机械滥用严重的情况下，大多数情况会出现内部短路，已经有专利技术提出，当检测到碰撞事故发生时，要及时切断高压电路，同时启动侧电路放电释放能量，防止电池过热。用传感器及时检测电池泄漏可燃气体，并及时进行灭火处置。

防止热滥用主要是控制电池温度始终在安全区间。电池使用温度与材料密切相关，如磷酸亚铁锂电池的放电工作温度为－20～55℃，充电温度为0～45℃，如果超出此范围工作，电池寿命会大大降低，甚至会导致安全问题。这方面热管理系统发挥着重要保障作用。

防止环境滥用主要是防止电池所处环境异常变化引发的安全事故。例如，在高湿度环境中，电池组内部元件容易受潮腐蚀，或局部水汽凝结容易引发短路。意外事故可能导致电池组浸水，从而引发电池组外部短路，产生电弧并穿透电池外壳，导致易燃电解质泄漏。

8.5 常见电池性能

由于各应用领域的需求不同，锂离子电池的单体电池和电池组的性能也会产生较大区别。下面分别介绍动力锂离子电池、储能电池和消费类锂离子电池的典型性能。需要注意的是，随着电池技术的进步，这些电池性能在不断提高。

8.5.1 动力锂离子电池

动力电池是指应用于电动汽车、两轮车和电动工具中的锂离子电池。圆柱形单体电池一般不直接用于动力电池，而是组成电池组使用，由于电池技术成熟、一致性好，是最先应用于电动汽车的动力电池。容量小的方形电池生产一致性好，一般组成电池组使用。容量大的方形电池可以单独使用，也可以少量成组使用。一般来讲，随着电池容量增大，电池的一致性变差，安全性能变差。

(1) 圆柱形单体电池　用于电动汽车电池组的圆柱形锂离子电池的型号一般为18650、21700和46800。一般来讲，随着电池尺寸增大，电池的容量增大。针对三元正极体系的18650动力电芯，分别用S款和B款代表两款产品，电池技术规格参数见表8-2。

表8-2　两款三元系18650电芯产品的技术规格参数

规　格	S　款	B　款
标称电压/V	3.62	3.6
标称容量/最低容量/(mA·h)	2200	2200
充电电流/A	1.075(标准);2.150(快充)	0.33C
充电截止电压/V	4.2±0.05	4.2±0.05
最大充电电流/A	5	5.5
最大持续放电电流/A	10	10.75
放电截止电压/V	2.75	2.75

续表

规　格	S　款	B　款
电芯质量/g	44.5	≤45
工作温度范围/℃	−20～60	−20～60
储存温度范围/℃	−20～60	−20～60

对两款三元系电芯，在室温（25℃）环境下研究放电产热行为。典型充放电流程为：用 1C 恒流充电，充电至截止电压 4.2V 时充电截止；接下来 4.2V 恒压充电，充电至截止电流 238mA 时整个充电过程结束。在室温环境工况下不同倍率放电，放电截止电压为 2.75V。测试结果表明电芯几何位置中部放电过程中温度始终最高，在室温工况下温度最大值数据如图 8-15 所示。结果表明，随着放电倍率的增加，B 款电芯温升更快，尤其当放电电流较大时，最高温度几乎呈直线急剧上升，而 S 款电芯最高温度达到 50.55℃。当放电倍率较低时，两款电芯的温度上升和温升曲线斜率趋势基本接近。

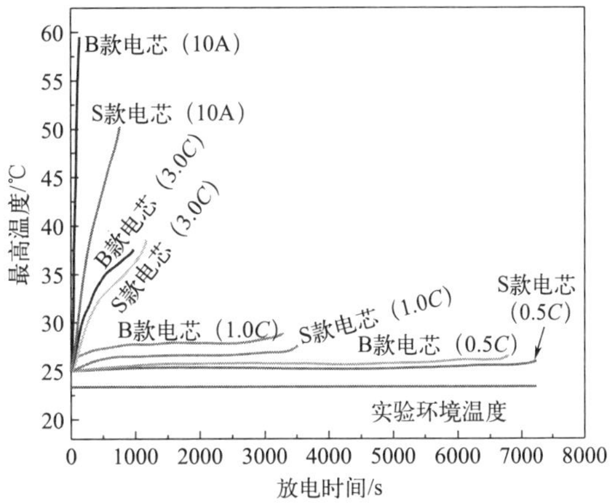

图 8-15　三元系 18650 电芯不同放电倍率时的温度变化（25℃）

同样环境温度下，对电池进行倍率性能测试，结果见表 8-3。

表 8-3　两款三元系电芯室温工况下的放电容量

电流/A	S 款/(A·h)	B 款/(A·h)
1.1	2.20	2.08
2.2	2.16	2.01
6.6	2.08	1.74

针对磷酸铁锂体系 18650 动力电池，分别选择 A 款和 O 款两款电池，技术规格参数见表 8-4。

表 8-4　两款磷酸铁锂系 18650 电芯产品的技术规格参数

规　格	A 款动力电芯	O 款动力电芯
标称电压/V	3.3	3.3
标称容量/(mA·h)	1100	1100
充电电流/A	1.5	1.1
充电截止电压/V	3.6	3.65
最大持续放电电流/A	30	49.5

续表

规　格	A 款动力电芯	O 款动力电芯
放电截止电压/V	2.0	2.0
电芯质量/g	39	38±2
放电工作温度范围/℃	−30～60	−20～60
储存温度范围/℃	−50～60	−10～35

两款磷酸铁锂系电芯在室温（25℃）环境下放电，采用 1*C* 恒流充电，待达到充电截止电压 3.65V 时恒流充电过程结束；接下来恒压充电过程开始，待达到截止电流 238mA 时整个充电过程结束。两款电芯在不同放电电流下的温度如图 8-16 所示。结果表明，当放电倍率为 0.5*C* 时，两款电池的放电温升曲线的斜率基本相同，放电的温升不超过 1℃。随着放电倍率的增加，O 款的最高温度总是高于 A 款，10*C* 放电时 O 款温升斜率达到 0.074℃/s，而 A 款为 0.056℃/s。

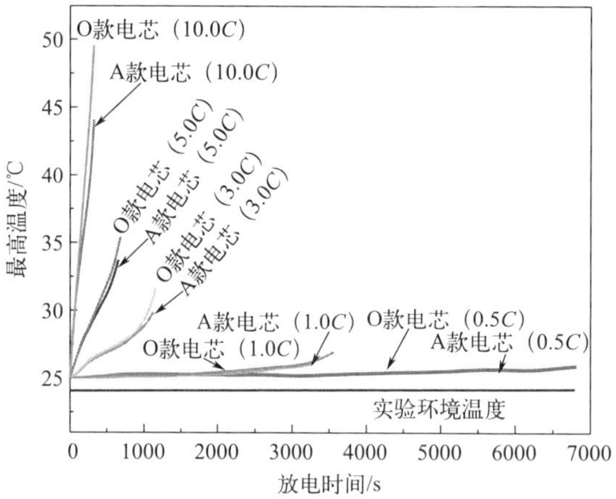

图 8-16　两款电芯在室温（25℃）环境下不同倍率放电最高温度对比分析

表 8-5 为在室温（25℃）工况下两款电芯放电倍率与放电时间的对比分析。结果表明，室温工况下两款电芯的放电时间相差无几，同样的放电电流，放电时间的长短也表明了电芯的放电容量。

表 8-5　室温工况下放电倍率和放电时间对比分析

放电倍率	A 款电芯	O 款电芯
0.5C	6596s	6596s
1.0C	3223s	3475s
3.0C	1093s	1126s

18650 和 21700 电池性能对比见表 8-6。可见，21700 电池除了容量和能量密度增大外，内阻变小，由 18650 的 21.5mΩ 下降至 21700 的 15.3mΩ。

表 8-6　18650 电池与 21700 电池性能对比

项　目	N18650CL 比克	21700 三星 40T
电池直径/mm	18	21
电池长度/mm	65	70
质量/g	45～48	60～65
额定电压/V	3.6	3.6
放电截止电压/V	2.5	2.5
容量/(A·h)	2.75	4.0
内阻/mΩ	21.5	15.3
能量密度/(W·h/kg)	217	233
单体能量/(W·h)	10	14.4
电池正极材料	NCA	NCA
电池负极材料	石墨	Si/C 复合负极

(2) 方形单体电池　方形单体电池的特点是容量变化范围很大，可以做到几十个安时的容量。典型方形电池的性能见表 8-7，电池正极材料为磷酸铁锂，工作电压在 2.5～3.65V 之间，电压平台为 3.2V，标称充放电倍率为 0.5C，最大可持续充放电倍率为 1.0C，充电工作温度为 0～55℃，放电温度为－20～60℃，储存温度为－40～60℃，量产电池的循环测试是在 25℃、100%放电深度（DOD)、80%容量保持率（Ret）条件下进行的。

表 8-7　软包装方形动力单体锂离子电池性能

项目				
电芯容量/(A·h)	16/20/25	30	45/50/60	50
电芯尺寸/mm	7.8/10.0/ 12.5×117×169	7.8×158×240	9.7/10.7/ 12.7×165×260	13×110×310
电芯质量/kg	0.31/0.39/0.48	0.56	0.80/0.95/1.2	0.9
质量能量密度/(W·h/kg)	165～180	180	170～180	180
体积能量密度/(W·h/L)	340～350	350	330～360	360
循环寿命/次	≥4000@25℃ 0.5C/0.5C	≥2000@25℃ 1.0C/1.0C	≥6000@25℃ 0.5C/0.5C	≥2000@25℃ 1.0C/1.0C

(3) 电动汽车电池组　动力锂离子电池所用正极材料多为磷酸铁锂和三元材料。电动汽车动力电池使用磷酸铁锂安全性能和循环性能好，循环性能为 1000～10000 次，加之磷酸铁锂的成本低，其使用份额在不断增大；使用三元材料的电池电压高且容量大。两轮电动车动力电池也有使用锰酸锂正极材料的，成本最低且安全性能好。负极主要是石墨和硅

碳复合材料，其中石墨循环性能好，而硅碳复合材料容量大。

电动汽车需要电池使用寿命长，因此电池循环性能在 1000～10000 次之间。由于对于快充需求，电动汽车动力电池要求是 1C～3C。电动汽车电池的电压一般在 350V 以上，能量为 30～50kW·h 电可行驶 200 公里，能量为 60～80kW·h 电可行驶 500 公里。两轮电动车一般电压为 48～72V，需要电能为 1～2kW·h。

因为电动汽车电池组容量大，通常是由大量单体锂离子电池串并联组成，例如早期 Tesla 的 Model S 款纯电动汽车电池组（400V/85kW·h）采用 7104 节 18650 锂电池。而 BYD 的电动汽车电池则是由方形单体电池组成的电池组，由于形状像刀片，也称为刀片电池。一般来讲，随着单体电池的增大，电池的容量发挥变小、一致性变差、安全性能相应变差；但随着容量变大，电池组 PACK 的成本下降，总成本随之下降。因此，随着电池技术的进步，用于电动汽车的单体圆柱形锂离子电池变得越来越大。例如特斯拉早期使用 18650 型电池，85kW·h 要用 7104 节电池，现在主流使用 21700 和 46800 电池。搭载圆柱形电池和方形电池的电动汽车电池性能见表 8-8。

表 8-8 电动汽车电池性能

项目 车型	车型	电池型号	电池厂家	电池材料	质量能量密度 /(W·h/kg)	容量 /(kW·h)	电压 /V	质量 /kg
Model S	Model S	18650	日本松下	三元锂	157	85	400	600
	Model S Plaid	18650	日本松下	三元锂	181.5	100	450	—
Model 3	Model 3	方壳 LFP	宁德时代	磷酸铁锂	126	60	355.2	476
		21700	LG 化学	四元电池	161	76.8	355.2	455
	Model 3 高能	21700	美国松下	三元锂	168	78.4	355.2	345
Model X	Model X	18650	日本松下	三元锂	186.2	100	410	537
	Model X Plaid	—	—	三元锂	—	100	—	—
Model Y	Model Y	方壳 LFP	宁德时代	磷酸铁锂	126	60	355.2	476
	Model Y 长航	21700	美国松下	三元锂	168	78.4	355.2	455
	Model Y 高能	21700	LG 化学	四元锂	168	78.4	355.2	455
	—	46800	特斯拉自产	—	—	67.5	—	—

注：四元是指镍、钴、锰和铝。

8.5.2 储能电池

储能电池是指用于发电储能、家用储能、通信基站储能、商业储能等领域的电池组。储能电池的成本与使用时间成反比，使用时间越长，成本越低，因此储能电池对循环性能要求高，通常需要 1000～10000 次。储能电池组需要的能量根据用途不同，电力储能需要几千度电，因此储能电池组规模大。储能系统与电动汽车一样，单体电池既有圆柱形电池也有方形电池，方形电池的单体电池容量一般在 50～300A·h 之间。储能电池对倍率性能要求不高，在 0.5C～1C 之间，对安全性能要求高，一般采用磷酸铁锂作为正极材料。

方形储能电池的单体电池和电池组的性能见表 8-9。

表 8-9　方形储能电池的单体电池和电池组的性能

应用领域	单体电芯			电池组	
	结构形式	寿命要求/次	容量/(A·h)	电压/V	电量/(kW·h)
电力储能	方形	6000～8000	280～300	900～1500	1000～5000
工商业	方形	6000～8000	100～300	380～800	100～1000
户用	方形/软包	2000～3500	50～100	51.2	5～30
通信基站	方形/软包	1000～3000	50～100	51.2	5～10

8.5.3　消费类锂离子电池

消费类锂离子电池是指手机、笔记本电脑和穿戴蓝牙设备等数码领域应用的电池。消费类锂离子电池由于是便携式的，对体积和质量比能量密度要求都较高，正极采用电压高和容量大的钴酸锂和三元材料。由于通信需求，手机对电池倍率性能要求较高，可达到 5C。另外，由于消费类锂离子电池更新速度快，使用年限较短，对电池循环性能要求不高，一般循环性能在 500～1000 次之间。消费类锂离子电池系统简单，手机以单节电池为主，能量在 10～20W·h 之间；笔记本电脑以 2～4 节电池为主，能量为几十瓦时。早期笔记本电脑厚度较大，使用的是 18650 型电池，现在由于数码类产品向轻薄方向发展，消费类锂离子电池多以薄的方形电池为主。常见消费类锂离子电池性能见表 8-10。

表 8-10　常见消费类锂离子电池性能

参　数	手机电池	笔记本电池	穿戴蓝牙设备电池
最高电压	4.5V	4.48V	4.45V
典型容量	2000～6000mA·h	3500～6000mA·h	50～500mA·h
体积能量密度	800W·h/L	780W·h/L	483W·h/L
充电倍率	5C	1.5C	8C
循环寿命	500～800 周	500～1000 周	300～500 周
安全系数	中	中	高

8.6　锂离子电池回收

2022 年全国锂离子电池产量达到 750GW·h，同比增长超过 130%，其中储能型锂电产量突破 100GW·h。正极材料、负极材料、隔膜、电解液等材料产量分别约为 200 万吨、140 万吨、130 亿平方米、85 万吨，同比增长均达 60%以上[6]。随着锂离子电池产业的快速发展，会产生大量报废和退役的锂离子电池。锂离子电池制造时需要用正负极材料、隔膜、电解液、壳体、集流体、极耳、保护电路板和电子器件等。报废和退役锂离子电池中含有 Li、Co、Ni、Cu、Al、Mn 等金属元素，含有电解质以及多种有机物，直接丢弃会造成土壤、地下水污染等环境问题，尤其是 Co、Li 和 Ni 的资源储量有限，将会造成宝贵资源的浪费，甚至会导致自然资源的枯竭，因此回收锂离子电池、回收金属资源是锂离子电池产业可持续发展的必然需求。

锂离子电池的回收包括退役锂电池的降级使用，例如电动汽车电池退役后，经过专业的检测，发现仍有较高的剩余容量和稳定性的电池可以降级用于储能系统。对于不能降级使用的或直接报废的电池，则可进行冶金回收和修复回收。冶金回收就是直接回收金属元素；修复回收是对其中的电极材料直接利用化学反应再生，然后循环利用。目前回收以冶金回收方式为主。下面分别进行讨论。

8.6.1 预处理

预处理的目的是依据电池中各组分的不同性质对组分进行分选。预处理阶段一般包括放电、破碎、隔膜和电解质处理、回收金属集流体与正负极材料。整个预处理流程见图 8-17。

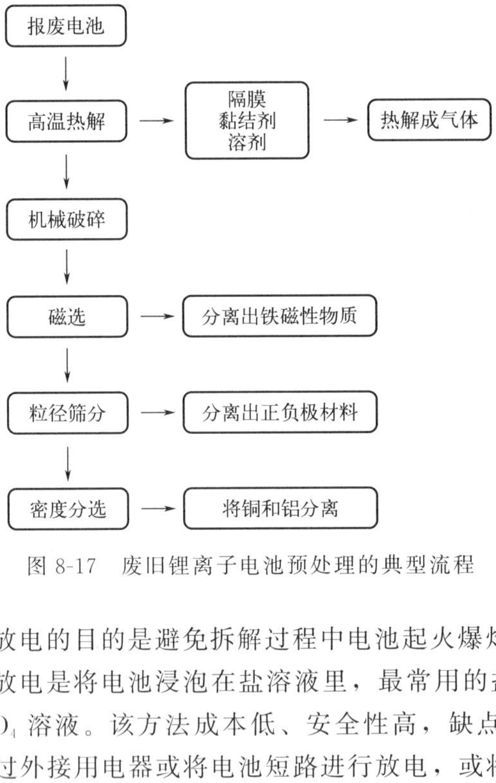

图 8-17 废旧锂离子电池预处理的典型流程

(1) 放电和破碎 放电的目的是避免拆解过程中电池起火爆炸。放电方法有化学放电和物理放电两种。化学放电是将电池浸泡在盐溶液里，最常用的盐溶液为 NaCl 溶液，也可使用 Na_2SO_4 和 $CuSO_4$ 溶液。该方法成本低、安全性高，缺点在于放电耗时长、盐溶液难处理。物理放电通过外接用电器或将电池短路进行放电，或将电池埋在金属或者石墨粉末等导体中使电池实现放电。该方法放电快、成本低，但是安全系数低，容易引起电池发热甚至爆炸。综合考虑，化学放电应用较多。破碎是在对电池放电后，将电池进行机械破碎，以便进一步分离提取有用资源。破碎多在空气中直接破碎，也可以在惰性气体保护下进行机械破碎，从而控制火灾和爆炸风险。另外也可以采用液氮对电池进行冷冻，并在低温下进行安全破碎。

(2) 有机物处理 黏结剂的脱除是获得高纯度电极材料的关键步骤。正极黏结剂的主要成分为聚偏氟乙烯（PVDF），负极黏结剂是丁苯橡胶（SBR）。无论是正极还是负极，在 500℃进行热解处理，即可以将覆盖在正极材料表面的有机物分解脱除，实现正极材料与铝箔的分离，也可以将负极材料和铜箔进行解离。也可利用有机溶剂使黏结剂溶解，常用溶剂为 N-甲基吡咯烷酮（NMP）或二甲基甲酰胺（DMF），但有机溶剂使用成本高。

（3）选矿分离　一般用于破碎后的分离，采用磁选除 Fe，采用风选分离出隔膜，采用筛分分离集流体和正负极材料，采用密度分选铜和铝集流体。

8.6.2　湿法冶金

湿法冶金技术是退役锂离子电池回收较为普遍使用的方法，是通过酸、碱或微生物的作用将电极材料中的有价金属转移到溶液中，这个过程称为金属浸出。后续通过化学沉淀、溶剂萃取、离子交换等方法提取锂、镍和钴等金属元素，这个过程称为金属分离。

（1）金属浸出　在使用湿法冶金工艺回收退役锂离子电池的过程中，金属浸出是关键步骤，通常使用有机酸、无机酸、碱液或菌液破坏电极材料原有的结构，使其中的金属元素以离子的形式转移到溶液中。按浸出工艺可以分为全浸出和选择性浸出。全浸出指的是将所有金属元素全部溶解于酸溶液中；选择性浸出是先选择性浸出锂，采用弱酸氧化浸出 $LiFePO_4$，可获得电池级碳酸锂，再浸出其他金属离子。目前这两种方法工业上都在使用。

常用的浸出剂有无机酸浸出剂和有机酸浸出剂。常用的无机酸有盐酸（HCl）、硝酸（HNO_3）、硫酸（H_2SO_4）等。三元材料（NCM）中 Ni、Co、Mn 均以稳定的高价态形式存在，想要提高浸出效率需要使用还原剂将其价态降低。盐酸本身具有一定还原性，可将三元材料中 Ni、Co、Mn 的价态降低，最高浸出率可达 99%[4]。对于 $LiFePO_4$ 正极材料，在浸出过程中需要加入氧化剂将 Fe^{2+} 氧化为 Fe^{3+} 以提高提锂效率。硝酸本身具有氧化性，作为浸出剂浸出磷酸铁锂正极材料时不需额外添加氧化剂。在无机酸作为浸出剂的研究中，硫酸＋双氧水（$H_2SO_4+H_2O_2$）体系使用得最为广泛。反应方程式如下：

$$2LiNi_xCo_yMn_{1-x-y}O_2+H_2O_2+3H_2SO_4 \longrightarrow Li_2SO_4+2xNiSO_4+2yCoSO_4+2(1-x-y)MnSO_4+4H_2O+O_2\uparrow \tag{8-5}$$

$$2LiFePO_4+H_2SO_4+H_2O_2 \longrightarrow 2FePO_4\downarrow+Li_2SO_4+2H_2O \tag{8-6}$$

冶金工业主要以无机酸作浸出剂，浸出效率较高，对各种有价金属的浸出率都能达到 95%以上。但是无机酸的过度使用会产生大量酸性废水，增加后续处理的运营成本。同时，无机酸使用时会释放有毒有害气体，如 Cl_2、NO_x 等。

有机酸作为浸出剂具有易降解、pH 低、不易产生有毒气体和二次污染等优势。柠檬酸、酒石酸、苹果酸和草酸等均可以较为高效地完成对废旧锂离子电池正极材料的浸出。利用苹果酸作为浸出剂、过氧化氢作为还原剂对废旧三元锂电池正极材料有价金属进行浸出试验，Co、Mn、Ni、Li 的浸出率分别为 97.1%、99.8%、96.9%、98.7%。但由于使用有机酸进行工业生产的处理成本较高，目前工业生产未见应用。

（2）金属分离　将正极材料中的有价金属转移到溶液中后，需要将各金属分离提纯，常用的方法有溶剂萃取法、化学沉淀法、电化学沉积法和离子交换法等。这里介绍工业常用的溶剂萃取法以及有潜力应用的化学沉淀法。

溶剂萃取法是利用系统中各组分在不同溶剂中的溶解度差异来分离混合物的操作方法，它的原理是利用物质在两种互不相溶（或微溶）的溶剂中溶解度或分配系数的差异，使溶质物质从一种溶剂内转移到另外一种溶剂内。常用的萃取剂为磷酸二(2-乙基己)酯

（即 P204），用于分离钴、镍、锰；2-乙基己基磷酸 2-乙基己酯（即 P507），用于分离钴、镍；二（2，4，4-三甲基戊基）膦酸（即 Cyanex 272），用于回收钴。目前这是工业上常用的方法。

化学沉淀法指的是在浸出液中加入沉淀剂，将金属离子转化为不溶（或微溶）金属盐的形式沉淀下来，从而将金属离子分离出来。化学沉淀技术的关键点在于沉淀剂的选择和 pH 调控。Li 等[7] 通过将 Li^+ 在 95℃条件下与饱和 Na_2CO_3 反应转化为 Li_2CO_3 进行回收。这种简单易行的工艺对环境的负面影响很小，在工业应用方面有很大的潜力。

8.6.3 火法冶金

火法冶金是指在高温条件下，正极材料通过一系列物理化学反应，其中的金属以合金的形式保留，从而与其他杂质进行分离。一般在反应过程中需要加入一定的还原剂，在还原性气氛下经过高温冶炼后，不同的金属以合金相或渣相的形式被收集。

火法冶金工艺通常分为三步：第一步是将电池整体破碎后送入回转窑进行还原焙烧，分为低温段和中温段。低温段温度约 300℃，目的在于蒸发电解液，降低燃爆风险；中温段温度升高到 700℃，以电池负极（C）、隔膜与黏结剂（加热分解后产生的还原性气体）为还原剂，实现 Ni、Co、Mn 的预还原。第二步是将温度升高到 1200℃以上，进行进一步还原和熔炼，在这一过程中 Ni、Co、Cu 进入合金相，可通过金属全浸出方法以及后续金属的选择性分离实现有价金属的回收。如以焦炭为还原剂、石灰为造渣剂，采用火法还原熔炼法处理废旧锂离子电池电芯，锂主要以蒸气（Li_2O）形式逸出并用水捕集回收，铜、钴以含碳合金形式富集，氟、磷、铝以及部分锂则进入渣相。第三步，使用湿法冶金技术，先浸出再分离提纯贵金属离子，实现有价金属的资源再利用。

火法冶金不能单独使用，仍需要湿法冶金工艺来完善整体的回收流程。火法冶金工艺的优势在于处理量大、工艺简单且流程短、对电池种类选择性低。

8.6.4 修复再生

锂离子电池的封闭结构意味着其活性材料并没有流失，因此只要对失效正负极材料进行直接修复，就可以实现正负极材料的复用。修复再生主要是对电极材料进行回收，然后通过修复技术恢复电极材料的原有电化学性能的技术。修复再生的工艺过程包括拆解分选和修复再生两大工艺步骤。

（1）拆解分选　修复再生过程要求正极材料的杂质含量足够低，因此首先要对电池进行拆解，而不是直接粉碎。目前多采用先手工拆解再浮选的方法获得高纯度的正极材料。将手工拆解获得的正极片经过粉碎，在 500℃处理后进行浮选分离，经一段浮选，正极材料纯度可达 94.72%，回收率可达到 83.75%。热解可强化浮选分离效果。

（2）三元材料修复再生　上海交通大学梁正、中国科学院院士成会明和清华大学周光敏合作[8]，开展了三元材料 $LiNi_{0.5}Co_{0.2}Mn_{0.3}O_2$（SNCM523）的再生研究。他们将使用过的 SNCM523 阴极粉末、氨水和水混合进行水热处理，经过洗涤干燥获得阴极粉末（HSNCM523），再和氢氧化锂混合，经过煅烧处理获得再生的正极材料（RHSNCM523），同时将 SNCM523 直接和氢氧化锂煅烧获得了对比的再生材料（RSNCM523）。反应过程中的结构变化见图 8-18。

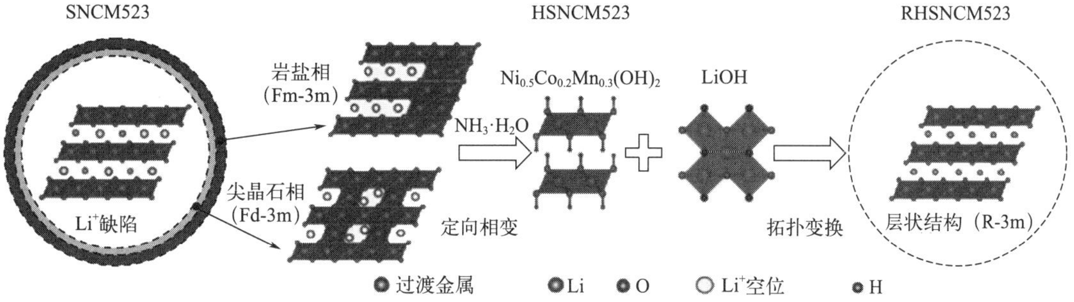

图 8-18　再生 SNCM523 的拓扑异构转化方法示意图

对 SNCM523、RSNCM523 和 RHSNCM523 三种材料进行电化学性能测试。在 0.5C 下，在 2.5～4.3V 的电压范围内进行首次充放电，SNCM523 充电和放电平台模糊，电压衰减严重［图 8-19（a）中虚线圆形区域］，放电比容量为 70mA·h/g，库仑效率仅为 67.6%。RSNCM523 的充/放电平台较短，放电比容量和电压衰减都明显改善。而 RHSNCM523 电压衰减非常小，具有明显的充放电平台，比容量大幅度增加，达到 155mA·h/g，与原始 NCM523 的比容量相当，表明 SNCM523 已经被全面修复，见图 8-19（a）～（c）。倍率性能测试表明，RHSNCM523 在不同倍率下比容量没有显著衰减，当倍率从 3C 返回到 0.5C 时，比容量为 150mA·h/g，与原始 NCM523 的比容量相当。然而，在相同条件下，RSNCM523 和 SNCM523 返回到 0.5C 的比容量分别仅为 100mA·h/g 和 65mA·h/g，见图 8-19（d）。RHSNCM523 的循环性能比 SNCM523、RSNCM523 显著提高。半电池循环性能测试表明，在 0.5C 下的长循环中，RHSNCM523 的初始比容量为 152mA·h/g，经过 100 次和 200 次循环后比容量保持率分别为 90%和 76%，见图 8-19（e）。RHSNCM523 和石墨组装的全电池在 0.25C 下，在 2.4～4.2V 的电压范围内，经过 100 次和 200 次循环后容量保持率分别为 83%和 71%，见图 8-19（f）。

这项工作从根本上解决了三元正极材料修复再生过程中最重要的锂化问题。失效的三元正极 $LiNi_{0.5}Co_{0.2}Mn_{0.3}O_2$ 表面由致密的岩盐相失效结构构成，这是由于循环过程中过渡金属原子迁移到 Li 位点所形成。结构模拟和理论计算分析显示 Li^+ 在岩盐相中按照高扩散势垒、高耗能的“2-TM”输运通道迁移，该迁移路径严重阻碍了失效正极材料修复再生过程中的 Li^+ 输运。针对这一问题，利用氨水的还原性，在水热条件下将失效 $LiNi_{0.5}Co_{0.2}Mn_{0.3}O_2$ 正极材料表面的致密岩盐相转变成过渡金属氢氧化物，再将氨水处理后的粉末与氢氧化锂混合煅烧，最终通过拓扑转变构筑了可以实现 Li^+ 快速输运的通道。与其他直接再生方法相比，Li^+ 快速输运通道的构建很大程度上减少了锂盐的使用量，节约再生成本 25%以上。图 8-20 为失效三元正极材料的拓扑转化修复机制。

（3）钴酸锂的修复再生　废弃 $LiCoO_2$ 传统的回收工艺主要是通过高温焙烧或酸浸来提取有价值的 Li 和 Co，实际上是一种并不环保的策略，因此回收工艺亟待绿色化。成会明、周光敏、梁正等[9] 开发了一种利用 LiCl-CH_4N_2O 深层共晶溶剂（DES）的无损直接修复工艺，见图 8-21。DES 具有溶解度好、绿色、无毒和成本低等优点。他们选择 LiCl 作为锂源，通过调整 LiCl 与 CH_4N_2O 的配比，可将共熔点降到 120℃以下。具体过程为：

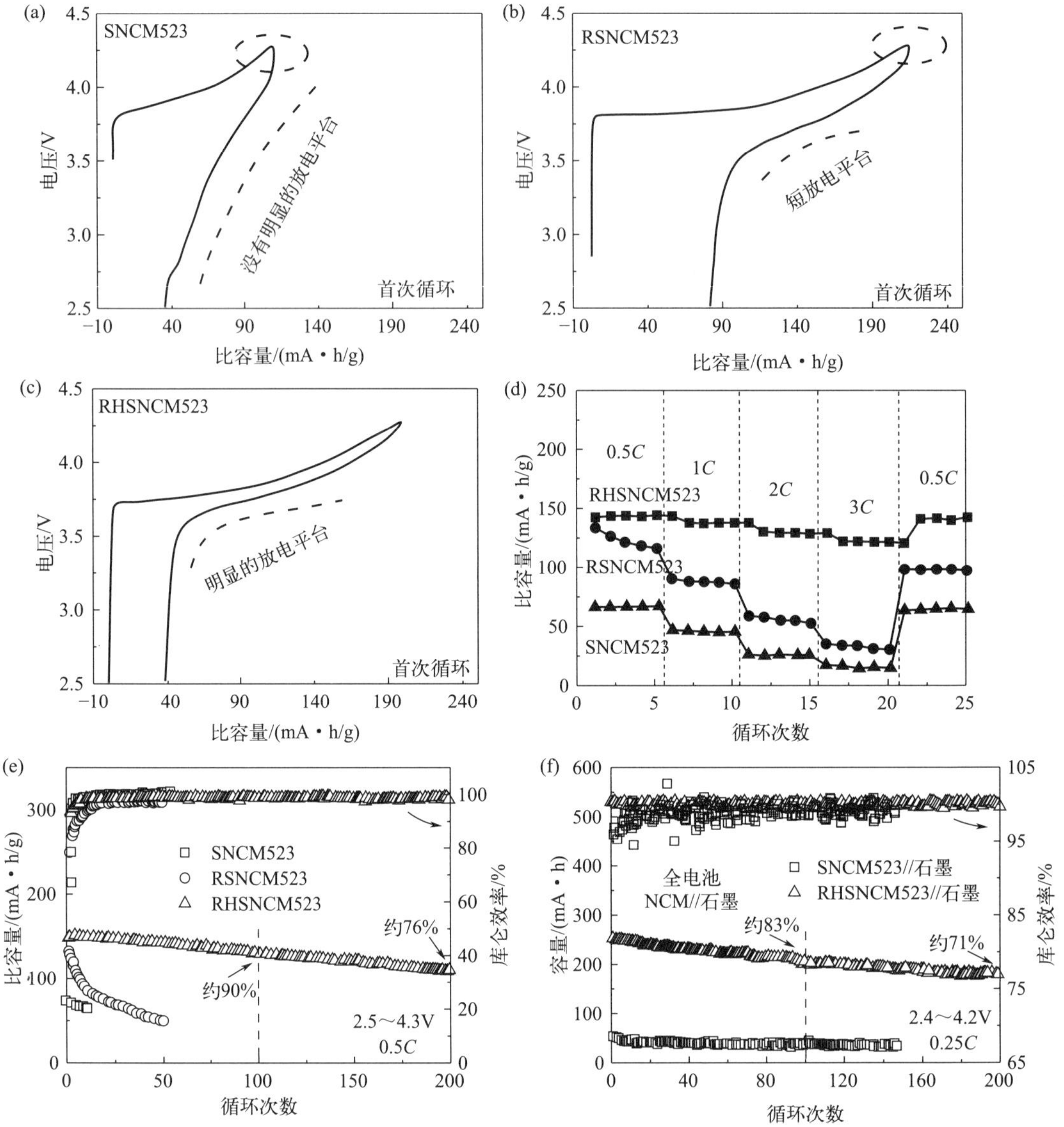

图 8-19 首次循环时的恒电流充电-放电曲线

(a) SNCM523；(b) RSNCM523；(c) RHSNCM523；(d) SNCM523、RSNCM523 与 RHSNCM523 的倍率性能；(e) SNCM523、RSNCM523 和 RHSNCM523 在 0.5C 下的循环性能；(f) SNCM523 和 RHSNCM523 在全电池中的循环性能

首先将 LiCl 和 CH_4N_2O 以 3∶1的摩尔比混合，并在 100℃下加热形成 DES。然后将退役的 $LiCoO_2$ 和少量 CoO 加入 DES 中，在 120℃下搅拌形成浆料，过滤并用去离子水和乙醇洗涤，获得修复后的 $LiCoO_2$，记为 D-LCO-R。最后将 D-LCO-R 干燥，在空气中 850℃退火，同时去除残留的碳添加剂。为提高循环稳定性，在退火过程中掺入少量 Mg^{2+}，得到修复和加热的 $LiCoO_2$，记为 D-LCO-R-H。

对修复后 $LiCoO_2$ 的电化学性能进行测试。降解后的 $LiCoO_2$（D-LCO）在第一个循环中比容量有限，只有约 50mA·h/g，并迅速衰减为零［见图 8-22（a）、（c）］。而 DES

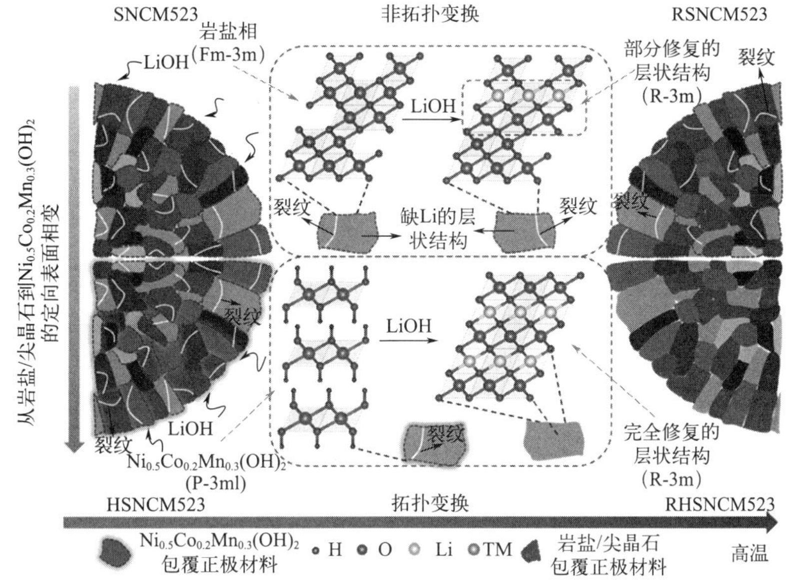

图 8-20　失效三元正极材料的拓扑转化修复机制

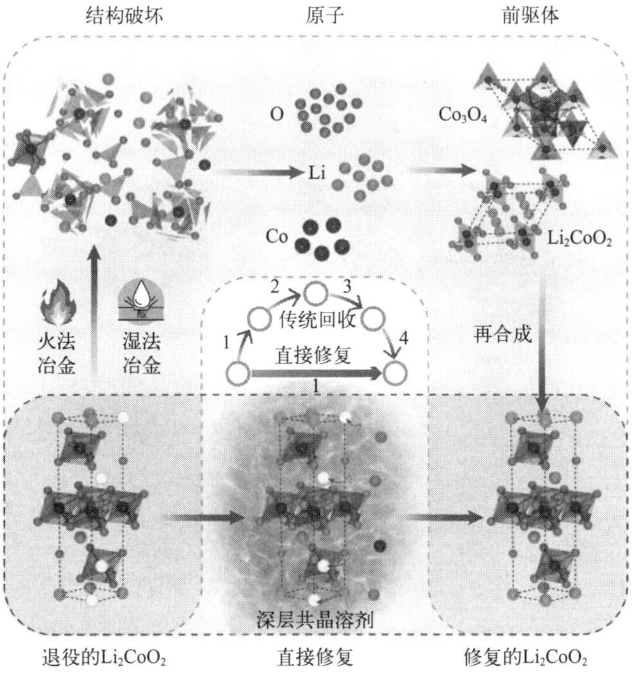

图 8-21　传统的恢复工艺和该工作的直接修复工艺机理示意图

处理后的 D-LCO-R-H 的电化学性能大多恢复到初始状态，具有较高的初始比容量和稳定的循环性能。在 0.1C 倍率下，比容量为 133.1mA·h/g，与原始 $LiCoO_2$（P-LCO）的比容量（134.4mA·h/g）相似。正极材料退火过程中掺杂微量 Mg^{2+} 的 D-LCO-R-H 具有更好的电化学性能［见图 8-22（b）］：在 4C 时，D-LCO-R-H 的比容量为 101.8mA·h/g，而 P-LCO 仅有 2.9mA·h/g。在 50 次循环时，D-LCO-R-H 的比容量没有衰减，在

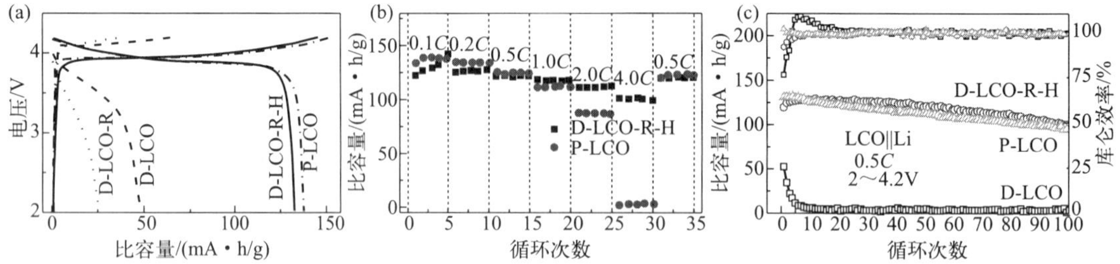

图 8-22 不同类型 $LiCoO_2$ 的充放电曲线（a）、不同类型 $LiCoO_2$ 的倍率性能（b）和 D-LCO、D-LCO-R-H、P-LCO 的循环性能（c）

0.5C 条件下循环 100 次后比容量保持率约为 90%，与 P-LCO 相同。在更高的截止电压（如 4.3V）和更高的温度（60℃）下，D-LCO-R-H 的性能接近 P-LCO。

与现有火法冶金和湿法冶金相比较，直接再生方法的工艺步骤明显减少，见图 8-23，避免了高温冶炼和酸浸，能耗和温室气体排放显著降低，通过将滤液在 100℃下加热蒸发水和乙醇，回收的 DES 可以二次使用，解决了处理含酸废水的问题。D-LCO 直接再生工艺的能耗为 122.1MJ/kg，远低于火法的 152.5MJ/kg 和湿法的 160.76MJ/kg，仅为从锂矿生产原始正极材料能耗的 62.9%。直接再生法温室气体的排放量最低为 8284kg/kg，只为原始正极排放量的 65.2%。对三种回收方法的成本进行比较，结果表明火法回收成本最高，为 4.2＄/kg 电池，湿法冶金工艺成本为 3.8＄/kg 电池，而直接再生工艺成本为 3.7＄/kg 电池。

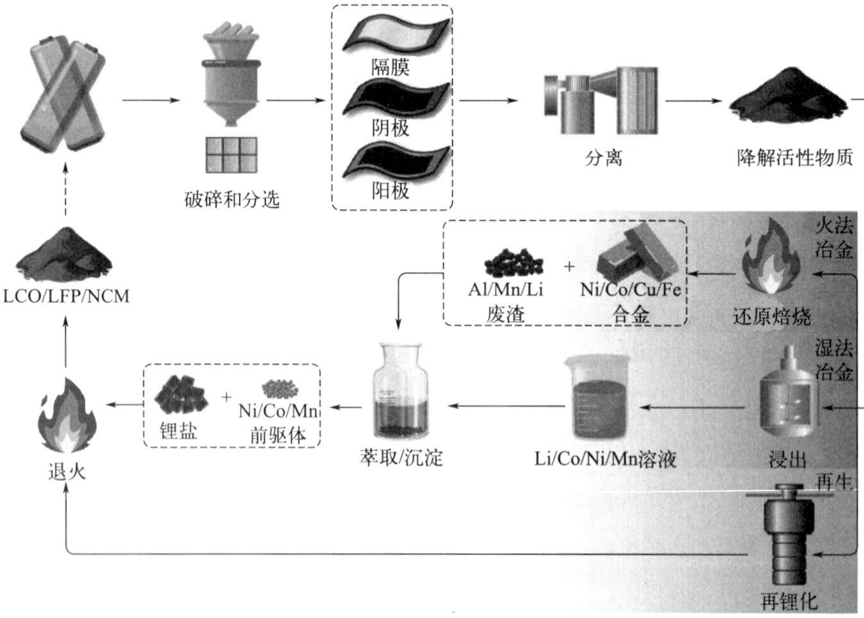

图 8-23 不同的回收方法工艺路线对比

（4）磷酸铁锂的修复再生 对于磷酸铁锂正极材料，针对磷酸铁锂电池在长时间充放电循环中出现的 Li 缺失和 Fe 溶出的问题，可通过外加锂源、铁源进行补充，重新调配

Li、Fe 和 P 元素配比，并掺杂其他金属离子、进行碳包覆、于惰性气体氛围下进行高温处理，将磷酸铁锂直接再生。可在不破坏电极材料原有结构的情况下恢复其电化学性能，重新投入使用。以 $LiOH \cdot H_2O$ 为锂源、加入酒石酸作为还原剂、采用水热法直接再生获得的磷酸铁锂，比容量为 165.9mA·h/g，在 1C 下循环 200 次后比容量保持率高达 99.1%。

修复再生工艺流程相对简单，产物可以直接用作电极材料。但目前绝大多数企业倾向于使用火法冶金＋湿法冶金法进行工业生产，主要原因有两个：一是机械拆解难以获得高纯度的电极材料，而手工拆解又极大地增加了处理成本，降低处理效率，拆解的成本控制成为限制修复再生技术工业化的关键因素；二是修复再生工艺对电池种类的选择性高，无法对多种类型的退役电池混合处理，处理规模小，难以实现规模化降低成本。

对于高附加值金属含量高的电池类型，如三元电池，利用以上工艺可以高效地获得高附加值金属材料，同时收获可观的经济效益，但是对于高附加值金属含量低的电池，如磷酸铁锂锂离子电池，其中的铁价值相对较低，传统湿法萃取分离技术成本较高，所获经济效益低于回收成本。因此，对于电极材料的修复再生，为退役锂离子电池的资源化利用提供了新的思路。

习　题

1. 简述单体电池组装时的主要部件及其功能。
2. 电动汽车电池组的结构分为几个部分？每个部分的主要功能是什么？
3. 电动汽车模块中的电池连接方式主要是并联还是串联？为什么？
4. 锂离子电池组管理系统主要包括哪些功能？
5. 试分析锂离子电池热失控的特征温度 T_1、T_2 和 T_3 的主要影响因素。
6. 在使用过程中引发电池安全事故的主要原因分为几个方面？
7. 试分析锂离子电池起火和爆炸过程中可燃物、氧气和温度的三角关系。
8. 试分析锂离子电池制造缺陷对安全性能的影响。
9. 现有单体电池，其标称电压为 3.7V，容量为 3000mA·h。为了满足某设备的需求，需要构建一个电池组，该电池组的总电压应为 11.1V，并且总容量至少为 8000mA·h。

(1) 若仅通过串联方式构建电池组，需要多少个单体电池？这样的电池组电压大于 11.7V 时，串联电池是多少？

(2) 若仅通过并联方式构建电池组，需要多少个单体电池？这样的电池组容量大于 8000mA·h 时，并联电池是多少？

(3) 设计一个合适的复联（串并联结合）电池组结构，使其既满足电压要求又满足容量要求，至少设计出 2 种方案，并分析其优缺点。

10. 假设某锂离子电池的热失控起始温度为 120℃，电池的质量为 0.1kg，比热容为 1.0J/（g·℃）。当电池从环境温度 25℃ 开始，由于内部短路产生了 100W 的功率，并且假设所有的功率都转化为电池的热内能。计算：

(1) 在没有散热的情况下，电池需要多长时间才能达到热失控起始温度？

（2）如果考虑电池表面的散热，散热速率为5W（即每秒散失5焦耳的热量），那么电池达到热失控起始温度的时间会如何变化？重新计算所需时间。

参考文献

[1] 王震坡．电动汽车电池组连接方式研究［J］. 电池，2004，34（4）：379-281.

[2] 李国欣．新型化学电源技术概论［M］. 上海：上海科学技术出版社，2007.

[3] Feng X，Ren D，He X，et al. Mitigating thermal runaway of lithium-ion batteries［J］. Joule，2020，4（4）：743-770.

[4] Roth E P，Doughty D H. Thermal abuse performance of high-power 18650 Li-ion cells［J］. Journal of Power Sources，2004，128（2）：308-318.

[5] Yeow K，Teng H，Thelliez M，et al. 3D thermal analysis of Li-ion battery cells with various geometries and cooling conditions using Abaqus［C］//Proceedings of the SIMULIA Community Conference，2012. http://www. simulia. com/SCCProceedings2012/content/papers/Yeow _ AVL _ final _ 2202012. pdf.

[6] 庞志博，何亚群，韦能，等．退役锂离子电池回收工艺与再生技术现状［J］. 电池：1-5［2024-04-11］. http：//kns. cnki. net/kcms/detail/43. 1129. TM. 20231212. 1552. 002. html.

[7] Li L，Bian Y F，Zhang X X，et al. A green and effective room-temperature recycling process of $LiFePO_4$ cathode materials for lithium-ion batteries［J］. Waste Manage，2019，85：437-444.

[8] Jia K，Wang J，Zhuang Z，et al. Topotactic transformation of surface structure enabling direct regeneration of spent lithium-ion battery cathodes［J］. Journal of the American Chemical Society，2023，145（13）：7288-7300.

[9] Wang J，Zhang Q，Sheng J，et al. Direct and green repairing of degraded $LiCoO_2$ for reuse in lithium-ion batteries［J］. National Science Review，2022，9（8）：nwac097.

第9章 锂离子电池电极过程

本章主要讨论锂离子电池的电极过程动力学内容，首先介绍电极过程与控制步骤，然后从电极过程模拟和实验分析角度分别讨论锂离子电池的多孔电极结构对电极动力学的影响，为锂离子电池的容量和功率性能设计提供依据。

9.1 电极极化与电极过程

9.1.1 电极反应

电池充放电过程中，一定会有电流通过。在整个电池回路中，外电路的作用是通过导线实现电子导电，内电路的作用是通过电解液实现离子导电，而在电极/电解溶液界面上必然要发生氧化还原反应，将电子导电和离子导电进行转换，以实现电量在内外电路的连续传递和电池反应的连续进行。在化学电池的放电过程中，对于电池的正极来讲，从外电路看电子流入正极，从内电路看电极上发生得电子的还原反应，正极在内电路称为阴极，作用是在外电路接受电子，在内电路接受离子；对于电池的负极来讲，从外电路看电子流出负极，从内电路看电极上发生失电子的氧化反应，负极在内电路称为阳极，作用是对外电路放出电子，对内电路放出离子。充电过程则正好相反。值得注意的是，正负极通常按照外电路的电流方向定义，而阴阳极是按照电极/溶液界面上发生的氧化还原反应定义。正负极与阴阳极及其发生的氧化还原反应的关系见表 9-1。

表 9-1 二次电池的充放电反应与极化

项　目	放电过程		充电过程	
从外电路看	正极	负极	正极	负极
从内电路看	阴极 阴极反应为还原反应	阳极 阳极反应为氧化反应	阳极 阳极反应为氧化反应	阴极 阴极反应为还原反应
从极化看	阴极极化 电位变负	阳极极化 电位变正	阳极极化 电位变正	阴极极化 电位变负

对于单个电极，根据电流方向不同，既可以发生氧化反应作为阳极使用，也可以发生

还原反应作为阴极使用。在充电和放电过程中，电极发生的反应是相互转变的。一般人们选择电极电位相差较大的两个不同电极组成电池，这样才能获得较高电位，电池才能具有较高能量。

对于单个电极，如果发生如下电极反应：

$$O_{氧化态}+ne^{-}\rightleftharpoons R_{还原态}$$

则该电极在热力学平衡态时的电极电位可以用能斯特方程求得：

$$\varphi_{平}=\varphi^{0}+\frac{2.3RT}{nF}\lg\frac{c_{氧化态}}{c_{还原态}} \tag{9-1}$$

式中，φ^{0} 为标准电极电势，也称为标准电极电位，是在 298.15K、浓度为 1mol/L 时相对于氢的电位；$\lg\frac{c_{氧化态}}{c_{还原态}}$为化学反应的反应商（$Q$）值，$c_{氧化态}$、$c_{还原态}$分别为氧化剂和还原剂的摩尔浓度。

值得注意的是，上式是处于热力学平衡态时的电极电位，也给出了对于特定电极影响平衡电位的因素，如反应温度、氧化剂和还原剂浓度等，这些因素改变，电位随之改变。

针对上述电极反应，当单个电极处于化学平衡态时，实际上是同时存在两个相反方向的反应，一个是 O 失去电子的阳极反应，一个是 R 得到电子的阴极反应，如果用电流密度表示反应速率，则阳极反应和阴极反应的反应速率分别可以用阳极电流 i_{a} 和阴极电流 i_{c} 来表示，则有如下表达式[1]：

$$i_{a}=i_{a}^{0}\exp\left(\frac{\beta nF}{RT}\varphi\right) \tag{9-2}$$

$$i_{c}=i_{c}^{0}\exp\left(-\frac{\alpha nF}{RT}\varphi\right) \tag{9-3}$$

式中，α、β 分别为正向阴极反应和逆向阳极反应的电子传递系数，$\alpha+\beta=1$，其具体数值决定于 n 个电荷传递过程的动力学机制。

利用换底公式 $\ln Q=\lg Q/\lg e$，将式（9-2）、式（9-3）改写成对数形式，可表示为：

$$\varphi=-\frac{2.3RT}{\beta nF}\lg i_{a}^{0}+\frac{2.3RT}{\beta nF}\lg i_{a} \tag{9-4}$$

$$\varphi=\frac{2.3RT}{\alpha nF}\lg i_{c}^{0}-\frac{2.3RT}{\alpha nF}\lg i_{c} \tag{9-5}$$

将式（9-4）和式（9-5）采用半对数坐标作图，可以得到图 9-1 所示的两条直线。i_{a}^{0} 和 i_{c}^{0} 的物理意义从图中可以明显看出，当电极电位 $\varphi=0$ 时，它们分别是阳极反应的电流密度和阴极反应的电流密度。

在两条直线交点处，电极的阳极反应电流 i_{a} 和阴极反应电流 i_{c} 相等，电极处于平衡状态。也就是说，当电极体系处于平衡状态（$\varphi=\varphi_{平}$）时，不出现宏观的物质变化，即没有净反应发生，电极在外电路上没有宏观电流通过，但是此时微观的物质交换还在进行，只是正反两个方向的反应速率相等而已。

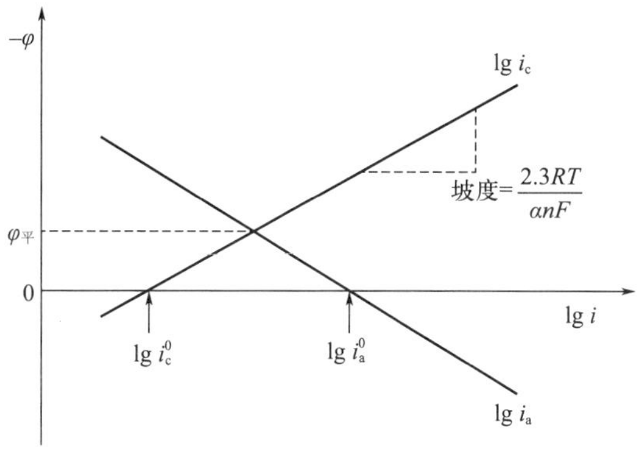

图 9-1　电极电势随阳极电流 i_a 和阴极电流 i_c 的变化

9.1.2 电极极化

对于单个电极，当电极失去了原有的平衡状态，电极上有电流通过时，就有了净反应的发生，电极电位将偏离平衡电位。这种有电流通过时电极电位偏离平衡电位的现象叫作电极极化。为表示极化程度的大小，将某一电流密度下的电极电位与平衡电位的差值称为该电极在给定电流密度下的超电势。

当一个电极作为正极和阴极使用时，电子从外电路流入阴极，而电子在内电路中又不能及时与离子结合转化为离子导电，会造成阴极上电子的过多堆积，导致电极电位变得更负，电极电位比平衡电位降低，称为阴极极化；当一个电极作为负极和阳极使用时，电子从阳极流出，进入外电路，离子在内电路中又不能及时离开阳极，造成阳极正电荷过多堆积，则阳极的电位就会变得更正，电极电位比平衡电位升高，称为阳极极化。习惯上，为使超电势保持正值，对于电极的阴极极化和阳极极化采取不同规定：

$$\eta_c = \varphi_{平} - \varphi_c \tag{9-6}$$

$$\eta_a = \varphi_a - \varphi_{平} \tag{9-7}$$

对于两个电极组成电池时，在充放电时发生的极化见表 9-1。可见，在电池的放电过程中极化造成了正极的电位降低以及负极的电位升高，总体上会降低电池的放电电压，而在充电过程则会使电池的电压升高。

电极的极化现象常用超电势和电流密度之间的关系曲线来表示，称为极化曲线。极化曲线是电极过程速度和电极电势之间关系的特征曲线，对于研究电极反应动力学极为重要。这里讨论只发生电化学反应时的极化，即电化学极化。

如果将图 9-1 的 $\varphi_{平}$ 设为坐标 0 点，即设 $\varphi_{平}=0$，这时就有如下表达式[1]。

对于电极的阳极反应：

$$\eta_a = \varphi - \varphi_{平} = \varphi = -\frac{2.3RT}{\beta nF}\lg i_a^0 + \frac{2.3RT}{\beta nF}\lg i_a \tag{9-8}$$

对于电极的阴极反应：

$$\eta_c = \varphi_{平} - \varphi = -\varphi = -\frac{2.3RT}{\alpha nF}\lg i_c^0 + \frac{2.3RT}{\alpha nF}\lg i_c \tag{9-9}$$

i_a^0 和 i_c^0 依然定义为 $\varphi=\varphi_{平}=0$ 时阳极反应和阴极反应的电流密度，此时这两个值就变为相等，$i_a^0=i_c^0$，用 i^0 表示，因此有：

$$\eta_a=-\frac{2.3RT}{\beta nF}\lg i^0+\frac{2.3RT}{\beta nF}\lg i_a=\frac{2.3RT}{\beta nF}\lg\frac{i_a}{i^0} \tag{9-10}$$

及

$$\eta_c=-\frac{2.3RT}{\alpha nF}\lg i^0+\frac{2.3RT}{\alpha nF}\lg i_c=\frac{2.3RT}{\alpha nF}\lg\frac{i_c}{i^0} \tag{9-11}$$

利用换底公式 $\ln Q=\lg Q/\lg e$，将这些公式改写为指数形式，则有：

$$i_a=i^0\exp\left(\frac{\beta nF}{RT}\eta_a\right) \tag{9-12}$$

$$i_c=i^0\exp\left(\frac{\alpha nF}{RT}\eta_c\right) \tag{9-13}$$

其中传递系数 α 和 β 以及交换电流密度 i^0 是电化学步骤基本动力学参数。将式（9-10）和式（9-11）作图，在半对数坐标图上得到两条直线，这种关系称为半对数关系，见图 9-2。值得注意是此时纵坐标的双箭头表明箭头所象限为正值。

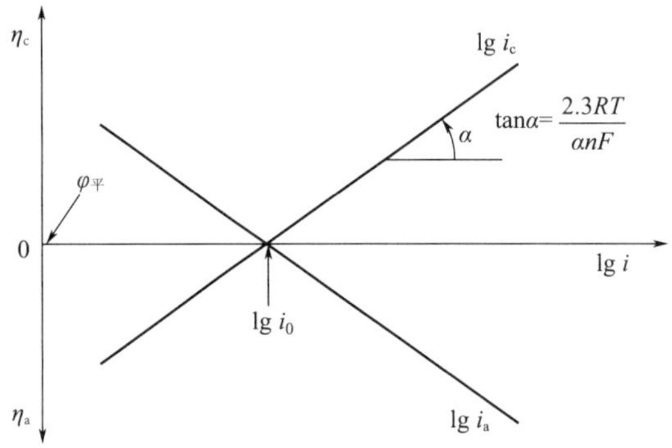

图 9-2 超电势对 i_a 和 i_c 的影响

这里的 i_a 和 i_c 是发生在单个电极上，与阳极反应和阴极反应的绝对反应速率相当的电流密度，而不是外电路中的电流值。当电极处于平衡态时，$i_a=i_c$，外电路无电流通过，此时超电势为“0”。只有当电极平衡被打破，外电路才可能有电流通过，此时超电势不等于“0”。当这个电极在电池中作为阳极使用时，外电路的电流值为 $I_a=i_a-i_c$；当这个电极在电池中作为阴极使用时，外电路的电流值为 $I_c=i_c-i_a$。三者的关系见图 9-3。

由于 i_a 和 i_c 是一个电极上发生的两个相反反应的电流密度，通常不能直接获得，只能测定电极在外电路中的总电流密度 I。阳极极化和阴极极化时的总电流 I 也可以表示为 I_a 和 I_c，需要建立 I_a、I_c 和 i_a、i_c 之间的关系，这样才能直接测定极化曲线。下面只讨论两种最简单的情况。

(1) 当 $|I| \ll i^0$ 时，这时通过的外电流（I）远小于电极体系的交换电流 i^0，例如在 10A/cm^2 的电极上通过 0.1A/cm^2 的电流，则从图 9-4 可以看出，只要电极电势稍稍偏离平衡数值，就可以使 i_a 和 i_c 的差达到 0.1A/cm^2，因此此时极化过电势变化很小，此时电极处于“准可逆状态”，称为可逆电极、难极化电极。

可以推得外电路电流与超电势呈线性关系，如下式[1]：

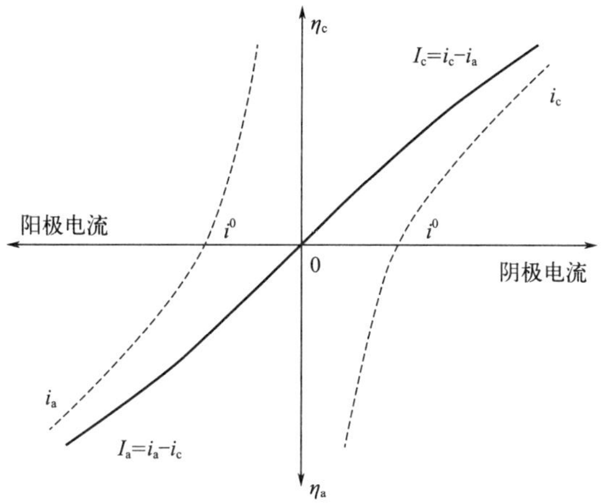

图 9-3　电极超电势与内、外电流密度的关系

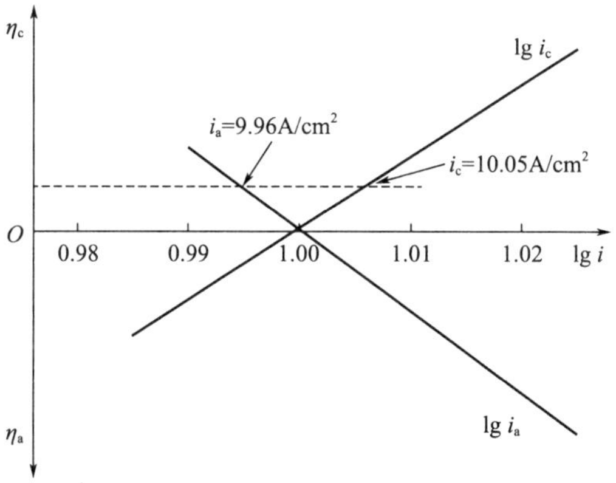

图 9-4　当 $|I| \ll i^0$ 时电极的超电势（i^0 为 10A/cm^2，i_c 为 0.1A/cm^2）

$$\begin{aligned} I_c &= i^0\left[\left(1+\frac{\alpha nF}{RT}\eta_c\right)-\left(1-\frac{\beta nF}{RT}\eta_c\right)\right] \\ &= i^0\left(\frac{\alpha nF}{RT}\eta_c+\frac{\beta nF}{RT}\eta_c\right)=i^0\frac{nF}{RT}\eta_c \end{aligned} \tag{9-14}$$

同样可有

$$I_a=i^0\frac{nF}{RT}\eta_a \tag{9-15}$$

这样，根据 I_c 与 η_c、I_a 与 η_a 之间的直线关系，可以测定 i^0。但实际上，对于难极化电极，η_c 和 η_a 随 I 的变化幅度却很小。

（2）当 $|I| \gg i^0$ 时，即有 $|i_c-i_a| \gg i^0$，此时可以忽略其中的较小项，此时电极处于“完全不可逆”状态，称为理想极化电极或不可逆电极，可以推得外电路电流与超电势关系，如下式[1]：

$$I_c \approx i_c = i^0\exp\left(\frac{\alpha nF}{RT}\eta_c\right) \tag{9-16}$$

及

$$I_a \approx i_a = i^0 \exp\left(\frac{\beta nF}{RT}\eta_a\right) \tag{9-17}$$

从上述公式可以看出，建立了 I_a、I_c 和 i_a、i_c 之间的关系，可以分别测定阳极和阴极极化曲线，从而可以由外电路电流与超电势在半对数坐标或直角坐标上的线性关系，从直线斜率和截距求得 i^0。

其中 i^0 值是表征电极属性的参数，可大致推测极化曲线形式，即 I-η 关系，见表 9-2。由表可知，i^0 对 I-η 关系有决定作用：当 $i^0=0$ 时，电极电势可以任意改变；当 $i^0=\infty$ 时，电极电势几乎不会改变；而当 i^0 处于中间状态时，呈现半对数或直线关系。

表 9-2　电极属性参数 i^0 对电极动力学的影响

i^0 的数值 电极体系的动力学性质	$i^0=0$	i^0 小	i^0 大	$i^0\to\infty$
极化性能	理想极化电极	易极化电极	难极化电极	理想不极化电极
电极反应“可逆程度”	完全“不可逆”	“可逆程度”小	“可逆程度”大	完全“可逆”
I-η 关系	电极电势可以任意改变	一般为半对数关系	一般为直线关系	电极电势几乎不会改变

9.1.3 电极过程

通常将电极表面上发生的过程与电极表面附近薄层电解质中进行的过程合并起来处理，统称为“电极过程”。换言之，电极过程动力学的研究范围不但包括在阳极或阴极表面进行的电化学过程，还包括电极表面附近薄层电解质中的传质过程（有时也有化学过程）。对于稳态过程，阳极过程、阴极过程和电解质中的传质过程是串联进行的，即每一过程中涉及的净电量转移完全相同，此时这三种过程相对独立，因此将整个电池过程分解为若干个电极步骤进行研究有利于弄清每个步骤在整个电极过程中的地位和作用。但两个电极之间往往存在不可忽视的相互作用，因此还要将各个电极步骤综合起来进行研究，以便全面理解电化学装置中的电极过程。

电极过程通常可以分为下列几个串联步骤：

① 电解质相中的传质步骤：反应物向电极表面的扩散传递过程。

② 前表面转化步骤：反应物在电极表面上或表面附近薄层电解质中进行的转化过程，如反应物在表面上吸附或发生化学变化。

③ 电化学步骤：反应物在电极表面上得到或失去电子生成反应产物的电化学过程，是核心电极反应。

④ 后表面转化步骤：生成物在电极表面上或表面附近薄层电解质中进行的转化过程，通常为生成物从表面上的脱附过程，生成物有时也会进一步发生复合、分解、歧化或其他化学变化等。

⑤ 生成物传质步骤：生成物有可能从电极表面向溶液中扩散传递，也有可能会继续扩散至电极内部，或者转化为新相，如固相沉积层或生成气泡。

上述①、③和⑤步是所有电极过程都具有的步骤，某些复杂电极过程还包括②和④步或者其中之一。

下面以液态电解质中石墨负极的充电过程来讨论锂离子电池的电极过程，见图 9-5。石墨负极的充电过程属于阴极过程，电极过程没有上述的后表面转化步骤，通常包括下列 4 个步骤：

① 电解质的液相扩散步骤：溶剂化锂离子在电解液中向石墨表面的扩散传递。

② 前表面转化步骤：首次充电时的溶剂化锂离子吸附在石墨颗粒表面发生反应形成 SEI 膜。后续的充电过程中溶剂化锂离子在 SEI 膜表面吸附，锂离子经过去溶剂化后穿过 SEI 膜，到达石墨表面。

③ 电化学反应步骤：到达石墨表面的锂离子从碳层中得到电子，被还原成金属锂，生成石墨嵌入化合物 Li_xC_6（$0<x<1$）。

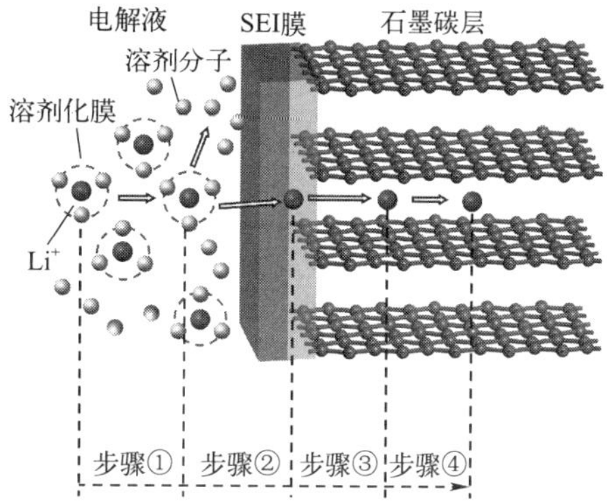

图 9-5　锂离子电池石墨负极电极过程示意图

④ 生成物种的固相扩散步骤：石墨边缘的锂离子从颗粒表面固相扩散至石墨碳层内部，形成稳定的嵌入化合物 Li_xC_6 形式存在。

SEI 膜是首次充电过程中由溶剂和锂盐在石墨颗粒表面生成的还原产物形成的沉积层，主要成分包括烷基锂、碳酸锂和氟化锂等。由于 SEI 膜能够隔绝电解液与石墨颗粒表面，在第 2 次及后续的充电过程中，步骤②中不存在 SEI 膜的形成过程。

电极过程中各个步骤的动力学规律不同，当电极反应速率达到稳态值时，串联过程的各个步骤均以相同的速率进行。在这些步骤中可以找到一个“瓶颈步骤”，又称为“控制步骤”。整个电极过程的进行速率主要由控制步骤的速率决定，其他非控制步骤的速率都比控制步骤快得多，因此整个电极过程所表现的动力学特征与控制步骤的动力学特征相同。如果液相传质为控制步骤，则整个电极过程的进行速率服从扩散动力学的基本规律；如果电化学步骤为控制步骤，则整个电极过程的进行速率服从电化学反应速率的基本规律。

电极过程动力学主要研究影响电极过程速率的因素及其规律，找到控制电极过程的控制步骤，实现对电极性能的动力学调控。为达到这一目的，首先要研究电极过程中分步骤的数量、组合顺序，研究各分步骤的反应速率规律和热力学平衡规律，测定电极过程的总反应速率规律，对比分步骤反应速率规律与总反应速率规律的一致性，识别控制步骤，进而对电极过程实现可控调节。有关电极过程中的液相扩散、表面转化、电化学反应、固相中电子和离子导电过程的基本规律，可参考相关电化学书籍[1,2]。

9.2 多孔电极及其模拟*

9.2.1 多孔电极结构特点

（1）多孔电极特点　锂离子电池的正负极通常为多孔电极。多孔电极是指具有一定孔隙率的电极，通常是将活性物质粉末、导电剂、黏结剂以及添加剂等通过液相混合，然后在集流体上涂膜、干燥和辊压而成。采用多孔电极进行电化学反应，具有如下优点：

① 多孔电极具有较大的比表面积，可以增大电解质与活性物质的接触面积，提高电极反应速率。

② 粉体粒度小，组成多孔电极时可以减小固相中的离子扩散距离，提高电极反应速率，提高活性物质利用率。

③ 多孔电极固液接触面积大，可以降低电极充放电时的电流密度，降低电化学极化，降低电池的能量损失。

多孔电极按照电极是否参与氧化还原反应可分为活性电极和非活性电极。活性电极通常是由参加电化学氧化还原反应的粉末组成，锂离子电池多孔电极属于活性电极。非活性电极中的固相网络本身不参加氧化还原反应，只负担电子传输和提供电化学反应表面，也称为催化电极。

对于全浸没的多孔电极，其内部可能出现的极化现象有三种：

① 溶液反应粒子向电极内部的反应表面扩散（或溶解反应产物从电极内部的反应表面向整体溶液扩散）所引起的液相浓差极化。

② 反应粒子在电极内部的反应界面上发生电化学变化所引起的电化学极化。

③ 电极内部固液相导电过程引起的电阻极化。

（2）多孔电极结构参数　锂离子电池的嵌/脱锂的电化学反应在多孔电极的三维空间结构中进行，多孔电极结构直接影响电极和电池性能。多孔电极的结构因活性物质、导电剂、黏结剂的不同及其制备工艺不同而变化，描述多孔电极结构特征的参数主要包括孔隙率、孔径及其分布、比表面积、孔形态、曲折系数和厚度等。

① 孔隙率。指电极中孔隙体积与电极表观体积的比率。锂离子电池是由粉体构成的多孔电极，孔隙包括颗粒之间的空隙和颗粒内部的孔隙两个部分，其中颗粒之间的空隙以大孔为主，颗粒内部的孔隙以微孔为主。

② 孔径及其分布。按孔径 d 值大小可将孔隙分为微孔（$d<2$nm）、中孔（2nm$<d<$50nm）和大孔（$d>50$nm），其中大孔主要起到离子传输通道作用，微孔和中孔是电极反应的主要场所。孔径分布是指不同孔径的孔体积占总孔体积的百分数，或指不同孔径的孔表面积占总表面积的百分数，通常以孔径-孔表面积和孔径-孔体积曲线形式表达。

③ 比表面积。指单位质量或单位体积多孔电极所具有的表面积，单位为 m^2/kg 和 cm^2/cm^3。对于没有内部孔隙粉体构成的多孔电极，表面积等于粉体的外表面积，一般来讲颗粒粒度越小，比表面积越大。对于内部含有丰富孔隙的粉体，表面积等于粉体的外表面积和孔隙内表面积之和，通常粉体内部的微孔对表面积贡献较大。比表面积可以反映实际参与电极反应的表面积相对大小。

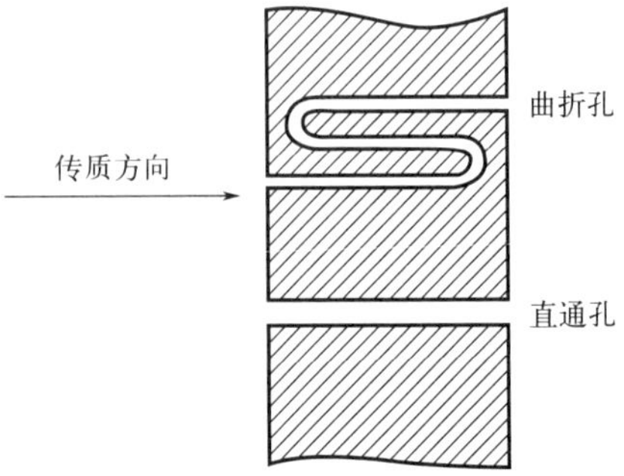

图 9-6　曲折孔与直通孔示意图

④ 孔隙曲折系数。指多孔电极中通过孔隙传输时实际传输途径的平均长度与直通距离之比，直通孔的曲折系数 β 为 1，如图 9-6 所示曲折孔的曲折系数为 3。曲折系数越小，传输距离越短，离子传输速度越快。

电极的多孔体可看作由若干个网络相互交错形成的，例如锂离子电池就有固相网络和液相网络。在多孔电极的网络相确定后，具体的传质行为首先与该网络相的比体积有关，具体地说，在处理电解质液相传输时，传输性质与孔隙率有关，孔隙率越高则越有利于液相传输，当然还受孔隙曲折系数影响。

当孔径相同时，曲折孔的比体积比直通孔大 β 倍，但其传输速度是直通孔的 $1/\beta$，则有效扩散系数定义为：

$$D_{有效(i)}=D^0_{(i)}\frac{V_i}{\beta_i^{\ 2}} \tag{9-18}$$

V_i 为 i 相的比体积，β_i 为 i 相的曲折系数，而 i 相的表观比电阻 ρ_i 为：

$$\rho_i=\rho_i^0\frac{\beta_i^2}{V_i} \tag{9-19}$$

ρ_i^0 为整体相的比电阻，网络相的其他参数表观值也依此类推。

9.2.2　多孔电极厚度

电极设计时，电池容量的设计与电极活性物质总量相关，如何确定电极的面积与厚度是电池设计必须考虑的问题，这两个变量是相关量，在电极活性物质质量一定时，厚度越小，则面积越大。这里主要讨论电极厚度。先讨论最简单的情况，只包含固相和电解质相两个网络相的“全浸没多孔电极”，并假设多孔电极中固相只负担电子传输和提供电化学反应表面，而本身不参与氧化还原反应，即非活性电极。对于这类电极，其内部不同深度处的电极极化主要是由固、液相网络中的电阻引起的电阻极化[1,2] 以及由孔隙中电解质网络相内反应粒子的浓度不同引起的浓度极化。

9.2.2.1　电阻极化的电极厚度

首先假设多孔电极的一侧接触溶液，并且全部反应层中各相具有均匀的组成，不发生反应粒子的浓度极化；反应层中各相的比体积与曲折系数均为定值。当满足这些假设时，可以用如图 9-7 所示的等效电路来分析界面上的电化学反应和固、液相电阻各项因素对电极极化行为的影响。

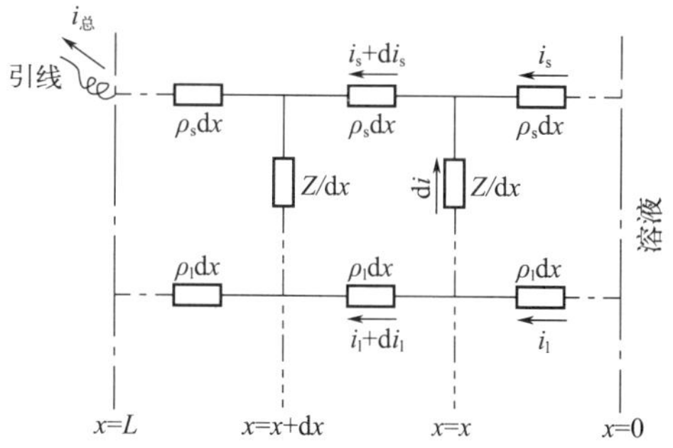

图 9-7　电阻极化时非活性多孔电极的等效电路图

图中将表观面积为 1cm^2、厚度为 L 的多孔电极按平行于电极表面的方向分割成厚度为 dx 的许多薄层，薄层中固相和液相的电位分别用 φ_s 和 φ_l 表示，以下均用下标 s 和 l 分别表示固相和液相。因此，界面上阴极反应的超电势为：

$$\eta=\varphi_l-\varphi_s+常数，或\ d\eta=d(\varphi_l-\varphi_s) \tag{9-20}$$

按 x 方向流经薄层中固相和液相的电流密度分别用 i_s 和 i_l 表示；并用 $\rho_s dx$ 及 $\rho_l dx$ 来模拟每一薄层 x 方向的固、液相电阻，其中 ρ_s 及 ρ_l 分别为固相及液相的表观比电阻。电路中还在固、液相电阻之间用 Z/dx 来模拟薄层中电化学反应的“体积等效电阻”，电荷通过这一电阻在固、液相之间转移。

如果设真实反应表面上的极化曲线为 $i'=f(\eta)$，则反应层中电化学反应的局部体积电流密度为：

$$\frac{\mathrm{d}i}{\mathrm{d}x}=\frac{\mathrm{d}i_{\mathrm{s}}}{\mathrm{d}x}=-\frac{\mathrm{d}i_{1}}{\mathrm{d}x}=S^{*}i'=S^{*}f(\eta) \tag{9-21}$$

式中，S^* 为单位体积多孔层中的反应表面积，即体积比表面积，cm^2/cm^3。

因此，电化学反应的体积等效比电阻 Z 可用下式表示：

$$Z=\eta/\frac{\mathrm{d}i}{\mathrm{d}x}=-\eta/\frac{\mathrm{d}i_{1}}{\mathrm{d}x}=\frac{\eta}{S^{*}f(\eta)} \tag{9-22}$$

下面分别从考虑固相电阻和不考虑固相电阻两个方面进行讨论。

（1）固相电阻很小的情况　在固相电子导电良好的多孔电极中，一般有 $\rho_s \ll \rho_1$，因此可以认为 $\mathrm{d}\varphi_s/\mathrm{d}x=0$，而 $\mathrm{d}\eta=\mathrm{d}\varphi_1=-i_1\rho_1\mathrm{d}x$。由此得到$\frac{\mathrm{d}i_1}{\mathrm{d}x}=-\frac{1}{\rho_1}\frac{\mathrm{d}^2\eta}{\mathrm{d}x^2}$，代入式（9-22）后有：

$$\frac{\mathrm{d}^{2}\eta}{\mathrm{d}x^{2}}=\frac{\rho_{1}}{Z}\eta \tag{9-23}$$

式（9-23）为不考虑固相电阻也不出现浓度极化时多孔电极极化的基本微分方程，其解的具体形式由式（9-22）和选用的边界条件决定。

下面再分电化学极化可忽略和不可忽略两种情况考虑。

当电化学极化很小时，电化学极化可以忽略，可根据电化学极化很小时的极化曲线公式（9-14），将 $I'=i^0\frac{nF}{RT}\eta$ 代入式（9-22）得到：

$$Z=\frac{RT}{nF}\frac{1}{i^{0}S^{*}} \tag{9-24}$$

对于一定的电极结构和反应体系 Z 可当作常数来处理，因而 ρ_1/Z 也为常数，在推导过程中将所有常数项归为 κ，求得式（9-23）的通解，从而求得电极内不同深度的各薄层的界面超电势分布公式：

$$\eta(x)=\frac{\mathrm{d}\eta}{\mathrm{d}x}=\eta^{0}\frac{\mathrm{e}^{\kappa(x-L)}+\mathrm{e}^{-\kappa(x-L)}}{\mathrm{e}^{\kappa L}+\mathrm{e}^{-\kappa L}}=\eta^{0}\frac{\cosh[\kappa(x-L)]}{\cosh(\kappa L)} \tag{9-25}$$

η^0 指多孔电极表面 $x=0$ 处的极化电势，而多孔电极全部厚度内产生的总电流密度即表观电流密度为：

$$I_{总}=I_{1(x=0)}=-\frac{1}{\rho_{1}}\left(\frac{\mathrm{d}\eta}{\mathrm{d}x}\right)_{x=0}=\eta^{0}(\rho_{1}Z)^{-1/2}\tanh(\kappa L) \tag{9-26}$$

由式（9-14）可知 $i(x)$ 与 $\eta(x)$ 成正比，因此二者有相同的变化规律，$i(x)$ 用下式计算：

$$i(x)=\frac{\mathrm{d}i}{\mathrm{d}x}=\left(\frac{\mathrm{d}i}{\mathrm{d}x}\right)_{x=0}\frac{\cosh[\kappa(x-L)]}{\cosh(\kappa L)} \tag{9-27}$$

常设

$$L_{\Omega}^{*}=-\eta^{0}\left(\frac{\mathrm{d}\eta}{\mathrm{d}x}\right)_{x=0}^{-1}=\left(\frac{Z}{\rho_{1}}\right)^{1/2}=\left(\frac{RT}{nF}\frac{1}{i^{0}S^{*}\rho_{1}}\right)^{1/2} \tag{9-28}$$

L_Ω^* 为多孔电极内部液相电阻极化过程引起的反应“特征厚度”。

将 L_Ω^* 代入式（9-25），对于“足够厚”，即 $L \gg L_\Omega^*$，在 $x \ll L$ 的区域内，有如下关系：

$$\eta(x)=\eta^{0}\exp\left(-\frac{x}{L_{\Omega}^{*}}\right) \tag{9-29}$$

式（9-29）表示电极内部界面超电势 η 随 x 增大而衰减，见图 9-8。当 $x=L_\Omega^*$ 时，$\eta=\eta^0/e$，因此可以认为 L_Ω^* 的定义是相应于界面超电势由表观值 η 降至 η^0/e 时的反应层深度。

将 L_Ω^* 代入式（9-26），当反应层的厚度 $L\geqslant 2L_\Omega^*$ 时，$i_{总}$ 很少随 L 而增大。而对于"足够厚"（$L\geqslant 3L_\Omega^*$）的反应层，tanh（κL）≈1，则有：

$$i_{总}=\eta^0(\rho_1 Z)^{-1/2}=\eta^0\left(\frac{nF}{RT}\frac{i^0S^*}{\rho_1}\right)^{1/2}=\frac{\eta^0}{\rho_1 L_\Omega^*} \tag{9-30}$$

式（9-30）表明，$i_{总}$ 与 η^0 之间存在线性关系，$i_{总}$ 与体积交换电流密度（i^0S^*）的平方根成正比。

当多孔电极中的极化较大时，这时不能忽略极化曲线的非线性，极化曲线见图 9-9 中的 a 曲线。图中的 b 曲线为 i^0 相同时平面电极上的极化曲线。比较两曲线可知，多孔电极主要在低极化区，极化曲线 a 比平面电极的极化小得多；在中等极化区，多孔电极的极化也较小，但是极化曲线 d 迅速接近平面电极极化曲线 b，有效反应区域随极化增大迅速减薄；在高极化区，极化曲线 c 与平面电极的极化曲线 b 趋于一致。

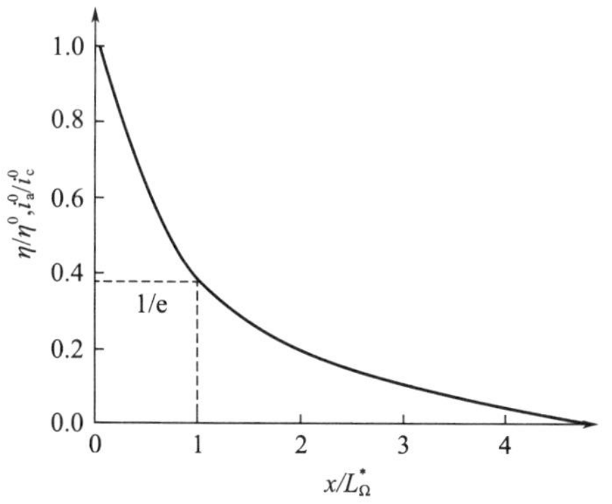

图 9-8 电化学极化很小、固相电阻可忽略的多孔电极界面超电势与体电流密度分布

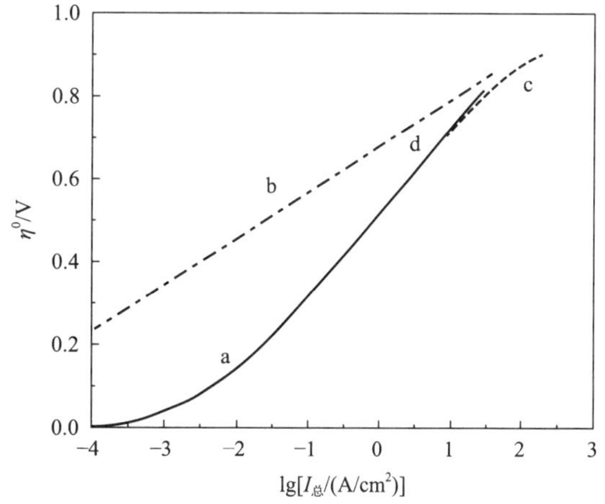

图 9-9 多孔电极的极化曲线

（2）固相电阻不可忽略的情况 当 ρ_s 的影响不能忽略时，可采用数值分析方法[2]，得到极化曲线，大致有如图 9-10 的形式，其特征是往往在电极厚度的中部出现局部极化最小值。主要反应区域的位置决定于 ρ_s 和 ρ_1 的相对大小，当 $\rho_s<\rho_1$ 时反应区域集中在靠近液相的一侧，当 $\rho_s>\rho_1$ 时反应区域集中在靠近集流体的一侧。

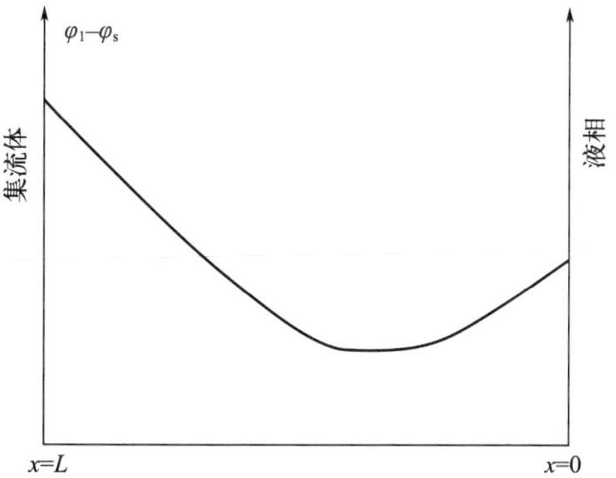

图 9-10 固相电阻不可忽略时多孔电极界面超电势与体电流密度分布

9.2.2.2 浓度极化的电极厚度

对于"全浸没多孔电极"，若反应粒子浓度较低，固、液网络导电性良好，则引起多孔

电极内部极化不均匀的原因往往是反应粒子在孔隙中的浓度极化。非活性电极内部不同深度处的极化主要是由孔隙中电解质反应粒子（在锂离子电池电解质中是锂离子）浓度不同引起的，这种浓度不同是由反应粒子的传输速度不同引起的。同时电极内部不同深度处反应界面上电化学极化值相同，电化学极化主要由浓度极化引起，由于受电极端面外侧整体液相反应粒子传质速度的限制，能实现的稳态表观电流密度不超过整体液相传质速度决定的极限扩散电流密度。

在多孔电极中，反应粒子浓度的三种典型变化趋势见图 9-11。曲线 1 表示粉层内不出现浓度极化的情况，反映电化学极化较大或扩散速度很快不出现浓差极化的情况。曲线 2、3 分别表示当粉体层“不足够厚”和“足够厚”时出现的浓度极化分布情况。当粉层“不足够厚”时，直至粉层最深处（$x=L$）反应粒子的浓度仍明显大于零，因而若粉层更厚，则多孔电极可有更大的反应速率（电流输出）。当粉层“足够厚”时，在粉层深处反应粒子的浓度与端面处浓度相比已降至可以忽略的数值，因此即使增大粉层厚度也不可能输出更大的电流。

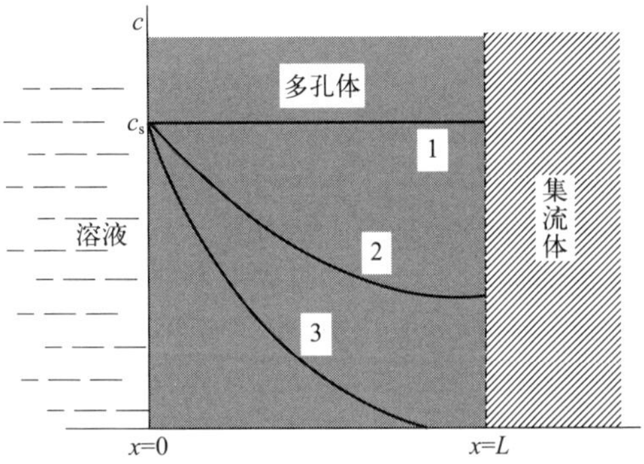

图 9-11 反应粒子在多孔层中的典型浓度分布

由粉体层中反应粒子极化引起的反应层“特征厚度”如下：

$$L_c^* = \left(\frac{nFD_{有效(l)}c^0}{i^0S^*}\right)^{1/2} \tag{9-31}$$

式中，$D_{有效(l)}$ 为有效扩散系数。

9.2.2.3 活性多孔电极的厚度

对于“全浸没多孔电极”，前面讨论的是非活性电极。对于活性电极，也就是参加氧化还原反应的电极，粉体的氧化还原状态不断改变，由此引起的反应物浓度、固液相电阻也在不断变化，特别是活性电极的电化学反应使本来就不均匀的极化分布在电极内部不同深度也是不均匀的，因此多孔电极内部极化分布的不均匀性随极化时间发生变化。另外，由于活性物质是有限的，在连续极化（输出电流）的过程中，有效反应区位置、厚度及其反应能力不断变化，超电势不断增大，直至反应物耗尽，不再输出电流。

对于化学电源中的多孔电极，由于电解质相内参加反应粒子的浓度一般较高（如锂离子电池中的 Li^+），引起这些粒子移动的机理除了扩散外还包括电迁移。这时，对于对称型电解质溶液，有效反应层的“特征厚度”公式［式（9-31）］改写成：

$$L_c^* = \left(\frac{2nFD_{有效(l)}c^0}{i^0S^*}\right)^{1/2} \tag{9-32}$$

比按照式（9-31）计算所得值大 41%。当设计化学电源电极厚度时，如果期望尽可能地高功率输出（即全部粉体均同时输出电流），则极片厚度不应该显著大于 L_Ω^* 或 L_c^*（选其中较小的一个）。

在一些容量较大而内部结构简单的一次电池中，往往电极的粉体层较厚，当输出电流较大时，在电极厚度方向上的极化分布一般不均匀。通常在放电初始阶段，反应区域主要位于粉体层表面或其最深处（集流体一侧），取决于 ρ_s 和 ρ_l 中哪一项数值较大，见图 9-10。随着放电的进行，反应区域向内或向外移动，那么什么是较理想的初始反应区的大致位置及其移动方向？当 $\rho_l \gg \rho_s$ 时，反应区的初始位置在靠近整体液相的一侧的表面层中且随放电进行而逐渐内移。一般来说，这种情况较为理想，因为这时由于放电反应引起的 ρ_s 增大不会严重影响放电进行。然而，若反应产物能在孔内液相中沉积，则由于电极表面层逐渐被堵塞，表层中液相电阻不断增大，导致电极极化增大，在反应物沉积对固相电阻影响较大的情况下，减小 ρ_l 使初始反应区域处于粉体层深处是有利的。

9.2.3　多孔电极及电池模拟

建立数学物理模型，全面系统地研究电池工作过程中各物理场的相互作用机理，分析其演化规律，能够为优化电池结构设计提供理论支撑。

Fuller 等[3] 模拟了锂离子电池恒电流充电和放电性能，两个电极均由惰性导电材料、电解液和固体活性粒子组成，电池体系的结构如图 9-12 所示。在假设锂离子从负极通过隔膜向正电极的一维传输情况下，重点讨论了模拟结果和电池结构优化问题。

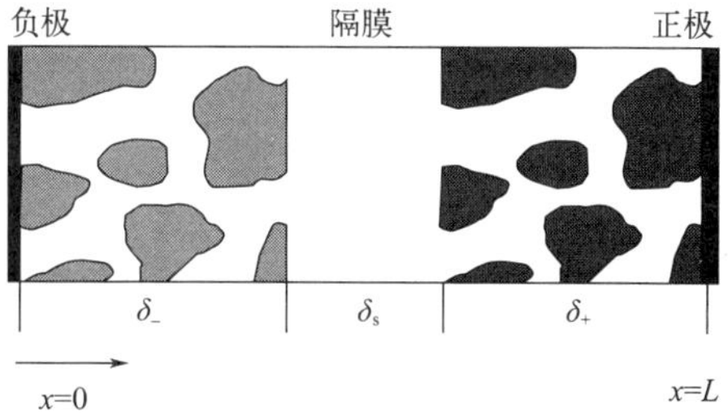

图 9-12　正极、隔膜、负极组成三明治结构的电池体系

电解液为电解质盐和溶剂，含有阳离子 Li^+、阴离子 X^- 和溶剂等物种，用浓溶液理论对隔膜内的输运进行建模。根据 Gibbs-Duhem 方程，可以建立两个独立的输运方程，以溶剂为参考物，并将其速度设为零，可以推导得到：

$$N_+ = -v_+ D \nabla c + \frac{i t_+^0}{z_+ F} \tag{9-33}$$

及

$$N_- = -v_- D \nabla c + \frac{i t_-^0}{z_- F} \tag{9-34}$$

式中，N_+ 和 N_- 为阳离子和阴离子在 x 方向的摩尔通量，mol/（m^2·s）；v_+、v_- 为每摩尔电解质分解成的阳离子和阴离子的数量；D 为固体基质电解质的扩散系数，cm^2/s；c 是电解液的浓度（$c=c_i/v_i$）；i 为电流密度，mA/cm^2；z_+、z_- 为阳离子和阴离子的正负电荷数；F 为法拉第常数，96487C/eq；t_+^0 和 t_-^0 为阳离子和阴离子的迁移数量；∇为梯度算子符号，∇c 代表电解液浓度在最大变化率方向上的单位距离所增加的量。

电解液的物料平衡由下式给出：

$$\varepsilon \frac{\partial c}{\partial t} = \nabla(\varepsilon D \nabla c) - \frac{i_2 \nabla t_+^0}{z_+ v_+ F} + \frac{a j_n (1 - t_+^0)}{v_+} \tag{9-35}$$

式中，ε 是电解液的体积分数，假设孔隙率是恒定的，体积变化可以忽略；t 为时间，s；i_2 为溶液相的电流密度，mA/cm^2；a 为体积比界面面积，m^2/m^3；j_n 是穿过电解质和活性材料之间界面的孔壁通量，该孔壁通量是固体基质和电解质之间界面区域的平均值。因此，最后一项可视为单位体积的反应速率，式（9-35）采用的是类似于填充床反应器的处理方式。

两相中的电流密度是守恒的：

$$I=i_1+i_2 \tag{9-36}$$

总电流密度 I 是均匀的，并且流经电解液相的电流密度为 i_2，插入材料相的电流密度为 i_1。在固体基质中流动的电流由欧姆定律控制：

$$i_1=-\sigma\ \nabla\Phi_1 \tag{9-37}$$

式中，σ 为固体基质的电导率，S/cm；Φ_1 为固体基质的电势，V；

电解液中的电位变化如下：

$$i_2=-\kappa\ \nabla\Phi_2+\frac{\kappa RT}{F}\left(1+\frac{\partial \ln f_{\mathrm{A}}}{\partial \ln c}\right)(1-t_+^0)\nabla \ln c \tag{9-38}$$

式中，κ 为反应速率常数；Φ_2 为电解液中的电势，V，可用溶液中的锂参比电极测量；R 为通用气体常数，8.314J/(mol·K)；T 为温度，K；f_{A} 为盐的活度系数。式（9-38）类似于欧姆定律，但包含浓度变化项。

孔壁通量 j_{n} 与通过法拉第定律求得的电解液相电流的差异有关：

$$aj_{\mathrm{n}}=\frac{-S_i}{nF}\nabla i_2 \tag{9-39}$$

式中，a 为体积比界面面积，$\mathrm{m^2/m^3}$；S_i 为电极反应中物种 i 的化学计量系数；n 为电极反应中转移的电子数。

基于每个离子物种的通量密度在电池末端必须为零来确定式（9-35）、式（9-37）和式（9-38）的第一个边界条件，于是得到：

$$\nabla c=0(\text{在 } x=0 \text{ 和 } x=L \text{ 处}) \tag{9-40}$$

在电池的末端，也可以说电流只在固体基质中流动（$i_2=0$）。因此，从式（9-36）和式（9-37）可以发现：

$$\nabla\Phi_1=-I/\sigma(\text{在 } x=0 \text{ 和 } x=L \text{ 处}) \tag{9-41}$$

因为只对电位差感兴趣，所以在 $x=L$ 时，可以将溶液相的电位设为零；对于恒电流过程，可以明确规定隔膜中的电流（$I=i_2$）。

在多孔介质中，考虑到物种的实际路径长度，传输特性必须进行修改。因此，在复合电极中

$$\kappa_{\text{有效}}=\kappa\varepsilon^{1.5} \tag{9-42}$$

和

$$D_{\text{有效}}=D\varepsilon^{0.5} \tag{9-43}$$

假设活性电极材料由半径为 R_{s} 的球形颗粒组成，锂离子向颗粒中传输的机制是扩散。该模型还可以模拟给定尺寸的圆柱形和平板颗粒；处理方法类似。取垂直于粒子表面的方向为 r 方向。因此

$$\frac{\partial c_{\mathrm{s}}}{\partial t}=D_{\mathrm{s}}\left(\frac{\partial^2 c_{\mathrm{s}}}{\partial r^2}+\frac{2}{r}\frac{\partial c_{\mathrm{s}}}{\partial r}\right) \tag{9-44}$$

式中，c_{s} 表示固相中锂的浓度，$\mathrm{mol/m^3}$；D_{s} 为固体基质中电解质和锂的扩散系数，$\mathrm{cm^2/s}$；r 为活性物质颗粒的半径，m。

从对称角度看

$$\frac{\partial c_{\mathrm{s}}}{\partial r}=0(\text{在 } r=0 \text{ 处}) \tag{9-45}$$

第二个边界条件由穿过界面的孔壁通量和锂离子进入插入材料表面的扩散速率之间的关系提供：

$$j_{\mathrm{n}}=-D_{\mathrm{s}}\frac{\partial c_{\mathrm{s}}}{\partial r}(\text{在 } r=R_{\mathrm{s}} \text{ 处}) \tag{9-46}$$

式中，R_s 为固体颗粒的半径，m。

由于已经假设嵌入的锂离子的扩散系数为常数，这是一个线性问题，可以用杜哈默尔叠加法（Duhamel's superposition integral）求解。简言之，可以根据先前的表面浓度和一系列单独计算的系数来计算嵌入粒子表面的通量。

嵌入材料的开路电位随嵌入锂的量而变化，由颗粒中成分的一般函数表示：

$$U=U^{\ominus}-U_{\mathrm{ref}}^{\ominus}+F(c_{\mathrm{s}}) \tag{9-47}$$

式中，$U^{\ominus}$ 为标准电池电位，V；$U_{\mathrm{ref}}^{\ominus}$ 为参考状态的标准电池电位，V。函数 $F(c_s)$ 在很大范围内的变化依赖于材料的嵌入化学性质。例如，对于锰酸锂来讲，锂的嵌入会导致晶格畸变，因此该材料的电极电势呈现出与每个相变相对应的两个平台。另外，根据定义，锰酸锂之类的化合物在放电过程中表现出相变，不是真正的嵌入材料，因为嵌入是一种非化学计量过程，不应涉及特定相的形成。然而，这里的模型作者认为是通用的，任何连续函数都可以用于上述开路电势。

式（9-35）、式（9-37）、式（9-38）、式（9-39）、式（9-44）和式（9-46）使用计算机程序同时进行线性化和求解，其中有两个自变量（x 和 t）和六个因变量（c、Φ_2、c_s、i_2、j_n 和 Φ_1），采用克兰克-尼科尔森（Crank-Nicolson）隐式方法计算时间导数。克兰克-尼科尔森隐式方法是一种数值分析的有限差分法，可用于数值求解热方程以及类似形式的偏微分方程。它在时间方向上是隐式的二阶方法，可以写成隐式的龙格-库塔法，数值稳定。该方法诞生于 20 世纪，由约翰·克兰克与菲利斯·尼科尔森发展。

首先，在保持两个电极的容量比不变，即当正极的厚度变化时，负极厚度始终为正极的 1.21 倍，同时两个电极的孔隙率保持恒定。表 9-3 和表 9-4 给出了模拟中使用的其他参数。图 9-13（a）展示了锰酸锂/碳系统的电极厚度变化时功率密度和能量密度之间的关系。模拟结果发现，薄电极时可以获得较大的功率密度。但随电极变薄，隔膜在电池中的质量占比会增大，当隔膜质量占比很大时，电池的最大能量密度将下降。在两个电极的厚度和容量比保持恒定时，正极孔隙率会发生变化，负极的孔隙率会随正极孔隙率而发生相应变化。图 9-13（b）展示了锰酸锂/碳系统的电极孔隙率变化时功率密度和能量密度之间的关系。随着孔隙率增加，电池的功率密度增大，但是最大能量密度下降。孔隙率增加，电解液含量随之增加，因此也体现了电解液含量的影响。

表 9-3 电极参数

参 数	$Li_yMn_2O_4$	Li_xC_6
$D_s/(cm^2/s)$	10^{-9}	5.0×10^{-9}
$\sigma/(S/cm)$	1.0	1.0

续表

参　数	$Li_yMn_2O_4$	Li_xC_6
i_0/(mA/cm²)	0.289①	0.041①
α_c，α_a	0.5	0.5
c_t/(mol/dm³)	23.72	26.40
ρ_s/(g/cm³)	4.1	1.9

① 初始条件下的假设值。

表 9-4　设计可调参数

参　数	$Li_yMn_2O_4$	Li_xC_6
δ_+，δ_-/μm	200	243
R_s/μm	1	18
c_s^0/(mol/dm³)	4.744	13.07
ε	0.3	0.3
ε_f	0.151	0.044
T/℃	25	
c^0/(mol/dm³)	1.00	
δ_s/μm	50	
z	0.62	

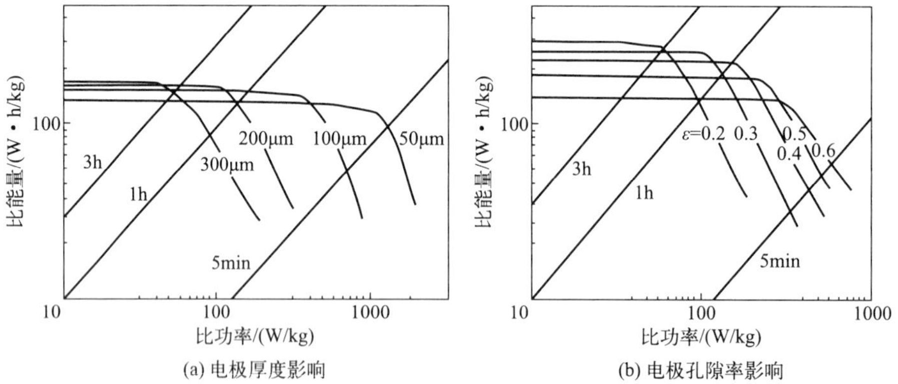

图 9-13　锰酸锂/碳系统的功率密度与能量密度关系

图 9-14 显示了 4.0mA/cm² 电流密度下，全放电时间范围内，在整个电池截面的电解液浓度变化规律。未放电时，电解液浓度在整个截面范围内是均匀的，浓度为 1.00mol/dm³。当开始放电时，锂从碳电极脱出并嵌入锰酸锂电极。在接近放电结束时（65min），锰酸锂电极外侧的电解液浓度降至零，这是一种极限电流现象。一旦发生这种情况，该区域的锰酸锂活性材料就不能再使用，因为溶液相中没有锂离子可嵌入。在更高的电流密度下，

电解液浓度的零点向离隔膜更近位置迁移，从而使电极难以达到 100% 的利用率。而当电流密度低于 $4.0mA/cm^2$ 时，则永远不会达到极限电流。

总之，Fuller 等[3] 采用浓溶液理论描述电解液的传输过程，对锂离子嵌入和脱出过程采用叠加方法预测了锰酸锂-焦炭电池（$LiMn_2O_4$/PC）恒流放电过程中电极厚度和孔隙率对电池比能量和比功率的影响规律，找到了提高活性物质利用率的途径，建立了锂离子在固相扩散和液相传输过程中控制步骤的评价标准。

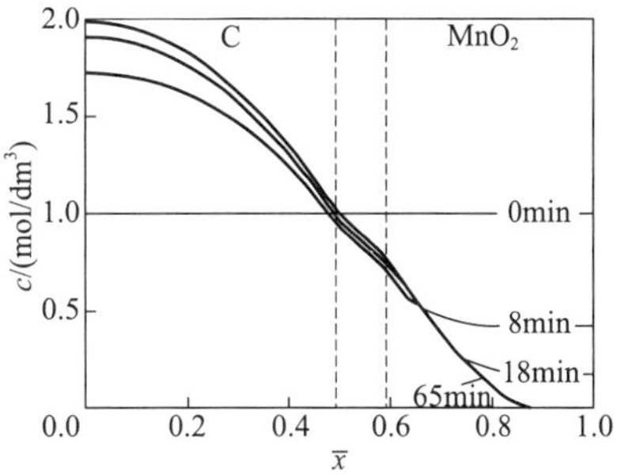

图 9-14　整个电池截面的电解液浓度变化（隔膜区域用虚线隔开，$\bar{x}$ 为无量纲距离，$\bar{x}=x/L$）

9.3 电极过程实验分析

9.3.1 三电极法与半电池

由于电池反应是由电极/溶液界面上的阴极过程、阳极过程以及液相中的传质过程组成的，就稳态过程而言，上述过程串联进行，从变化特征来看，它们是分区进行、彼此独立的，因此可以将电池反应分解成单个过程进行研究。三电极法是常用的研究方法，如图 9-15 所示，研究电极上发生的过程是重点考查对象；参比电极是用来测量研究电极电势的，锂离子电池一般采用 Li^+/Li 作为参比电极；辅助电极用来导通电流，使研究电极的过程得以进行。

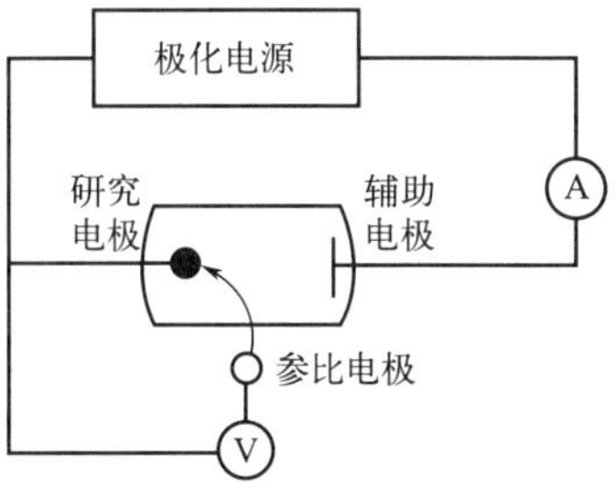

图 9-15　三电极法电路示意图

通过三电极方法可以将正极过程和负极过程分开来研究，这样测定单个电极过程动力学的极化曲线（电极电势-电流密度关系）就可以反映出不同电极过程的基本规律。当然三电极研究不能代替双电极研究，因为它忽视了两个电极的作用。

在锂离子电池研究过程中，人们通常用正负极材料与金属锂构成的半电池来研究单一电极性能和电极过程，如负极材料石墨与金属锂构成半电池、正极材料钴酸锂与金属锂构成半电池。这种半电池的称呼是相对石墨和钴酸锂构成的全电池而言的。事实上，这种半电池本身也是一种全电池，其中金属锂为负极，石墨或钴酸锂为正极。因此，对于石墨与金属锂构成的电池，如果从全电池角度看，电池装配完毕后，自发的是首次放电过程“$6C+Li \longrightarrow LiC_6$”；如果从锂离子电池的半电池看，则是锂离子电池的充电过程“$6C+xLi^++xe^- \longrightarrow Li_xC_6$”。这一点在阅读文献时要注意。

9.3.2 交流阻抗分析

用小幅正弦波交流电信号使电极极化并测量电极响应的方法称为交流阻抗法。当信号频率足够高，以至于每一个半周持续时间足够短时，就不会引起严重的浓差和表面极化。交变电流在同一个电极上反复出现阳极过程和阴极过程，则即使测量信号长时间作用于电极，也不会导致极化现象的累积性发展。另外，电极电势的振幅一般不超过几个毫伏，这时的极化行为主要决定于界面的微分电性质。

如果对电解池施加交变电压信号，则电解池中将通过交变电流，如果电压信号具有正弦波形并且振幅足够小，所引起的交变电流也将是同一频率的正弦波。对于每一个确定的电解池体系，交变电压和交变电流的振幅成比例，而且交变电压和交变电流的相位相差一定角度。电解池在小幅交变电信号激励下，电性质常利用电阻 R 和电容 C 组成的等效电路进行模拟研究。当对等效电路施加相同的交流电压信号时，通过电路的交变电流与通过电解池的交变电流具有完全相同的振幅和相位角。

当交流电路由纯电阻组成，交变电压与交变电流具有相同相位，相位移角 $\theta=0°$，电压信号与电流信号的振幅比 $V^0/I^0=R=Z_R$，称为阻抗。当交流电路由纯电容组成，交变电流比交变电压相位超前 90°，$\theta=\pi/2$，二者振幅比 $V^0/I^0=1/(\omega C)$ ＝绝对值 Z_C，也称为容抗。当电路由电阻和电容串联组成，总阻抗可用下式计算：

$$|Z|=[R^2+(1/(\omega C))^2]^{1/2} \tag{9-48}$$

式中，C 为电容；ω 为交流电变化的角频率；Z 为向量。因此常写成复数形式：

$$Z=Z'-jZ'' \tag{9-49}$$

式中，Z' 和 Z'' 分别为实部和虚部。则此时电阻 R 和电容 C 的阻抗分别为 $Z_R=R$，$Z_C=-j/(\omega C)$，则由 R 和 C 串联组成电路的阻抗

$$Z=R-j/(\omega C) \tag{9-50}$$

此外 Z^{-1} 常称为导纳，用 Y 表示。当线性元件串联组合时，总阻抗为各元件阻抗之和。当元件并联组合时，总导纳为各元件导纳之和。

电解池的等效电路组成见图 9-16。电解池工作时，是将电能转化为化学能的过程。对于一次电池，其工作时发生的是化学能变为电能的放电过程。对于可反复充放电的二次电池，在充电状态时，发生的能量转化过程与电解池相同。

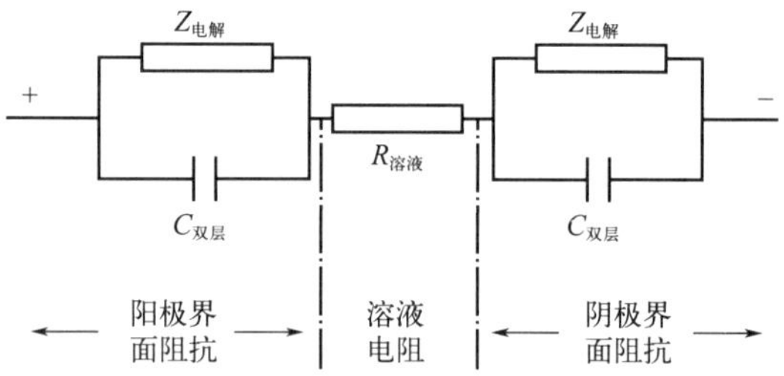

图 9-16　电解池等效电路的组成

根据实验条件不同，电解池的等效电路可以简化：

(1) 如果采用两个大面积电极，则两个电极 $C_{双层}$ 都很大，因此不论界面有无化学反应发生，界面阻抗的数值都很小 $[1/(\omega C_{双层})]$，而且有 $\theta=0°$，这时整个电解池的阻抗近似地相当于一个纯电阻（$R_{溶液}$），这也是测定溶液电导应满足的条件。

(2) 如果用大的辅助电极与小的研究电极组成电解池，则同理可忽略辅助电极的界面阻抗，这时的等效电路见图 9-17 (a)，又可分为两种情况：

① 如果研究电极/溶液界面上不发生电化学反应，即基本满足理想极化电极条件，则 $|Z_{电解}|\gg 1/(\omega C_{双层})$，电解池的等效电路可简化为图 9-17 (b) 的形式，而且有 $0°<\theta<\pi/2$，这也是测定界面微分电容应满足的条件。若在较浓溶液中测量且所用信号频率不太高，则会导致 $R_{溶液}\ll 1/(\omega C_{双层})$，则整个电解池的阻抗与一个电容阻抗相当，即 $\theta=0°$。

② 如果电极反应速率较大，则 $|Z_{电解}|\ll 1/(\omega C_{双层})$，则电解池的等效电路可以简化为图 9-17 (c) 的形式。这是采用交流阻抗测量电极反应动力学参数应该满足的基本条

件。这时一般有 $0°<\theta<\pi/4$。又如果浓度足够大，$Z_{电解} \gg R_{溶液}$，则电解池的阻抗完全由研究电极决定。由于 $R_{溶液}$ 可以很方便地单独测量，即使不能忽略，也很容易由电解池的总阻抗减去 $R_{溶液}$ 而得到 $Z_{电解}$。

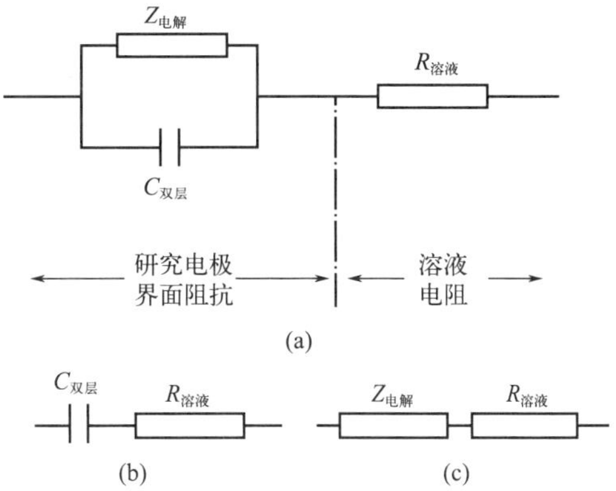

图 9-17　电解池等效电路的简化

Warburg 阻抗是当电极过程为纯扩散步骤控制时的阻抗，可用电阻 R_w 和电容 C_w 串联的等效电路来模拟，如图 9-18 所示。在半无限扩散条件下，Warburg 阻抗可表示为：

$$Z_w=\sigma\omega^{-1/2}-j\sigma\omega^{-1/2} \tag{9-51}$$

式中，σ 为 Warburg 系数；ω 为角频率；$j=\sqrt{-1}$。

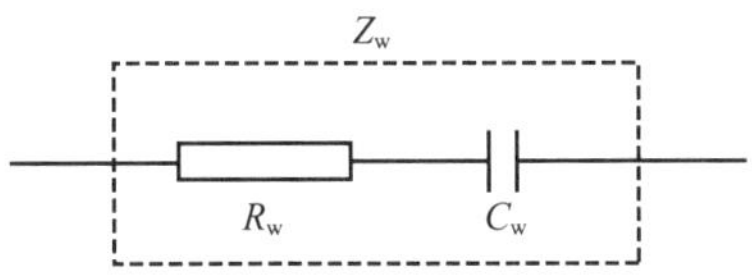

图 9-18　Warburg 阻抗的等效电路

其中电阻 R_w 和电容 C_w 的数值与频率有关。换言之，每一确定的阻抗和电容电路只有通过某一确定频率的交流电时才与扩散控制的电极体系等效。

常规交流阻抗研究通常采用电极阻抗的虚数部分对实数部分作图的分析法，称为复数平面图法。这是由于电极阻抗中一般包括容抗项而很少出现感抗项，因此才采用 Z'' 对 Z' 作图。

对于电解池的总阻抗，这里先讨论两个极限情况，即低频率极限情况和高频率极限情况。

（1）低频率极限　若频率足够低，则电极阻抗的虚部与实部关系为：

$$Z''=Z'-R_{溶液}-R_{电}-2\sigma^2C_{双层}=\sigma\omega^{-1/2}-j\sigma\omega^{-1/2} \tag{9-52}$$

式中，$R_{电}$ 为电化学阻抗。

复数平面图上相应的低频段的阻抗图是一条斜率为 1 的直线，其延长线在横坐标的截距等于 $R_{溶液}+R_{电}-2\sigma^2C_{双层}$，见图 9-19。阻抗线不可能触及横坐标轴，因为即使 ω 趋于∞，仍有 $Z'=R_{溶液}+R_{电}$，$Z''=2\sigma^2C_{双层}>0$。

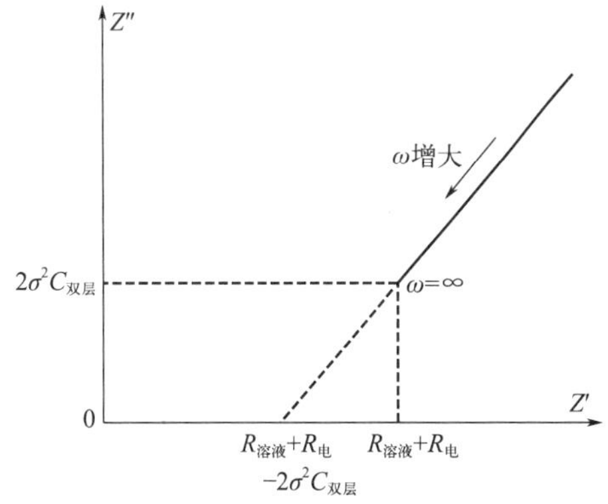

图 9-19　低频阻抗图

（2）高频率极限　若频率足够高，则有：

$$[Z'-(R_{溶液}+R_{电}/2)]^2+Z''^2=(R_{电}/2)^2 \tag{9-53}$$

在复数平面图上相应的高频段的阻抗曲线是一个半圆，见图 9-20，其圆心在 Z' 轴上的 $R_{溶液}+R_{电}/2$ 处，而半径等于 $R_{电}/2$。

需要注意的是，只有在电化学体系的动力学较慢时，在高频区域才会出现一个大的半圆，这时的 $R_{电}$ 很大，为纯电化学控制。随着反应速率加快，圆半径随之缩小，由半圆上的特征点对应的相关参数就难以精确获取。而对于电化学体系动力学速度很快，在低频区会出现一条直线，体系主要随 Z_w 变化，是一个纯传递控制过程。图 9-21 为结合了上述两种极限情况的特点的实际阻抗复数阻抗图。当然，有时对于任意给定的体系，这两个区域可能并不好区分[4]，可能是个双控制过程。

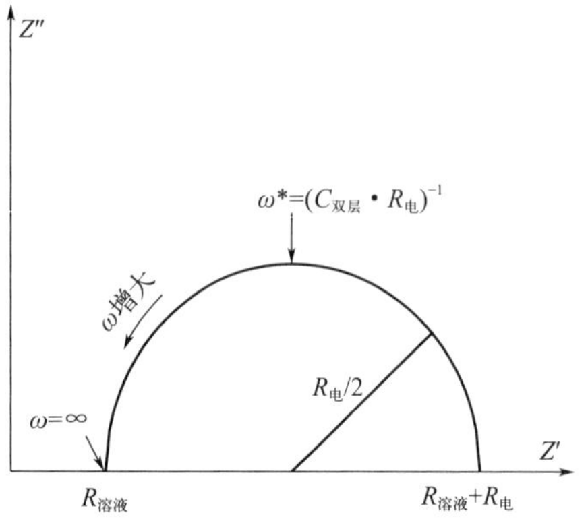

图 9-20 高频阻抗图

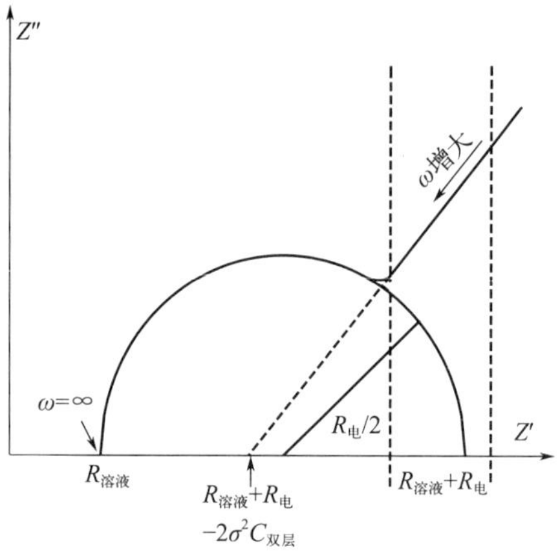

图 9-21 全部频率范围内的复数阻抗图

从交流阻抗谱图 9-21 中，可以求得有关电极过程参数[1]：

① 溶液电阻 $R_{溶液}$ 当 ω 趋于∞时，$Z''=0$，$Z'=R_{溶液}$，即半圆高频段（左侧）在实轴上的截距等于溶液电阻 $R_{溶液}$。

② 电化学反应阻抗 $R_{电}$ 当 $\omega=0$ 时，$Z''=0$，$Z'=R_{溶液}+R_{电}$。后者可根据不完全半圆外推至与实轴相交的截距求得，再减去 $R_{溶液}$ 就得到 $R_{电}$。

③ 界面双层电容 $C_{双层}$ 在半圆顶点处有$Z'=R_{溶液}+R_{电}/2$ 和 $Z''=R_{电}/2$，根据顶点处频率 $\omega=(C_{双层}\cdot R_{电})^{-1}$，见图 9-20 所示。可求得双层电容 $C_{双层}$。

④ 扩散系数 D 测定 根据复数阻抗图上低频直线部分求得 Z'或 Z''，带入下式求得扩散系数 D。需要注意的是交流阻抗可以在任意充放电程度时测定，因此可以测定不同状态时的扩散系数。

$$Z'=R_s+R_r+\sigma\omega^{-1/2} \tag{9-54}$$

$$Z''=2\sigma^2 C_d+\sigma\omega^{-1/2} \tag{9-55}$$

当纯扩散控制，反应产物不溶时，

$$\sigma=\frac{RT}{\sqrt{2}n^2F^2c_O^0\sqrt{D_O}} \tag{9-56}$$

当反应产物可溶时，

$$\sigma=\frac{RT}{\sqrt{2}n^2F^2}\left(\frac{1}{c_O^0\sqrt{D_O}}+\frac{1}{c_R^0\sqrt{D_R}}\right) \tag{9-57}$$

按 Barsoukov 等[5] 对锂离子在嵌合物电极中的脱出和嵌入过程的分析，锂离子在嵌合物电极中的脱出和嵌入过程的典型交流阻抗（EIS）谱包括 5 个部分，如图 9-22 所示。

① 超高频区域（10kHz 以上） 与锂离子和电子通过电解液、多孔隔膜、导线、活性材料颗粒等输运有关的欧姆电阻，在 EIS 谱上表现为一个点，此过程可用一个电阻 R_s 表示。

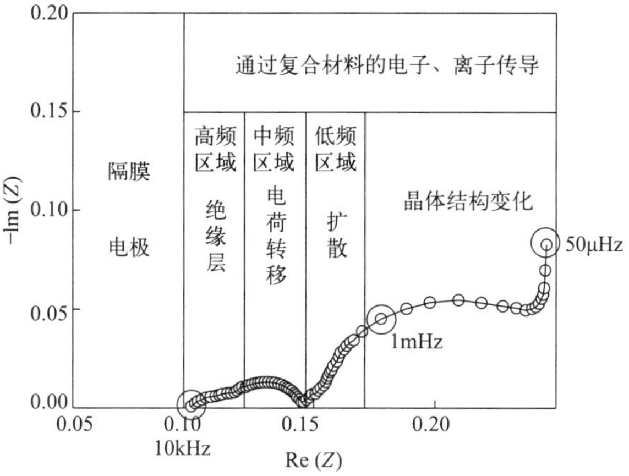

图 9-22　锂离子电池嵌入电极的典型交流阻抗谱

② 高频区域　与锂离子通过活性材料颗粒表面绝缘层的扩散迁移有关的一个半圆，此过程可用一个 R_{SEI}/C_{SEI} 并联电路表示。其中，R_{SEI} 即为锂离子扩散迁移通过 SEI 膜的电阻。

③ 中频区域　与电荷传递过程相关的一个半圆，此过程可用一个 R_{ct}/C_{dl} 并联电路表示。R_{ct} 为电荷传递电阻，或称为电化学反应电阻；C_{dl} 为双电层电容。

④ 低频区域　与锂离子在活性材料颗粒内部的固体扩散过程相关的一条斜线，此过程可用一个描述扩散的 Warburg 阻抗 Z_w 表示。

⑤ 极低频区域（<0.01Hz）　这是由活性材料颗粒晶体结构的改变或与新相的生成相关的一个半圆以及锂离子在活性材料中的累积和消耗相关的一条垂线组成的。此过程可用一个 R_b/C_b 并联电路与 C_{int} 组成的串联电路表示。其中，R_b 和 C_b 为表征活性材料颗粒本体结构改变的电阻和电容，C_{int} 为表征锂离子在活性材料累积或消耗的嵌入电容。

Barsoukov 等[5] 提出的嵌锂物理机制模型不适合描述实用化嵌合物电极中锂离子的嵌入和脱出过程，而只适合描述通过溅射方法或溶胶-凝胶法制备的不含导电剂和黏结剂的薄膜电极中锂离子嵌入和脱出的机制。

在 EIS 实际应用中，由于受实验条件的限制，其测试范围一般为 $10^5 \sim 10^{-2}$ Hz，因而在 EIS 谱中通常观察不到极低频区域（<0.01Hz）。对石墨负极或其他炭负极而言，EIS 谱由与 R_{SEI}/C_{SEI} 并联电路、R_{ct}/C_{dl} 并联电路相关的两个半圆和反映锂离子固态扩散过程的斜线三部分组成。

9.3.3 循环伏安分析

控制电极电势按照恒定速度从起始电势 φ_1 变化至 φ_2 [图 9-23（a）]，或在完成这一变化后立即按照相同速度再从 φ_2 变化至 φ_1 [图 9-23（b）]，或在 φ_1 至 φ_2 反复循环变化，见图 9-23，同时记录相应的电流，统称为循环伏安法（CV）。

常见的 LSV 曲线见图 9-24。它的显著特点是有电流峰。若控制电极电势从比体系标准平衡电势（$\varphi^0_{平}$）正得多的起始电势（φ_1）开始做正向电势扫描，若溶液体系只有氧化态，则开始时电极上只有非法拉第电流（双电层电容充电电流）通过。当电极电势逐渐负

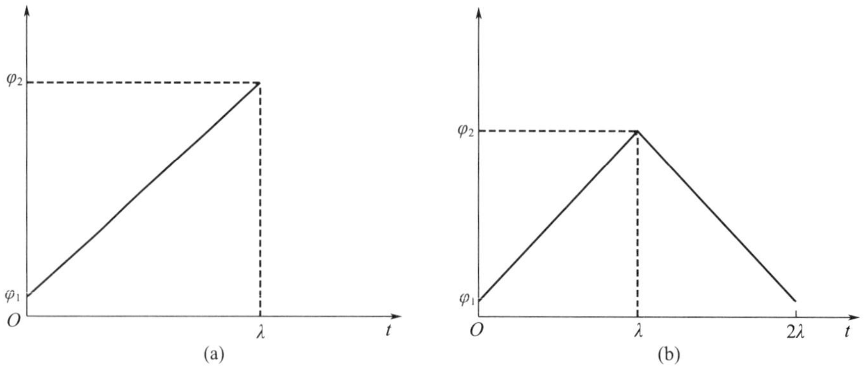

图 9-23 LSV 和 CV 方法的电势波形

移到 $\varphi^0_{平}$ 附近时，电极反应开始进行，并有法拉第电流通过。随着电极电势进一步变负，此时出现两个相反的作用：一方面电极反应被加速，电流越来越大；另一方面电极表面附近液层中的反应粒子不断被消耗，浓度下降，电流越来越小。初期阶段第一方面起主要作用，后期第二方面起主要作用。扫描至 φ_2 时截止，因而得到呈峰状的电流-电势或电流-时间曲线。LSV 被广泛用于电解液的电化学稳定性以及对集流体、电池壳体的腐蚀性研究等方面。当电势从 φ_2 处改为反向扫描，电极附近的大量还原产物重新被氧化，随着电势接近并通过 $\varphi^0_{平}$，整个反向电流变化与正向扫描时的很相似。

包括正反电势扫描的方法也称为循环伏安法（CV），见图 9-24。CV 曲线中氧化峰和还原峰的数量、电位、峰强以及峰位间距等参数，可分析活性物质在电极表面反应的平衡电位、反应机理、可逆程度、极化程度并获得电极反应动力学参数。

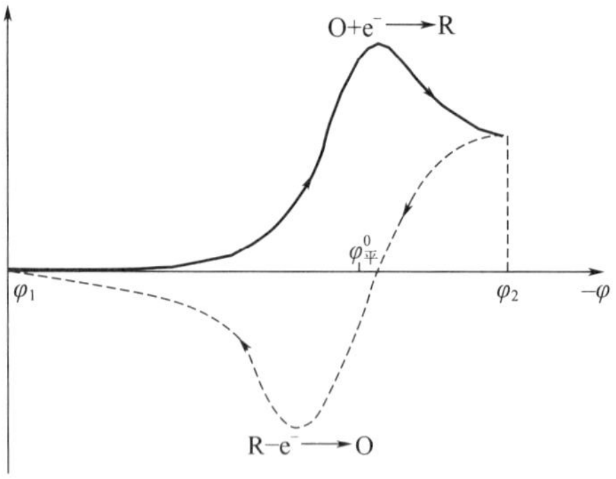

图 9-24 循环伏安法（正向电势扫描为实线，反向电势扫描为虚线）

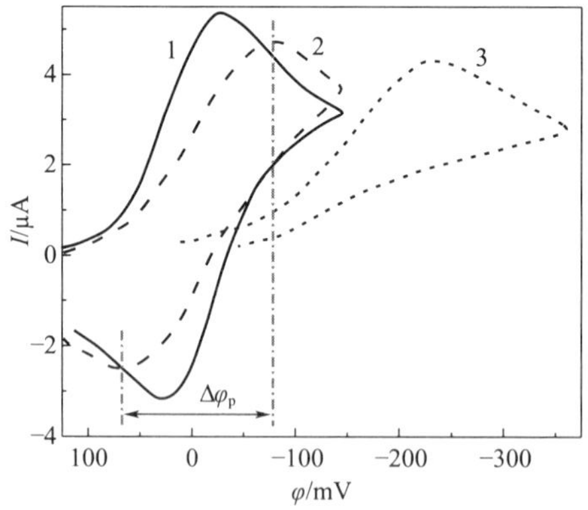

图 9-25 不同类型的循环伏安图

1—可逆；2—部分可逆；3—完全不可逆

(1) 电化学反应可逆性与反应机制　对于混合控制体系，典型循环伏安曲线如图 9-25 所示。对于部分可逆体系（曲线 2），峰值电势的间距 $\Delta\varphi_p$ 值比可逆体系（曲线 1）的大，并且随着扫描速度的增加，阴极峰值向负电势方向移动，阳极峰值向正电势方向移动，$\Delta\varphi_p$ 值增大。甚至只观察到一个方向的峰，而看不到反向的峰，见图 9-25 中的曲线 3。

$LiFePO_4$ 薄膜电极典型可逆反应的 CV 曲线见图 9-26，对应的 $LiFePO_4$ 氧化反应（Li 脱出）出峰在 0.2V，还原反应（Li 嵌入）出峰在 0.1V。

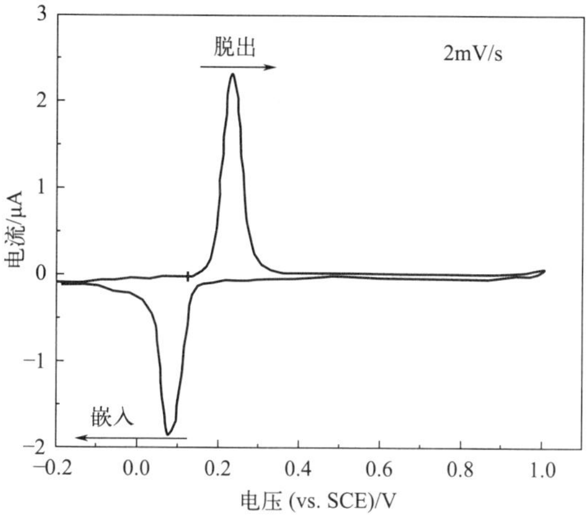

图 9-26　典型可逆反应的 CV 曲线[6]
（$LiFePO_4$ 薄膜电极，1mol/L $LiNO_3$ 电解液）

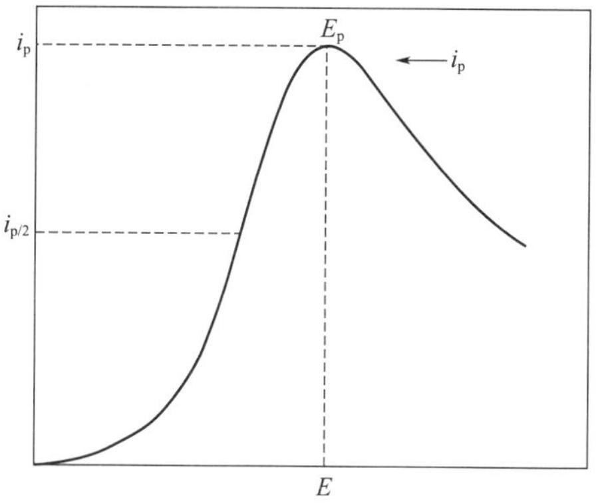

图 9-27　典型能斯特反应的 LSV 曲线[1]

（2）表观扩散系数　对于可逆体系，即电荷转移速率远快于物质传输速率，扩散过程是控制步骤，其典型的 LSV 曲线如图 9-27 所示，定义 i_p 为峰值电流，E_p 为峰值电位。

对于可逆反应，电极表面氧化物、还原物的浓度与电极电势满足能斯特方程，得到的峰值电流的变化符合 Randle-Sevick 方程[7]：

$$i_p=0.4463\left(\frac{F^3}{RT}\right)^{\frac{1}{2}}n^{\frac{3}{2}}AD_R^{\frac{1}{2}}c_R^*v^{\frac{1}{2}} \tag{9-58}$$

式中，i_p 为峰值电流；n 为电子转移数（通常为 1）；A 为电极面积，cm^2；F 为法拉第常数，C/mol；D_R 为还原产物的扩散系数，cm^2/s；c_R^* 为还原产物在电极附近的摩尔浓度，mol/cm^3；v 为扫描速率，V/s；R 为气体常数，J/（mol·K）；T 为温度，K。

对于上述单方向扫描过程，峰值电流与扫描速率的平方根成正比，则根据不同速率扫描时，峰值电流与扫描速率的平方根为线性关系，由斜率就可以求出扩散系数。反向扫描过程类似，并且正向扫描和反向扫描分别得到阴极电流 $|i_{pc}|$ 等于阳极电流 $|i_{pa}|$。

图 9-28（a）为 $LiFePO_4$ 薄膜电极在不同电位扫描速率下的循环伏安曲线[8]，图 9-28（b）为峰值电流 I_p 对扫描速率平方根 $v^{1/2}$ 的曲线。计算出的氧化还原过程中锂离子表观化学扩散系数分别为 $2.1\times10^{-14}cm^2/s$、$1.8\times10^{-14}cm^2/s$。该结果表明，脱锂与嵌锂时的电极过程动力学性质存在微弱差异，该扩散系数应该反映了嵌脱锂在峰值电流附近的平均化学扩散系数，该方法无法得到电极处于不同嵌锂量时的化学扩散系数。

需要指出的是，上述介绍的循环伏安用于测量化学扩散系数的方法需要该反应受扩散控制，传统电化学中多用于液相参与反应的物质的扩散。在锂离子电池中，多数氧化还原反应涉及固体电极内部的电荷转移，同时伴随着锂离子嵌入/脱出电极，但多数情况下峰值电流与扫速的平方根在较宽的扫速范围内满足线性关系。

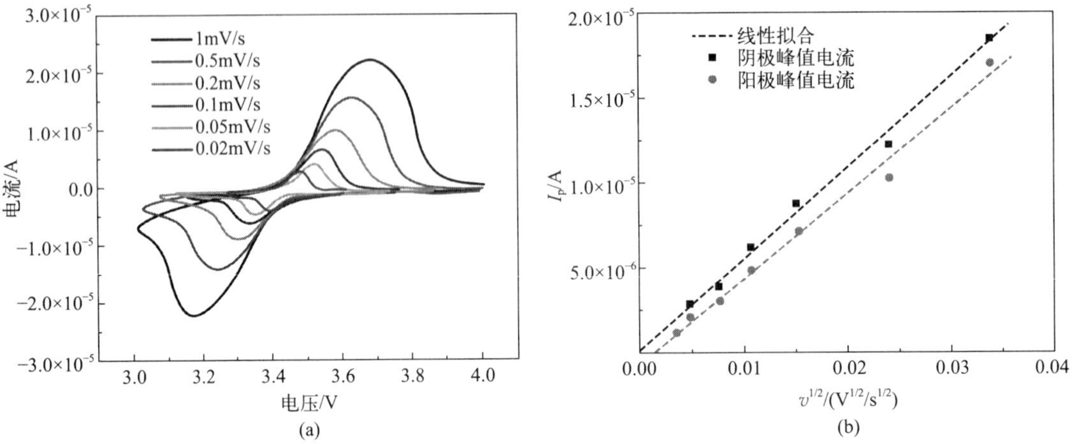

图 9-28 $LiFePO_4$ 薄膜电极在不同电位扫描速率下的循环伏安曲线

(a) 不同电位扫描速率下的循环伏安曲线；(b) 氧化还原峰值电流与电位扫描速率平方根的关系

习 题

1. 什么是电极极化？原电池和电解池的极化有何不同？

2. 当由很多分步骤串联组成的电极过程达到稳态时，各分步骤的进行速度必然相同，同时又说存在“最慢步骤”，这两种说法是否矛盾？

3. 现有碱性锌-空气电池[（—）Zn | KOH（ZnO_2^{2-}）| 空气(O_2)（+）]的分极充放电曲线（见图 9-29）。试由图计算：

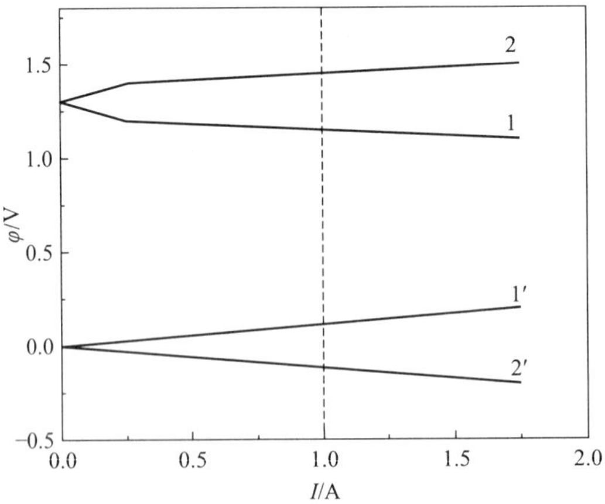

图 9-29 碱性锌-空气电池的分极充、放电曲线（1 和 1′为放电曲线；2 和 2′为充电曲线）

(1) 电池的电动势 E。

(2) 放电电流为 1A 时的 φ_c、φ_a、η_c、η_a 及电池的放电电压 V。

(3) 充电电流为 1A 时的 φ_c、φ_a、η_c、η_a 及电池的充电电压 V。

(4) 图中的电势值由同溶液中的锌作参比电极测得，若改用标准氢电极作为参比电极，试写出（2）、（3）中求得的值（已知同溶液中锌参比电极相对于氢电极的电势为－1.5V）。

4. 与整体电极相比，多孔电极中的电极过程必然存在哪些特殊问题？应如何分析？

5. 试说明多孔电极内部电化学反应层“特征深度”的含义以及如何运用这一概念来分析确定电极的适当厚度。

6. 根据本章介绍的基本概念及多孔电极电极过程的基本特点，试讨论影响多孔电极输出性能的因素，并指出改进的基本途径。

7. 如何从循环电势扫描的伏安曲线上测定反扫峰值电流？阐述其电化学原理。

8. 何为电解池的“等效电路”？其“等效阻抗”包括哪几个部分？试分别阐述它们的物理意义。

9. 试述测量电极体系的交流阻抗应满足的实验条件。如何由测量结果推测电极过程的反应机理并估算有关动力学参数？画出相应的等效电路与复数阻抗图加以说明。

参考文献

[1] 周仲柏，陈永言．电极过程动力学基础教程［M］．武汉：武汉大学出版社，1989.

[2] 查全性．电极过程动力学导论［M］．3版．北京：科学出版社，2002.

[3] Fuller T F，Doyle M，Newman J. Simulation and optimization of the dual lithium ion insertion cell［J］. Journal of the Electrochemical Society，1994，141（1）：1-10.

[4] ［美］阿伦·J·巴德，拉里·R·福克纳. 电化学方法原理与应用［M］. 邵元华，朱果逸，董献堆，等，译. 北京：化学工业出版社，2019.

[5] Barsoukov E，Macdonald J R. Impedance Spectroscopy Theory，Experiment，and Applications［M］. 2 ed. Hoboken，New Jersey：John Wiley & Sons Inc，2005.

[6] 聂凯会，耿振，王其钰，等．锂电池研究中的循环伏安实验测量和分析方法［J］. 储能科学与技术，2018，7（3）：539-553.

[7] Fujishima A. Electrochemical method：Various chemical sensors［J］. Bulletin of the Society of Sea Water Science Japan，1989，43：200-207.

[8] Tang K，Yu X Q，Sun J P，et al. Kinetic analysis on $LiFePO_4$ thin films by CV，GITT，and EIS［J］. Electrochimica Acta，2011，56（13）：4869-4875.

第10章 固态锂离子电池及钠离子电池、锂硫电池*

本章主要介绍固态锂离子电池、钠离子电池以及锂硫电池。固态锂离子电池是以固体作为电解质的锂离子电池，主要是以固态电解质取代液体电解质，可以进一步提高电池的容量和安全性能。钠离子电池是将锂离子电池的锂用金属钠置换组成的电池体系，钠离子电池的开发可以有效缓解锂资源的匮乏，而且还可以在储能领域取代锂离子电池，降低成本。锂硫电池是以硫作为正极材料的金属锂二次电池，是金属锂电池的研究热点的特点。无论是金属锂二次电池还是锂离子电池，所用到的正极材料容量偏低，以金属硫作为电极材料可以大幅度提高正极材料的容量，从而使金属锂二次电池的容量进一步提升。

10.1 固态锂离子电池

10.1.1 固态锂离子电池的原理与特点

固态锂离子电池由正极、固体电解质、负极组成，如图 10-1 所示，其中不含任何形式的液体电解质。固态电解质是具有离子导电性和电子绝缘性的材料，又称为快离子导体。近年来，硫化物固体电解质的离子电导率取得了重大突破。2011 年，Kamaya 等[1] 开发出硫化物电解质 $Li_{10}GeP_2S_{12}$，离子电导率达到 1.2×10^{-2}S/cm，可以与液态电解液相媲美。尤其是 Kato 等[2] 开发的 $Li_{9.54}Si_{1.74}P_{1.44}S_{11.7}C_{10.3}$，在室温下的离子电导率高达 2.5×10^{-2}S/cm，甚至超过了大部分液体电解液。固体电解质技术的巨大进步使得固态锂电池技术发展翻开了新篇章。

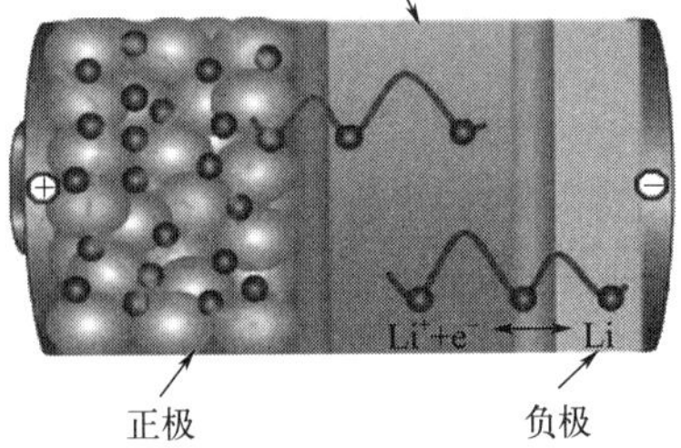

图 10-1 全固态锂离子电池示意图

理想固态电解质具备以下特性：高离子电导率（$>10^{-3}$S/cm)、高锂离子迁移数（接近 1.0)、宽电化学稳定窗口（约 6V)、低电子电导率、良好固固界面接触、优异热稳定性、高机械强度以及制造工艺简单、成本低和环境友好等。

与传统锂离子电池相比，固态锂离子电池具有以下优势：

① 更高的安全性，可解决传统锂离子电池的液体电解质的挥发、漏液、易燃、热稳定性差等问题，电解质阻燃性大幅度提高，因此安全性和循环寿命等显著提高。

② 电化学稳定窗口宽，与高电压电极材料（尖晶石 $LiNi_{0.5}Mn_{1.5}O_4$，5V）匹配可获得5V以上电压窗口，电池能量密度可进一步提升至400W·h/kg以上。

③ 固体电解质化学稳定性好，与电极固固界面副反应较电解液体系更可控。

另外，固体电解质优异的稳定性、致密度和机械强度，可阻挡锂枝晶生长刺破隔膜，不但提高安全性，而且还有望使用金属锂作为负极，体积比能量可提升约70%，质量比能量可提升约40%。在应用到锂硫电池中时，可以抑制锂硫电池穿梭效应，抑制单质硫和多硫离子向金属锂负极的扩散，降低因其与金属锂负极反应导致的锂硫电池容量损失。

但固态锂离子电池还存在很多问题：

① 物理接触问题。电解质和电极界面之间由固液接触转为固固接触，容易产生裂缝和气孔等缺陷，造成严重极化，使锂离子在界面处的传输能力下降。同时，正负极材料的体积膨胀和收缩也对固固界面的稳定性提出了更高要求。

② 化学接触问题。由于金属锂的电势太低，电解质和电极间发生副反应，生成不稳定的SEI层，固固界面稳定性降低，界面阻抗增大，无法实现锂离子的快速迁移等。

③ 锂枝晶问题。尽管固态电解质可阻挡金属锂表面枝晶生长，但无法阻挡锂枝晶沿着固态电解质晶界、缺陷和孔洞处延伸生长。当固体电解质的电子电导率相对较高时，Li^+会在电解质内部直接沉积，产生锂枝晶，导致在锂离子电池中重新出现锂枝晶问题。

固体电解质分为聚合物固体电解质、无机固体电解质和复合电解质。聚合物固体电解质由聚合物基体和锂盐构成，具有良好的柔性和界面浸润性，但离子电导率较低，大约在 $10^{-7}\sim10^{-5}$S/cm之间，热稳定性和电化学稳定性差。无机固体电解质具有较高的离子电导率和机械强度。由聚合物电解质和无机填料构建的复合电解质结合了二者的优势，不仅具有良好的离子导电率（$\geqslant10^{-3}$S/cm），而且具有一定的力学强度和界面柔性，可以抑制锂枝晶的穿透和减小界面电阻[3]。

10.1.2 固态锂离子电池无机固体电解质

（1）硫化物固态电解质　硫化物固态电解质具有离子电导率高、晶界电阻低和氧化电位高等特点。这是由于硫的离子半径大，极化能力强，构建了更大的锂离子传输通道；硫的电负性比氧低，弱化了锂离子与相邻骨架结构间的键合作用，增大了自由锂离子浓度；许多主族元素与硫能够形成更强的共价键，不与金属Li反应，所得到的硫化物更稳定，使得硫化物电解质具有更好的化学和电化学稳定性。

Kamaya等[1]报道了一种具有锂离子三维扩散通道的硫化物晶态电解质 $Li_{10}GeP_2S_{12}$（LGPS），其室温电导率达到 1.2×10^{-2}S/cm。Kato等[2]开发了一种新型硫化物晶态电解质 $Li_{9.54}Si_{1.74}P_{1.44}S_{11.7}Cl_{0.3}$，其结构如图10-2（a）所示，该材料在27℃时离子电导率达到 2.5×10^{-2}S/cm，是LGPS的2倍。他们制备了高电压和大电流两个类型的电池。高电压电池是采用石墨负极制备的，因为石墨负极相对于Li的电位低。大电流电池是采用 $Li_4Ti_5O_{12}$ 负极制备的。在电极制备过程中，选择合适的电解质是提高整个电池性能的关键。高电压的电池需要电解质有宽的电压范围，可选择在相对于Li电位为0V时稳定性好的 $Li_{9.6}P_3S_{12}$。相反，大电流电池可选择具有高离子电导率的 $Li_{9.54}Si_{1.74}P_{1.44}S_{11.7}Cl_{0.3}$。

全固态电池的制备过程均在手套箱中的氩气气氛下进行。正极材料是使用流化床造粒机将 $LiNbO_3$ 层包覆到 $LiCoO_2$ 表面制备的粉末材料。正极组成中 $LiNbO_3$ 包覆的Li-

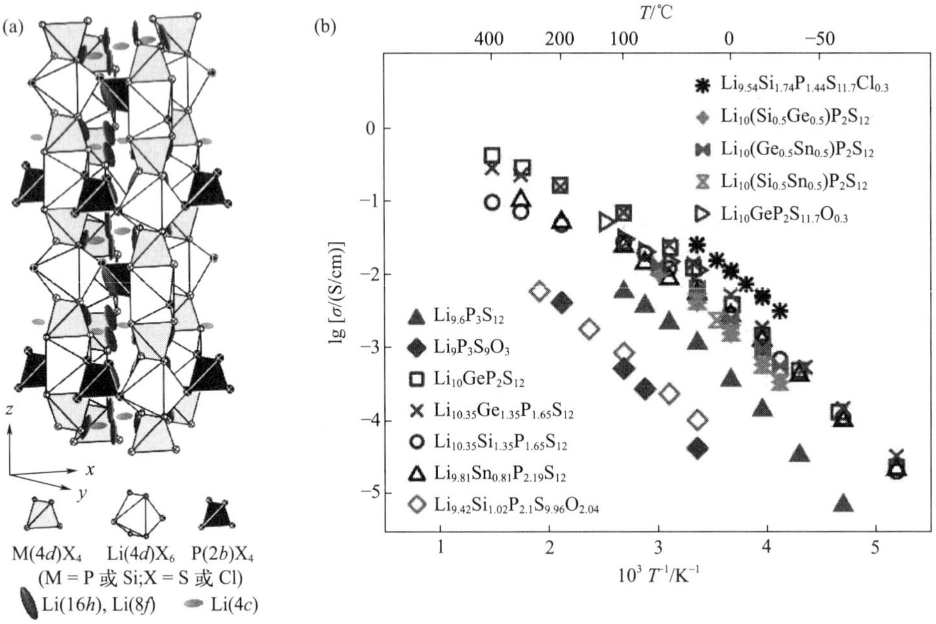

图 10-2 硫化物电解质的晶体结构和离子电导率

(a) $Li_{9.54}Si_{1.74}P_{1.44}S_{11.7}Cl_{0.3}$ 的晶体结构〔在热椭球概率为 50%时，框架结构是由连接有 P (2b) X_4 四面体的 1D 多面体链［共边 M (4d) X_4 和 Li (4d) X_6］构成，导电的锂位于 Li (16h)、Li (8f) 和 Li (4c) 的间隙位置〕;(b) LGPS 家族、$Li_{9.6}P_3S_{12}$ 和 $Li_{9.54}Si_{1.74}P_{1.44}S_{11.7}Cl_{0.3}$ 的 Arrhenius 电导率图

CoO_2、固体电解质（$Li_{10}GeP_2S_{12}$ 或 $Li_{9.54}Si_{1.74}P_{1.44}S_{11.7}Cl_{0.3}$）和乙炔黑粉末的比例为 60∶34∶6（质量比）。$Li_4Ti_5O_{12}$ 负极组成中 $Li_4Ti_5O_{12}$、固体电解质和乙炔黑粉末的比例为 30∶60∶10（质量比）。石墨负极组成中的石墨粉和 $Li_{9.6}P_3S_{12}$ 的比例为 40∶60（质量比）。使用固体电解质粉末作为隔膜。将正极/隔膜/负极层压缩成圆片状，采用不锈钢作为正负极的集流体。全固态电池的直径为 11.28mm（$1cm^2$），其中正极、电解质、$Li_4Ti_5O_{12}$ 负极和石墨负极的厚度分别为 28μm、240μm、103μm 和 29μm。

与锂离子电池相比，全固态电池在−30℃和 100℃之间表现出优异的性能。在 25℃和 150C 以及 100℃和 1500C 时，全固态电池的内阻非常小，具有优异的倍率性能，见图 10-3（a）。在 25℃和 0.1C 时，全固态电池在 30 次循环中表现出良好的循环性能，见图 10-3（b），循环后界面电阻几乎没有增加，这表明 $Li_{9.54}Si_{1.74}P_{1.44}S_{11.7}Cl_{0.3}$ 具有良好的化学稳定性。在 100℃和高倍率 18C 时，全固态系统也显示出良好的循环性能，见图 10-3（c）、（d）。在循环试验期间，充放电曲线形状的变化是由于在极端循环条件下 $LiCoO_2$ 结晶度降低引起的。全固态电池在 18C 时表现出优异的循环性能，充放电时间约 3min（约 80%理论容量），循环 500 次以后剩余第一次放电容量的 75%，如图 10-3（e）、（f）所示。

硫化物玻璃固态电解质有 Li_2S-SiS_2 和 Li_2S-P_2S_5，Hayashi 等[4] 发现经高温析晶处理后部分 Li_2S-P_2S_5 玻璃相发生晶化形成玻璃陶瓷，两相结构使得电解质电导率明显提升。电解质 $80Li_2S$-$20P_2S_5$ 的离子电导率由 1.7×10^{-4}S/cm 提高到 7.2×10^{-4}S/cm，而锂

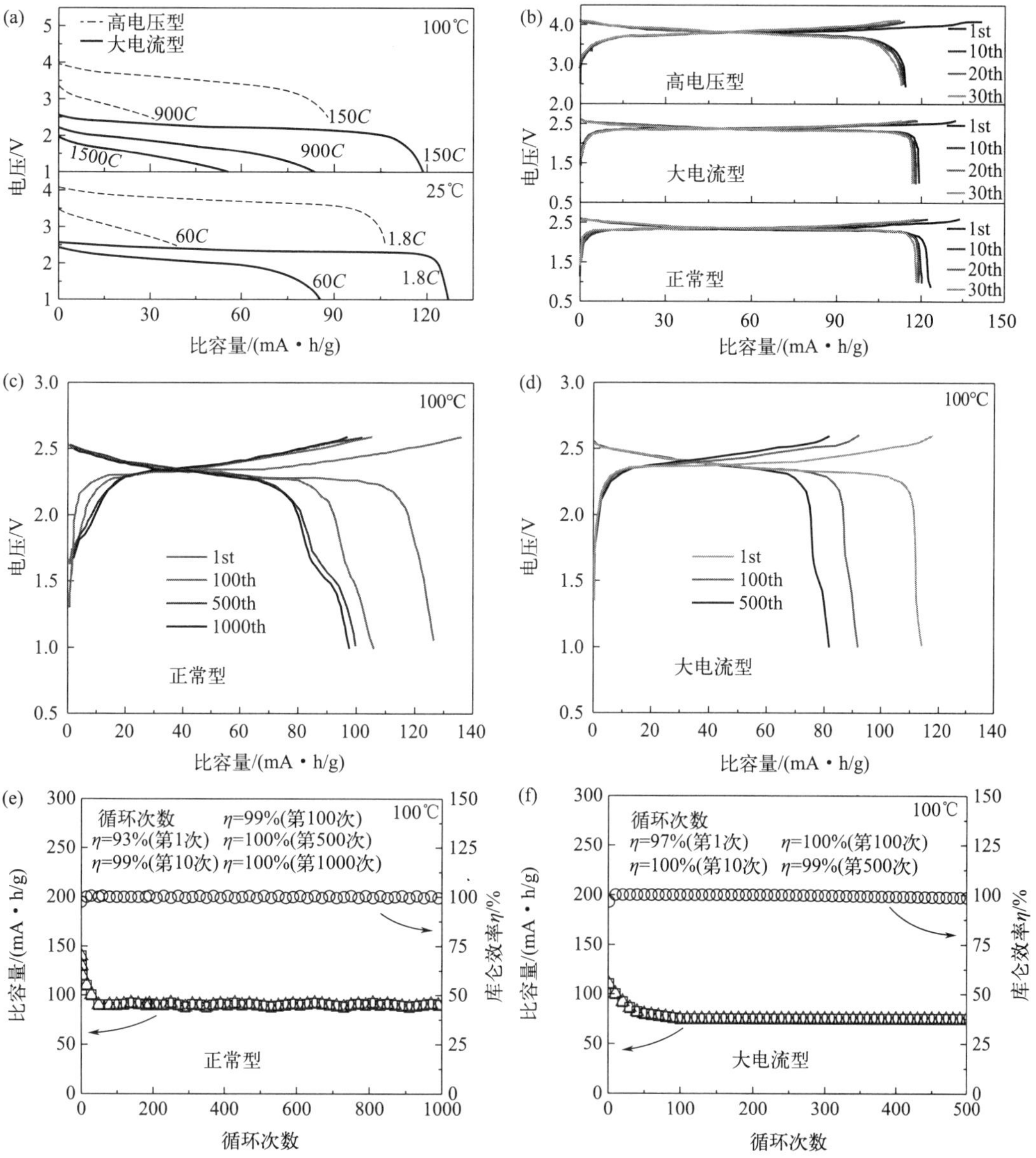

图 10-3　全固态电池的性能

（a）全固态能量的放电曲线，1C 倍率对应的理论容量为 0.667mA・h；（b）全固态电池在 25℃和 0.1C 时的充放电曲线；（c）、（d）全固态电池在 100℃和 18C 时循环过程中的充放电曲线；（e）、（f）全固态电池在 100℃和 18C 时循环过程中的比容量和效率［对应于充放电时间约 3 分钟（约 80%理论容量），圆圈表示效率，三角形表示充电电容，方形表示放电电容，根据 $LiNbO_3$ 包覆的 $LiCoO_2$ 的质量计算比容量］

含量更低的 $70Li_2S$-$30P_2S_5$ 电解质的室温离子电导率达到 3.2×10^{-3}S/cm，提高了近 2 个数量级。将卤化物（如 LiI、LiBr 等）掺入 $70Li_2S$-$30P_2S_5$ 玻璃电解质中，其室温离子电导率达 10^{-3}S/cm。但是，硫化物固态电解质在潮湿空气中不稳定，易生成 H_2S。Ohtomo 等发现，在 $75Li_2S$-$25P_2S_5$ 电解质体系中添加 FeS、CuO 等添加剂，能够明显抑制 H_2S 气体的产生。

（2）氧化物固态电解质　氧化物固态电解质可分为晶态电解质和玻璃态（非晶态）电

解质。晶态电解质包括石榴石型固态电解质、钙钛矿型、NASICON 型固态电解质等。玻璃态电解质包括反钙钛矿型和 LiPON 薄膜固态电解质。

① 石榴石型固态电解质　石榴石型固态电解质的通式可表示为 $Li_{3+x}A_3B_2O_{12}$，当 $x>0$ 时，随 x 增加，离子电导率逐渐上升。Murugan 等发现，立方相固态电解质 $Li_7La_3Zr_2O_{12}$（LLZO）具有高离子电导率和宽电压窗口，离子电导率达到 10^{-4}S/cm，其晶体结构见图 10-4。通过掺杂 Al 或 Ta 元素，可获得室温稳定立方相 LLZO。此外，LLZO 对空气有较好的稳定性，不与金属锂反应，具有优良的机械强度[5]。

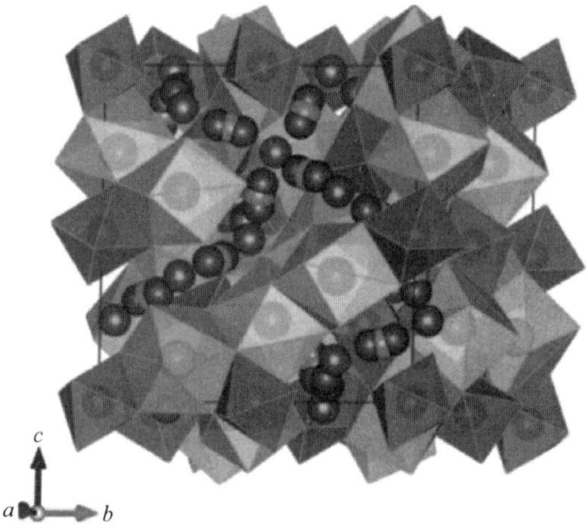

图 10-4　立方相 $Li_7La_3Zr_2O_{12}$（LLZO）的晶体结构

[黄色十二面体坐标 La^{3+}（24*c*）和橙色八面体坐标 Zr^{4+}（16*a*）。蓝色球体对应四面体配位 Li^+（24*d*），绿色球体对应八面体配位 Li^+（48*g*），红色球体对应扭曲的四倍配位 Li^+（96*h*）]

② 钙钛矿型固态电解质　钙钛矿型电解质 $Li_{3x}La_{2/3-x}TiO_3$（LLTO），具有结构稳定、制备工艺简单、成分可变范围大等优势。四方相 LLTO 的晶体结构[6] 见图 10-5。Mei 等将非晶态 SiO_2 引入 LLTO 基体中，30℃时的总电导率达到 1×10^{-4}S/cm。但 LLTO 与金属锂负极间的稳定性较差，金属锂能够将 Ti^{4+} 部分还原为 Ti^{3+} 而引入电子电导。

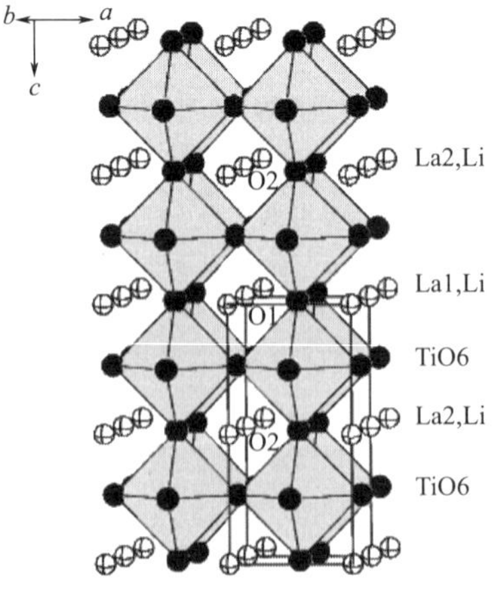

图 10-5　四方相 $Li_{3x}La_{2/3-x}TiO_3$（LLTO）的晶体结构[6]

③ 反钙钛矿型固态电解质　反钙钛矿结构固态电解质具有成本低、环境友好、室温离子电导率高（2.5×10^{-2}S/cm）、电化学窗口宽、热稳定性好以及与金属 Li 稳定等优点。反钙钛矿型固体电解质可表示为 $Li_{3-2x}M_xHalO$，其中 M 为 Mg^{2+}、Ca^{2+}、Sr^{2+} 或 Ba^{2+} 等高价阳离子，Hal 为元素 Cl 或 I。反钙钛矿型固态电解质 Li_3ClO 的结构见图 10-6（a）。通过高价阳离子 M 的掺杂，晶格中产生大量的空位，增加了锂离子的传输通道，见图 10-6（b），提高了离子导电能力。

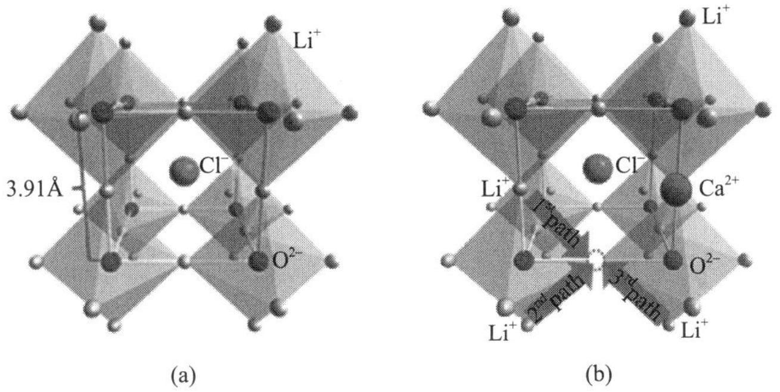

图 10-6 反钙钛矿 Li_3ClO 的晶体结构[7]

(a) 立方体的中心有一个卤素离子，围绕着 O^{2-} 的顶点离子有六个八面体，Li^+ 占据八面体的顶点位置；（b）Li_3ClO 的晶体结构突显了在掺杂 Ca^{2+} 后形成的空位以及 Li^+ 扩散的三种不同路径（1Å$=10^{-10}$m$=0.1$nm）

10.1.3 固态锂离子电池聚合物电解质

聚合物固态电解质（SPE）由聚合物基体和锂盐（如 $LiClO_4$、$LiAsF_6$、$LiPF_6$、$LiBF_4$ 等）构成。常见的 SPE 包括聚环氧乙烷（PEO）、聚丙烯腈（PAN）、聚偏氟乙烯（PVDF）、聚甲基丙烯酸甲酯（PMMA）等。聚合物电解质具有质量较轻、黏弹性好、易成膜、能保证与电极良好接触和成本低等特点。

聚环氧乙烷（PEO）电解质的化学结构为 $H(OCH_2CH_2)_nOH$，PEO 电解质的导电过程主要是 Li^+ 不断地与 PEO 链上的醚氧基发生络合-解络合，通过 PEO 的链段运动实现 Li^+ 迁移，见图 10-7[8]。PEO 非晶区的存在有利于锂离子在活性链段的运输。但锂盐在非晶区的溶解度低，加之在室温时易结晶，因此 PEO 的室温离子电导率仅为 10^{-7}S/cm。通过改性可降低结晶区含量，增加其链段的运动能力，增强锂盐的解离程度，从而提高其离子电导率。例如，在 25℃时与酚醛树脂复合，可获得电导率达 10^{-3}S/cm。

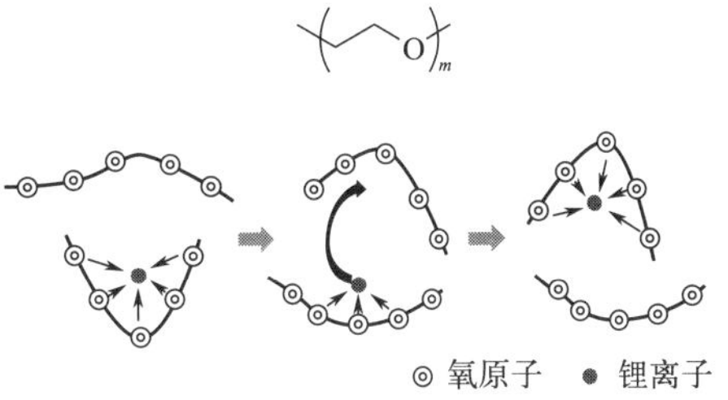

图 10-7 聚环氧乙烷（PEO）的结构及其导电机理[8]

10.1.4 固态锂离子电池复合电解质

固态复合电解质是由聚合物电解质和无机填料组成的固态电解质。与纯聚合物固态电解质相比，添加惰性纳米颗粒填料能够抑制聚合物的结晶，提高聚合物电解质自由链段的数量和加速链段的运动。就 PEO 基电解质而言，填料能够降低 PEO 的重结晶，增强聚合物链的活动能力。纳米颗粒表面作为 PEO 链段与锂盐阴离子的交联位点，形成锂离子传输通道。填料的酸性表面易于吸附阴离子，增强锂盐的溶解能力，其对应的阳离子则成为可自由移动的导电离子。相比于惰性填料，活性填料可直接提供 Li^+，不仅能提高自由 Li^+ 的浓度，还可增强 Li^+ 的表面传输能力。填料种类主要有无机惰性填料、无机活性填料和有机多孔填料。

Zhang 等[9] 以锂石榴石（即 $Li_{6.4}La_3Zr_{1.4}Ta_{0.6}O_{12}$，LLZTO）、锂盐、聚环氧乙烷（PEO）制备了固体电解质复合膜。当 LLZTO 的粒度由微米级降到 40nm 左右时，复合膜的电导率提高近两个数量级，在 30℃时电导率为 2.1×10^{-4}S/cm。他们采用 $LiFePO_4$（LFP）和 $LiFe_{0.15}Mn_{0.85}PO_4$（LFMP）作为正极材料，采用 PEO：LLZTO 复合电解质制备 0.1A·h 的袋式固态金属锂电池，电池结构见图 10-8（a）。他们对 60℃时电池性能进行了测试与评估。在 0.05*C* 时，LFP 的放电比容量为 153.3mA·h/g，LFMP 的放电比容量为 132.1mA·h/g，分别见图 10-8（b）和图 10-8（c）。随着电流密度的增加，放电比容量分别下降。在 60℃和 0.1*C* 时的循环性能如图 10-8（d）所示。

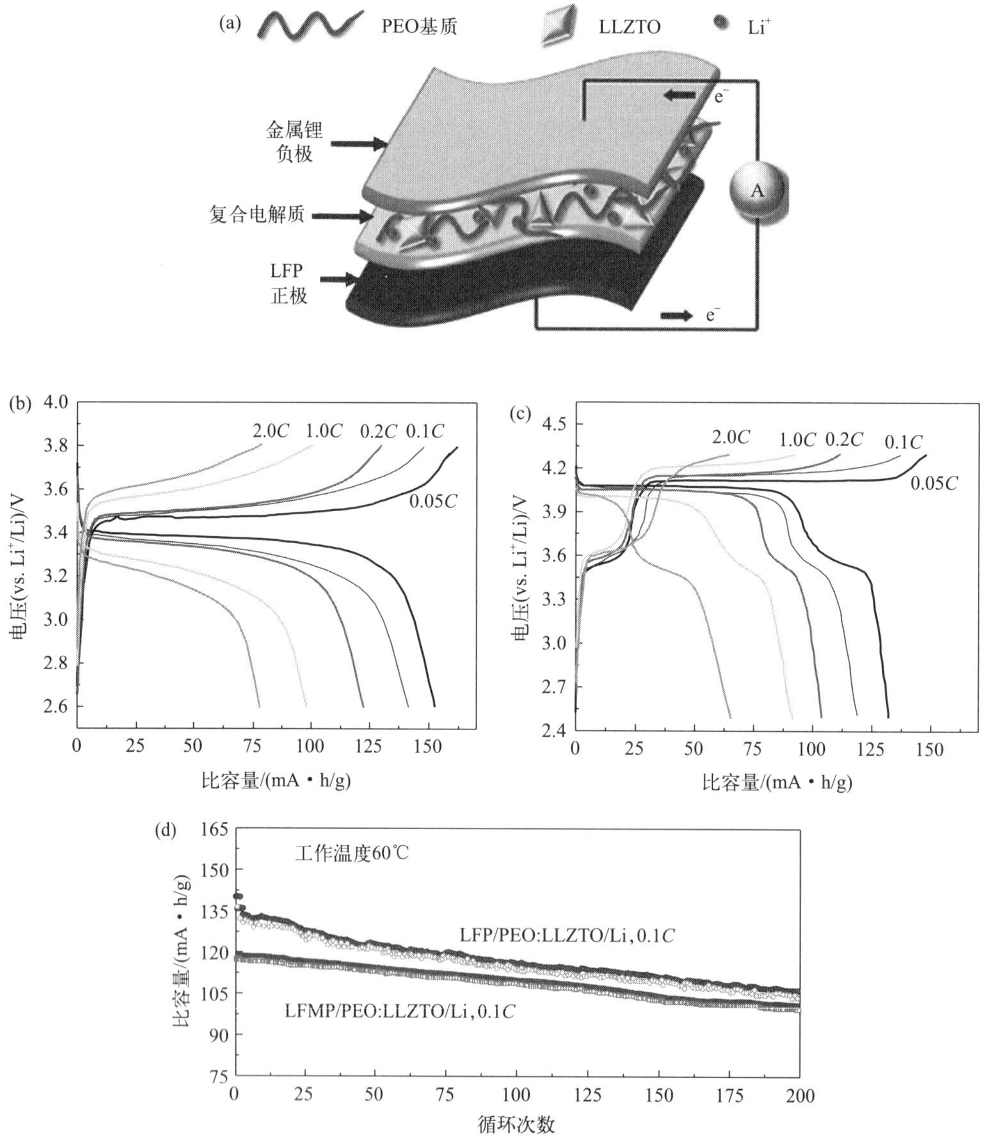

图 10-8 软包装电池示意图（LFP/PEO：LLZTO/Li）(a)；
PEO：LLZTO 膜电解质电池的倍率性能和循环性能［(b) LFP 电池，在 60℃时测试；(c) LFMP 电池，在 60℃时测试］；LFP 和 LFMP 基电池在 60℃时在 0.1*C* 下的循环性能（d）

有机填料不仅与电解质基体有好的相容性，而且大分子的孔结构为 Li^+ 传输提供天然的通道。Goodenough 等制备了一种纳米介孔有机填料（HMOP），与 PEO 基体复合得到固态电解质，多孔填料的存在能够吸附界面处的小分子，提高电解质与电极间的界面稳定性。

10.2 钠离子电池

10.2.1 钠离子电池的原理及特点

（1）钠离子电池结构与反应原理　钠离子电池和锂离子电池具有相似的结构以及工作原理。以 $NaMO_2$ 为正极，其中 M 代表过渡金属元素。以无定形碳为负极。钠离子电池的结构见图 10-9[10]。钠离子电池正负极的电极反应以及总反应如下：

总反应：$NaMO_2 + C \rightleftharpoons Na_{1-x}MO_2 + Na_xC$

正极：$NaMO_2 \rightleftharpoons Na_{1-x}MO_2 + xNa^+ + xe^-$

负极：$xNa^+ + xe^- + C \rightleftharpoons Na_xC$

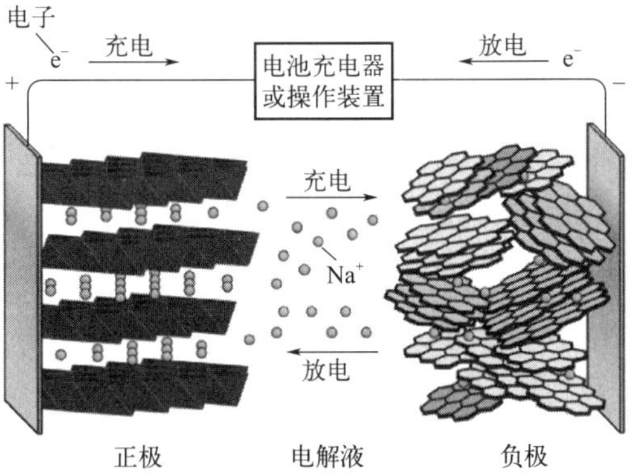

图 10-9　钠离子电池结构示意图

钠离子电池的电解液与锂离子电池类似，溶剂主要有碳酸丙烯酯（PC）、碳酸乙烯酯（EC）、碳酸二甲酯（DMC）、乙二醇二甲醚（DME）和碳酸二乙酯（DEC）等，钠盐主要有 $NaPF_6$ 和 $NaClO_4$。隔膜有聚乙烯、聚丙烯多孔膜和玻璃纤维膜。钠离子电池的正负极极均可以采用 Al 作为集流体，这主要是由于 Al 有嵌锂活性，用作锂电池负极集流体容易导致结构破坏，而没有嵌钠活性。

（2）钠离子电池特点　钠离子电池比锂电池成本低。钠和锂属于同族，虽然两者具有相似的物理和化学性质，但钠在地壳中含量约 2.64%，储量丰富、价格低廉，而锂含量仅占地壳的 0.006%，锂离子电池的锂原料碳酸锂大约比钠离子电池的钠原料天然碱贵 30～40 倍。另外，由于负极可以采用铝箔作为集流体。

钠离子电池倍率性能和低温性能好，这是由于钠离子电池电解液要比锂离子电池电解液的电导率高。例如宁德时代推出的钠离子电池，常温 15min，可充电 80%；低温性能好，−20℃有 90%的放电保持率。

虽然钠离子电池有诸多优点，但钠离子半径较大，约为锂离子半径的 1.34 倍，钠原子质量大于锂，其理论容量不足锂的三分之一，并且容易引起电极材料的结构产生不可逆的相变，降低电池的循环性能。

目前钠离子电池已经实现了产业化。早在 2013 年，日本住友化学报道以 $Na[Fe_{0.4}Ni_{0.3}Mn_{0.3}]O_2$ 为正极、硬碳为负极的钠离子软包电池，表现出较好的性能和安全性。2015 年，英国 Faradion 公司以硬碳为负极、$NaNi_{1-x-y-z}Mn_xMg_yTi_zO_2$ 为正极首次推出的钠离子电池产品，电池组为 400W・h，用于电动自行车。同年，法国电化学储能研究网络（RS2E）发布以硬碳为负极、$Na_3V_2(PO_4)_2F_3$ 为正极的 18650 型钠离子电池，用于笔记本电脑[11]。2018 年，中国中科海钠公司推出钠离子低速电动车，以无烟煤基软碳为负极。2019 年，宁德时代推出以硬碳为负极的第一代钠离子电池，电芯单体能量密度可达到 160W・h/kg。钠离子电池的产业化会取代铅酸电池和锂离子电池市场的部分空间，首先可能在两轮车领域，然后随着循环寿命的增加，在储能领域的需求会持续增长[12,13]。

10.2.2 钠离子电池正极材料

研究过的正极材料主要以化合物为主，如过渡金属氧化物、聚阴离子化合物[14] 以及它们的改性材料等。对正极材料的要求为：具有较高的比容量；较高的电位；良好的结构稳定性，钠的嵌入和脱嵌可逆性好；良好的电子电导率和离子电导率；制备工艺简单；资源丰富以及环境友好等。

10.2.2.1 过渡金属氧化物

层状过渡金属氧化物 $LiMO_2$（M 为过渡金属）已经作为锂离子电池的正极材料广泛应用。与 $LiMO_2$ 结构相似的 Na_xMO_2 材料成为最早被研究的一类钠离子电池正极材料，其中 Co 的氧化物和 Mn 的氧化物研究得最多。在 Na_xMO_2 正极材料中，层状结构的 Na_xCoO_2 研究较早，Delmas 等[15] 证明了 Na_xCoO_2 作为钠离子电池的正极材料是可行的，他们发现 Na_xCoO_2 一般以 P2、O3、P3 形式存在，如图 10-10 所示。Yabuuchi 等[16] 用 Mn 部分替代 Fe 合成了 P2-$Na_{2/3}[Fe_{1/2}Mn_{1/2}]O_2$，可逆比容量达 190mA・h/g。

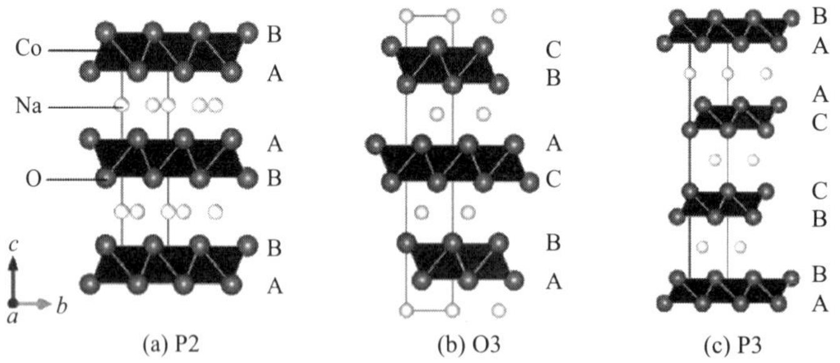

图 10-10 Na_xCoO_2 不同的晶体结构

Mu 等[17] 合成了具有 O3 结构的正极材料 $Na_{0.9}[Cu_{0.22}Fe_{0.30}Mn_{0.48}]O_2$。该材料属于 α-$NaFeO_2$ 结构，可能是由于较大离子半径的 Cu 占据在过渡金属层，因此 c 方向的层间距增大。该材料和金属钠组成的半电池，在 2.5～4.05V 电压区间内，在 0.1C 电流密度下，比容量为 100mA・h/g，首次充放电效率高达 90.4%，平均放电电位为 3.2V，循环 100 圈容量保持率高达 97%，如图 10-11（a）和图 10-11（b）所示。将该材料与硬碳负极制成全电池，在 0.5C 时，硬碳负极的比容量为 300mA·h/g，首次库仑效率为 85%，在循环 100 周后容量几乎没有衰减，见图 10-11（d）和图 10-11（e）。图 10-11（c）和图 10-11（f）分别为半电池和全电池的倍率性能。

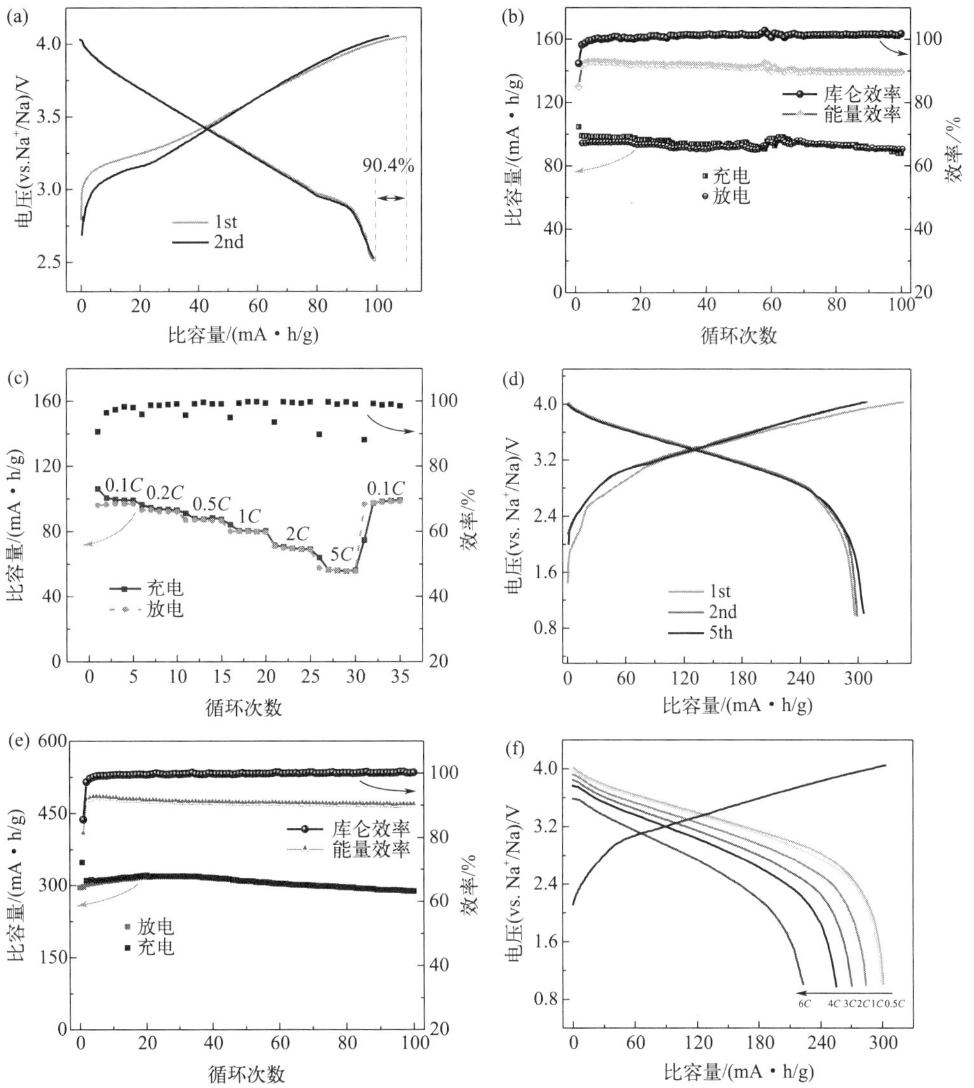

图 10-11　O3-$Na_{0.9}[Cu_{0.22}Fe_{0.30}Mn_{0.48}]O_2$ 与金属钠组成半电池的电化学性能（a）～（c）[（a）$Na_{0.9}[Cu_{0.22}Fe_{0.30}Mn_{0.48}]O_2$ 电极在 2.5～4.05V 之间的第一和第二次恒流充放电曲线，电流密度为 0.1C（10mA/g）；（b）长期循环性能，在 0.1C 时比容量、库仑效率和能量转换效率与循环次数的关系；（c）倍率性能，在 0.1C～5C 时比容量与循环次数的关系] 和 O3-$Na_{0.9}[Cu_{0.22}Fe_{0.30}Mn_{0.48}]O_2$/硬碳全电池的电化学性能（d）～（f）[（d）在 0.5C 时，在 1～4.05V 之间全电池的第一、第二和第五次的充放电曲线；（e）长期循环性能，在 0.5C 时库仑效率和能量转换效率与循环次数的关系；（f）倍率性能，在 0.5C～6C 时在循环过程中全电池的放电曲线以及在 0.5C 时的一条充电曲线]{根据阴极材料的质量 [（a）～（c）] 和阳极材料的质量 [（d）～（f）] 计算比容量}

10.2.2.2 聚阴离子型化合物

聚阴离子型化合物是指含有四面体或八面体的阴离子结构单元 $(XO_m)^{n-}$（X＝P、S、As、W 等）的化合物。该化合物主要包括 $NaMPO_4$（M 为过渡金属）、$NaMPO_4F$ 和钠快离子导体（NaSICON）。聚阴离子型化合物具有较高的电压和稳定性等突出特点。

磷酸钒钠［$Na_3V_2(PO_4)_3$，NVP］材料具有高电压和高比容量特点。在充电过程中，$Na_3V_2(PO_4)_3$ 可脱出 2 个钠离子，理论比容量为 118mA·h/g，但其电导率低，循环稳定性差。Jian 等[18] 通过在 $Na_3V_2(PO_4)_3$ 表面包覆一层碳制得复合材料 NVP/C，显著提升了其循环和倍率性能。Huang 等[19] 制备了 Ti 取代的 $Na_{3-x}V_{2-x}Ti_x(PO_4)_3$/C（NVP-$Ti_x$/C，$0 \leqslant x \leqslant 0.2$）。NVP-$Ti_x$/C 在电压范围为 2.3～3.9V、电流密度为 1*C*（1*C*＝117mA/g）时，所有充放电曲线均在 3.4V 和 3.35V 左右出现平坦充电和放电平台，见图 10-12（a）。与未掺杂的 NVP/C 相比，NVP-Ti_x/C 首次放电比容量降低，这可能是由于用非活性元素 Ti 替代 V 所致，另外用 Ti^{4+} 替代 V^{3+} 还降低了 NVP/C 中 Na 的含量。NVP-Ti_x/C 表现出了好的倍率性能，其中 NVP-$Ti_{0.15}$/C 的倍率性能最好，在 2*C* 和 20*C* 时，NVP-$Ti_{0.15}$/C 的比容量分别为 101.5mA·h/g 和 70.8mA·h/g，而 NVP/C 的比容量则分别为 95.2mA·h/g 和 8.5mA·h/g，见图 10-12（b）。NVP-Ti_x/C 在 10*C* 时的循环性能见图 10-12（c）。NVP-$Ti_{0.15}$/C 表现出最好的循环性能，首次比容量为 86mA·h/g，经过 2000 次循环后比容量为 51.3mA·h/g，保留率为 60％。而 NVP/C 的首次比容量为 50mA·h/g，并在 200 次循环后失去循环能力。

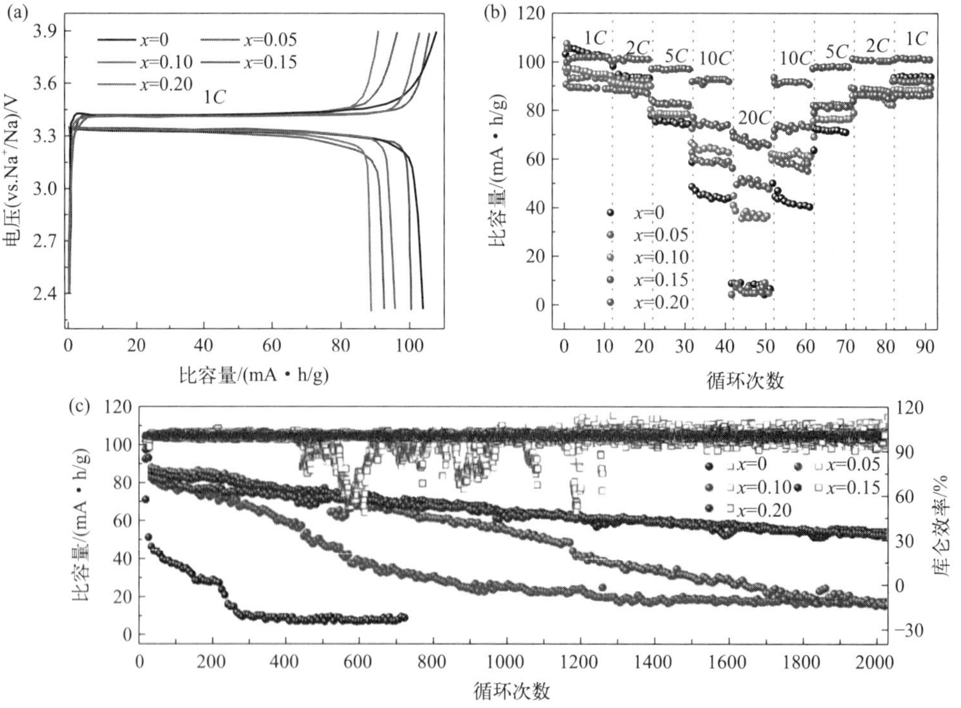

图 10-12 （a）NVP-Ti_x/C（$0 \leqslant x \leqslant 0.2$）电极的充放电曲线；
（b）NVP-Ti_x/C（$0 \leqslant x \leqslant 0.2$）的倍率性能；
（c）NVP-Ti_x/C（$0 \leqslant x \leqslant 0.2$）在室温时 10*C* 倍率下的循环性能

10.2.2.3 普鲁士蓝正极材料

普鲁士蓝正极材料具有类钙钛矿结构，呈面心立方结构，分子式为 $A_xM[Fe(CN)_6]_y \cdot zH_2O$ ($0<x<2$，$0<y<1$)，其中 A 为碱金属元素（Li、Na、K)，M 为过渡金属元素（Fe、Mn、Co、Ni、Cu)，碱金属元素占据体心位置，Fe 与 C 成键，过渡金属 M 与 N 成键。

Wang 等[20]合成出菱方相 $Na_{1.92}Fe[Fe(CN)_6]$（缩写为 R-FeHCF)。在电流密度为 10mA/g 时，R-FeHCF 与 Na 组成半电池的充放电曲线，R-FeHCF 的首次比容量达到 153mA·h/g，见图 10-13（a)，对应于约 490W·h/kg 的能量密度。R-FeHCF 在计时电流图中显示出平坦的两相电压分布和更尖锐的峰值，见图 10-13（a）插图，这表明在充电/放电期间这些结构之间的一阶转变。两个充电平台的电压分别为 3.11V 和 3.30V，两个放电平台的电压分别为 3.00V 和 3.29V。如图 10-13（b）所示，两种氧化还原反应都表现出极好的可逆性，钠半电池在 750 个循环后保留了 80%的初始比容量。在间隙水可以忽略的情况下，R-FeHCF 从第一个循环开始就表现出很高的库仑效率。图 10-13（c）和（d）显示了 Na 半电池中 R-FeHCF 的 Na 提取和再插入的倍率性能。当电流从 0.1C（15mA/g）增加到

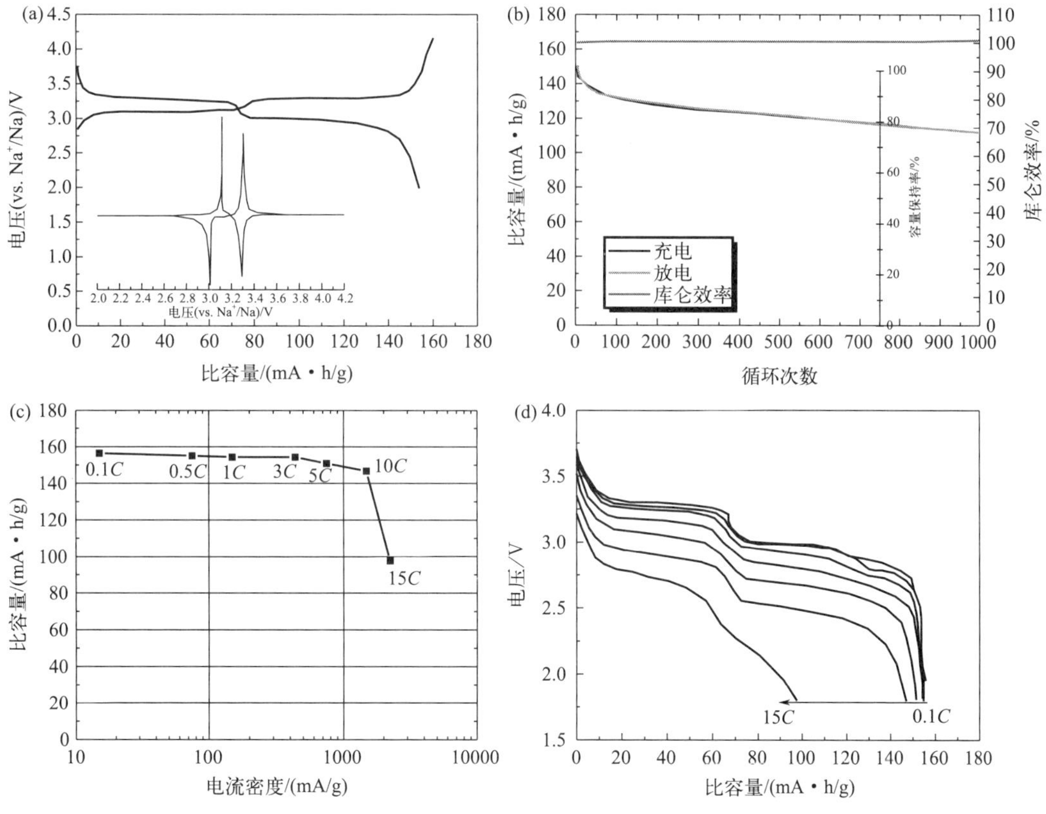

图 10-13 由 86%（质量）活性材料 R-FeHCF、7%（质量）Ketjen 炭黑和 7%（质量）PTFE 黏结剂组成的 R-FeHCF 电极的电化学性能

(a) 第一个周期电流密度为 10mA/g 时的恒流充放电曲线（嵌入计时电流图)；(b) R-FeHCF/Na 半电池在 1000 次循环中的容量保持［从第 1 次循环开始，在 0.5C（75mA/g）下充电，在 2C（300mA/g）下放电］；(c) R-FeHCF/Na 半电池的倍率性能［在 0.1C（15mA/g）下充电，在不同电流下放电］；(d) 不同电流下 R-FeHCF/Na 半电池的放电曲线

10C 时，R-FeHCF 的放电比容量从 157mA·h/g 下降到 145mA·h/g。这种高倍率性能和比容量远大于之前的立方 $Na_{2x}FeHCF$（$x>1$）电极。由于在低压平台处的容量损失较大，放电比容量在 15C 时突然下降。

基于锂离子电池层状氧化物正极材料研究经验，钠离子电池层状氧化物中 P2 结构的 $Na_{0.7}CoO_2$ 和 P3 结构的 $Na_{0.44}MnO_2$ 是比较有前景的两种正极材料，但由于钠原子尺寸较大，在循环过程中的结构稳定性及安全性还有待于进一步研究。聚阴离子型正极材料具有强共价键连成的三维网络结构，相对层状氧化物具有更高的结构稳定性以及安全性，而这些特征更接近市场要求。

10.2.3 钠离子电池负极材料

钠离子电池负极材料主要有碳材料、合金类材料、金属氧化物类材料等。作为钠离子电池关键材料，对负极材料的要求为：具有高的比容量，电极电位要低，化学稳定性及电化学稳定性要高，良好的电子导电性和离子导电性，原料来源丰富易得，制备加工工艺简单和环境友好等。

10.2.3.1 碳负极材料

（1）无定形碳类负极材料 1993 年，Doeff 等[21] 首次通过石油焦热解制备出无序软碳，并测试其储钠性能，但可逆容量低。Cao 等[22] 以空心聚苯胺纳米线为前驱体制备了空心炭纳米线负极材料，循环 400 次后，可逆比容量为 251mA·h/g，容量保持率达到 82.2%，电流密度为 500mA/g 时可逆比容量为 149mA·h/g。他们认为空心炭纳米线的容量高、循环性能和大电流性能好，归因于大层间距和短扩散距离。层间距对 Na^+ 和 Li^+ 的嵌入碳层间能量消耗的影响见图 10-14，Na 的曲线斜率要比 Li 的大。当碳的层间距为 0.335nm 时，Li^+ 的能耗低至 0.03eV，容易嵌入碳层间；而 Na^+ 的能耗高达 0.12eV，很难嵌入石墨层间。随着层间距的增加，Na^+ 的嵌入能耗下降，Na^+ 更容易嵌入。他们认为 Na^+ 能在碳层间可逆脱嵌的最小层间距为 0.37nm。

Li 等[23] 利用无烟煤作为前驱体，在不同的碳化温度下（1000℃、1200℃和 1400℃）制备出无定形碳材料。因其在较低的温度下碳化，所以石墨化程度低，表现出较高的容量。其储钠可逆比容量达到 220mA·h/g，循环性能较好。与 $Na_{0.9}[Cu_{0.22}Fe_{0.30}Mn_{0.48}]O_2$ 匹配制备出 2A·h 的软包电池，能量密度达到 100W·h/kg，而且倍率性能与循环性能优异。Zheng 等[24] 以杨木为原料，在惰性气氛下利用高温热处理制备低成本生物质硬碳负极材料。在与钠组成的半电池中，1400℃ 热处理的硬碳（PHC1400）在 0～2.5V 之间的比容量为 330mA·h/g，首次库仑效率达到 88.3%；层

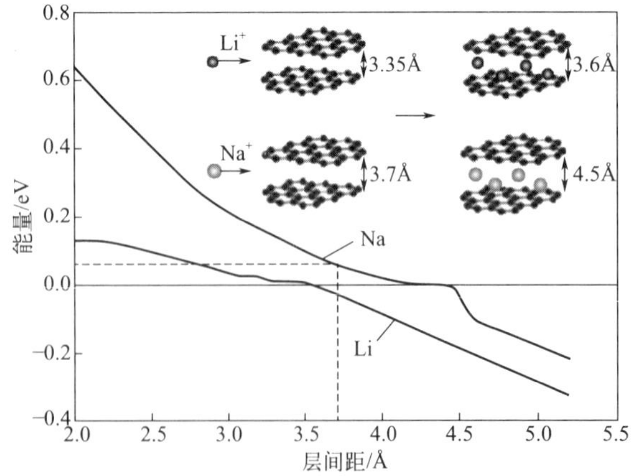

图 10-14 Na^+ 和 Li^+ 嵌入碳层的理论能量消耗和碳层间距的函数曲线

（$1Å=10^{-10}m=0.1nm$）

状氧化物材料 $Na[Cu_{1/9}Ni_{2/9}Fe_{1/3}Mn_{1/3}]O_2$（NCNFM）在 2.5～4.0V 之间的比容量为 118mA·h/g。采用这两种正负极材料组成全电池，其中正极活性物质的负载量为 6.0mg/cm²，负极活性物质的负载量为 2.0mg/cm²。在 1C 时正极比容量 q^{NCNFM} 的充放电曲线和循环性能如图 10-15 所示。基于两个电极质量计算的电池比能量可达到 212.9W·h/g，在 5C 的电流密度下循环 1200 周，容量保持率为 71%。当正负极极片为工业级负载量、正极负载量为 20.5mg/cm² 和负极负载量为 7mg/cm² 时，全电池在 2C 的倍率下循环 600 周，容量衰减仅为 6%。

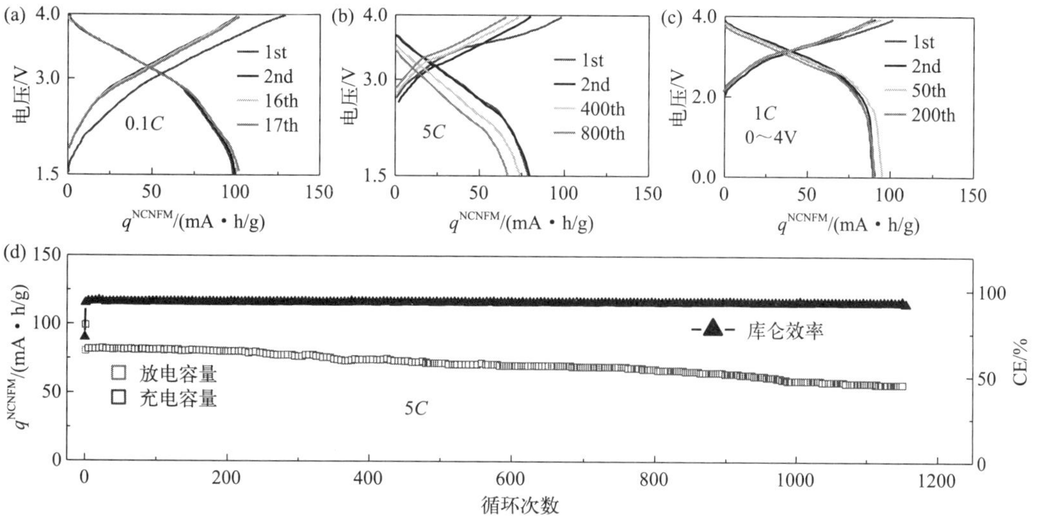

图 10-15 全电池性能（q^{NCNFM} 为正极的比容量）

（a）在 1.5～4.0V 之间、0.1C 时的充放电曲线；（b）在 1.5～4.0V 之间、5C 时的充放电曲线；（c）在 0～4.0V 之间、1C 时的充放电曲线；（d）5C 下的长期循环性能（阳极和阴极的质量负荷分别为 2mg/cm² 和 6mg/cm²）

（2）石墨类负极材料 由于石墨的层间距小，不适于 Na^+ 进行嵌入和脱出，Na^+ 在石墨中仅能形成 NaC_{64} 高阶化合物，比容量约为 35mA·h/g，因此不能直接作为钠离子电池负极材料使用[24,25]。通过扩大石墨层间距，可提高储钠容量。Wen 等[25] 通过对石墨先氧化后部分还原的方法制备膨胀石墨，膨胀石墨的层间距扩大到 0.43nm。膨胀石墨的可逆比容量为 284mA·h/g。Wang 等[26] 采用还原氧化石墨烯（RGO）为负极材料，可逆比容量为 174.3mA·h/g，循环 1000 次后可逆比容量仍能保持在 141mA·h/g。但是，无论是采用氧化还是球磨等方法，随着石墨层间距的增大，可逆比容量显著提高，但都会导致比表面积显著增大，使材料的不可逆比容量增大，首次库仑效率普遍较低（＜50%）。在制备全电池时，会使负极与正极匹配失衡，造成正极材料的大量浪费，这是制约其实现产业化的最大瓶颈。

Yang 等[27] 将氧化石墨、沥青和煤油混合均匀，先进行低温油相热处理（＜200℃）、后进行高温热处理（800℃），制备了沥青碳包覆还原氧化石墨（RGO）的核壳复合材料（RGO-C800），制备路线见图 10-16（a→d→e→f→g）。RGO-C800 的可逆比容量和首次库仑效率分别为 268.4mA·h/g 和 79.2%；循环 15 次后容量趋于稳定，循环 50 次容量保持率为 88.7%，见图 10-17（a）。而将氧化石墨先后 200℃ 和 800℃ 热处理得到的

RGO800，制备路线见图 10-16（a→b→c）。RGO800 的可逆比容量为 60.1mA・h/g，效率仅为 7.7%，见图 10-17（b）。进一步分析表明，对氧化石墨先进行低温热处理后进行高温热处理得到的 RGO800 层间距扩大到 0.360nm，体积发生显著膨胀（图 10-16），比表面积显著增大到 580.00m^2/g；而先低温油相热处理后高温热处理得到的 RGO-C800 层间距进一步增大到 0.372nm，但体积并没有发生膨胀（图 10-16），比表面积却大幅度下降到 3.00m^2/g，从而大幅度提高了充放电的库仑效率。

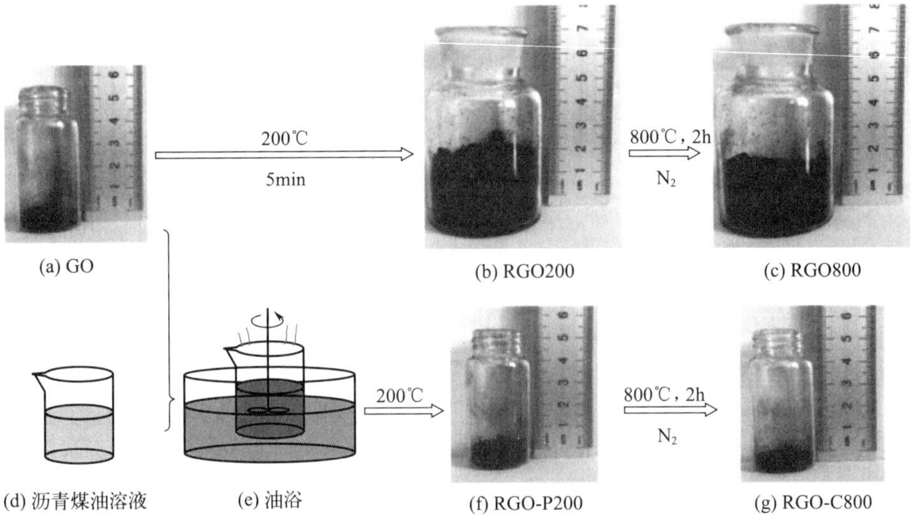

图 10-16　RGO800 和 RGO-C800 合成过程示意

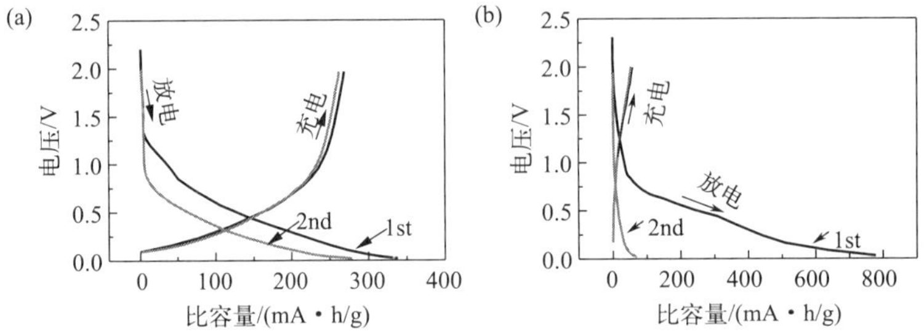

图 10-17　RGO800 第一次和第二次的充放电曲线（a）以及 RGO-C800 第一次和第二次的充放电曲线（b）

10.2.3.2　其他负极材料

（1）合金负极材料　钠的合金负极材料具有很高的理论比容量，如钠与 Sn（$Na_{15}Sn_4$，847mA・h/g）、Sb（Na_3Sb，660mA・h/g）、P（Na_3P，2596mA・h/g）、Si（NaSi，954mA・h/g）、Pb（$Na_{15}Pb_4$，484mA・h/g）和 Ge（Na_3Ge，1108mA・h/g）等[28,29] 的合金。但这些合金负极存在循环过程中体积变化大的缺点[30]，如 Na 与 Si 形成 NaSi 合金后体积膨胀率为 144%，Na_3Sb 体积膨胀率达 390%。

Komaba 等[31] 首次研究了 Sn 基合金的电性能，在 0.1C 倍率下循环 20 次后可逆比容量为 500mA・h/g，比硬碳负极材料可逆比容量的两倍还要大。Wang 等[32] 采用原位透射电子显微镜研究了 Sn 纳米颗粒在 Na^+ 嵌入过程中显微结构的变化，他们发现嵌钠过程分为两个阶段，见图 10-18，最终形成 $Na_{15}Sn_4$，体积膨胀率达到 420%。

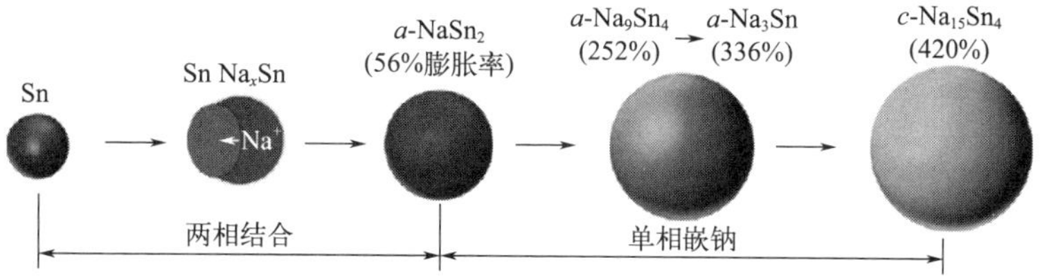

图 10-18　Sn 在嵌钠过程中演变过程示意图

体积膨胀直接影响材料的循环性能，是合金类材料需要解决的关键问题。为此人们进行了很多研究，效果最突出的是将纳米化的活性材料和惰性材料或者体积变化小的材料进行复合，目前已由二元复合逐渐发展到多元复合。

（2）钛氧化物负极材料　钛基氧化物中的钛一般都以四价存在，Ti^{4+}/Ti^{3+} 的氧化还原反应发生在 0～2V 之间。Senguttuvan 等[33] 首次报道 Z 形单斜结构的 $Na_2Ti_3O_7$ 作为钠离子电池负极材料，可以脱出 2 个钠离子，理论比容量为 200mA·h/g，平均电位约为 0.3V，但该材料的电子导电性差。Yan 等[34] 以葡萄糖为碳源，固相合成了碳包覆的 $Na_2Ti_3O_7/C$ 材料，经过碳包覆后在 1C 的电流密度下循环 100 次后比容量为 111.8mA·h/g，而未包覆的 $Na_2Ti_3O_7$ 的比容量仅有 48.6mA·h/g。

Wang 等[35] 合成了 P2 相的层状钛基氧化物 $Na_{0.66}Li_{0.22}Ti_{0.78}O_2$，该材料平均电位为 0.75V，在小电流密度下可逆比容量为 125mA·h/g。在 2C 电流密度下，循环 1200 次容量保持率为 75%，表现出优异的循环性能，见图 10-19。Huang 等[36] 制备了富钠的层状材料 $Na_2Li_2Ti_5O_{12}$。在 0.1A/g 电流密度下，可逆比容量高达 168mA·h/g，平均电位为 0.6V。在 0.4A/g 电流密度下，循环 300 次以上，容量保持率在 92%以上。

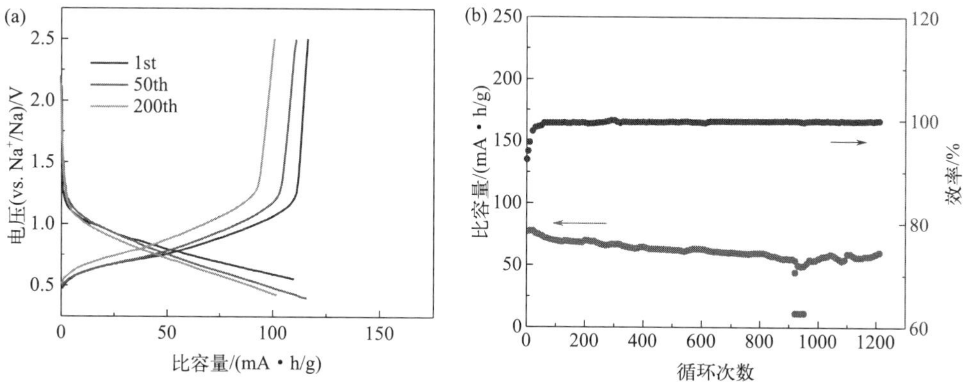

图 10-19　$Na_{0.66}Li_{0.22}Ti_{0.78}O_2$ 在 0.1C 电流密度时的倍率性能（a）及在 2C 时的循环性能（b）[35]

总体来说，合金类负极材料表现出最高的比容量，但在充放电过程中巨大的体积变化会导致电极恶化，从而引起其循环性能快速衰减。氧化物负极材料表现出较高的平均电压，从而限制全电池的能量密度，但是其倍率性能和循环性能较好，有望在对功率、循环性能要求较高的场所应用。碳基负极材料尤其是硬碳材料，具有合适的电位、较高的比容量和首次库仑效率，成为最有商业化前景的负极材料。

10.3 锂硫电池

锂硫电池的研究起源于1962年，Herbet和Ulam在专利中首次提出以硫作为正极材料的概念。1967年，阿贡国家实验室利用熔融的Li和S作为两个电极，开发出一种高温锂硫体系。1983年，Peled等报道了可以溶解多硫化物的四氢呋喃/甲苯（THF/TOL）基溶剂体系，活性材料S的利用率高达95%。在1991年日本索尼公司将锂离子电池商业化之后，锂硫电池的研究工作陷入低谷，随着锂离子电池容量上升速度的减缓，锂硫电池重新受到重视。

10.3.1 锂硫电池的原理与特点

（1）工作原理　锂硫电池是以单质硫作为正极活性物质、以金属锂为负极构成的电池体系。锂硫电池总氧化还原反应见式（10-1），单质硫和金属反应生成硫化锂。其中硫正极反应见式（10-2），正极 S_8 分子与锂离子反应生成硫化锂。正极硫原子电子转移数为2。

$$S_8+16Li \longrightarrow 8Li_2S \tag{10-1}$$

$$S_8+16Li^++16e^- \longrightarrow 8Li_2S \tag{10-2}$$

锂硫电池的结构如图10-20（a）所示。正极由硫、导电剂和黏结剂构成，其中硫通常是硫的复合物，如硫和碳的复合物。负极由单质锂金属片构成。锂硫电池的充放电曲线见图10-20（b）。

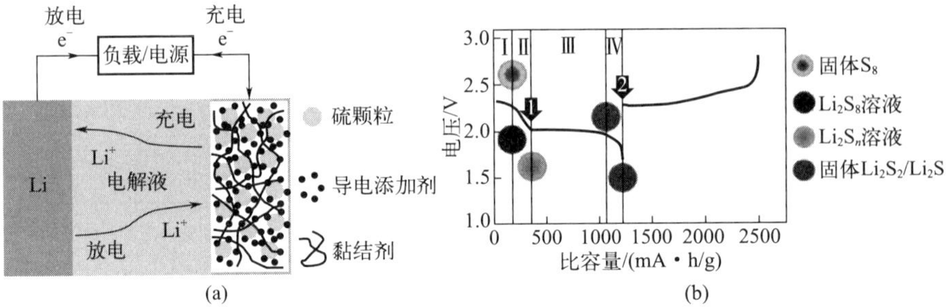

图10-20　锂硫电池示意图（a）和充放电曲线（b）

硫正极的放电过程分为两个相变过程，即从固态 S_8 转化为液态 Li_2S_n（$n>3$），再转化为固态 Li_2S_2 和 Li_2S 的过程。

放电过程分为四个区域：

Ⅰ区为2.2～2.3V平台，该平台约贡献了硫正极理论比容量的12.5%（209mA·h/g）。对应S单质与金属锂发生还原反应生成 Li_2S_8，Li_2S_8 溶解于电解液中成为液态正极活性物质，因为表面硫的溶解会使正极变得疏松多孔，促进正极进一步还原，反应式如下：

$$S_8+2Li \longrightarrow Li_2S_8 \tag{10-3}$$

Ⅱ区为斜线区域，对应从溶解的 Li_2S_8 到低阶多硫化物的液相还原过程，多硫化物种类和数量增多，生成 Li_2S_n 溶液正极材料，其中 $n>3$，溶液黏度增大。反应式如下：

$$Li_2S_8 + 2Li \longrightarrow Li_2S_{8-n} + Li_2S_n \tag{10-4}$$

Ⅲ区为 2.1V 的长平台区域，贡献了硫正极理论比容量的 75%（1256mA·h/g），对应从溶解的低价多硫化物生成不溶的 Li_2S_2 和 Li_2S，反应式如下：

$$2Li_2S_n + (2n-4)Li \longrightarrow nLi_2S_2 \tag{10-5}$$

$$Li_2S_n + (2n-2)Li \longrightarrow nLi_2S \tag{10-6}$$

Ⅳ区为 2.1V 以下的斜线区，对应难溶的 Li_2S_2 被还原为难溶的 Li_2S，反应式如下：

$$Li_2S_2 + 2Li \longrightarrow 2Li_2S \tag{10-7}$$

锂硫电池放电平台的平均电压大约在 2.2V（vs. Li^+/Li），尽管比传统锂离子电池正极材料的工作电压低，但是硫较高的理论比容量弥补了这一点，仍使其成为能量密度最高的固体正极材料。

锂硫电池充电过程的化学反应为放电过程的逆反应，只在 2.2～2.5V 附近出现一个充电平台。锂硫电池在放电结束时电压为 1.7V，而在充电开始时电压直接上升到 2.2V，表明存在极化现象，这主要是由于放电结束时反应形成的 Li_2S_n（$n=1\sim2$）为绝缘固体，充电时需要克服很大的相变势垒。

（2）硫正极的优缺点　锂硫电池的优点：硫正极的比容量和能量密度高，硫正极的理论比容量为 1675mA·h/g，硫正极的质量能量密度为 2600W·h/kg。另外，S 具有储量丰富、材料成本低和环境友好等特点。

锂硫电池的缺点如下：

① 穿梭效应。在放电过程中，在正极侧生成的多硫化锂（$Li_2S_4\sim Li_2S_8$）会溶解到电解液中，在浓度差的作用下会穿过隔膜，迁移到负极表面，而在负极与金属锂发生反应生成多硫化锂（$Li_2S_2\sim Li_2S_4$），其中不溶物 Li_2S_2 会留在负极，使负极表面绝缘钝化，而可溶物在电场和浓度场的作用下会回到正极，形成穿梭效应，造成库仑效率降低、负极极化增大、容量衰减（自放电）和循环性能下降，见图 10-21 充放电过程中内部化学反应。

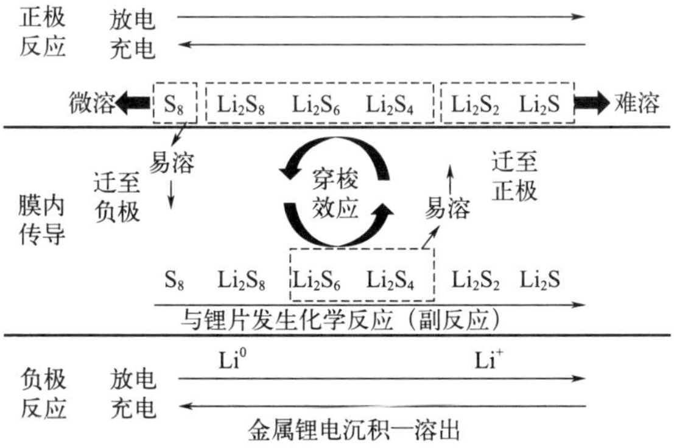

图 10-21　锂硫电池充放电过程中内部化学反应

② 硫室温电导率低。硫是电子和离子绝缘体，电导率仅有 5×10^{-30}S/cm。硫的密度相对较低，α-硫为 2.07g/cm^3，Li_2S 为 1.66g/cm^3。在大多数情况下，应将大量导电碳与硫混合。为保持硫的高能量密度优势，阴极要求硫质量含量至少为 70%，合理的硫负载量为 2～3mg/cm^2。

③ 硫充放电时体积变化大，元素硫还原为 Li_2S 时体积增加 79.2%，不利于循环性能的提高。

硫正极的改性主要是将硫与载体材料复合，改善硫的导电性和抑制穿梭效应。通常，载体材料要满足如下要求：具有优良的导电性能，以提高硫电极的电子导电能力，对硫及多硫化物具有较强的吸附和限域作用，防止硫和多硫化物的溶解，抑制穿梭效应。

通常正极材料改性包括以下两个步骤：

① 制备载体材料：制备的载体材料多为比表面积大的多孔材料或纳米材料，包括碳材料、氮化碳和金属氧化物等。

② 将载体材料与单质硫复合，也称为熔硫。常温时硫分子为 8 个硫原子组成的环状分子，结晶形式为 α-硫形式。在惰性气氛中加热时，α-硫在 115℃开始熔化，在 444.6℃沸腾，容易升华。随着温度升高，硫熔体的黏度缓慢降低，在 160℃附近有一个最小黏度值。熔硫时通常选择在 160℃进行。

10.3.2 锂硫电池正极材料

10.3.2.1 硫/碳复合材料

碳类材料具有导电性能好、与硫亲和力较强、化学性质稳定以及原料丰富等特点，因此碳材料是硫正极的常用载体材料。用于载体的碳材料有微米多孔碳以及石墨烯、碳纳米管和炭黑等纳米碳材料。

(1) 微米多孔碳　多孔碳具有导电性好、孔隙率高、孔容量大、比表面积大等特点。多孔碳/硫复合材料由于碳材料具有多孔结构和大比表面积，不但能负载硫，而且还能吸附多硫化物，对多硫化物溶解后的扩散起到一定抑制作用；此外，碳材料的孔结构还能有效缓解硫电极充放电时的体积变化。

Lai 等[37] 以 PAN 为原料，采用碳酸钠为活化剂，在 750℃热处理制备了高孔隙率碳(HPC)，HPC 的比表面积为 1473.2m^2/g，见图 10-22 (a)。在氩气气氛下，首先将硫/HPC 混合物加热至 150℃，使熔融的硫扩散到 HPC 的孔隙中，然后将温度升高至 300℃并保持 3h，以蒸发 HPC 外表面上覆盖的硫，得到硫质量含量为 57%和 75%的复合材料，见图 10-22 (b)、(c)。如图 10-23 所示，电化学测试表明，电流密度为 40mA/g 的情况下，硫含量为 57%的硫/HPC 复合材料的初始比容量为 1155mA·h/g，经过循环后稳定比容量为 745mA·h/g。HPC 起到了抑制穿梭效应的作用。而当硫含量为 75%时，则抑制作用不明显。

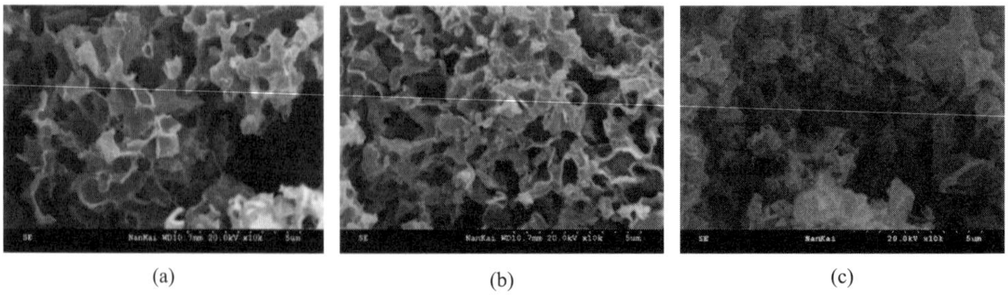

图 10-22　不同材料的 SEM 分析结果

(a) HPC；(b) 硫/HPC 复合材料（硫含量为 57%）；(c) 硫/HPC 复合材料（硫含量为 75%）

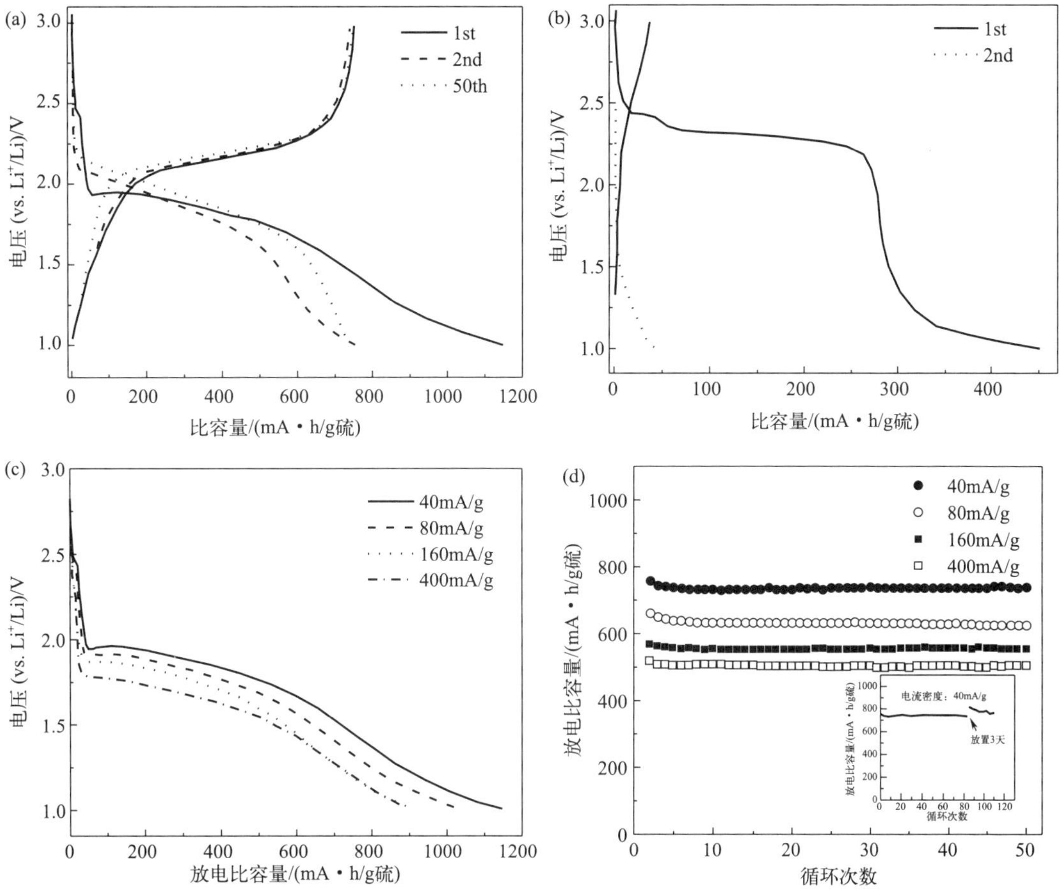

图 10-23　复合材料在 40mA/g 电流密度下的充放电曲线 [(a) 硫/HPC 复合材料，硫含量为 57%；(b) 硫/HPC 复合材料，硫含量为 75%] 以及复合材料在不同电流密度下的倍率性能和循环曲线 [(c) 倍率性能，硫/HPC 复合材料，硫含量为 57%；(d) 硫/HPC 复合材料，硫含量为 57%，在不同电流密度下的循环曲线，插图中给出了 40mA/g 电流密度下的更多循环]

(2) 碳纳米材料　Xin 等[38] 以多壁碳纳米管（CNT，平均直径=50nm）为材料，在其表面包覆一层微孔碳（MPC），制备了 CNT@MPC 复合材料。CNT@MPC 复合材料的平均直径约为 250nm，MPC 厚度约为 100nm，见图 10-24 (a)。MPC 层中微孔的尺寸约为 0.5nm，见图 10-24 (b)，比表面积为 936m^2/g。由于 0.5nm 的孔隙小于 S_8 分子直径，他们认为孔隙中存在的是亚稳态的小硫分子（S_n，n=2～4），这些小硫分子的初始比容量为 1670mA・h/g（理论上为 1675mA・h/g），在 200 次循环后仍保持在 1149mA・h/g，单次放电电压平台为 1.9V。Zhang 等[39] 认为优异的循环性能可能是由于阴极中的 S/C 比低至 1mg/cm^2 的原因。在这种情况下，形成的多硫化锂扩散出阴极的距离太长，以至于在扩散出阴极之前，它被直接还原为 Li_2S。从快速放电中也可以观察到类似的现象。单电压平台是由于固体和/或溶解的 S_8 直接还原为固体 Li_2S 而未通过溶解的多硫化锂中间体，或者换句话说，PS 中间体的寿命太短，无法显示放电电压平台。

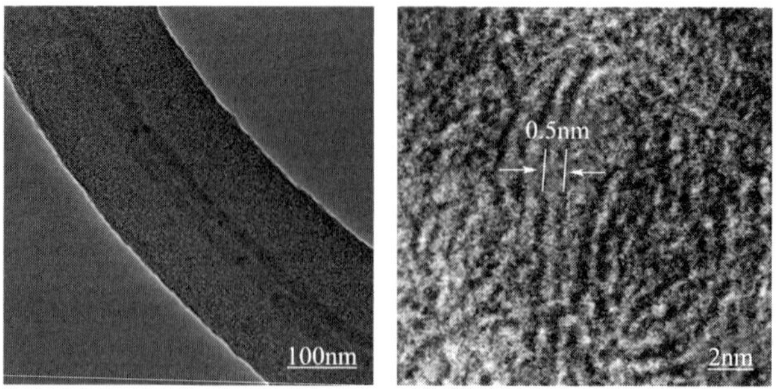

图 10-24 CNT@MPC 的结构特征

(a) CNT@MPC 纳米线的 TEM 图像；(b) ABF-STEM 图像（显示涂层中的碳通道，其中深灰色部分表示碳壁，浅灰色部分表示碳通道）

碳材料作为传统硫电极的导电骨架提供了快速电子及离子通道，然而碳材料的极性弱，与极性的多硫化物分子无法形成化学牵引与相互作用，因此在硫负载量较大时对穿梭效应的抑制明显减弱。

10.3.2.2 硫/g-C_3N_4 复合材料

g-C_3N_4 是一种近似石墨烯的平面二维片层结构，是以 3-均三嗪环（C_6N_7，图 10-25）为基本结构单元无限延伸形成的网状结构，二维纳米片层间通过范德华力结合，其中的吡啶 N 对多硫化物的吸附力强。实际上，在碳材料中掺杂氮可提高对多硫化物的吸附能力早已被实验证明，但在碳中掺杂氮是有限的，原子比不超过 14.5%，而 g-C_3N_4 中原子比氮含量高达 57.1%，并且都属于吡啶氮。

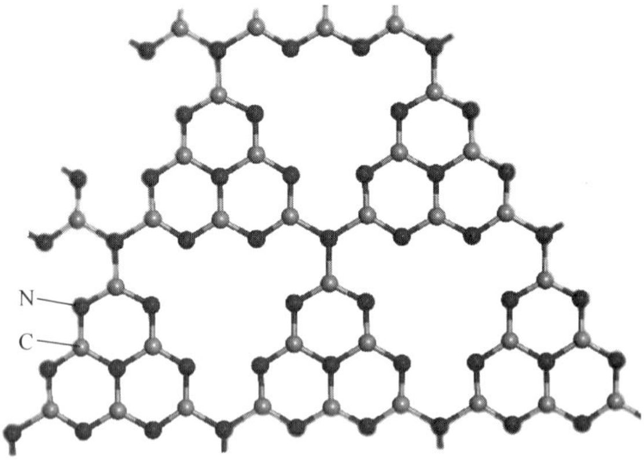

图 10-25 石墨相氮化碳 g-C_3N_4 分子结构

Nazar 课题组[40] 合成了含有纳米孔的 g-C_3N_4。首先将氰胺与 SiO_2（12nm）溶液混合制备氰胺包覆纳米 SiO_2 的复合物，然后在 550℃下热处理 4h，最后再用 HF 蚀刻掉 SiO_2，获得含有纳米孔的 g-C_3N_4 粉末。合成材料具有很高的比表面积，达 615m^2/g，熔硫后得到样品 g-C_3N_4/S75，其中硫的负载量为 75%。以聚多巴胺为原料制备了氮掺杂碳的样品，熔硫后得到氮掺杂样品 NdC/S75，总氮原子浓度为 3.1%。VC/S75 为商业多孔碳的熔硫样品，为未掺杂氮样品。图 10-26（a）为 g-C_3N_4/S75 电极不同倍率下的首次充放电曲线，曲线中出现了两个典型的放电平台，其中 1C 时实现 785mA·h/g（基于硫质量）的高放电比容量。在 0.5C 时 1500 次循环后每次循环的容量衰减率仅为 0.04%［图 10-26（b）］，而 NdC/S75 和 VC/S75 在循环过程中则衰减很快。但是石墨相 g-C_3N_4 存在电子导电性差的缺点，因此仍然需要使用大量导电剂。

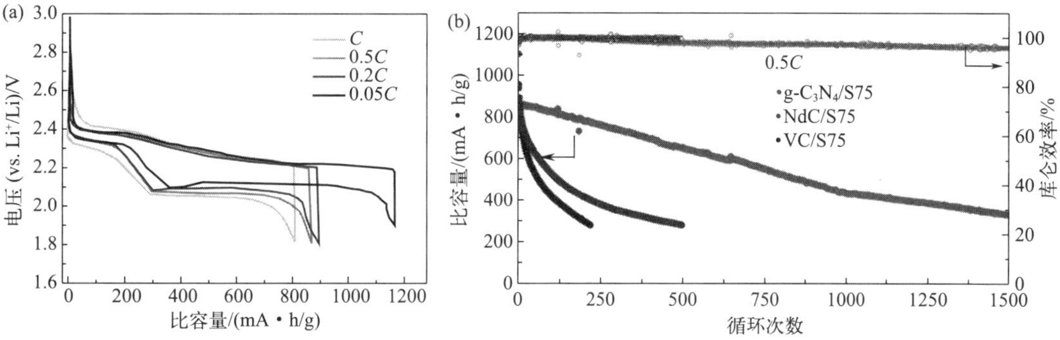

图 10-26　不同倍率时 g-C_3N_4/S75 的首次充放电曲线（a）
以及在 0.5C 倍率时 g-C_3N_4/S75、NdC/S75 和 VC/S75 的循环性能和库仑效率（b）

10.3.2.3　硫/金属氧化物复合材料

氧化物载体可利用极性氧化物分子，对极性的多硫化锂分子产生化学吸引，能够抑制多硫化物的溶解扩散，改善电池的循环性能。美国斯坦福大学梁正团队[41] 在导师崔屹指导下，采用模板法，通过氢气还原法对二氧化钛进行处理制备出纳米三维多孔连通结构的导电框架，具有逆蛋白石结构。其相对封闭的三维结构为硫和多硫化物限制提供了理想的架构。顶部表面的开口允许硫注入反蛋白石结构，见图 10-27。黑色二氧化钛中所含的大量氧空位和三价钛离子（Ti^{3+}）既可缩小材料的带隙，从而大大提高其导电性，又有助于形成钛硫键，提高对多硫化锂的吸附能力。0.8mg/cm^2 负载量的复合硫电极，在 1C 倍率下首次放电比容量高达 1100mA·h/g，循环 200 周后仍能保持在 890mA·h/g，表现出良好的电化学性能，见图 10-28。

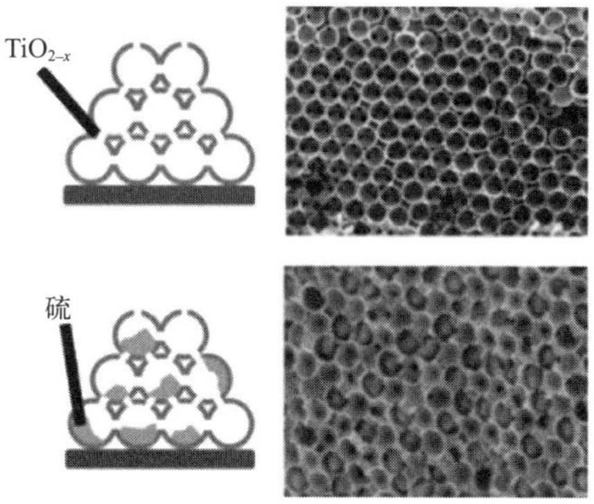

图 10-27　TiO_{2-x}/S 复合材料示意图及 SEM 图

为解决硫电极在放电过程中存在的体积膨胀问题，Seh 等[42] 通过使用 TiO_2 包裹硫制备核壳式含硫复合材料，然后再去除一部分硫，使得 TiO_2 壳中留有一定的多余空间，制备出一种含硫质量分数达 71%的“蛋黄式”含硫复合核壳材料。TiO_2 核壳材料在 0.5C 的倍率下，首次放电比容量为 1030mA·h/g，充放电循环 1000 次时其比容量仍然保持在 690mA·h/g 以上，容量保持率为 67%，库仑效率高达 98.4%。

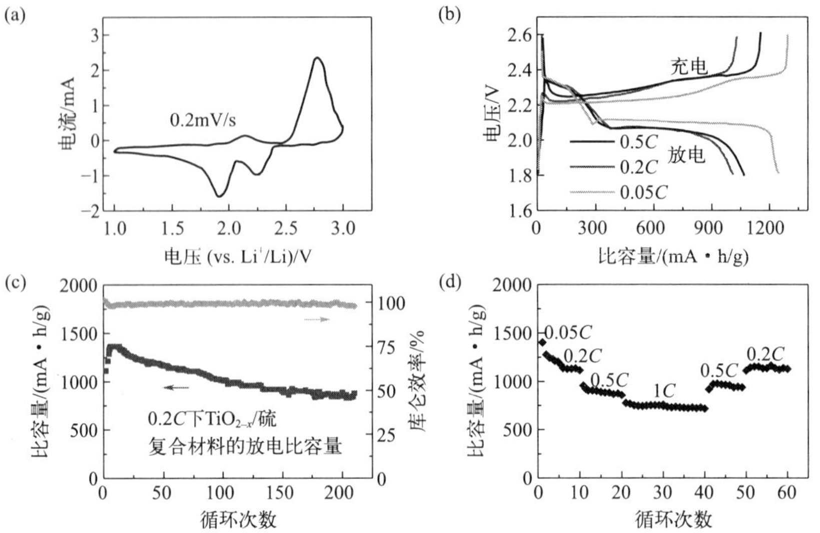

图 10-28 TiO_{2-x}/S复合正极材料的电化学测试和电池性能

(a) 在 0.2mV/s 下获得的 TiO_{2-x}/S复合正极材料的循环伏安曲线；(b) 不同电流密度下的典型充放电曲线；(c) TiO_{2-x}/S复合正极材料在 0.2C 电流密度下的循环性能和库仑效率；(d) TiO_{2-x}/S复合正极材料在 0.05C～1C 的不同电流密度下的倍率性能

10.3.3 锂硫电池锂负极材料

10.3.3.1 锂负极特点

锂硫电池以金属锂作为负极材料，金属锂具有电压高和比容量高等优点，但也存在很多缺点。

① 锂枝晶问题。金属锂在负极表面不均匀溶解和沉积会产生锂枝晶，随着不断生长，枝晶会穿透隔膜，造成电池内部短路，进而诱发电池局部过热，甚至起火爆炸。

② 难以形成稳定 SEI 膜。金属锂具有高活性，很难与电解液形成稳定的固体电解质界面膜。另外，由于锂枝晶的形成会生成新的锂表面，锂与电解液会持续反应，循环效率下降。

③ 负极锂的体积变化大。当电池处于放电状态时，负极的金属锂溶解为锂离子并嵌入正极，其体积变化甚至超过硅。当电池处于充电状态时，金属锂被电镀到负极上。整个过程中负极一侧没有任何支撑与框架，负极的厚度与形状随时间发生变化，这是电池发生短路的一个诱因。

对锂负极改性的目标主要是抑制锂枝晶的生成和多硫化物对锂负极表面状态的破坏，主要有两种方法：

① 表面改性。包括原位生成保护膜和非原位生成保护膜两种方法。原位生成保护膜是在有机电解液中加入添加剂（如 $LiNO_3$），利用这些添加剂与金属锂的原位反应生成更稳定的保护膜或 SEI 膜。非原位生成保护膜是在组装锂硫电池前对金属锂负极进行表面修饰，生成有机或无机保护膜。

② 基体的复合和掺杂。主要采用锂合金，如 Li-Sn、Li-Si 和 Li-Sb 合金等，或者与纤维状骨架制成复合材料，从而减小体积变化，生成稳定的 SEI 膜，提高循环性能。

10.3.3.2　基体的掺杂与复合

梁正团队在导师崔屹指导下创造性地提出了复合锂金属电极的思想，制备出含有支撑框架的复合锂金属电极。他们首先制得碳纤维膜，并将硅沉积到碳纤维表面形成硅碳复合膜，然后将金属锂在 300℃熔解，浇筑在硅碳复合膜上。由于硅与锂的润湿性好，硅碳复合膜会像“纸吸水”一样把熔化的液态锂吸入其中，在复合负极中金属锂占据 90%的体积以及 2/3 的质量，同时坚固的碳结构对电极起到了支撑作用，充放电过程中整个复合电极形状、厚度几乎没有变化，电池循环寿命以及安全性能得到了显著提高，见图 10-29。新型复合电极可提供约 2000mA·h/g 或 1900mA·h/cm^3 的高比容量。

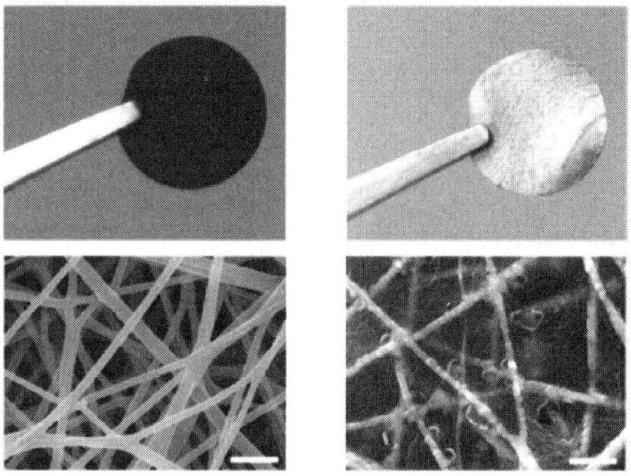

(a) 吸入锂之前　　(b) 吸入锂之后

图 10-29　碳纤维吸锂前后的形貌

与无主体锂金属电极相比，这种锂/碳复合电极具有多种优点，如具有高导电表面积、稳定的电解液/电极界面和可忽略的体积波动，因此可以为解决锂金属电池的固有问题开辟新的途径。作为锂金属电池的稳定阳极，这种新型设计使电池具有低界面阻抗、稳定的电压分布和较长的循环寿命。

10.3.3.3　表面改性

Mikhaylik 等在专利中提出，在电解液中添加含 N－O 键的化合物能有效提高锂硫电池正极活性物质利用率，并能减少电池自放电。$LiNO_3$ 被认为是至今在锂硫电池有机电解液中最有效的添加剂。

Aurbach 等[44] 的研究表明，在电解液中添加 $LiNO_3$，在锂金属表面 $LiNO_3$ 可直接还原形成 Li_xNO_y 表面物种，同时硫物种的氧化形成各种 Li_xSO_y 表面物种。这些物种的成膜，在防止穿梭效应方面起到了积极作用，同时增强的锂钝化膜，显著减少了锂电极附近在溶液中多硫化物物种的还原。图 10-30 显示两个锂硫电池的典型稳态充放电曲线。在电解液中含有 $LiNO_3$ 时，显示出约 1150mA·h/g 的高可逆比容量，并且有 2.4～2.3V 和 2.1～2.0V 两个平台，见图 10-30 曲线 b。而在没有添加 $LiNO_3$ 时，充电时难以达到 2.4～2.3V，并且由于穿梭机制，其在研究中测得的最大比容量不超过 650mA·h/g（图 10-30a）。

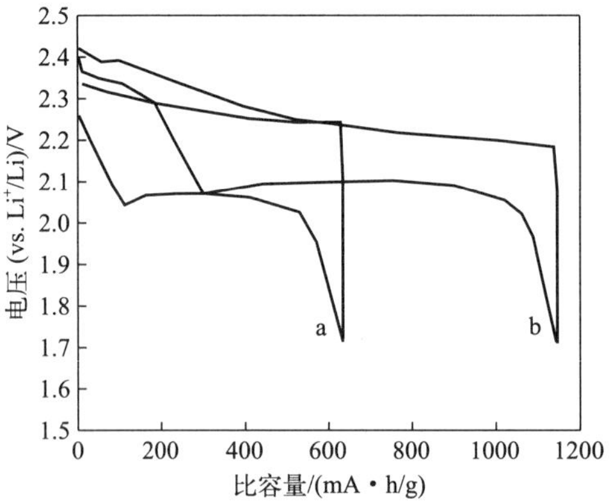

图 10-30 锂硫电池袋式电池的典型充放电曲线［包括锂金属阳极、硫阴极（含有活性材料、碳和集电器），以及温度为 30℃的基于 DOL 的电解液（a. DOL，0.38mol/L $LiSO_2CF_{32}$；b. DOL，0.38mol/L $LiNSO_2CF_{32}$ 和 0.31mol/L $LiNO_3$）］

双草酸硼酸锂（LiBOB）作为电解质添加剂添加到电解液中后，研究发现 LiBOB 会增加传质阻抗，但少量 LiBOB（4%）能提高放电比容量和改善循环性能[45]。Lee 等[46]在含有乙二醇二甲基丙烯酸酯的有机溶液中，以甲基苯甲酰甲酸甲酯为光引发剂，用紫外线辐照，在金属锂表面聚合生成一层厚约 10μm 的保护层，与凝胶电解质结合，改善了循环性能。

习 题

1. 固态电池与传统液态电池的区别是什么？

2. 固态电池的电解质有哪三大类？它们的优缺点是什么？

3. 分析锂硫电池放电过程中的四个阶段以及如何从正极材料的角度解决其应用中存在的问题。

4. 阐述钠离子电池与锂离子电池在工作原理上的区别与联系。

5. 现有全固态锂离子电池，其标称容量为 10A・h，标称电压为 3.7V，内阻为 0.05Ω。计算以下问题：

（1）电池的总能量（以 W・h 为单位）是多少？

（2）如果以 2A 的电流放电，放电时间将持续多久？

（3）以 J 为单位，电池放电时内阻产生的热量损失是多少？

6. 假设正极材料 $NaMnO_2$ 的摩尔质量为 151g/mol，负极材料硬碳的摩尔质量为 12g/mol。正极材料的理论比容量为 200mA・h/g，负极材料的理论比容量为 300mA・h/g。计算过程中只考虑理想状态，不考虑不可逆容量损失及其他因素。

（1）如果有一个包含 10g$NaMnO_2$ 的正极，以 mA・h 为单位，它最多可以释放多少电量？

（2）对于相同的电量，需要多少质量的硬碳负极来接收这些钠离子？

(3) 电池电压为3V，以W·h为单位，上述正极材料放电时能释放多少能量？

7. 锂硫电池放电过程中，硫正极（S_8）按以下简化反应进行，计算如下问题：

$$S_8 + 16Li^+ + 16e^- \longrightarrow 8Li_2S$$

(1) 硫（S_8）的摩尔质量为256g/mol。如果一个锂硫电池的正极包含10g纯硫（S_8），那么它包含多少摩尔的S_8分子？

(2) 放电时1mol的S_8分子可以生成多少摩尔的Li_2S？

(3) 电池电压为2.15V，正极中的硫（S_8）完全反应放出了1600mA·h的电量，以焦耳为单位，电池释放了多少能量？

(4) Li_2S的摩尔质量为45.95g/mol，计算在上述放电过程中生成的Li_2S的质量。

参考文献

[1] Kamaya N, Homma K, Yamakawa Y, et al. A lithium superionic conductor [J]. Nature Materials, 2011, 10 (9): 682-686.

[2] Kato Y, Hori S, Saito T, et al. High-power all-solid-state batteries using sulfide superionic conductors [J]. Nature Energy, 2016, 1 (4): 16030.

[3] 田建鑫，郭慧娟，万静，等. 固态锂电池电极过程的原位研究进展 [J]. 化学学报，2021，79 (10): 1197-1213.

[4] Hayashi A, Ohtomo T, Mizuno F, et al. All-solid-state Li/S batteries with highly conductive glass-ceramic electrolytes [J]. Electrochemistry Communications, 2003, 5 (8): 701-705.

[5] Dhivya L, Murugan R. Effect of simultaneous substitution of Y and Ta on the stabilization of cubic phase, microstructure, and Li^+ conductivity of $Li_7La_3Zr_2O_{12}$ lithium garnet [J]. Acs Applied Materials & Interfaces, 2014, 6 (20): 17606-17615.

[6] Stramare S, Thangadurai V, Weppner W. Lithium lanthanum titanates: A review [J]. Chemistry of Materials, 2003, 15 (21): 3974-3990.

[7] 陈龙，池上森，董源，等. 全固态锂电池关键材料——固态电解质研究进展 [J]. 硅酸盐学报，2018，46 (1): 21-34.

[8] 刘晋，徐俊毅，林月，等. 全固态锂离子电池的研究及产业化前景 [J]. 化学学报，2013，71 (6): 869-878.

[9] Zhang J, Zhao N, Zhang M, et al. Flexible and ion-conducting membrane electrolytes for solid-state lithium batteries: Dispersion of garnet nanoparticles in insulating polyethylene oxide [J]. Nano Energy, 2016, 28: 447-454.

[10] Yabuuchi N, Kubota K, Dahbi M, et al. Research development on sodium-ion batteries [J]. Chemical Reviews, 2014, 114 (23): 11636-11682.

[11] Delmas C. Sodium and sodium-ion batteries: 50 Years of research [J]. Advanced Energy Materials, 2018, 8 (17): 1703137.

[12] 黄洋洋，方淳，黄云辉. 高性能低成本钠离子电池电极材料研究进展 [J]. 硅酸盐学报，2021，49 (2): 256-271.

[13] 杨涵，张一波，李琦，等. 面向实用化的钠离子电池碳负极：进展及挑战 [J]. 化工进展，2023，42 (8): 4029-4042.

[14] Palomares V, Serras P, Villaluenga I, et al. Na-ion batteries, recent advances and present challen-

ges to become low cost energy storage systems [J]. Energy & Environmental Science, 2012, 5 (3): 5884-5901.

[15] Delmas C, Braconnier J-J, Fouassier C, et al. Electrochemical intercalation of sodium in Na_xCoO_2 bronzes [J]. Solid State Ionics, 1981, 3-4: 165-169.

[16] Yabuuchi N, Kajiyama M, Yamada Y, et al. P2-type $Na_{2/3}$ [$Fe_{1/2}Mn_{1/2}$] O_2 made from earth-abundant elements for high-energy Na-ion batteries [J]. ECS Meeting Abstracts, 2012, MA2012-02 (15): 1834.

[17] Mu L, Xu S, Li Y, et al. Prototype sodium-ion batteries using an air-stable and Co/Ni-free O_3-layered metal oxide cathode [J]. Adv Mater, 2015, 27 (43): 6928-6933.

[18] Jian Z, Zhao L, Pan H, et al. Carbon coated Na_3V_2 $(PO_4)_3$ as novel electrode material for sodium ion batteries [J]. Electrochemistry Communications, 2012, 14 (1): 86-89.

[19] Huang Y, Li X, Wang J, et al. Superior Na-ion storage achieved by Ti substitution in Na_3V_2 $(PO_4)_3$ [J]. Energy Storage Materials, 2018, 15: 108-115.

[20] Wang L, Song J, Qiao R, et al. Rhombohedral prussian white as cathode for rechargeable sodium-ion batteries [J]. Journal of the American Chemical Society, 2015, 137 (7): 2548-2554.

[21] Doeff M M, Ma Y, Visco S J, et al. Electrochemical Insertion of sodium into carbon [J]. Journal of The Electrochemical Society, 1993, 140 (12): L169.

[22] Cao Y, Xiao L, Sushko M L, et al. Sodium ion insertion in hollow carbon nanowires for battery applications [J]. Nano Letters, 2012, 12 (7): 3783-3787.

[23] Li Y, Hu Y-S, Qi X, et al. Advanced sodium-ion batteries using superior low cost pyrolyzed anthracite anode: Towards practical applications [J]. Energy Storage Materials, 2016, 5: 191-197.

[24] Zheng Y, Lu Y, Qi X, et al. Superior electrochemical performance of sodium-ion full-cell using poplar wood derived hard carbon anode [J]. Energy Storage Materials, 2019, 18: 269-279.

[25] Wen Y, He K, Zhu Y J, et al. Expanded graphite as superior anode for sodium-ion batteries [J]. Nature Communications, 2014, 5: 2003-2016.

[26] Wang Y X, Chou S L, Liu H K, et al. Reduced graphene oxide with superior cycling stability and rate capability for sodium storage [J]. Carbon, 2013, 57: 202-208.

[27] Yang S, Dong W, Shen D, et al. Composite of nonexpansion reduced graphite oxide and carbon derived from pitch as anodes of Na-ion batteries with high coulombic efficiency [J]. Chemical Engineering Journal, 2017, 309 (1): 674-681.

[28] Slater M D, Kim D, Lee E, et al. Sodium-ion batteries [J]. Advanced Functional Materials, 2013, 23 (8): 947-958.

[29] Chevrier V L, Ceder G. Challenges for Na-ion negative electrodes [J]. Journal of The Electrochemical Society, 2011, 158 (9): A1011.

[30] Tran T T, Obrovac M N. Alloy negative electrodes for high energy density metal-ion cells [J]. Journal of The Electrochemical Society, 2011, 158 (12): A1411.

[31] Komaba S, Matsuura Y, Ishikawa T, et al. Redox reaction of Sn-polyacrylate electrodes in aprotic Na cell [J]. Electrochemistry Communications, 2012, 21: 65-68.

[32] Wang J W, Liu X H, Mao S X, et al. Microstructural evolution of tin nanoparticles during in situ sodium insertion and extraction [J]. Nano Letters, 2012, 12 (11): 5897-5902.

[33] Senguttuvan P, Rousse G, Seznec V, et al. $Na_2Ti_3O_7$: Lowest voltage ever reported oxide insertion electrode for sodium ion batteries [J]. Chemistry of Materials, 2011, 23 (18): 4109-4111.

[34] Yan Z C, Liu L, Shu H B, et al. A tightly integrated sodium titanate-carbon composite as an anode

material for rechargeable sodium ion batteries [J]. Journal of Power Sources，2015，274：8-14.

[35] Wang Y S，Yu X Q，Xu S Y，et al. A zero-strain layered metal oxide as the negative electrode for long-life sodium-ion batteries [J]. Nature Communications，2013，4：2365.

[36] Huang Y Y，Wang J S，Miao L，et al. A new layered titanate $Na_2Li_2Ti_5O_{12}$ as a high-performance intercalation anode for sodium-ion batteries [J]. Journal of Materials Chemistry A，2017，5 (42)：22208-22215.

[37] Lai C，Gao X P，Zhang B，et al. Synthesis and electrochemical performance of sulfur/highly porous carbon composites [J]. The Journal of Physical Chemistry C，2009，113 (11)：4712-4716.

[38] Xin S，Gu L，Zhao N H，et al. Smaller sulfur molecules promise better lithium-sulfur batteries [J]. Journal of the American Chemical Society，2012，134 (45)：18510-18513.

[39] Zhang S S. Liquid electrolyte lithium/sulfur battery：Fundamental chemistry，problems，and solutions [J]. Journal of Power Sources，2013，231：153-162.

[40] Pang Q，Nazar L F. Long-life and high-areal-capacity Li S batteries enabled by a light-weight polar host with intrinsic polysulfide adsorption [J]. Acs Nano，2016，10 (4)：4111-4118.

[41] Liang Z，Zheng G Y，Li W Y，et al. Sulfur cathodes with hydrogen reduced titanium dioxide inverse opal structure [J]. Acs Nano，2014，8 (5)：5249-5256.

[42] Seh Z W，Li W Y，Cha J J，et al. Sulphur-TiO_2 yolk-shell nanoarchitecture with internal void space for long-cycle lithium-sulphur batteries [J]. Nature Communications，2013，4：1331.

[43] Liang Z，Lin D C，Zhao J，et al. Composite lithium metal anode by melt infusion of lithium into a 3D conducting scaffold with lithiophilic coating [J]. Proceedings of the National Academy of Sciences of the United States of America，2016，113 (11)：2862-2867.

[44] Aurbach D，Pollak E，Elazari R，et al. On the surface chemical aspects of very high energy density，rechargeable Li-sulfur batteries [J]. Journal of The Electrochemical Society，2009，156 (8)：A694.

[45] Xiong S，Kai X，Hong X，et al. Effect of LiBOB as additive on electrochemical properties of lithium-sulfur batteries [J]. Ionics，2012，18 (3)：249-254.

[46] Lee Y M，Choi N-S，Park J H，et al. Electrochemical performance of lithium/sulfur batteries with protected Li anodes [J]. Journal of Power Sources，2003，119-121：964-972.